本书第 1 版在 2013 年被评为

北京高等教育精品教材

U0200160

"十三五"移动学习型规划教材

高等数学教程

下 册

第 2 版

张汉林　范周田　编著

机械工业出版社

本书是课本与网络（手机）结合的立体教材.

本书在编写过程中取国内外优秀教材之长，在透彻研究的基础上，以尽可能简单的方式呈现微积分知识.

网络（手机）支持重点知识讲解、图形演示、习题答案或提示、扩展阅读、讨论等移动学习功能.

本套教材分为上、下册，并有《高等数学教程例题与习题集》与之配套. 本书是下册，内容包括：常微分方程、无穷级数、空间解析几何与向量代数、多元函数微分学及其应用、重积分、曲线积分与曲面积分.

本书各节末均配有分层习题，各章末配有综合习题. 书后的附录对若干重点问题进行了细致的分析.

本书适合作为高等院校理工科类各专业学生的教材，也可作为自学、考研的参考书.

图书在版编目（CIP）数据

高等数学教程. 下册/张汉林，范周田编著. —2 版. —北京：机械工业出版社，2016.11（2017.7 重印）
"十三五"移动学习型规划教材
ISBN 978-7-111-55125-6

Ⅰ.①高… Ⅱ.①张… ②范… Ⅲ.①高等数学 – 高等学校 – 教材 Ⅳ.①O13

中国版本图书馆 CIP 数据核字（2016）第 246399 号

机械工业出版社（北京市百万庄大街22 号　邮政编码100037）
策划编辑：李永联　责任编辑：李永联　陈崇昱
责任校对：肖　琳　封面设计：陈　沛
责任印制：常天培
保定市中画美凯印刷有限公司印刷
2017 年7 月第2 版第2 次印刷
169mm×239mm · 19.75 印张 · 380 千字
标准书号：ISBN 978-7-111-55125-6
定价：41.50 元

凡购本书，如有缺页、倒页、脱页，由本社发行部调换
电话服务　　　　　　　　　　　网络服务
服务咨询热线：010-88379833　　机 工 官 网：www.cmpbook.com
读者购书热线：010-88379649　　机 工 官 博：weibo.com/cmp1952
　　　　　　　　　　　　　　　教育服务网：www.cmpedu.com
封面无防伪标均为盗版　　　　金 书 网：www.golden-book.com

序

    《高等数学教程》(上、下册) 是北京工业大学数理学院的范周田、张汉林等多位教师经过数年总结探索，结合自身教学实践而编写的公共数学教材，在概念和方法上都很有创新.

    高等数学是几乎所有大学生的必上之课，恐怕也是最重要的一门基础课. 现在的高等数学教材种类繁多，内容大同小异，那么选什么教材就变得尤为关键，而本套教材确实是一套内容翔实、易教易学的高等数学教材.

    本套教材从无到有，由浅入深，抓住了微积分的牛鼻子，从无穷小入手，进而引入极限的一般概念，循序渐进地将学生引入微积分的殿堂. 书中有很多评注和要点总结，这是学生最希望看到的.

    值得一提的是，在第 1 章中引入无穷小时，书中话语通俗易懂、平易直观，摆脱了以往教材生硬、古板、上来就是 $\varepsilon\text{-}\delta$ 语言的讲法，而是一语中的，抓住了"无穷小"的本质. 生动之后又将其数学化，老师易教，学生也易学. 将复杂的内容，抓住实质讲得明白，使学生觉得自然亲切，真正是以一个例子说清了最不易说清楚而又不得不说的无穷小问题.

    微积分的教学改革既举足轻重，又颇具难度. 本套教材对微积分的教学改革是一个很大的推动. 应该说，微积分的教学改革是一场攻坚战，我们仍需努力，将它进行到底！

中国科学院 院士

林 群

2011 年 2 月 23 日于北京

第 2 版前言

高等数学（微积分）是学习如何解决问题的一门课程。尽管有些人可能在工作之后再也用不到微积分，但是他们仍然可以从微积分的学习中受益，因为学习微积分的好处不仅体现在专业上，而且还体现在智力上．我们编写本书的目的正是期望读者能够更顺利地完成微积分的学习．

本书延续了第 1 版逻辑简约，语言科学、平易的优点，取国内外优秀教材之长，秉承"透彻研究，简单呈现"的原则，对微积分内容及叙述方式做了进一步的梳理．

本次修订的最大变化是增加了网络支持功能，是传统教材与现代教育手段有机结合的一次尝试．网络（手机）视频、音频或文本支持重点知识讲解、图形演示、习题答案或提示、扩展阅读、讨论等，实现移动学习的功能，并将不断升级、扩展和完善．

在本次修订过程中，北京服装学院谢伟献、董庆华、刘蓉、侯志萍等老师完成了习题分级，并提出了其他有益的建议，在此表示感谢．

对我们的同事，关心并支持我们的朋友和出版社的朋友们一并表示感谢！

由于编者水平和时间有限，书中难免有不妥之处，敬请广大读者批评指正．

编　者

第 1 版前言

高等数学（微积分）是大学各理工科专业最重要的公共基础课程，具有周期长、课时多、内容多、难点多等特点．一套好的教材应该用科学、平易的语言阐明微积分的主要内容，并且应该易教易学．

为了实现这一目标，我们长期致力于高等数学教材的建设工作，先后有范周田、张汉林、平艳茹、杨晓华、丁津、唐兢、王术、田鑫、张方、李贵斌、胡京兴、徐大川等十余位教师参与其中．

在教材的写作过程中，我们有幸得到了林群院士的指导．林群院士指出："擒贼先擒王，无穷小就是微积分的王．抓住了无穷小就可以学会微积分."同时，我们学习了张景中院士的教育数学理论，即要"通过对数学本身的研究来化解数学的难点"，知识的结构与表达要做到"逻辑结构尽可能简单，概念引入要平易直观，要建立有力而通用的解题工具".《高等数学教程》的写作充分借鉴了这些思想和理论．

《高等数学教程》具有以下特点：

1. 化解障碍，平易衔接．极限理论是微积分理论的重要基础，也是微积分入门的主要障碍．我们首先从自变量的变化趋势出发，直观地介绍了三个基本的无穷小，然后用极限的 $\varepsilon\text{-}\delta$ 定义证明了无穷小的比较定理．以此为基础，我们从正面诠释极限理论，避开了极限定义中"颠倒因果关系"造成的学习困难．这样既能表达极限 $\varepsilon\text{-}\delta$ 语言的意境和作用，又和初学者已有的知识水平和思维习惯相适应，在一定程度上降低了极限理论的学习难度．

2. 重点突出，难点分散．例如，中值定理是导数应用的理论基础，也是一元微积分教学的重点和难点，我们从便于学习者加深理解并掌握的角度对其进行了重新设计．每一节都只有一个重点或难点，从定理证明、思想方法、应用等多侧面由易到难进行介绍．

3. 对重点概念或定理的表述更加科学，更加平易直观，例如，函数、不定积分和曲率等概念的表述，以及复合函数的导数公式、积分换元法、牛顿-莱布尼兹公式的证明等．

4. 突出数学的思想方法，用数学思想解决实际问题．例如，教材中借助求解常微分方程过程中经常使用的变量替换的思想，简化了二阶常系数线性微分方程的求解过程．又如，对坐标的曲面积分是为解决物理中的场论问题产生的，我们从物理问题出发建立对坐标的曲面积分的概念，并从概念中产生了计算方法.

《高等数学教程》整套教材的写作得到了韩云瑞教授、李心灿教授、郭镜明教授等多位专家的热心支持与无私帮助，其中韩云瑞教授认真审阅了本书的全部书稿，李心灿教授审阅了部分书稿，并提出了许多宝贵意见.专家们广博深厚的知识、严谨治学的风范以及乐于助人的美德深刻地影响了我们.正是在他们的帮助和鼓励下本书才得以顺利完成，在此向他们表示崇高的敬意！

在《高等数学教程》成书之际，诚挚感谢林群院士和张景中院士！

感谢我校蒋毅坚副校长、教务处及数理学院的相关领导长期以来对我们的关心和支持！

对我们的同事，关心并支持我们的朋友和出版社的朋友们一并表示感谢！

由于编者水平和时间有限，书中难免有不妥之处，敬请广大读者批评指正.

编　者

目　　录

第7章

常微分方程

确定变量之间的函数关系，既是用数学解决实际问题的关键之处也是最困难之处. 在某些情况下，通过对实际问题的抽象和简化，可以建立未知函数与其导数的关系式，即微分方程. 这样的微分方程就是问题的数学模型.

本章我们介绍几类微分方程的求解方法.

7.1 常微分方程的基本概念

常微分方程是指含有一元未知函数的导数（或微分）的方程，微分方程中出现的最高阶导数的阶数 n 称为该微分**方程的阶**，此时也称该方程为 n 阶常微分方程. 例如

$$y'' + xy' + x^2 y = 0$$

是二阶常微分方程.

n 阶常微分方程的一般形式为

$$F(x, y, y', y'', \cdots, y^{(n)}) = 0$$

其中 $y^{(n)}$ 必须出现.

使微分方程成为恒等式的函数称为**微分方程的解**，即如果

$$F(x, \varphi(x), \varphi'(x), \cdots, \varphi^{(n)}(x)) = 0$$

1

则 $y = \varphi(x)$ 就是微分方程 $F(x, y, y', y'', \cdots, y^{(n)}) = 0$ 的解. 解的图形叫作微分方程的**积分曲线**.

以后我们讨论的微分方程都是可以把最高阶导数解出来的, 即

$$y^{(n)} = f(x, y, y', y'', \cdots, y^{(n-1)})$$

例 7.1 人口增长的微分方程模型.

2004 年初, 世界人口总量约为 64 亿. 据说, 到 2020 年世界总人口将达到 79 亿. 这个结果是怎么预测出来的?

在数学上是这样处理这个问题的: 用 $y = f(t)$ 表示世界人口在 2004 年后时刻 t 的总量 (时间单位是年). $y = f(t)$ 是一个未知函数, 取值是整数, 当有人出生或死亡时, $y = f(t)$ 的值是跳跃的. 然而, 相对于巨大的人口总量来说, 这种跳跃幅度如此之小, 以至于我们可以把 $y = f(t)$ 看作一个可导函数.

一个看似合理的假设是: 在一个很小的时间段 $[t, t + \Delta t]$ 内, 人口总量的增量 Δy (出生人口数减死亡人口数) 与人口总量 y 成比例, 即 $\Delta y = ky\Delta t$, 或

$$\frac{\Delta y}{\Delta t} = ky$$

取极限, 得

$$\frac{\mathrm{d}y}{\mathrm{d}t} = ky$$

这就是人口增长的一个微分方程模型, 其中 k 为比例参数, 当 $k > 0$ 时, 人口总量增加; 当 $k < 0$ 时, 人口总量减少.

容易验证, $y = Ce^{kt}$ 满足微分方程 $\frac{\mathrm{d}y}{\mathrm{d}t} = ky$, 因而它是微分方程 $\frac{\mathrm{d}y}{\mathrm{d}t} = ky$ 的解, 其中 C 为任意常数.

这个微分方程模型被称作**指数模型**. 自然界中的许多量的变化都与自身的大小成一定的比率, 如细菌的繁殖、放射性物质的质量、按复利计算的投资收益等, 这些问题都适合于指数模型.

由条件, $y(0) = 64$, 代入 $y = Ce^{kt}$ 得 $y = 64e^{kt}$. 世界人口的历史数据表明, $k \approx 0.0132$, 即 $y = 64e^{0.0132t}$. 当 $t = 16$ 时,

$$y(16) = 64e^{0.0132 \times 16} \approx 79$$

即 2020 年世界总人口约为 79 亿.

注 按照指数模型, 随着时间的增加, 人口增长速度将越来越快. 实际上, 受空间和资源等限制, 世界人口总量不可能无限制地增长, 必然有一个上限. 于是世界人口增长的微分方程模型被修正为

$$\frac{\mathrm{d}y}{\mathrm{d}t} = ky(L - y)$$

其中 L 就是世界人口总量的上限. 当 y 远远小于 L 时,y 近似指数增长,y 越接近 L,其增长的速度越慢. 这个微分方程模型称为逻辑斯谛(Logistic)模型.

例7.2 设 $k \neq 0$ 为常数,验证 $x = C_1 \cos kt + C_2 \sin kt$($C_1$、$C_2$ 是任意常数)是二阶微分方程 $\dfrac{\mathrm{d}^2 x}{\mathrm{d}t^2} + k^2 x = 0$ 的解.

解 因为

$$\frac{\mathrm{d}x}{\mathrm{d}t} = -kC_1 \sin kt + kC_2 \cos kt$$

$$\frac{\mathrm{d}^2 x}{\mathrm{d}t^2} = -k^2 C_1 \cos kt - k^2 C_2 \sin kt$$

将 $\dfrac{\mathrm{d}^2 x}{\mathrm{d}t^2}$ 和 x 代入原方程,得

$$-k^2(C_1 \cos kt + C_2 \sin kt) + k^2(C_1 \cos kt + C_2 \sin kt) = 0$$

故

$$x = C_1 \cos kt + C_2 \sin kt$$

是原方程的解.

方程的解 $x = C_1 \cos kt + C_2 \sin kt$ 中包含两个任意常数 C_1 和 C_2. C_1 和 C_2 在解中的作用不能相互替代,我们称之为独立的任意常数.

如果微分方程的解中包含有独立的任意常数,且独立的任意常数的个数等于该微分方程的阶数,则这种解就是微分方程的**通解**.

例如,$x = C_1 \cos kt + C_2 \sin kt$ 就是二阶微分方程 $\dfrac{\mathrm{d}^2 x}{\mathrm{d}t^2} + k^2 x = 0$ 的通解;$y = C\mathrm{e}^{kt}$ 是微分方程 $\dfrac{\mathrm{d}y}{\mathrm{d}t} = ky$ 的通解.

例7.3 验证 $y = \sin(x + C)$(C 为任意常数)是微分方程
$$y^2 + y'^2 = 1$$
的通解.

解 把 $y = \sin(x + C)$,$y' = \cos(x + C)$ 代入方程,得恒等式
$$\sin^2(x + C) + \cos^2(x + C) \equiv 1$$
所以,$y = \sin(x + C)$(C 为任意常数)是微分方程 $y^2 + y'^2 = 1$ 的解.

又因为 $y = \sin(x + C)$ 中含有一个任意常数,而 $y^2 + y'^2 = 1$ 是一阶微分方程,所以,$y = \sin(x + C)$(C 为任意常数)是微分方程 $y^2 + y'^2 = 1$ 的通解.

注 微分方程的通解不一定能包含所有的解,例如,$y \equiv 1$ 是微分方程的一个解,但它并不在通解 $y = \sin(x + C)$ 当中.

微分方程不含任意常数的解称为方程的**特解**. 例如, $x = \sin kt$ 和 $x = \cos kt$ 都是微分方程 $\dfrac{\mathrm{d}^2 x}{\mathrm{d}t^2} + k^2 x = 0$ 的特解.

在许多情况下, 我们关心微分方程在满足一定条件的解, 这样的条件称为**初始条件**. 带有初始条件的微分方程问题称为**初值问题**或**定解问题**.

例 7.1 中的微分方程模型可以改写为 $\dfrac{\mathrm{d}y}{\mathrm{d}t} = 0.0132y$, $y(0) = 64$.

常微分方程分为线性微分方程和非线性微分方程. 在 n 阶微分方程中形如

$$a_n(x)y^{(n)} + a_{n-1}(x)y^{(n-1)} + \cdots + a_1(x)y' + a_0(x)y = b(x)$$

的微分方程称为**线性微分方程**, 其中 $a_n(x), a_{n-1}(x), \cdots, a_1(x), a_0(x)$ 和 $b(x)$ 为已知函数, 其他的都是**非线性微分方程**.

例如, $\dfrac{\mathrm{d}y}{\mathrm{d}t} = kt$, $\dfrac{\mathrm{d}^2 x}{\mathrm{d}t^2} + k^2 x = 0$ 都是线性微分方程, 而 $y^2 + y'^2 = 1$, $\dfrac{\mathrm{d}^2 \varphi}{\mathrm{d}t^2} + \dfrac{g}{l}\sin\varphi = 0$ 都是非线性微分方程.

例 7.4 试指出下列微分方程的阶数, 并说明它们是线性的还是非线性的?

(1) $x(y')^2 - 2yy' + x = 0$ 　　　　(2) $x^2 y'' - xy' + y = 0$

(3) $xy''' + 2y'' + x^2 y = 0$ 　　　　(4) $(7x - 6y)\mathrm{d}x + (x + y)\mathrm{d}y = 0$

(5) $L\dfrac{\mathrm{d}^2 Q}{\mathrm{d}t^2} + R\dfrac{\mathrm{d}Q}{\mathrm{d}t} + \dfrac{Q}{C} = 0$ 　　　(6) $\dfrac{\mathrm{d}\rho}{\mathrm{d}\theta} + \rho = \sin^2\theta$

解 (1), (4), (6) 为一阶微分方程; (2), (5) 为二阶微分方程; (3) 为三阶微分方程. 其中 (2), (3), (5), (6) 是线性微分方程, (1), (4) 是非线性微分方程.

习题 7.1

A 组

1. 指出下列方程的阶数, 并指出哪些方程是线性微分方程:

(1) $x(y')^3 - 2yy' + xy'' = 0$ 　　　　(2) $xy''' - x^2 y' + y = 0$

(3) $xy'' - 3y' + (\sin x)y = 0$ 　　　　(4) $(5x - 4y)\mathrm{d}x + (x + y)\mathrm{d}y = 0$

2. 指出下列各题中的函数是否为所给微分方程的解:

(1) $xy' = 2y$, $y = 5x^2$

(2) $y'' + y = 0$, $y = 3\sin x - 4\cos x$

(3) $y'' - 2y' + y = 0$, $y = x^2 e^x$

（4）$y'' - (\lambda_1 + \lambda_2)y' + \lambda_1\lambda_2 y = 0$，$y = C_1 \mathrm{e}^{\lambda_1 x} + C_2 \mathrm{e}^{\lambda_2 x}$

3. 已知曲线在点 (x, y) 处的切线的斜率为 $2x^2$，建立该曲线所满足的微分方程.

4. 用微分方程表示一物理命题：某种气体的气压 p 对于温度 T 的变化率与气压成正比，与温度的平方成反比.

B 组

1. 已知曲线上的点 $P(x, y)$ 处的法线与 x 轴的交点为 Q，且 PQ 被 y 轴平分，建立曲线所满足的微分方程.

2. 求曲线族 $y = (C_1 + C_2 x)\mathrm{e}^{2x}$（$C_1$、$C_2$ 是任意常数）所满足的微分方程.

3. 如果 $f(x)$ 是可微函数，且满足

$$2\int_0^x f(t)\,\mathrm{d}t + f(x) = x^3$$

试求 $f(x)$ 所满足的微分方程.

4. 设连续函数 $f(x) = \sin x - \int_0^x (x - t)f(t)\,\mathrm{d}t$，求 $f(x)$ 满足的微分方程.

5

7.2　一阶微分方程

微分方程的中心问题之一是求微分方程的解. 而表示微分方程的解的方法主要有两种，即数值解和解析解. 求微分方程的解析解就是求微分方程的解的解析表达式，其中使用不定积分方法求解微分方程的方法称为初等积分法.

本节我们主要介绍利用初等积分法求解一阶微分方程，包括可分离变量的微分方程、齐次微分方程和一阶线性微分方程.

7.2.1　可分离变量的微分方程

可分离变量的一阶微分方程的标准形式为

$$\frac{\mathrm{d}y}{\mathrm{d}x} = \varphi(x)\psi(y) \tag{7-1}$$

式中，$\varphi(x)$、$\psi(y)$ 分别是 x、y 的连续函数.

如果 $\psi(y) = 0$ 有零点 $y = y_0$，即 $\psi(y_0) = 0$，则常数函数 $y(x) \equiv y_0$ 是方程 (7-1) 的一个特解.

如果 $\psi(y) \neq 0$，则方程化为

$$\frac{\mathrm{d}y}{\psi(y)} = \varphi(x)\,\mathrm{d}x$$

这样，变量就"分离"在等号的两侧（这一过程称为分离变量），这也正是这类微分方程被称为可分离变量的微分方程的原因. 对方程两边积分，得

$$\int \frac{\mathrm{d}y}{\psi(y)} = \int \varphi(x)\,\mathrm{d}x + C$$

这里把积分常数 C 明显地写出来，而把积分理解为求一个原函数. 积分后得方程 (7-1) 的通解为

$$G(y) = F(x) + C$$

其中 $G(y)$ 和 $F(x)$ 分别是 $\dfrac{1}{\psi(y)}$ 和 $f(x)$ 的一个原函数. 这种求解可分离变量的方程的过程称为分离变量法.

例 7.5　求微分方程 $\dfrac{\mathrm{d}y}{\mathrm{d}x} = 2xy$ 的通解.

解　$y \equiv 0$ 是方程的一个特解. 当 $y \neq 0$ 时，分离变量得

$$\frac{\mathrm{d}y}{y} = 2x\,\mathrm{d}x$$

两端积分 $\int \dfrac{\mathrm{d}y}{y} = \int 2x\,\mathrm{d}x$，得

$$\ln|y| = x^2 + C_1 \quad (C_1\ \text{为任意常数})$$

从而

$$y = \pm\,\mathrm{e}^{x^2 + C_1} = \pm\,\mathrm{e}^{C_1} \cdot \mathrm{e}^{x^2}$$

记 $C_2 = \pm\mathrm{e}^{C_1}$，则

$$y = C_2\mathrm{e}^{x^2} \quad (C_2 \neq 0)$$

特解 $y \equiv 0$ 可以写成 $y = 0 \cdot \mathrm{e}^{x^2}$，故原方程的通解为

$$y = C\mathrm{e}^{x^2} \quad (C\ \text{为任意常数})$$

例 7.6　求微分方程

$$\mathrm{d}x - xy\,\mathrm{d}y = x^3 y\,\mathrm{d}y - y^2\,\mathrm{d}x$$

的通解.

解　移项并合并 $\mathrm{d}x$ 和 $\mathrm{d}y$ 的各项，得

$$(1 + y^2)\,\mathrm{d}x = xy(1 + x^2)\,\mathrm{d}y$$

分离变量得

$$\frac{y}{1 + y^2}\mathrm{d}y = \frac{\mathrm{d}x}{x(1 + x^2)}$$

两边积分

$$\int \frac{y}{1 + y^2}\mathrm{d}y = \int \frac{\mathrm{d}x}{x(1 + x^2)}$$

$$\int \frac{y}{1 + y^2}\mathrm{d}y = \int \frac{1 + x^2 - x^2}{x(1 + x^2)}\mathrm{d}x$$

$$\frac{1}{2}\int \frac{\mathrm{d}y^2}{1 + y^2} = \int \frac{1}{x}\mathrm{d}x - \int \frac{x}{1 + x^2}\mathrm{d}x$$

于是

$$\frac{1}{2}\ln(1 + y^2) = \ln|x| - \frac{1}{2}\ln(1 + x^2) + C_1$$

取指数，整理得

$$\frac{(1 + y^2)(1 + x^2)}{x^2} = \mathrm{e}^{2C_1}$$

记 $C = \mathrm{e}^{2C_1}$，则得方程的通解为

$$(1 + x^2)(1 + y^2) = Cx^2 \quad (C \neq 0)$$

例 7.7　求解定解问题

$$\begin{cases} y' = \dfrac{y^2 - 1}{2} \\[2mm] y(0) = 2 \end{cases}$$

解　方程 $y' = \dfrac{y^2 - 1}{2}$ 是可分离变量的方程，$y = \pm 1$ 是其两个特解，下面

求其通解. 分离变量，有

$$\frac{\mathrm{d}y}{y^2-1}=\frac{1}{2}\mathrm{d}x \quad (y\neq \pm 1)$$

两边同时积分，得

$$\frac{1}{2}\ln\left|\frac{y-1}{y+1}\right|=\frac{1}{2}x+C_1$$

整理得

$$\frac{y-1}{y+1}=\pm e^{x+2C_1}=\pm e^{2C_1}\cdot e^x$$

记 $C=\pm e^{2C_1}\neq 0$，则

$$\frac{y-1}{y+1}=Ce^x$$

再求满足初始条件的特解. 把 $y(0)=2$ 代入上式，得 $C=\dfrac{1}{3}$，于是所求定解

问题的特解为 $\dfrac{y-1}{y+1}=\dfrac{1}{3}e^x$，即 $y=\dfrac{1+\dfrac{1}{3}e^x}{1-\dfrac{1}{3}e^x}$.

例 7.8　（**温度问题**）　人体死亡后，由于热量交换，尸体的温度会从正常体温 37℃ 开始按一定规律变化，并最终与环境温度相一致. 假设某人死于谋杀，2h 后尸体的温度变为 35℃，并且假定周围空气的温度保持 20℃ 不变. 求：

（1）自谋杀后尸体的温度 T 随时间 t（以 h 为单位）变化的函数.

（2）如果尸体被发现时的温度为 30℃，当时正好是下午 4：00，试推断谋杀是何时发生的.

解　题目中所说的温度变化规律是指牛顿冷却（加热）定律，即，**物体的热量总是从温度高的物体向温度低的物体传递，物体的温度随时间的变化率与物体跟周围介质的温度差成正比.** 记 T 为物体的温度，T_{m} 为周围环境的温度，则物体温度随时间的变化率为 $\dfrac{\mathrm{d}T}{\mathrm{d}t}$，牛顿冷却定律为

$$\frac{\mathrm{d}T}{\mathrm{d}t}=-k(T-T_{\mathrm{m}})$$

其中 $k>0$ 是比例系数.

这个方程就是温度问题的微分方程模型，其中 $\dfrac{\mathrm{d}T}{\mathrm{d}t}<0$ 时，表示冷却过程；

$\dfrac{\mathrm{d}T}{\mathrm{d}t}>0$ 时，表示加热过程.

（1）由牛顿冷却定律有

$$\frac{\mathrm{d}T}{\mathrm{d}t} = -k(T-20)$$

用分离变量法求解得

$$T = Be^{-kt} + 20$$

将初始条件 $T(0)=37$ 代入上式，得 $B=17$，于是

$$T = 17e^{-kt} + 20$$

由 $T(2)=35$，代入上式得 $k \approx 0.063$，所以温度函数为

$$T = 20 + 17e^{-0.063t}$$

（2）将 $T=30$ 代入上式，得 $30 = 20 + 17e^{-0.063t}$，解出

$$t \approx 8.4 \text{（h）}$$

于是，谋杀时间发生在下午发现尸体时的 8.4h 以前，即谋杀是在上午 7：36 发生的.

例 7.9　（世界末日方程）　设有一对兔子，经过 3 个月繁殖到 8 对. 如果兔子的数量 y 满足微分方程 $\dfrac{\mathrm{d}y}{\mathrm{d}t} = ky^{1.01}$ （其中 $k>0$ 是常数），求"世界末日".

解　方程的一般形式为

$$\frac{\mathrm{d}y}{\mathrm{d}t} = ky^{1+\varepsilon}, \quad y(0) = y_0$$

其中 $k>0$、$\varepsilon>0$ 是常数. 用分离变量法解方程，得

$$y = \frac{y_0}{\left(1 - \varepsilon k y_0^{\varepsilon} t\right)^{\frac{1}{\varepsilon}}}$$

令 $T_0 = \dfrac{1}{\varepsilon k y_0^{\varepsilon}}$，则 $y = \dfrac{y_0}{\left(1 - \dfrac{t}{T_0}\right)^{\frac{1}{\varepsilon}}}$.

由题意，$\varepsilon = 0.01$，$y(0) = 2$，$y(3) = 16$.

因此方程的解为

$$y = \frac{2}{\left(1 - \dfrac{t}{T_0}\right)^{100}}$$

把 $y(3) = 16$ 代入方程，得

$$16 = \frac{2}{\left(1 - \dfrac{3}{T_0}\right)^{100}}$$

解出 $T_0 = \dfrac{3}{1 - 8^{0.01}}$.

当 $t \to T_0^-$ 时，$y(t) \to +\infty$．这意味着世界将无法容纳这么多的兔子，因此"世界末日"为 $T_0 = \dfrac{3}{1-8^{0.01}} \approx 145.77$（月），或 12.15 年．

这也正是把方程 $\dfrac{dy}{dt} = ky^{1+\varepsilon}$ 称为世界末日方程的原因．

7.2.2　齐次微分方程

齐次微分方程的一般形式为

$$\frac{dy}{dx} = \varphi\left(\frac{y}{x}\right) \tag{7-2}$$

式中，$\varphi(u)$ 是 u 的连续函数．

齐次微分方程的求解方法是，通过变量代换 $u = \dfrac{y}{x}$，把齐次微分方程化为可分离变量的方程．

令 $u = \dfrac{y}{x}$，则

$$\frac{dy}{dx} = u + x\frac{du}{dx}$$

代入得

$$u + x\frac{du}{dx} = \varphi(u)$$

即

$$x\frac{du}{dx} = \varphi(u) - u$$

这是分离变量的微分方程，可通过分离变量法求解．

例 7.10　解方程

$$xy' = y + x e^{\frac{y}{x}} \quad (x > 0)$$

解　将方程改写成

$$y' = \frac{y}{x} + e^{\frac{y}{x}} \quad (x > 0)$$

此方程是齐次微分方程．

令 $u = \dfrac{y}{x}$，则 $y = xu$，$y' = u + xu'$，于是，上述方程化为

$$u + xu' = u + \mathrm{e}^u$$

即

$$xu' = \mathrm{e}^u$$

分离变量，得

$$\frac{\mathrm{d}u}{\mathrm{e}^u} = \frac{\mathrm{d}x}{x}$$

由 $x > 0$，积分得

$$-\mathrm{e}^{-u} = \ln x + C$$

原方程的通解为

$$\ln x + \mathrm{e}^{-\frac{y}{x}} = C$$

其中 C 为任意常数.

例 7.11　解方程 $xy' = \sqrt{x^2 - y^2} + y$　$(x > 0)$.

解　将方程改写成

$$y' = \frac{\sqrt{x^2 - y^2} + y}{x}$$

整理得齐次微分方程

$$y' = \sqrt{1 - \left(\frac{y}{x}\right)^2} + \frac{y}{x}$$

令 $u = \dfrac{y}{x}$，则 $y = xu$，$y' = u + xu'$，代入原方程得

$$u + xu' = \sqrt{1 - u^2} + u$$

即

$$\frac{\mathrm{d}u}{\mathrm{d}x} = \frac{\sqrt{1 - u^2}}{x}$$

当 $u \equiv \pm 1$ 时，得原方程的两个特解

$$y = \pm x \quad (x > 0)$$

当 $u \neq \pm 1$ 时，有

$$\int \frac{\mathrm{d}u}{\sqrt{1 - u^2}} = \int \frac{\mathrm{d}x}{x}$$

积分得 $\arcsin u = \ln x + C$，即

$$u = \sin(\ln x + C)$$

将 u 换成 $\dfrac{y}{x}$，整理得原方程通解为

$$y = x\sin(\ln x + C)$$

***准齐次方程**的一般形式为

$$y' = f\left(\frac{a_1 x + b_1 y + c_1}{a_2 x + b_2 y + c_2}\right)$$

其中 a_k、b_k、$c_k(k = 1,2)$ 均为常数. 对这类方程进行适当的变量替换可将其化为齐次方程.

例 7.12 求方程

$$\frac{\mathrm{d}y}{\mathrm{d}x} = \frac{x - y + 1}{x + y - 3}$$

的通解.

解 解方程组 $\begin{cases} x - y + 1 = 0 \\ x + y - 3 = 0 \end{cases}$

得 $\begin{cases} x = 1 \\ y = 2 \end{cases}$. 令 $\begin{cases} x = u + 1 \\ y = v + 2 \end{cases}$，代入原方程得

$$\frac{\mathrm{d}v}{\mathrm{d}u} = \frac{u - v}{u + v}$$

再令 $z = \dfrac{v}{u}$，方程变为

$$z + u\frac{\mathrm{d}z}{\mathrm{d}u} = \frac{1 - z}{1 + z}$$

分离变量得

$$\frac{\mathrm{d}u}{u} = \frac{1 + z}{1 - 2z - z^2}\mathrm{d}z$$

两边积分

$$\ln|u| = -\frac{1}{2}\ln|z^2 + 2z - 1| + \ln C_1$$

整理得

$$u^2(z^2 + 2z - 1) = \pm C_1^2$$

再令 $C_2 = \pm C_1^2$，并将 $z = \dfrac{v}{u}$ 代入，得

$$v^2 + 2uv - u^2 = C_2$$

再将 $u = x - 1$，$v = y - 2$ 代回上式，得原方程的通解

$$x^2 + 2xy - y^2 + 2x + 6y = C$$

其中 $C = C_2 - 7$ 为任意常数.

上例的解法适用于准齐次方程 $y' = f\left(\dfrac{a_1 x + b_1 y + c_1}{a_2 x + b_2 y + c_2}\right)$ 中，方程组

$$\begin{cases} a_1 x + b_1 y + c_1 = 0 \\ a_2 x + b_2 y + c_2 = 0 \end{cases}$$

有唯一解的情况. 除此之外就只有 $a_1 x + b_1 y$ 与 $a_2 x + b_2 y$ 成比例的情况了. 不妨设

$$a_2 = \lambda a_1, \quad b_2 = \lambda b_1$$

令 $z = a_1 x + b_1 y$，就可以把准齐次方程化为可分离变量方程了.

7.2.3　一阶线性微分方程

一阶线性微分方程的一般形式为

$$\frac{\mathrm{d}y}{\mathrm{d}x} + p(x)y = q(x) \tag{7-3}$$

式中，$p(x)$ 和 $q(x)$ 都是连续函数.

当 $q(x) \neq 0$ 时，方程（7-3）称为**一阶线性非齐次微分方程**，当 $q(x) \equiv 0$ 时，方程

$$\frac{\mathrm{d}y}{\mathrm{d}x} + p(x)y = 0 \tag{7-4}$$

称为**一阶线性齐次微分方程**.

对给定的 $p(x)$ 和 $q(x)$，通常称方程（7-4）是方程（7-3）对应的一阶线性齐次微分方程.

方程（7-4）是可分离变量的微分方程，分离变量得

$$\frac{\mathrm{d}y}{y} = -p(x)\mathrm{d}x$$

两边积分得

$$\ln|y| = -\int p(x)\mathrm{d}x + C_1$$

从而得方程（7-4）的通解为

$$y = C\mathrm{e}^{-\int p(x)\mathrm{d}x}$$

其中 C 为任意常数，$\int p(x)\mathrm{d}x$ 表示 $p(x)$ 的一个原函数.

为了求非齐次微分方程（7-3）的解，我们把 $y = C\mathrm{e}^{-\int p(x)\mathrm{d}x}$ 中的常数 C 换成了函数 $C(x)$，即 $y = C(x)\mathrm{e}^{-\int p(x)\mathrm{d}x}$，并代入方程（7-3）求出 $C(x)$. 这种方法

称为**常数变易法**.

设 $y = C(x)\mathrm{e}^{-\int p(x)\mathrm{d}x}$，代入方程（7-3）得

$$\left[C(x)\mathrm{e}^{-\int p(x)\mathrm{d}x} \right]' + p(x)C(x)\mathrm{e}^{-\int p(x)\mathrm{d}x} = q(x)$$

即

$$C'(x)\mathrm{e}^{-\int p(x)\mathrm{d}x} - C(x)p(x)\mathrm{e}^{-\int p(x)\mathrm{d}x} + C(x)p(x)\mathrm{e}^{-\int p(x)\mathrm{d}x} = q(x)$$

因而有

$$C'(x)\mathrm{e}^{-\int p(x)\mathrm{d}x} = q(x)$$

即

$$C'(x) = q(x)\mathrm{e}^{\int p(x)\mathrm{d}x}$$

积分得

$$C(x) = \int q(x)\mathrm{e}^{\int p(x)\mathrm{d}x}\mathrm{d}x + C$$

于是

$$y = \left[C + \int q(x)\mathrm{e}^{\int p(x)\mathrm{d}x}\mathrm{d}x \right]\mathrm{e}^{-\int p(x)\mathrm{d}x} \tag{7-5}$$

写成

$$y = C\mathrm{e}^{-\int p(x)\mathrm{d}x} + \mathrm{e}^{-\int p(x)\mathrm{d}x}\int q(x)\mathrm{e}^{\int p(x)\mathrm{d}x}\mathrm{d}x$$

则其中第一部分对应的是齐次方程（7-4）的通解，第二部分对应的是非齐次方程（7-3）的一个特解.

注　以上一阶线性非齐次微分方程的通解是由莱布尼茨在1673 年给出的.

例 7.13　解方程

$$\frac{\mathrm{d}y}{\mathrm{d}x} - \frac{2y}{x+1} = (x+1)^{\frac{5}{2}}$$

解　此方程为一阶线性方程. 先求对应的齐次方程

$$\frac{\mathrm{d}y}{\mathrm{d}x} - \frac{2y}{x+1} = 0$$

的通解.

方程变形为

$$\frac{\mathrm{d}y}{y} = 2\frac{\mathrm{d}x}{x+1} \quad (y \neq 0)$$

两边积分得

$$\ln|y| = 2\ln|x+1| + C_1$$

即

$$y = \pm e^{C_1}(x+1)^2$$

记 $C = \pm e^{C_1}$，并允许 C 取零而包含特解 $y = 0$，就得到对应齐次方程的通解

$$y = C(x+1)^2$$

再用**常数变易法**求原非齐次方程的通解，令

$$y = C(x)(x+1)^2$$

代入原方程

$$C'(x)(x+1)^2 = (x+1)^{\frac{5}{2}}$$

即得

$$C'(x) = \sqrt{x+1}$$

从而

$$C(x) = \frac{2}{3}(x+1)^{\frac{3}{2}} + C$$

所以，原方程的通解为

$$y = C(x+1)^2 + \frac{2}{3}(x+1)^{\frac{7}{2}}$$

例 7.14　　求方程

$$\frac{\mathrm{d}y}{\mathrm{d}x} = \frac{y}{2x - y^2}$$

的通解.

解　　原方程不是未知函数 y 的线性函数，但如果将它改写为

$$\frac{\mathrm{d}x}{\mathrm{d}y} = \frac{2x - y^2}{y}$$

即

$$\frac{\mathrm{d}x}{\mathrm{d}y} - \frac{2}{y}x = -y$$

将 x 看作 y 的函数，方程就是线性的，这时

$$p(y) = -\frac{2}{y}, \quad q(y) = -y$$

于是，原方程的通解为

$$x = e^{-\int p(y)\mathrm{d}y}\left[\int q(y)e^{\int p(y)\mathrm{d}y}\mathrm{d}y + C\right]$$

即

$$x = y^2(C - \ln y)$$

*7.2.4　伯努利方程

伯努利方程的一般形式为

15

$$y' + p(x)y = q(x)y^n \quad (n \neq 0, 1) \tag{7-6}$$

伯努利方程是一类非线性方程，令 $z = y^{1-n}$ 就可以把它化为关于 z 的一阶线性微分方程. 我们给出一个用常数变易法求解的例子.

例 7.15 求方程 $\dfrac{\mathrm{d}y}{\mathrm{d}x} - \dfrac{4}{x}y = x^2\sqrt{y}$ 的通解.

解 先求线性齐次方程

$$\frac{\mathrm{d}y}{\mathrm{d}x} - \frac{4}{x}y = 0$$

的通解.

$$y = Ce^{-\int -\frac{4}{x}\mathrm{d}x} = Cx^4$$

设 $y = C(x)x^4$ 是原方程的解，代入原方程，整理得

$$C'(x) = \left[C(x) \right]^{\frac{1}{2}}$$

两边积分得

$$C(x) = \left(\frac{x}{2} + C \right)^2$$

所以，得到原方程的通解为

$$y = x^4 \left(\frac{x}{2} + C \right)^2$$

最后指出一点：能用初等积分的方法求解的微分方程只有很小的一部分. 例如，早在 1686 年，著名数学家莱布尼茨就已提出了用初等积分法求解一阶微分方程 $\dfrac{\mathrm{d}y}{\mathrm{d}x} = x^2 + y^2$ 的问题，这个看似很简单的方程经过 150 多年的探索，直到 1838 年，才由刘维尔证明了此微分方程不可能用初等积分法求解.

雅各布·伯努利
（Jacob Bernoulli, 1654—1705）
瑞士数学家

习题 7.2

A 组

1. 求下列微分方程的通解：

（1）$xy' - y\ln y = 0$

（2）$\sqrt{1-x^2}\,y' = \sqrt{1-y^2}$

（3）$y' = 5^{x+y}$

（4）$\cos x \sin y \mathrm{d}x + \sin x \cos y \mathrm{d}y = 0$

（5）$(e^{x+y} - e^x)\mathrm{d}x + (e^{x+y} + e^y)\mathrm{d}y = 0$

（6）$y' - xy' = a(y' + y^2)$

2. 求下列微分方程的特解：

（1）$y' = e^{2x-y}$, $y(0) = 0$

（2）$2y\mathrm{d}x + x\mathrm{d}y = 0$, $y(2) = 1$

（3）$y'\sin x - y\ln y = 0$, $y\left(\dfrac{\pi}{2}\right) = e$

（4）$\dfrac{x}{1+y}\mathrm{d}x - \dfrac{y}{1+x}\mathrm{d}y = 0$, $y(0) = 1$

3. 求下列微分方程的通解或特解:

(1) $xy' - y - \sqrt{y^2 - x^2} = 0$

(2) $xy' = y(\ln y - \ln x)$

(3) $(x + y)\mathrm{d}x + x\mathrm{d}y = 0$

(4) $(y^2 - xy + x^2)\mathrm{d}x = x^2\mathrm{d}y$

(5) $(y^2 + x^2)\mathrm{d}x = xy\mathrm{d}y$, $y(1) = 2$

(6) $(y^2 - 3x^2)\mathrm{d}y + 2xy\mathrm{d}y = 0$, $y(0) = 1$

4. 求下列微分方程的通解或特解:

(1) $\dfrac{\mathrm{d}y}{\mathrm{d}x} + 2xy = 4x$

(2) $y' + y = \mathrm{e}^{-x}$

(3) $y' + y\cos x = \mathrm{e}^{-\sin x}$

(4) $y' + \tan x \cdot y = \sin 2x$

(5) $y' - y\tan x = \sec x$, $y(0) = 0$

(6) $y' + 3y = 8$, $y(0) = 2$

B 组

1. 求下列方程的通解或特解:

(1) $(x - y - 1)\mathrm{d}x + (4y + x - 1)\mathrm{d}y = 0$

(2) $(x^2 + 2xy - y^2)\mathrm{d}x = (y^2 - 2xy + x^2)\mathrm{d}y$, $y(1) = 1$

(3) $(y^2 - 6x)y' + 2y = 0$

(4) $\dfrac{\mathrm{d}y}{\mathrm{d}x} = \dfrac{1}{x + y}$

2. 求下列微分方程的通解:

(1) $y' + y = y^2(\cos x - \sin x)$

(2) $y' - 3xy = xy^2$

(3) $y' + \dfrac{1}{x}y = 2\sqrt{\dfrac{y}{x}}$

(4) $[y + xy^3\ln(\mathrm{e}x)]\mathrm{d}x = x\mathrm{d}y$

3. 通过变量替换, 求下列微分方程的通解:

(1) $y' = (x + y)^2$

(2) $y' = \dfrac{1}{x - y} + 1$

(3) $xy' + y = y\ln(xy)$

(4) $y(xy + 1)\mathrm{d}x + x(1 + xy + y^2x^2)\mathrm{d}y = 0$

4. 设曲线过点 $(2,3)$, 且它与两坐标轴间的任意切线段均被切点所平分, 求该曲线的方程.

5. 设有连接 $O(0,0)$ 和 $A(1,1)$ 的上凸曲线弧 $\widehat{OA}$, $P(x,y)$ 是 $\widehat{OA}$ 上任意一点, 若曲线弧 $\widehat{OP}$ 与直线 $\overline{OP}$ 所围成的面积为 x^2, 试求曲线弧 $\widehat{OA}$ 的方程.

6. 求满足方程 $f(x) = x^2 + \displaystyle\int_0^x f(t)\mathrm{d}t$ 的连续函数 $f(x)$.

7.3　可降阶的高阶微分方程

在求解微分方程时，一个常用而且有效的方法是通过适当的变量替换，将一个较复杂的微分方程化为较简单的微分方程来求出其解．这种变换在现代数学中的应用相当普遍．对于不同类型的方程，人们在研究中发现了很多有用的变换．如对某些高阶的微分方程，可以通过一定的变换将它化为较低阶的方程来求解．下面介绍三种高阶微分方程，可以通过某些特定的变换将它们化成一阶微分方程，然后通过初等积分法求解．

7.3.1　$y^{(n)} = f(x)$ 型的微分方程

这种类型的微分方程尽管阶数 n 可以很大，但实际上却属于最简单的一类微分方程，因为未知函数及其 1 至 $n-1$ 阶导数在方程中都不出现．所以依次求不定积分即可得出此类方程的通解．

例 7.16　求方程 $y''' = x + \sin x$ 的通解．

解　进行一次积分，得

$$y'' = \frac{1}{2}x^2 - \cos x + C_1$$

再进行一次积分，得

$$y' = \frac{1}{6}x^3 - \sin x + C_1 x + C_2$$

再积分，得原方程的通解

$$y = \frac{1}{24}x^4 + \cos x + \frac{C_1}{2}x^2 + C_2 x + C_3$$

其中 C_1，C_2，C_3 为任意常数．

例 7.17　求方程 $xy^{(5)} - y^{(4)} = 0$ 的通解．

分析　此方程不含 y，y'，y''，y'''，可设 $y^{(4)} = p(x)$，将方程变成一阶微分方程．

解　设 $y^{(4)} = p(x)$，则 $y^{(5)} = p'(x)$，代回原方程得

$$xp' - p = 0$$

解此线性方程，得

$$p = C_1 x$$

即

$$y^{(4)} = C_1 x$$

两端积分得

$$y''' = \frac{1}{2}C_1 x^2 + C_2$$

再依次积分三次得原方程通解

$$y = \frac{C_1}{120}x^5 + \frac{C_2}{6}x^3 + \frac{C_3}{2}x^2 + C_4 x + C_5$$

也可以写为

$$y = d_1 x^5 + d_2 x^3 + d_3 x^2 + d_4 x + d_5$$

其中 d_1，d_2，d_3，d_4，d_5 为任意常数．

7.3.2　$y'' = f(x, y')$ 型的微分方程

这类二阶微分方程的特点是方程中不显含未知函数 y．

令 $y' = p(x)$，则 $y'' = \dfrac{\mathrm{d}p}{\mathrm{d}x}$，代入原方程，化为一阶微分方程，有

$$\frac{\mathrm{d}p}{\mathrm{d}x} = f(x, p)$$

例 7.18　求微分方程 $(1 + x)y'' + y' = \ln(1 + x)$ 的通解．

解　令 $y' = p(x)$，则 $y'' = \dfrac{\mathrm{d}p}{\mathrm{d}x}$，原方程化为

$$(1 + x)p' + p = \ln(1 + x)$$

即

$$p' + \frac{p}{1 + x} = \frac{\ln(1 + x)}{1 + x}$$

这是以 p 为未知函数的一阶线性微分方程．所以

$$
\begin{aligned}
p &= \mathrm{e}^{-\int \frac{\mathrm{d}x}{1+x}}\left[\int \frac{\ln(1 + x)}{1 + x} \cdot \mathrm{e}^{\int \frac{\mathrm{d}x}{1+x}}\mathrm{d}x + C\right] \\
&= \frac{1}{1 + x}\left[\int \ln(1 + x)\mathrm{d}x + C\right] \\
&= \ln(1 + x) - 1 + \frac{C}{1 + x}
\end{aligned}
$$

即

$$\frac{\mathrm{d}y}{\mathrm{d}x} = \ln(1 + x) - 1 + \frac{C}{1 + x}$$

再次积分，得原方程的通解

$$y = (C_1 + x)\ln(1 + x) - 2x + C_2$$

其中 C_1、C_2 为任意常数.

7.3.3 $y'' = f(y, y')$ 型的微分方程

此方程的特点是方程中不显含自变量 x.

令 $y' = \dfrac{\mathrm{d}y}{\mathrm{d}x} = p(y)$，则

$$y'' = \frac{\mathrm{d}p}{\mathrm{d}y}\frac{\mathrm{d}y}{\mathrm{d}x} = p\frac{\mathrm{d}p}{\mathrm{d}y}$$

代入原方程，得到关于 y 和 $\dfrac{\mathrm{d}p}{\mathrm{d}y}$ 的一阶微分方程

$$p\frac{\mathrm{d}p}{\mathrm{d}y} = f(y, p)$$

例 7.19　求方程 $yy'' - y'^2 = 0$ 的通解.

解　令 $y' = p(y)$，则 $y'' = p\dfrac{\mathrm{d}p}{\mathrm{d}y}$，代入原方程得

$$yp\frac{\mathrm{d}p}{\mathrm{d}y} - p^2 = 0$$

即

$$p\left(y\frac{\mathrm{d}p}{\mathrm{d}y} - p\right) = 0$$

由 $p = 0$，解得 $y = C$.

而由 $y\dfrac{\mathrm{d}p}{\mathrm{d}y} - p = 0$，得 $p = C_1 y$，即

$$\frac{\mathrm{d}y}{\mathrm{d}x} = C_1 y$$

分离变量并积分，得原方程的通解为

$$y = C_2 \mathrm{e}^{C_1 x}$$

其中 C_1、C_2 为任意常数（$y = C$ 也包含在其中）.

例 7.20　设函数 $y(x)$ 在区间 $[0, +\infty)$ 上具有连续的导数，并且满足方程

$$y(x) = -1 + x + 2\int_0^x (x - t)y(t)y'(t)\mathrm{d}t$$

求 $y(x)$.

分析　对于这种在变上限积分的积分号内含有未知函数的问题，一般通

过求导先消去积分号化为微分方程, 然后再求解.

解 易见 $y(0) = -1$.

方程两边对 x 求导数, 有

$$y'(x) = 1 + 2\int_0^x y(t)y'(t)\mathrm{d}t + 2xy(x)y'(x) - 2xy(x)y'(x)$$

即

$$y'(x) = 1 + 2\int_0^x y(t)y'(t)\mathrm{d}t$$

其中 $y'(0) = 1$. 两边再求导, 得

$$y''(x) = 2y(x)y'(x)$$

于是, 原方程的求解问题就转化为求解下述初值问题

$$y'' = 2yy', \quad y(0) = -1, \quad y'(0) = 1$$

令 $y' = p(y)$, 则 $y'' = p\dfrac{\mathrm{d}p}{\mathrm{d}y}$, 代入得

$$p\frac{\mathrm{d}p}{\mathrm{d}y} = 2yp$$

从而有 $p = 0$ 或 $\dfrac{\mathrm{d}p}{\mathrm{d}y} = 2y$. 因 $p = 0$ 与条件 $y'(0) = 1$ 不符, 故舍去.

由 $\dfrac{\mathrm{d}p}{\mathrm{d}y} = 2y$ 解得

$$p = y^2 + C_1$$

再由初始条件 $y(0) = -1$, $p(0) = y'(0) = 1$, 可得 $C_1 = 0$. 从而

$$\frac{\mathrm{d}y}{\mathrm{d}x} = y^2$$

分离变量并积分, 得

$$y = -\frac{1}{x + C_2}$$

最后由条件 $y(0) = -1$ 得 $C_2 = 1$, 所以求得满足原积分方程的解为

$$y = -\frac{1}{x + 1}$$

例 7.21 **(猫捉老鼠问题)** 如图 7-1 所示, 一只猫位于坐标系原点, 一只老鼠从 $A(1,0)$ 处以最大速度 v_0 沿平行于 y 轴的方向逃离. 猫的速度是 kv_0, 方向始终锁定老鼠. 求猫的追击轨迹方程, 并求猫在何处抓到老鼠.

解 设猫的追击轨迹曲线为 $y = y(x)$. 经过时间 t 猫位于 $P(x,y)$ 点, 老鼠位于 $Q(1, v_0 t)$ 点. 由于猫始终锁定老鼠, 所以直线 PQ 是曲线 $y = y(x)$ 在 $P(x, y)$

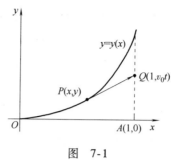

图　7-1

点的切线，即有

$$y' = \frac{v_0 t - y}{1 - x}$$

即 $v_0 t = y'(1 - x) + y$.

又根据题意，$\overset{\frown}{OP}$ 的长度是 AQ 的 k 倍，即

$$\int_0^x \sqrt{1 + y'^2}\,\mathrm{d}x = k v_0 t$$

代入得

$$\int_0^x \sqrt{1 + y'^2}\,\mathrm{d}x = k y'(1 - x) + k y$$

方程两边对 x 求导并整理，得

$$k(1 - x) y'' = \sqrt{1 + y'^2}$$

这是不显含 y 的二阶微分方程，初始条件为 $y(0) = 0$，$y'(0) = 0$. 令 $y' = p(x)$，则

$$k(1 - x) p' = \sqrt{1 + p^2}$$

分离变量得

$$\frac{\mathrm{d}p}{\sqrt{1 + p^2}} = \frac{\mathrm{d}x}{k(1 - x)}$$

积分并由 $p(0) = 0$，得

$$p + \sqrt{1 + p^2} = (1 - x)^{-\frac{1}{k}}$$

根式有理化得

$$p - \sqrt{1 + p^2} = (1 - x)^{\frac{1}{k}}$$

两式相加得

$$p = \frac{(1 - x)^{\frac{1}{k}} + (1 - x)^{-\frac{1}{k}}}{2}$$

即

$$y' = \frac{(1 - x)^{\frac{1}{k}} + (1 - x)^{-\frac{1}{k}}}{2}$$

当 $k = 1$ 时，

$$y = -\frac{1}{2}\ln(1 - x) + \frac{(1 - x)^2}{4} - \frac{1}{4}$$

当 $k \neq 1$ 时，$\qquad y = \dfrac{k}{2} \left[\dfrac{1}{k+1} (1-x)^{\frac{k+1}{k}} - \dfrac{1}{k-1} (1-x)^{\frac{k-1}{k}} \right] + \dfrac{k}{k^2-1}$

因此，如果 $k \leq 1$，则 $\lim\limits_{x \to 1^-} y = +\infty$，猫追不上老鼠；如果 $k > 1$，则 $\lim\limits_{x \to 1^-} y = \dfrac{k}{k^2-1}$，

即猫在 $\left(1, \dfrac{k}{k^2-1} \right)$ 处追上老鼠.

习题 7.3

A 组

求下列可降阶的高阶微分方程的通解：

(1) $y''' = x^2 + \sin x$

(2) $xy'' = y' \ln y'$

(3) $y'' = (y')^3 + y'$

(4) $y'' + \dfrac{1}{1-y} (y')^2 = 0$

(5) $y'' = y' + x$

(6) $xy'' + y' = 0$

B 组

求下列微分方程的特解：

(1) $y^3 y'' + 1 = 0$，$y(1) = 1$，$y'(1) = 0$

(2) $y'' + (y')^2 = 1$，$y(0) = 0$，$y'(0) = 0$

(3) $y'' - a y'^2 = 0$，$y(0) = 0$，$y'(0) = -1$

(4) $2yy'' = 1 + y'^2$，$y(1) = 1$，$y'(1) = -1$

(5) $y'' = e^{2y}$，$y(0) = 0$，$y'(0) = 0$

(6) $y''' = e^{ax}$，$y(1) = y'(1) = y''(1) = 0$

7.4　高阶线性微分方程

高阶线性微分方程解的结构比较简单，在实际问题中应用较多．本节首先介绍函数线性相关与线性无关的概念，然后讨论线性微分方程的解的结构，并在最后介绍线性微分方程通解的存在唯一性定理及全部解与通解的一致性．

7.4.1　函数的线性相关与线性无关

如 7.1 节所述，n 阶微分方程的通解中含有 n 个独立的任意常数．关于任意常数的独立性的一般讨论比较复杂，但对于线性微分方程而言，这种独立性可以归结为关于函数的线性相关和线性无关的讨论．

设 $y_1(x), y_2(x), \cdots, y_n(x)$ 在区间 I 上连续，如果存在 n 个不全为零的常数 $k_1, k_2, \cdots, k_n$，使得它们的线性组合

$$k_1 y_1(x) + k_2 y_2(x) + \cdots + k_n y_n(x) \equiv 0, \quad x \in I$$

成立，则称这 n 个函数在区间 I 上**线性相关**，否则称**线性无关**．

例 7.22　证明：函数 $\cos^2 x, \sin^2 x, \cos 2x$ 在 $(-\infty, +\infty)$ 上线性相关．

证明　由三角函数恒等式

$$1 \cdot \cos^2 x + (-1) \cdot \sin^2 x + (-1) \cdot \cos 2x \equiv 0$$

有 $\cos^2 x, \sin^2 x, \cos 2x$ 线性相关．

例 7.23　证明：函数 $1, x, x^2, \cdots, x^{n-1}$ 在 $(-\infty, +\infty)$ 上线性无关．

证明　假设

$$k_1 + k_2 x + \cdots + k_n x^{n-1} \equiv 0, \quad x \in (-\infty, +\infty)$$

由于两个多项式相等的充分必要条件是对应项系数相等，因此 $k_1 = k_2 = \cdots = k_n = 0$．故 $1, x, x^2, \cdots, x^{n-1}$ 在 $(-\infty, +\infty)$ 上线性无关．

例 7.24　设 $y_1(x), y_2(x)$ 可微，且

$$y_1(0) = 1, \quad y_1'(0) = 0, \quad y_2(0) = 0, \quad y_2'(0) = 1$$

证明：$y_1(x), y_2(x)$ 线性无关．

证明　设 $k_1 y_1(x) + k_2 y_2(x) \equiv 0$．令 $x = 0$，得 $k_1 = 0$．两边同时对 x 求导，有

$$k_2 y_2'(x) \equiv 0$$

上式中令 $x = 0$，得 $k_2 = 0$，即 $k_1 = k_2 = 0$，所以 $y_1(x), y_2(x)$ 线性无关．证毕．

n 个函数 $y_1(x), y_2(x), \cdots, y_n(x)$ 线性相关是说，这组函数中至少有一个函数可以用其他的函数线性表示．例如，假设 $y_1(x)$ 和 $y_2(x)$ 线性相关，则存在

不全为零的常数 k_1, k_2，使得 $k_1 y_1(x) + k_2 y_2(x) \equiv 0, x \in I$. 只考虑 $k_1 \neq 0$ 的情况，有 $y_1(x) = -\dfrac{k_2}{k_1} y_2(x)$，即 $y_1(x)$ 可以由 $y_2(x)$ 线性表示. 设 C_1, C_2 为任意常数，则

$$C_1 y_1(x) + C_2 y_2(x) = -C_1 \frac{k_2}{k_1} y_2(x) + C_2 y_2(x) = C_3 y_2(x)$$

这说明，只用一个任意常数 C_3，以及 $C_3 y_2(x)$ 就可以表示出 $y_1(x)$ 和 $y_2(x)$ 的所有线性组合 $C_1 y_1(x) + C_2 y_2(x)$，因此，C_1, C_2 不是独立的任意常数.

7.4.2　线性微分方程解的结构

n 阶非齐次线性微分方程的一般形式为

$$y^{(n)} + a_1(x) y^{(n-1)} + \cdots + a_{n-1}(x) y' + a_n(x) y = f(x) \tag{7-7}$$

式中，$a_1(x), \cdots, a_{n-1}(x), a_n(x), f(x)$ 为已知的连续函数，且 $f(x)$ 不恒为零. 称

$$y^{(n)} + a_1(x) y^{(n-1)} + \cdots + a_{n-1}(x) y' + a_n(x) y = 0 \tag{7-8}$$

为方程（7-7）对应的 n 阶齐次线性微分方程.

特别地，二阶非齐次线性微分方程记为

$$y'' + P(x) y' + Q(x) y = f(x) \tag{7-9}$$

式中，$f(x)$ 不恒为零. 而方程

$$y'' + P(x) y' + Q(x) y = 0 \tag{7-10}$$

称为方程（7-9）对应的**二阶齐次线性微分方程**.

定理 7.1　设函数 y^* 是二阶非齐次线性微分方程（7-9）的一个特解，函数 y_1, y_2 是方程（7-9）对应的二阶齐次线性方程（7-10）的两个线性无关的特解，则

（1）$y = C_1 y_1 + C_2 y_2$ 是方程（7-10）的通解，其中 C_1, C_2 是任意常数.

（2）$y = C_1 y_1 + C_2 y_2 + y^*$ 是方程（7-9）的通解，其中 C_1, C_2 是任意常数.

证明　（1）首先，证明 $y = C_1 y_1 + C_2 y_2$ 是方程（7-10）的解.

由 y_1, y_2 是方程（7-10）的特解，有

$$y_1'' + P(x) y_1' + Q(x) y_1 = 0, \quad y_2'' + P(x) y_2' + Q(x) y_2 = 0$$

由 $y = C_1 y_1 + C_2 y_2$，有

$$y' = C_1 y_1' + C_2 y_2', \quad y'' = C_1 y_1'' + C_2 y_2''$$

将它们代入方程（7-10）

$$左边 = C_1 y_1'' + C_2 y_2'' + P(x)(C_1 y_1' + C_2 y_2') + Q(x)(C_1 y_1 + C_2 y_2)$$
$$= C_1[y_1'' + P(x)y_1' + Q(x)y_1] + C_2[y_2'' + P(x)y_2' + Q(x)y_2]$$
$$= 0 = 右边$$

因此，$y = C_1 y_1 + C_2 y_2$ 是方程（7-10）的解．因为函数 y_1, y_2 线性无关，所以 C_1，C_2 是独立的任意常数．故 $y = C_1 y_1 + C_2 y_2$ 是方程（7-10）的通解．

（2）类似验证 $y = C_1 y_1 + C_2 y_2 + y^*$ 是方程（7-9）的解即可．

由定理 7.1，求方程（7-10）的通解，只需要求出它的两个线性无关的特解；求方程（7-9）的通解，则需要求出它的一个特解及其对应方程（7-10）的两个线性无关的特解．

一般地，如果 y^* 是 n 阶非齐次线性微分方程（7-7）的一个特解，函数 y_1，$y_2, \cdots, y_n$ 是其对应的齐次线性方程（7-8）的 n 个线性无关的特解，则 $C_1 y_1 + C_2 y_2 + \cdots + C_n y_n$ 是方程（7-8）的通解，$C_1 y_1 + C_2 y_2 + \cdots + C_n y_n + y^*$ 是方程（7-7）的通解，其中 $C_1, C_2, \cdots, C_n$ 是任意常数．

定理 7.2 **（叠加原理）** 设 y_1 与 y_2 分别是方程

$$y'' + P(x)y' + Q(x)y = f_1(x)$$

和

$$y'' + P(x)y' + Q(x)y = f_2(x)$$

的解，则 $y = y_1 + y_2$ 是方程

$$y'' + P(x)y' + Q(x)y = f_1(x) + f_2(x)$$

的解．

证明留给读者作为练习．

叠加原理对一般的 n 阶非齐次线性方程同样成立，它的意义在于，当方程的非齐次项 $f(x)$ 是几个函数的和时，我们可以对每个函数分别求解，然后相加得到原方程的解．

定理 7.3 设 $y^* = y_1^* + \mathrm{i} y_2^*$ 为非齐次线性方程

$$y'' + P(x)y' + Q(x)y = f_1(x) + \mathrm{i} f_2(x)$$

的解，其中 $P(x)$，$Q(x)$，y_1^*，y_2^*，$f_1(x)$，$f_2(x)$ 都是实函数，则 y_1^* 和 y_2^* 分别是方程

$$y'' + P(x)y' + Q(x)y = f_1(x)$$

和

$$y'' + P(x)y' + Q(x)y = f_2(x)$$

的解．

定理 7.3 对一般的 n 阶非齐次线性方程也成立，它的意义在于，我们可以通

过求一个带复数项的方程的特解, 同时得到两个实方程的特解.

*7.4.3　线性微分方程解的存在唯一性

我们首先给出齐次线性微分方程解的存在唯一性定理.

定理 7.4　**(解的存在唯一性定理)**　设函数 $a_k(x)$　$(k=1,2,\cdots,n)$ 在区间 I 上连续, $x_0 \in I$, 则对于任意一组给定的实数 $C_0, C_1, \cdots, C_n$, 方程

$$y^{(n)} + a_1(x)y^{(n-1)} + \cdots + a_{n-1}(x)y' + a_n(x)y = 0$$

都在区间 I 上存在唯一一个满足初始条件

$$y(x_0) = C_0, y'(x_0) = C_1, \cdots, y^{(n)}(x_0) = C_n$$

的解 $y(x)$.

证明略.

考察齐次线性微分方程 $y'' + P(x)y' + Q(x)y = 0$, 其中 $P(x), Q(x)$ 在区间 I 上连续. 设 $x_0 \in I$, 由解的存在唯一性定理, 存在方程 $y'' + P(x)y' + Q(x)y = 0$ 的两个特解 $y_1(x)$, $y_2(x)$, 满足 $y_1(x_0) = 1, y_1'(x_0) = 0, y_2(x_0) = 0, y_2'(x_0) = 1$.

容易验证 $y_1(x), y_2(x)$ 线性无关, 因而 $C_1 y_1(x) + C_2 y_2(x)$ 是方程的通解.

设 $y = y(x)$ 是 $y'' + P(x)y' + Q(x)y = 0$ 的任意一个解, 令

$$y^*(x) = y(x_0)y_1(x) + y'(x_0)y_2(x)$$

则 $y(x_0) = y^*(x_0), y'(x_0) = y^{*'}(x_0)$, 即 $y(x)$ 与 $y^*(x)$ 满足相同的初始条件. 由解的存在唯一性定理, 有

$$y(x) = y^*(x) = y(x_0)y_1(x) + y'(x_0)y_2(x)$$

这说明 $y'' + P(x)y' + Q(x)y = 0$ 的任意一个解都可以由它的通解表示.

一般地, **线性微分方程的通解是它的全部解.**

习题 7.4

A 组

1. 验证 $y_1 = e^{x^2}$ 及 $y_2 = xe^{x^2}$ 都是方程 $y'' - 4xy' + (4x^2 - 2)y = 0$ 的解, 并求该方程的通解.

2. 验证 $y_1 = \cos\omega x$ 及 $y_2 = \sin\omega x$ 都是方程 $y'' + \omega^2 y = 0$ 的解, 并求该方程的通解.

3. 设 $y_1 = x, y_2 = x + e^{2x}, y_3 = x(1 + e^{2x})$ 是某二阶线性非齐次微分方程的特解, 求该方程的通解.

4. 证明: $y = C_1 x + C_2 e^x - (x^2 + x + 1)$ 为方程 $(x-1)y'' - xy' + y = (x-1)^2$ 的通解. (C_1、C_2 为任意常数)

5. 证明: 设 y_1^*、y_2^* 是二阶线性非齐次方程 $y'' + P(x)y' + Q(x)y = f(x)$ 的两个任意解, 则 $y = y_1^* - y_2^*$ 是对应的齐次方程的解.

6. 设 $y_1 = x$ 和 $y_2 = x^2$ 是微分方程 $y'' + p(x)y' + q(x)y = 0$ 的两个解, 求该方程的通解, 并

写出该方程的具体形式.

B 组

1. 已知 $y_1 = e^x$ 是齐次线性方程 $(2x - 1)y'' - (2x + 1)y' + 2y = 0$ 的一个解，求该方程的通解.

2. 已知齐次线性方程 $y'' + y = 0$ 的通解为 $y = C_1 \cos x + C_2 \sin x$，求二阶线性非齐次方程 $y'' + y = \sec x$ 的通解.（C_1、C_2 为任意常数）

7.5　常系数齐次线性微分方程

我们主要讨论二阶常系数齐次线性微分方程的解法，并把这样的解法应用到一般的常系数齐次线性微分方程.

7.5.1　二阶常系数齐次线性微分方程

二阶常系数齐次线性微分方程的一般形式为

$$y'' + py' + qy = 0 \tag{7-11}$$

式中，p，q 为常数.

依照线性微分方程解的结构理论，只要求出方程（7-11）的两个线性无关的特解，就可以得到方程（7-11）的通解，也是全部解.

为叙述方便，我们称

$$\varphi(r) = r^2 + pr + q$$

为方程（7-11）的**特征多项式**，称 $\varphi(r) = 0$ 为方程（7-11）的**特征方程**，称 $\varphi(r) = 0$ 的根为方程（7-11）的**特征根**.

我们首先考察一阶常系数齐次线性微分方程 $y' + ay = 0$. 分离变量并积分得到方程 $y' + ay = 0$ 的一个特解为

$$y = \mathrm{e}^{-ax}$$

于是，我们猜测方程（7-11）的特解也可以写成 $y = \mathrm{e}^{rx}$ 的形式.

令 $y = \mathrm{e}^{rx}$，代入方程（7-11），得

$$(r^2 + pr + q) \cdot \mathrm{e}^{rx} = \varphi(r) \cdot \mathrm{e}^{rx} = 0$$

因为 $\mathrm{e}^{rx} \neq 0$，故有

$$\varphi(r) = r^2 + pr + q = 0$$

因此，$y = \mathrm{e}^{rx}$ 是方程 $y'' + py' + qy = 0$ 的解等价于 r 是特征方程 $r^2 + pr + q = 0$ 的根.

根据特征根的三种不同的情形分别讨论如下.

情形 1　特征方程有两个不相等的实根

$$r_1 = \frac{-p + \sqrt{p^2 - 4q}}{2}$$

$$r_2 = \frac{-p - \sqrt{p^2 - 4q}}{2}$$

方程（7-11）的两个线性无关的特解为

$$y_1 = \mathrm{e}^{r_1 x},\ y_2 = \mathrm{e}^{r_2 x}$$

方程（7-11）的通解为

$$y = C_1 \mathrm{e}^{r_1 x} + C_2 \mathrm{e}^{r_2 x}$$

情形 2　特征方程有两个相等的实根为 $r_1 = r_2 = -\dfrac{p}{2}$，此时方程（7-11）

有一个特解为 $y_1 = \mathrm{e}^{r_1 x}$. 设另一个特解为

$$y_2 = u(x)\mathrm{e}^{r_1 x}$$

将 y_2，y_2'，y_2'' 代入原方程化简后得

$$u'' + (2r_1 + p)u' + (r_1^2 + pr_1 + q)u = 0$$

从而 $u'' = 0$，取 $u(x) = x$，则 $y_2 = x\mathrm{e}^{r_1 x}$，所以，方程（7-11）的通解为

$$y = (C_1 + C_2 x)\mathrm{e}^{r_1 x}$$

情形 3　特征方程有一对共轭复根，$r_1 = \alpha + \mathrm{i}\beta$，$r_2 = \alpha - \mathrm{i}\beta$，可得原方程

两个无关解 $y_1 = \mathrm{e}^{(\alpha + \mathrm{i}\beta)x}$ 和 $y_2 = \mathrm{e}^{(\alpha - \mathrm{i}\beta)x}$，利用欧拉公式

$$y_{1,2} = \mathrm{e}^{\alpha x}(\cos\beta x \pm \mathrm{i}\sin\beta x)$$

并由齐次方程解的叠加原理，知

$$\overline{y}_1 = \frac{1}{2}(y_1 + y_2) = \mathrm{e}^{\alpha x}\cos\beta x$$

$$\overline{y}_2 = \frac{1}{2\mathrm{i}}(y_1 - y_2) = \mathrm{e}^{\alpha x}\sin\beta x$$

也是齐次方程的解（一般习惯两个线性无关解都用实函数），且它们线性无关.
得到齐次方程的通解为

$$y = \mathrm{e}^{\alpha x}(C_1 \cos\beta x + C_2 \sin\beta x)$$

综上所述，我们得出二阶常系数齐次线性微分方程求通解的一般步骤：

（1）写出相应的特征方程，并求出特征根.

（2）根据特征根的不同情况，得到相应的通解（见下表）.

特征根的情况	通解的表达式
两不等实根 $r_1 \neq r_2$	$y = C_1 \mathrm{e}^{r_1 x} + C_2 \mathrm{e}^{r_2 x}$
两相等实根 $r_1 = r_2$	$y = (C_1 + C_2 x)\mathrm{e}^{r_1 x}$
共轭复根 $r_{1,2} = \alpha \pm \mathrm{i}\beta$	$y = \mathrm{e}^{\alpha x}(C_1 \cos\beta x + C_2 \sin\beta x)$

例 7.25　求方程 $y'' + 2y' - 3y = 0$ 的通解.

解　特征方程为

$$r^2 + 2r - 3 = 0$$

特征根为

$$r_1 = 1, \quad r_2 = -3$$

故所求通解为

$$y = C_1 \mathrm{e}^x + C_2 \mathrm{e}^{-3x}$$

由于线性微分方程的通解就是其全部解，求线性微分方程满足某个初始条件的特解可以分为两步：

（1）求方程的通解；

（2）代入初始条件确定通解中的任意常数.

例 7.26　求方程 $y'' + 4y' + 4y = 0$ 满足初始条件 $y(0) = 1, y'(0) = 2$ 的特解.

解　第一步　先求通解. 特征方程为

$$r^2 + 4r + 4 = 0$$

特征根为

$$r_1 = r_2 = -2$$

故所求通解为

$$y = (C_1 + C_2 x) \mathrm{e}^{-2x}$$

第二步　确定常数 C_1, C_2. $y' = (C_2 - 2C_1 - 2C_2 x) \mathrm{e}^{-2x}$.

由 $y(0) = 1$，$y'(0) = 2$，得

$$\begin{cases} C_1 = 1 \\ C_2 - 2C_1 = 2 \end{cases}$$

解出 $C_1 = 1$，$C_2 = 4$. 所求特解为

$$y = (1 + 4x) \mathrm{e}^{-2x}$$

例 7.27　求方程 $y'' + 2y' + 5y = 0$ 的通解.

解　特征方程为

$$r^2 + 2r + 5 = 0$$

特征根为

$$r_{1,2} = -1 \pm 2\mathrm{i}$$

故所求通解为

$$y = \mathrm{e}^{-x}(C_1 \cos 2x + C_2 \sin 2x)$$

下面我们介绍一个实际应用中的例子.

例 7.28　**（振动问题）**　设有一个弹簧系统，弹簧的一端固定，另一端系有质量为 m 的物体，整个系统放在某种介质中. 物体受力的作用沿 x 轴运动，其平衡位置取为坐标原点 O，一旦物体离开平衡位置，则它在弹簧的弹性回复力和介质阻力的作用下，在平衡位置附近沿 x 轴做直线运动，其位置 x 随时间 t 变化. 设弹簧回复力与弹簧变形成正比，介质阻力与运动的方向相反，而且和物

体运动的速度成正比，试确定物体的运动规律，即物体的位置函数 $x = x(t)$.

解 由牛顿第二定律，得

$$m \frac{\mathrm{d}^2 x}{\mathrm{d}t^2} = -kx - c \frac{\mathrm{d}x}{\mathrm{d}t}$$

其中 $k > 0$ ，为弹簧的劲度系数，$c > 0$ ，为介质阻尼系数. 即

$$m \frac{\mathrm{d}^2 x}{\mathrm{d}t^2} + kx + c \frac{\mathrm{d}x}{\mathrm{d}t} = 0$$

这是一个二阶常系数齐次线性微分方程. 其特征方程为

$$mr^2 + cr + k = 0$$

特征根为

$$r_{1,2} = \frac{-c \pm \sqrt{c^2 - 4mk}}{2m}$$

以下根据特征方程根的不同，分三种情况讨论如下.

（1）$c^2 - 4mk > 0$（超阻尼）

此时特征方程有两个相异负实根 r_1 和 r_2 ，故方程的通解为

$$x(t) = C_1 \mathrm{e}^{r_1 t} + C_2 \mathrm{e}^{r_2 t}$$

当 $t \to +\infty$ 时，$x(t) \to 0$. 这表明，在阻尼系数较大的超阻尼介质（如油或糖浆）中，物体运动受到的阻力较大，物体最终将趋向于平衡位置，而不发生振动现象，如图 7-2 所示.

（2）$c^2 - 4mk = 0$（临界阻力）

此时特征方程有两个相同的负实根 $r_1 = r_2$ ，故方程的通解为

$$x(t) = (C_1 + C_2 t) \mathrm{e}^{r_1 t}$$

在临界阻力的介质中，物体最终也将趋向于平衡位置，而不发生振动现象，如图 7-3 所示.

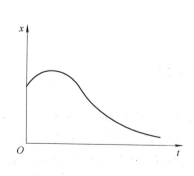

图 7-2

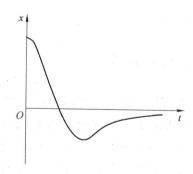

图 7-3

（3）$c^2 - 4mk < 0$（低阻尼）

此时特征方程有两个共轭复根 $r_{1,2} = \alpha \pm i\beta$，其实部 $\alpha < 0$，故方程的通解为

$$x(t) = e^{\alpha t}(C_1 \cos\beta t + C_2 \sin\beta t) = Ae^{\alpha t}\sin(\beta t + \varphi)$$

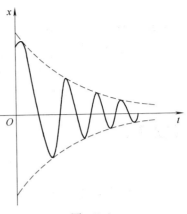

图　7-4

其中 $A = \sqrt{C_1^2 + C_2^2}$，$\varphi = \arctan\dfrac{C_1}{C_2}$．由此可知，在低阻尼的介质中，物体在平衡位置附近产生振动，但振动的振幅 $Ae^{\alpha t}$ 当 $t \to +\infty$ 时趋于零，故物体最终也将趋向于平衡位置，如图 7-4 所示．

7.5.2　n 阶常系数齐次线性微分方程

n 阶常系数齐次线性微分方程的一般形式为

$$y^{(n)} + a_1 y^{(n-1)} + \cdots + a_{n-1}y' + a_n y = 0$$

其中 $a_1, \cdots, a_{n-1}, a_n$ 为常数．它的特征多项式为

$$\varphi(r) = r^n + a_1 r^{n-1} + \cdots + a_{n-1}r + a_n$$

如果能够求出特征方程 $\varphi(r) = r^n + a_1 r^{n-1} + \cdots + a_{n-1}r + a_n = 0$ 的所有特征根，也就可以直接写出方程的通解（见下表，详细讨论略）．

特征根的情况	通解中的对应项
若 r 是 k 重实数根	$(C_0 + C_1 x + \cdots + C_{k-1}x^{k-1})e^{rx}$
若 $\alpha \pm i\beta$ 是 k 重共轭复根	$[(C_0 + C_1 x + \cdots + C_{k-1}x^{k-1})\cos\beta x +$ $(D_0 + D_1 x + \cdots + D_{k-1}x^{k-1})\sin\beta x]e^{\alpha x}$

例 7.29　求 $y^{(4)} - y = 0$ 的通解．

解　特征方程为 $r^4 - 1 = 0$．解这个一元四次方程，得出特征根为

$$r_1 = 1, r_2 = -1, r_{3,4} = \pm i$$

因此，方程的通解为

$$y = C_1 e^x + C_2 e^{-x} + C_3 \sin x + C_4 \cos x$$

例 7.30　已知一个常系数线性微分方程的通解为

$$y = C_1 e^x + C_2 x e^x + C_3 \sin 2x + C_4 \cos 2x$$

其中 C_1, C_2, C_3, C_4 为任意常数，求这个微分方程．

解　由题设知，$e^x, x e^x, \sin 2x, \cos 2x$ 都是微分方程的特解．容易验证，$e^x, x e^x, \sin 2x, \cos 2x$ 线性无关，故方程为 4 阶，$r = 1$ 是特征方程的 2 重根，$r = \pm 2i$ 是

共轭复根. 因此, 特征方程为

$$(r-1)^2(r^2+4)=0$$

即 $r^4-2r^3+5r^2-8r+4=0$.

所求微分方程为

$$y^{(4)}-2y'''+5y''-8y'+4y=0$$

解 n 阶常系数齐次线性微分方程的主要困难是需要解一元 n 次方程.

习题 7.5

A 组

1. 求下列微分方程的通解:

(1) $y''+y'-2y=0$　　　　　　(2) $y''-4y'=0$

(3) $y''+3y'+2y=0$　　　　　　(4) $y''-6y'+9y=0$

(5) $y''+25y'=0$　　　　　　　(6) $y''+6y'+13y=0$

2. 求下列微分方程的特解:

(1) $y''-3y'-4y=0$, $y(0)=0$, $y'(0)=-5$

(2) $y''-4y'+13y=0$, $y(0)=0$, $y'(0)=3$

B 组

1. 求下列微分方程的通解:

(1) $y^{(4)}-y=0$　　　　　　　(2) $y^{(4)}+2y''+y=0$

2. 求解欧拉方程 $x^2y''+xy'-y=0$. $\left[\text{提示: 令 } x=e^t, \text{ 则 } \dfrac{\mathrm{d}y}{\mathrm{d}x}=\dfrac{\mathrm{d}y}{\mathrm{d}t}\cdot\dfrac{\mathrm{d}t}{\mathrm{d}x}=\dfrac{1}{x}\dfrac{\mathrm{d}y}{\mathrm{d}t},\ \dfrac{\mathrm{d}^2y}{\mathrm{d}x^2}=\right.$

$\left.\dfrac{\mathrm{d}}{\mathrm{d}x}\left(\dfrac{1}{x}\dfrac{\mathrm{d}y}{\mathrm{d}t}\right)=\dfrac{1}{x^2}\left(\dfrac{\mathrm{d}^2y}{\mathrm{d}t^2}-\dfrac{\mathrm{d}y}{\mathrm{d}t}\right)\right]$

7.6 常系数非齐次线性微分方程

本节主要介绍几种二阶常系数非齐次线性微分方程的解法.

7.6.1 二阶常系数非齐次线性微分方程

二阶常系数非齐次线性微分方程的一般形式为

$$y'' + py' + qy = f(x)$$

其中 p, q 为常数, 不恒为 0 的 $f(x)$ 是方程的非齐次项. 我们介绍当 $f(x)$ 为多项式、指数函数、正弦或余弦函数的乘积时方程的解法.

1. 多项式

这种类型的二阶常系数非齐次线性微分方程的标准形式为

$$y'' + py' + qy = P_m(x) \tag{7-12}$$

式中, $P_m(x)$ 是 m 次多项式.

由于多项式的导数才是多项式, 我们猜测这类方程的特解也是多项式.

例 7.31 求下列方程的一个特解:

(1) $y'' = x^2 + 1$

(2) $y'' + y' = x^2 + 1$

(3) $y'' + y' + 3y = x^2 + 1$

解 (1) $y' = \int y'' \mathrm{d}x = \int (x^2 + 1) \mathrm{d}x = \dfrac{1}{3}x^3 + x + C_1$

$$y = \int y' \mathrm{d}x = \int \left(\dfrac{1}{3}x^3 + x + C_1 \right) \mathrm{d}x = \dfrac{1}{12}x^4 + \dfrac{1}{2}x^2 + C_1 x + C_2$$

取 $C_1 = C_2 = 0$, 得**特解**

$$y^* = x^2 \left(\dfrac{1}{12}x^2 + \dfrac{1}{2} \right)$$

(2) 比较方程两边次数, y' 应为二次多项式. 设 $y' = ax^2 + bx + c$, 则 $y'' = 2ax + b$. 代入方程, 得

$$(2ax + b) + (ax^2 + bx + c) = x^2 + 1$$

整理, 得

$$ax^2 + (2a + b)x + b + c = x^2 + 1$$

比较系数, 得

$$\begin{cases} a = 1 \\ 2a + b = 0 \\ b + c = 1 \end{cases}$$

解得 $a = 1$，$b = -2$，$c = 3$，即

$$y' = x^2 - 2x + 3$$

$$y = \int y' \mathrm{d}x = \int (x^2 - 2x + 3)\,\mathrm{d}x = \frac{1}{3}x^3 - x^2 + 3x + C$$

取 $C = 0$，得**特解**

$$y^* = x\left(\frac{1}{3}x^2 - x + 3\right)$$

（3）比较方程两边次数，y 应为二次多项式. 设 $y^* = ax^2 + bx + c$ 是方程的特解. 求导得 $y^{*\prime} = 2ax + b$，$y^{*\prime\prime} = 2a$. 代入方程，得

$$2a + 2ax + b + 3(ax^2 + bx + c) = x^2 + 1$$

整理，得

$$3ax^2 + (2a + 3b)x + 2a + b + 3c = x^2 + 1$$

比较系数，得

$$\begin{cases} 3a = 1 \\ 2a + 3b = 0 \\ 2a + b + 3c = 1 \end{cases}$$

解得 $a = \dfrac{1}{3}$，$b = -\dfrac{2}{9}$，$c = \dfrac{5}{27}$. 即**特解**

$$y^* = \frac{1}{3}x^2 - \frac{2}{9}x + \frac{5}{27}$$

总结上例的特解形式，我们得出：

方程 $y'' + py' + qy = P_m(x)$ 的特解形式为

$$y^* = x^k Q_m(x)$$

其中 $Q_m(x)$ 为 m 次待定多项式，k 是方程中出现的 y 的导数的最低阶数.

更一般地，我们有下面的结论：

方程 $y^{(n)} + a_1 y^{(n-1)} + \cdots + a_n y = P_m(x)$ 的特解形式为

$$y^* = x^k Q_m(x)$$

其中 $Q_m(x)$ 为 m 次待定多项式，k 是方程中出现的导数的最低阶数.

*例 7.32　求方程 $y^{(6)} + y''' + y'' = x^2 + 1$ 的一个特解.

解　方程中出现的最低阶导数是 y''，设 $y'' = ax^2 + bx + c$. 于是

$$y''' = 2ax + b, \quad y^{*(6)} = 0$$

代入方程，得

$$ax^2 + (2a + b)x + b + c = x^2 + 1$$

比较系数，解出 $a = 1$，$b = -2$，$c = 3$. 两次积分，特解为

$$y^* = \frac{1}{12}x^4 - \frac{1}{3}x^3 + \frac{3}{2}x^2$$

2. 多项式与指数函数的乘积

这种类型的二阶常系数非齐次线性微分方程的标准形式为

$$y'' + py' + qy = P_m(x)e^{\lambda x}$$

其中 $P_m(x)$ 是 m 次多项式，$\lambda \neq 0$ 是常数.

做变量代换 $y = ze^{\lambda x}$ 化为多项式类型.

例 7.33　求方程 $y'' + 5y' + 6y = xe^{2x}$ 的一个特解.

解　令 $y = ze^{2x}$，则

$$y' = [z' + 2z]e^{2x}$$
$$y'' = [z'' + 4z' + 4z]e^{2x}$$

代入方程，整理得

$$z'' + 9z' + 20z = x$$

此方程为以 z 为未知函数的多项式类型. 设 $z = ax + b$，则

$$9a + 20(ax + b) = x$$

比较系数，得 $\begin{cases} 20a = 1 \\ 9a + 20b = 0 \end{cases}$，解得 $a = \frac{1}{20}$，$b = -\frac{9}{400}$. 即 $z = \frac{1}{20}x - \frac{9}{400}$，原方程的一个特解为

$$y = \left(\frac{1}{20}x - \frac{9}{400}\right)e^{2x}$$

例 7.34　求微分方程 $y'' + 3y' + 2y = xe^{-x}$ 的通解.

解　特征方程为 $r^2 + 3r + 2 = 0$，解得 $r_1 = -1$，$r_2 = -2$. 对应齐次微分方程的通解为

$$Y = C_1 e^{-x} + C_2 e^{-2x}$$

令 $y = z e^{-x}$，则

$$y' = [z' - z] e^{-x}$$
$$y'' = [z'' - 2z' + z] e^{-x}$$

代入方程，整理得

$$z'' + z' = x$$

设 $z = ax^2 + bx$，则

$$2a + 2ax + b = x$$

解得 $a = \dfrac{1}{2}, b = -1$，即 $z = \dfrac{1}{2}x^2 - x$. 所以，原方程一个特解为

$$y^* = \left(\frac{1}{2}x^2 - x \right) e^{-x}$$

原方程的通解为

$$y = C_1 e^{-x} + C_2 e^{-2x} + \left(\frac{1}{2}x^2 - x \right) e^{-x}$$

例 7.35　（二阶常系数非齐次线性微分方程的特解形式）

求二阶常系数非齐次线性微分方程 $y'' + py' + qy = P_m(x) e^{\lambda x}$ 的特解形式，其中 p, q, λ 为常数，$P_m(x)$ 为 m 次多项式.

解　令 $y = z e^{\lambda x}$，则

$$y' = (z' + \lambda z) e^{\lambda x}$$
$$y'' = (z'' + 2\lambda z' + \lambda^2 z) e^{\lambda x}$$

代入原方程，整理得

$$[z'' + (2\lambda + p)z' + (\lambda^2 + p\lambda + q)z] e^{\lambda x} = P_m(x) e^{\lambda x}$$

消去 $e^{\lambda x}$，得到

$$z'' + (2\lambda + p)z' + (\lambda^2 + p\lambda + q)z = P_m(x)$$

注意到方程的特征多项式为 $\varphi(r) = r^2 + pr + q$，$\varphi'(r) = 2r + p$，上式可简记为

$$z'' + \varphi'(\lambda)z' + \varphi(\lambda)z = P_m(x) \tag{7-13}$$

方程（7-13）即为非齐次项，是多项式的类型.

因此，方程的特解形如 $y^* = x^k Q_m(x) e^{\lambda x}$，其中 $Q_m(x)$ 是 m 次待定多项式，k 是方程（7-13）中出现的未知函数 z 的导数的最低阶数，即

$$k = \begin{cases} 0 & \varphi(\lambda) \neq 0 \\ 1 & \varphi(\lambda) = 0, \varphi'(\lambda) \neq 0 \\ 2 & \varphi(\lambda) = 0, \varphi'(\lambda) = 0 \end{cases}$$

注　对于二阶常系数非齐次线性微分方程 $y'' + py' + qy = P_m(x)e^{\lambda x}$，利用方程（7-13）可以有效减少求特解的计算量.

例 7.36　求方程 $y'' - 2y' + y = (x-1)e^x$ 的通解，并求满足条件 $y(1) = y'(1) = 1$ 的特解.

解　**第一步　求对应齐次微分方程通解**

特征方程为 $r^2 - 2r + 1 = 0$，解得 $r = 1$（重根）. 对应齐次微分方程通解为
$$Y = (C_1 + C_2 x)e^x$$

第二步　求非齐次微分方程通解.

特征多项式为 $\varphi(r) = r^2 - 2r + 1$. 令 $y = ze^x$，则原方程化为
$$z'' + \varphi'(1)z' + \varphi(1)z = x - 1$$

其中 $\varphi(1) = 1^2 - 2 \times 1 + 1 = 0$，$\varphi'(1) = 2 \times 1 - 2 = 0$，即
$$z'' = x - 1$$

得特解
$$z = \frac{1}{6}x^3 - \frac{1}{2}x^2$$

因此，原方程的一个特解为
$$y^* = \frac{x^3}{6}e^x - \frac{x^2}{2}e^x$$

故原方程的通解为
$$y = (C_1 + C_2 x)e^x + \frac{x^3}{6}e^x - \frac{x^2}{2}e^x$$

第三步　确定非齐次微分方程满足初始条件的特解.

对上式求导，得
$$y' = \left[(C_1 + C_2) + (C_2 - 1)x + \frac{x^3}{6} \right]e^x$$

将条件 $y(1) = 1$，$y'(1) = 1$ 分别代入，得联立方程
$$\begin{cases} C_1 + C_2 = \dfrac{1}{e} + \dfrac{1}{3} \\[2mm] C_1 + 2C_2 = \dfrac{1}{e} + \dfrac{5}{6} \end{cases}$$

解得

39

$$\begin{cases} C_1 = \dfrac{1}{\mathrm{e}} - \dfrac{1}{6} \\[3mm] C_2 = \dfrac{1}{2} \end{cases}$$

所以原方程满足初始条件的特解为

$$y = \left(\frac{1}{\mathrm{e}} - \frac{1}{6} + \frac{1}{2}x - \frac{x^2}{2} + \frac{x^3}{6} \right)\mathrm{e}^x$$

上述求特解的方法对更高阶的齐次线性微分方程也适用.

*例7.37　求方程 $y^{(5)} + 2y'' + y = x^2\mathrm{e}^{-x}$ 的一个特解.

解　令 $y = z\mathrm{e}^{-x}$，求各阶导数并代入方程，整理得

$$z^{(5)} + 5z^{(4)} + 10z''' - 8z'' + z' + 2z = x^2$$

设 $z = ax^2 + bx + c$. 代入上式，解得

$$z = \frac{1}{2}x^2 - \frac{1}{2}x + \frac{17}{4}$$

原方程的一个特解为

$$y^* = \left(\frac{1}{2}x^2 - \frac{1}{2}x + \frac{17}{4} \right)\mathrm{e}^{-x}$$

注　对于 n 阶常系数非齐次线性微分方程

$$y^{(n)} + a_1 y^{(n-1)} + \cdots + a_n y = P_m(x)\mathrm{e}^{\lambda x}$$

做变量代换 $y = z\mathrm{e}^{\lambda x}$，求导并代入方程整理后得到

$$\sum_{l=0}^{n} \frac{\varphi^{(l)}(\lambda)}{l!} z^{(l)} = P_m(x)$$

可以直接利用这个式子求特解.

3. 多项式、指数函数与正弦或余弦函数的乘积

简单起见，我们只以二阶常系数非齐次线性微分方程为例进行讨论，其基本形式为

$$y'' + py' + qy = P_m(x)\mathrm{e}^{\alpha x}\cos\beta x$$

或
$$y'' + py' + qy = P_m(x)\mathrm{e}^{\alpha x}\sin\beta x$$

其中 $P_m(x)$ 是 m 次实系数多项式，p,q,α,β 是实数.

令 $\lambda = \alpha + \mathrm{i}\beta$，则

$$\mathrm{e}^{\lambda x} = \mathrm{e}^{\alpha x}\cos\beta x + \mathrm{i}\mathrm{e}^{\alpha x}\sin\beta x$$

由线性微分方程解的结构理论，

$$y'' + py' + qy = P_m(x)\mathrm{e}^{\lambda x}$$

的解的实部和虚部分别是方程

$$y'' + py' + qy = P_m(x)\mathrm{e}^{\alpha x}\cos\beta x$$

和方程

$$y'' + py' + qy = P_m(x)\mathrm{e}^{\alpha x}\sin\beta x$$

的解.

方程 $y'' + py' + qy = P_m(x)\mathrm{e}^{\lambda x}$ 的特解求法与前面的讨论完全相同，只不过加入了复数的运算，其**求导法则与实数相同**.

例 7.38　求方程 $y'' + y' + y = \mathrm{e}^x\sin x$ 的通解.

解　特征多项式为 $\varphi(r) = r^2 + r + 1$. 解特征方程 $\varphi(r) = r^2 + r + 1 = 0$，得 $r = \dfrac{-1 \pm \sqrt{3}\mathrm{i}}{2}$，故对应的齐次方程的通解为

$$Y = \mathrm{e}^{-\frac{1}{2}x}\left(C_1\cos\frac{\sqrt{3}}{2}x + C_2\sin\frac{\sqrt{3}}{2}x\right)$$

令 $\lambda = 1 + \mathrm{i}$，先解方程

$$y'' + y' + y = \mathrm{e}^{\lambda x}$$

令 $y = z\mathrm{e}^{\lambda x}$，则方程化为

$$z'' + \varphi'(\lambda)z' + \varphi(\lambda)z = x^2$$

其中，$\varphi(\lambda) = (1+\mathrm{i})^2 + (1+\mathrm{i}) + 1 = 2 + 3\mathrm{i}$，$\varphi'(\lambda) = 2(1+\mathrm{i}) + 1 = 3 + 2\mathrm{i}$，即

$$z'' + (3+2\mathrm{i})z' + (2+3\mathrm{i})z = 1$$

解出一个特解

$$z = \frac{2}{13} - \frac{3}{13}\mathrm{i}$$

方程 $y'' + y' + y = \mathrm{e}^{\lambda x}$ 的一个特解为

$$y = z\mathrm{e}^{\lambda x} = \frac{1}{13}(2-3\mathrm{i})\mathrm{e}^{(1+\mathrm{i})x}$$

$$= \frac{1}{13}(2-3\mathrm{i})\mathrm{e}^x(\cos x + \mathrm{i}\sin x)$$

$$= \frac{1}{13}(2\cos x + 3\sin x)\mathrm{e}^x + \mathrm{i}\frac{1}{13}(2\sin x - 3\cos x)\mathrm{e}^x$$

取其虚部，得方程 $y'' + y' + y = \mathrm{e}^x\sin x$ 的一个特解

$$y^* = \frac{1}{13}\mathrm{e}^x(2\sin x - 3\cos x)$$

所以原方程的通解为

$$y = \mathrm{e}^{-\frac{1}{2}x}\left(C_1\cos\frac{\sqrt{3}}{2}x + C_2\sin\frac{\sqrt{3}}{2}x\right) + \mathrm{e}^x\left(-\frac{3}{13}\cos x + \frac{2}{13}\sin x\right)$$

例 7.39　求方程 $y'' - 2y' + 3y = x^2 e^x \cos x$ 的一个特解.

解　令 $\lambda = 1 + i$, 先解方程

$$y'' - 2y' + 3y = x^2 e^{\lambda x}$$

特征多项式为 $\varphi(r) = r^2 - 2r + 3$. 令 $y = z e^{\lambda x}$, 则方程化为

$$z'' + \varphi'(\lambda) z' + \varphi(\lambda) z = x^2$$

其中, $\varphi(\lambda) = (1+i)^2 - 2(1+i) + 3 = 1$, $\varphi'(\lambda) = 2(1+i) - 2 = 2i$, 即

$$z'' + 2i z' + z = x^2$$

设 $z = ax^2 + bx + c$, 则

$$2a + 2i(2ax + b) + ax^2 + bx + c = x^2$$

比较系数得 $a = 1$, $b = -4i$, $c = -10$. 方程 $y'' - 2y' + 3y = x^2 e^{\lambda x}$ 的一个特解为

$$y^* = (x^2 - 4ix - 10) e^x (\cos x + i \sin x)$$

其实部

$$y_1 = (x^2 - 10) e^x \cos x + 4x e^x \sin x$$

即为原方程的一个特解.

令 $\lambda = \alpha + i\beta$, 由方程 $y'' + py' + qy = P_m(x) e^{\lambda x}$ 的特解形式可以推导出:

方程 $y'' + py' + qy = P_m(x) e^{\alpha x} \cos \beta x$ 和 $y'' + py' + qy = P_m(x) e^{\alpha x} \sin \beta x$ 的特解都具有如下形式:

$$y^* = x^k e^{\alpha x} [Q_m(x) \sin \beta x + R_m(x) \cos \beta x] \tag{7-14}$$

式中, 当 $\varphi(\lambda) = 0$ 时, $k = 1$; 当 $\varphi(\lambda) \neq 0$ 时, $k = 0$; $Q_m(x)$ 和 $R_m(x)$ 为 m 次实系数待定多项式.

例 7.40　求方程 $y'' + y = \cos 2x$ 的特解.

解　特征多项式为 $\varphi(r) = r^2 + 1$.

$$\lambda = 2i, \quad \varphi(2i) = (2i)^2 + 1 = -3 \neq 0$$

故可设特解为 $y^* = a \sin 2x + b \cos 2x$, 则

$$y^{*\prime} = 2a \cos 2x - 2b \sin 2x$$

$$y^{*\prime\prime} = -4a \sin 2x - 4b \cos 2x$$

代入原方程, 得

$$-4a \sin 2x - 4b \cos 2x + a \sin 2x + b \cos 2x = \cos 2x$$

比较系数, 得

$$\begin{cases} a = 0 \\ b = -\dfrac{1}{3} \end{cases}$$

于是，原方程的特解为

$$y = -\frac{1}{3}\cos 2x$$

*7.6.2　欧拉方程

欧拉方程的一般形式为

$$x^n y^{(n)} + a_1 x^{n-1} y^{(n-1)} + \cdots + a_{n-1} x y' + a_n y = f(x) \tag{7-15}$$

由变换 $x = e^t$，得 $t = \ln x$，欧拉方程（7-15）变为关于 y 和 t 的常系数线性微分方程

$$\frac{\mathrm{d}^n y}{\mathrm{d} t^n} + b_1 \frac{\mathrm{d}^{n-1} y}{\mathrm{d} t^{n-1}} + \cdots + b_n = g(t) \tag{7-16}$$

若 $y = \varphi(t)$ 是方程（7-16）的解，则 $y = \varphi(\ln x)$ 是欧拉方程（7-15）的解.

例 7.41　求二阶齐次欧拉方程 $x^2 y'' - xy' + y = 0$ 的通解.

解　由变换 $x = e^t$，得 $t = \ln x$. 于是

$$\frac{\mathrm{d} y}{\mathrm{d} x} = \frac{\mathrm{d} y}{\mathrm{d} t} \cdot \frac{\mathrm{d} t}{\mathrm{d} x} = \frac{1}{x} \cdot \frac{\mathrm{d} y}{\mathrm{d} t}$$

$$\frac{\mathrm{d}^2 y}{\mathrm{d} x^2} = \frac{\mathrm{d}}{\mathrm{d} x}\left(\frac{1}{x} \cdot \frac{\mathrm{d} y}{\mathrm{d} t}\right)$$

$$= -\frac{1}{x^2}\frac{\mathrm{d} y}{\mathrm{d} t} + \frac{1}{x}\frac{\mathrm{d}^2 y}{\mathrm{d} t^2} \cdot \frac{\mathrm{d} t}{\mathrm{d} x}$$

$$= \frac{1}{x^2}\left(\frac{\mathrm{d}^2 y}{\mathrm{d} t^2} - \frac{\mathrm{d} y}{\mathrm{d} t}\right)$$

将变换后的结果分别代回原方程

$$x^2 \cdot \frac{1}{x^2}\left(\frac{\mathrm{d}^2 y}{\mathrm{d} t^2} - \frac{\mathrm{d} y}{\mathrm{d} t}\right) - x \cdot \left(\frac{1}{x} \cdot \frac{\mathrm{d} y}{\mathrm{d} t}\right) + y = 0$$

化简得

$$\frac{\mathrm{d}^2 y}{\mathrm{d} t^2} - 2\frac{\mathrm{d} y}{\mathrm{d} t} + y = 0$$

其特征方程为 $r^2 - 2r + 1 = 0$，特征根为 $r_1 = r_2 = 1$，通解为

$$y = (C_1 t + C_2)e^t$$

原方程的通解为

$$y = (C_1 \ln x + C_2)x$$

习题 7.6

A 组

1. 求下列微分方程的通解：

（1）$2y'' + 5y' = x$

（2）$y'' - 2y' - 3y = 3x + 1$

（3）$2y'' + y' - y = 2e^x$

（4）$y'' + 3y' + 2y = 3xe^{-x}$

（5）$y'' + 4y = x\cos x$

（6）$y'' - 2y' + 5y = e^x \sin 2x$

2. 求下列微分方程的特解：

（1）$y'' - 3y' + 2y = 5$，$y(0) = 1$，$y'(0) = 2$；

（2）$y'' + y = -\sin 2x$，$y(\pi) = 1$，$y'(\pi) = 1$.

B 组

1. 求下列微分方程的通解：

（1）$y'' + y = e^x + \cos x$

（2）$y'' - y = \sin^2 x$

2. 设函数 $y(x)$ 满足方程

$$y(x) = 1 - \frac{1}{3}\int_0^x \left[y''(t) + 2y(t) - 6te^{-t} \right] dt$$

且 $y'(0) = 0$，试确定 $y(x)$.

3. 求解欧拉方程　$x^3 y''' + x^2 y'' - 4xy' = 3x^2$.

综合习题 7

A 组

1. 求以下列函数为通解的微分方程：

（1）$f(x) = C_1 e^x + C_2 e^{2x}$

（2）$f(x) = e^x(C_1 \cos x + C_2 \sin x)$

（3）$f(x) = C_1 x^2 + C_2 x + C_3$

（4）$f(x) = C_1 e^x + C_2 e^{-x} - x$

2. 求解下列微分方程的通解或特解：

（1）$y' + 3y = 8$，$y(0) = 2$

（2）$(1 + x^2)y' = \arctan x$，$y(0) = 0$

（3）$xy' + 2y = x\ln x$，$y(1) = -\dfrac{1}{9}$

（4）$(1 - y)y'' + (y')^2 = 0$

（5）$y'' + 2y' - 3y = e^{-3x}$

（6）$y'' + 4y' + 4y = \cos 2x$

B 组

1. 设方程 $y'' + \alpha y' + \beta y = \gamma e^x$ 的一个特解为 $y_0 = e^{2x} + (1 + x)e^x$，试确定 α、β、γ 的值，并求该方程的解.

2. 设函数 $y(x)$ 连续，且满足方程 $\int_1^x \left[2y(t) + \sqrt{t^2 + y^2(t)} \right] dt = xy(x)$，求 $y(x)$.

3. 设连续函数 $\varphi(x)$ 满足方程 $\varphi(x) = e^x - \int_0^x (x - u)\varphi(u)du$，求 $\varphi(x)$.

4. 设对任意 $x > 0$，曲线 $y = f(x)$ 上的点 $(x, f(x))$ 处的切线在 y 轴上的截距等于

$\dfrac{1}{x}\displaystyle\int_0^x f(t)\,\mathrm{d}t$ ，试求 $f(x)$ 的一般表达式.

5. 已知函数 $f(x)$ 的图像在原点与曲线 $y = x^3 - 3x^2$ 相切，并满足方程

$$f'(x) + 2\int_0^x f(t)\,\mathrm{d}t + 3\left[f(x) + x\mathrm{e}^{-x}\right] = 0$$

求函数 $f(x)$.

6. 设 $y = \mathrm{e}^x$ 是微分方程 $xy' + P(x)y = x$ 的一个解，求该方程满足条件 $y(\ln 2) = 0$ 的特解.

7. 某车间体积为 $12000\mathrm{m}^3$，开始时空气中含有 0.1% 的 CO_2，为了降低车间内空气中 CO_2 的含量，用一台风量为 $2000\mathrm{m}^3/\mathrm{min}$ 的鼓风机通入含 0.03% CO_2 的新鲜空气，同时以同样的风量将混合均匀的空气排出，问鼓风机开动 $6\mathrm{min}$ 后，车间内的 CO_2 百分比降到多少？

8. 微分方程 $y''' - y' = 0$ 的哪一条积分曲线在原点处有拐点，且以 $y = 2x$ 为它的切线？

9. 某湖泊的水量为 V，每年排入湖泊内含有污物 A 的污水量为 $\dfrac{V}{6}$，流入湖泊内不含 A 的水量为 $\dfrac{V}{6}$，流出湖泊水量为 $\dfrac{V}{3}$，已知 1999 年底，湖中 A 的含量为 $5m_0$，超过国家指定标准，为了治理污染，从 2000 年起限定排入湖泊中含 A 污水的浓度不超过 $\dfrac{m_0}{V}$，问至多需要多少年，湖泊中污物 A 的含量降至 m_0 以下（设湖水中的浓度是均匀的）.

第 **8** 章

无 穷 级 数

无穷级数在表达函数、研究函数的性质、数值计算，以及求解微分方程等方面都有重要应用. 研究无穷级数及其和，可以说是研究数列及其极限的另一种形式，但无论是研究极限的存在性还是在计算极限的时候，这种形式都显示出很大的优越性. 本章首先介绍常数项级数，然后介绍函数项级数，包括幂级数和三角级数. 本章的结论与方法将为研究函数与函数的数值计算提供新的重要途径.

8.1 常数项级数的概念和性质

8.1.1 常数项级数的概念

我们从两个例子开始无穷级数的讨论.

1. 芝诺悖论

公元前 5 世纪，芝诺发表了著名的阿基里斯和乌龟赛跑悖论：他提出让乌龟在阿基里斯前面 1000m 处，并且假定阿基里斯的速度是乌龟的 10 倍. 比赛开始后，当阿基里斯跑了 1000m 时，设所用的时间为 t，此时乌龟在他前面 100m；当阿基里斯跑完这个 100m 时，他所用的时间为 $t/10$，乌龟仍然在他前面 10m. 当阿基里斯跑完这个 10m 时，他所用的时间为 $t/100$，乌龟仍然在他前面 1m……

芝诺解说,阿基里斯能够继续逼近乌龟,但绝不可能追上它.

解释这个悖论的方法之一是证明阿基里斯花费的总时间有限. 总时间为

$$t + \frac{t}{10} + \frac{t}{10^2} + \cdots$$

这里的问题是无穷多个数的加法.

2. $[1, +\infty)$ 上的广义积分 $\int_1^{+\infty} f(x)\,\mathrm{d}x$

如果令 $u_n = \int_n^{n+1} f(x)\,\mathrm{d}x$,则

$$\int_1^{+\infty} f(x)\,\mathrm{d}x = u_1 + u_2 + u_3 + \cdots + u_n + \cdots$$

为了讨论这种无穷多个数的"和",我们引入无穷级数的概念.

设 $u_1, u_2, u_3, \cdots, u_n, \cdots$ 是数列,定义

$$\sum_{n=1}^{\infty} u_n = u_1 + u_2 + u_3 + \cdots + u_n + \cdots$$

并称 $\displaystyle\sum_{n=1}^{\infty} u_n$ 为常数项**无穷级数**,简称**常数项级数**,其中 u_n 叫作级数的**一般项**或**通项**.

定义 8.1   级数 $\displaystyle\sum_{n=1}^{\infty} u_n$ 前 n 项的和 $s_n = u_1 + u_2 + u_3 + \cdots + u_n$ 称为该级数的**部分和**. 数列 $\{s_n\}$ 称为级数的部分和数列. 如果数列 $\{s_n\}$ 的极限存在,则称级数 $\displaystyle\sum_{n=1}^{\infty} u_n$ **收敛**. 如果 $\lim\limits_{n\to\infty} s_n = s$,则称 s 为级数的**和**,记为

$$s = \sum_{n=1}^{\infty} u_n$$

如果部分和数列 $\{s_n\}$ 的极限不存在,则称级数 $\displaystyle\sum_{n=1}^{\infty} u_n$ **发散**.

显然,当级数收敛时,部分和 s_n 是和 s 的近似值. 级数和与部分和之差

$$r_n = s - s_n = u_{n+1} + u_{n+2} + \cdots$$

称为级数的**余和**.

当级数 $\displaystyle\sum_{n=1}^{\infty} u_n$ 发散时,没有"和"可言. 尽管级数的概念对我们来说有些陌生,但实际上,我们熟悉的无限小数就可以被看作是一种特殊的级数. 具体地说,给定一个无限小数

$$0.\,a_1 a_2 \cdots a_n \cdots$$

则有

$$0.\,a_1 a_2 \cdots a_n \cdots = \frac{a_1}{10} + \frac{a_2}{10^2} + \cdots \frac{a_n}{10^n} + \cdots = \sum_{n=1}^{\infty} \frac{a_n}{10^n}$$

特别地,

$$0.aa\cdots a\cdots = \sum_{n=1}^{\infty} \frac{a}{10^n} = \frac{a}{10} \sum_{n=1}^{\infty} \frac{1}{10^{n-1}}$$

$$= \frac{a}{10} \lim_{n \to \infty} \frac{1 - \frac{1}{10^n}}{1 - \frac{1}{10}} = \frac{a}{9}$$

例如

$$0.33\cdots 3\cdots = \frac{1}{3}, \ 0.99\cdots 9\cdots = 1$$

下面,我们考察几个简单的级数.

例8.1　无穷级数

$$\sum_{n=0}^{\infty} aq^n = a + aq + aq^2 + \cdots + aq^n + \cdots$$

称为**等比级数**或**几何级数**,其中 $a \neq 0$, q 叫作**级数**的公比. 试讨论等比级数的敛散性.

解　当 $q \neq 1$ 时,等比级数的前 n 项的和为

$$s_n = a + aq + aq^2 + \cdots + aq^{n-1} = \frac{a(1 - q^n)}{1 - q}$$

当 $|q| < 1$ 时, $\lim\limits_{n \to \infty} s_n = \frac{a}{1-q}$, 等比级数收敛,其和为 $\frac{a}{1-q}$, 即

$$\sum_{n=0}^{\infty} aq^n = \frac{a}{1-q}$$

当 $|q| > 1$ 时, $\lim\limits_{n \to \infty} s_n = \infty$, 等比级数发散.

当 $q = 1$ 时, $s_n = na$, 当 $n \to \infty$ 时,数列 s_n 的极限不存在,等比级数发散.

当 $q = -1$ 时, $s_{2n} = 0$, $s_{2n+1} = a$, 当 $n \to \infty$ 时,数列 s_n 的极限不存在,等比级数发散.

综合上述结果得:

当 $|q| < 1$ 时,等比级数收敛,其和为 $\frac{a}{1-q}$; 当 $|q| \geq 1$ 时,等比级数发散.

例8.2　判定级数 $\dfrac{1}{1 \times 2} + \dfrac{1}{2 \times 3} + \cdots + \dfrac{1}{n(n+1)} + \cdots$ 的敛散性.

解　由于

$$s_n = \frac{1}{1 \times 2} + \frac{1}{2 \times 3} + \cdots + \frac{1}{n(n+1)}$$

$$= \left(1 - \frac{1}{2}\right) + \left(\frac{1}{2} - \frac{1}{3}\right) + \cdots + \left(\frac{1}{n} - \frac{1}{n+1}\right)$$

$$= 1 - \frac{1}{n+1}$$

从而 $\lim\limits_{n \to \infty} s_n = 1$，所以该级数收敛，且其和为 1.

8.1.2　收敛级数的基本性质

无穷级数的收敛性是由它的部分和数列的收敛性定义的，因此，由收敛数列的基本性质可以直接得到收敛级数的下列基本性质.

1. 线性性质

（1）如果 $\sum\limits_{n=1}^{\infty} u_n = s$，$k$ 为任意常数，则 $\sum\limits_{n=1}^{\infty} k u_n = k s$.

（2）如果 $\sum\limits_{n=1}^{\infty} u_n = s$，$\sum\limits_{n=1}^{\infty} v_n = \sigma$，则 $\sum\limits_{n=1}^{\infty} (u_n \pm v_n) = s \pm \sigma$.

线性性质（1）的意思是，收敛级数求和时，常数可以提到求和符号的外面；对于任意常数 $k \neq 0$，级数 $\sum\limits_{n=1}^{\infty} u_n$ 与 $\sum\limits_{n=1}^{\infty} k u_n$ 的敛散性相同.

线性性质（2）也可以理解成：**两个收敛级数可以逐项相加与逐项相减**.

2. 余和定律

任意给定正整数 N，级数 $\sum\limits_{n=1}^{\infty} u_n$ 与级数 $\sum\limits_{n=N+1}^{\infty} u_n$ 的敛散性相同.

证明　设级数 $\sum\limits_{n=1}^{\infty} u_n$ 的前 n 项和为 s_n，$\sum\limits_{n=N}^{\infty} u_n$ 的前 n 项和为 σ_n. 注意到 $\sigma_n = u_{N+1} + u_{N+2} + \cdots + u_{N+n} = s_{N+n} - s_N$，就有余和定律成立.

由余和定律，去掉、增加或改变一个级数的有限项不会改变这个级数的敛散性（但是"级数的和"一般会改变）.

例 8.3　讨论无穷级数

$$2^{100} + 2^{99} + \cdots + 1 + \frac{1}{2} + \frac{1}{2^2} + \cdots + \frac{1}{2^n} + \cdots$$

的收敛性.

解　无穷级数

$$2^{100} + 2^{99} + \cdots + 1 + \frac{1}{2} + \frac{1}{2^2} + \cdots + \frac{1}{2^n} + \cdots$$

是在收敛的几何级数 $\sum\limits_{n=1}^{\infty}\dfrac{1}{2^n}$ 前面添加了 101 项. 由余和定律，它也是收敛的.

3. 加括号原则

如果级数 $\sum\limits_{n=1}^{\infty}u_n$ 收敛，则对该级数任意加括号后所形成的新级数仍收敛，且其和不变.

证明 设有收敛的级数

$$s = u_1 + u_2 + u_3 + \cdots + u_n + \cdots \tag{8-1}$$

它任意加括号后所成的级数为

$$(u_1 + \cdots + u_{n_1}) + (u_{n_1+1} + \cdots + u_{n_2}) + \cdots + (u_{n_{k-1}+1} + \cdots + u_{n_k}) + \cdots \tag{8-2}$$

用 σ_m 表示级数（8-2）的前 m 项的和，用 s_n 表示级数（8-1）的前 n 项的和，于是，有

$$\sigma_1 = s_{n_1}, \sigma_2 = s_{n_2}, \cdots, \sigma_m = s_{n_m}, \cdots$$

显然，部分和数列 $\{\sigma_m\}$ 是 $\{s_n\}$ 的一个子列，且 $s = \lim\limits_{n\to\infty}s_n$，因此

$$\lim_{m\to\infty}\sigma_m = \lim_{n\to\infty}s_n = s$$

注 加括号后收敛的级数，其原来的级数并不一定收敛. 例如

$(1-1) + (1-1) + \cdots + (1-1) + \cdots$ 收敛，但 $1 - 1 + 1 - 1 + \cdots$ 发散. 这说明加括号原则不是结合律.

另外，如果对一个级数加括号后得到的新级数发散，那么原来的级数也必然发散. 事实上，如果原来的级数收敛，那么加括号后的级数就应该收敛，这就导致了矛盾.

例 8.4 证明：调和级数 $\sum\limits_{n=1}^{\infty}\dfrac{1}{n}$ 是发散的.

证明 对调和级数按如下方式加括号

$$(1) + \left(\frac{1}{2}\right) + \left(\frac{1}{3} + \frac{1}{4}\right) + \left(\frac{1}{5} + \frac{1}{6} + \frac{1}{7} + \frac{1}{8}\right) + \cdots +$$

$$\left(\frac{1}{1+2^{n-1}} + \frac{1}{2+2^{n-1}} + \cdots + \frac{1}{2^n}\right) + \cdots$$

令 $u_n = \dfrac{1}{1+2^{n-1}} + \dfrac{1}{2+2^{n-1}} + \cdots + \dfrac{1}{2^n}$，只要级数 $\sum\limits_{n=1}^{\infty}u_n$ 发散，调和级数 $\sum\limits_{n=1}^{\infty}\dfrac{1}{n}$ 就一定发散.

注意到，$u_n = \dfrac{1}{1+2^{n-1}} + \dfrac{1}{2+2^{n-1}} + \cdots + \dfrac{1}{2^n} \geqslant \dfrac{2^{n-1}}{2^n} = \dfrac{1}{2}$，有

$$s_n = u_1 + u_2 + u_3 + \cdots + u_n > \frac{n}{2}$$

故 $\lim\limits_{n \to +\infty} s_n = +\infty$，级数 $\sum\limits_{n=1}^{\infty} u_n$ 发散. 因此调和级数 $\sum\limits_{n=1}^{\infty} \frac{1}{n}$ 发散.

调和级数的部分和增加得非常缓慢，它的前1000项相加约为7.485，前100万项相加约为14.357，前10亿项相加约为21，前一万亿项相加约为28. 但无论如何，它趋向正无穷大.

习题 8.1

A 组

1. 根据级数收敛与发散的定义判别下列级数的收敛性：

(1) $\sum\limits_{n=1}^{\infty} \ln \frac{n+1}{n}$
(2) $\sum\limits_{n=1}^{\infty} (\sqrt{n+1} - \sqrt{n})$

(3) $\sum\limits_{n=1}^{\infty} \frac{1}{(2n-1)(2n+1)}$
(4) $\sum\limits_{n=1}^{\infty} \frac{n-1}{n+1}$

2. 已知级数 $\sum\limits_{n=1}^{\infty} u_n$ 的部分和 $s_n = \frac{n}{n+1}$，试求该级数的通项 u_n，并说明该级数的敛散性.

3. 判别下列级数的收敛性：

(1) $-\frac{8}{9} + \frac{8^2}{9^2} - \frac{8^3}{9^3} + \cdots$

(2) $1 + 2 + 3 + \cdots + 100 + \frac{1}{2} + \frac{1}{3} + \frac{1}{4} + \cdots + \frac{1}{n} + \cdots$

(3) $\sum\limits_{n=1}^{\infty} \cos \frac{1}{n}$
(4) $\sum\limits_{n=1}^{\infty} n \cdot \sin \frac{1}{n}$

(5) $\sum\limits_{n=1}^{\infty} \left(\frac{1}{2^n} - \frac{1}{10n} \right)$
(6) $\sum\limits_{n=1}^{\infty} \left(\frac{1}{5^n} + \frac{1}{3^n} \right)$

B 组

1. 求下列级数的和：

$$\frac{1}{2} + \frac{1}{3} + \frac{1}{2^2} + \frac{1}{3^2} + \cdots + \frac{1}{2^n} + \frac{1}{3^n} + \cdots$$

2. 设 $\sum\limits_{n=1}^{\infty} (-1)^n u_n = 2$，$\sum\limits_{n=1}^{\infty} u_{2n-1} = 8$，证明级数 $\sum\limits_{n=1}^{\infty} u_n$ 收敛，并求其和.

3. 设级数 $\sum\limits_{n=1}^{\infty} u_n$ 收敛，证明级数 $\sum\limits_{n=1}^{\infty} (u_n \pm u_{n+1})$ 也收敛.

4. 设级数 $\sum\limits_{n=1}^{\infty} u_n^2$ 和 $\sum\limits_{n=1}^{\infty} v_n^2$ 都收敛，证明级数 $\sum\limits_{n=1}^{\infty} (u_n + v_n)^2$ 也收敛.

5. 已知 $\lim\limits_{n \to \infty} n u_n = 0$，级数 $\sum\limits_{n=1}^{\infty} (n+1) \cdot (u_{n+1} - u_n)$ 收敛，证明级数 $\sum\limits_{n=1}^{\infty} u_n$ 也收敛.

8.2 常数项级数的审敛法

从某种意义上来讲,判断级数的敛散性比级数求和更为重要. 由于很多级数的部分和难以写成便于求极限的形式,所以按照级数收敛的定义来判断级数的敛散性通常比较困难. 鉴于此,研究级数是否收敛的主要方法是考察级数的通项,而不是它的部分和. 本节主要讨论级数收敛的必要条件和充分条件.

8.2.1 级数收敛的必要条件

定理8.1 (级数收敛的必要条件) 如果级数 $\sum\limits_{n=1}^{\infty} u_n$ 收敛,则它的一般项 u_n 趋于零,即 $\lim\limits_{n\to\infty} u_n = 0$.

证明 设收敛级数 $\sum\limits_{n=1}^{\infty} u_n$ 的前 n 项和为 s_n,且 $\lim\limits_{n\to\infty} s_n = s$. 因为 $u_n = s_n - s_{n-1}$,所以

$$\lim_{n\to\infty} u_n = \lim_{n\to\infty}(s_n - s_{n-1}) = s - s = 0$$

在例8.4中,尽管 $\lim\limits_{n\to\infty}\dfrac{1}{n} = 0$,但 $\sum\limits_{n=1}^{\infty}\dfrac{1}{n}$ 是发散的. 这说明 $\lim\limits_{n\to\infty} u_n = 0$ 不是级数 $\sum\limits_{n=1}^{\infty} u_n$ 收敛的充分条件. 重要的是,**如果当 $n\to\infty$ 时一般项 u_n 不趋于 0,则级数 $\sum\limits_{n=1}^{\infty} u_n$ 一定发散.**

例8.5 判断下列级数的敛散性:

(1) $\dfrac{1}{2} + \dfrac{2}{3} + \dfrac{3}{4} + \cdots + \dfrac{n}{n+1} + \cdots$

(2) $\sin\dfrac{\pi}{6} + \sin\dfrac{2\pi}{6} + \sin\dfrac{3\pi}{6} + \cdots + \sin\dfrac{n\pi}{6} + \cdots$

解 (1) 由 $\lim\limits_{n\to\infty}\dfrac{n}{n+1} = 1 \neq 0$,根据必要条件,级数 $\dfrac{1}{2} + \dfrac{2}{3} + \dfrac{3}{4} + \cdots + \dfrac{n}{n+1} + \cdots$ 发散.

(2) 令 $u_n = \sin\dfrac{n\pi}{6}$,则

$$u_{12n+1} = \sin\frac{(12n+1)\pi}{6} = \sin\frac{\pi}{6} = \frac{1}{2} \neq 0$$

故级数 $\sin\dfrac{\pi}{6} + \sin\dfrac{2\pi}{6} + \sin\dfrac{3\pi}{6} + \cdots + \sin\dfrac{n\pi}{6} + \cdots$ 发散.

8.2.2 正项级数及其审敛法

如果级数 $\sum\limits_{n=1}^{\infty} u_n$ 的一般项 $u_n \geqslant 0$（$n = 1, 2, 3, \cdots$），则称级数 $\sum\limits_{n=1}^{\infty} u_n$ 为**正项级数**. 设 $\sum\limits_{n=1}^{\infty} u_n$ 是一个正项级数，它的部分和数列为 $\{s_n\}$，

$$s_n = u_1 + u_2 + \cdots + u_n \quad (n = 1, 2, 3, \cdots)$$

因为 $s_n - s_{n-1} = u_n \geqslant 0$，所以正项级数的部分和数列 $\{s_n\}$ 是单调增加的. 由单调有界数列必有极限，我们得到下面的重要定理.

定理 8.2 正项级数 $\sum\limits_{n=1}^{\infty} u_n$ 收敛当且仅当它的部分和数列 $\{s_n\}$ 有界.

在通常情况下，判断一个数列是否有界要比判断它是否收敛容易. 定理 8.2 是判断正项级数敛散性最基本的定理，我们以此为基础证明一系列的审敛法.

定理 8.3 （比较审敛法） 设 $\sum\limits_{n=1}^{\infty} u_n$ 与 $\sum\limits_{n=1}^{\infty} v_n$ 都是正项级数. 如果 $u_n \leqslant v_n$，$n \geqslant 1$，则

（1）若 $\sum\limits_{n=1}^{\infty} v_n$ 收敛，则 $\sum\limits_{n=1}^{\infty} u_n$ 也收敛；

（2）若 $\sum\limits_{n=1}^{\infty} u_n$ 发散，则 $\sum\limits_{n=1}^{\infty} v_n$ 也发散.

证明 （1）设 $\sum\limits_{n=1}^{\infty} v_n = \sigma$，记 $\sum\limits_{n=1}^{\infty} u_n$ 的部分和数列为 $\{s_n\}$，则

$$s_n = u_1 + u_2 + \cdots + u_n \leqslant v_1 + v_2 + \cdots + v_n \leqslant \sum_{n=1}^{\infty} v_n = \sigma$$

故级数 $\sum\limits_{n=1}^{\infty} u_n$ 收敛.

（2）如果 $\sum\limits_{n=1}^{\infty} v_n$ 收敛，则由（1），$\sum\limits_{n=1}^{\infty} u_n$ 也收敛，矛盾. 因此当 $\sum\limits_{n=1}^{\infty} u_n$ 发散时，必有 $\sum\limits_{n=1}^{\infty} v_n$ 也发散.

比较审敛法可以理解成，如果一个级数"小于"另一个收敛级数，那么它是收敛的；如果一个级数"大于"另一个发散级数，那么它是发散的.

例 8.6 讨论 p-级数 $\sum\limits_{n=1}^{\infty} \dfrac{1}{n^p} = 1 + \dfrac{1}{2^p} + \dfrac{1}{3^p} + \cdots + \dfrac{1}{n^p} + \cdots$ 的敛散性，其中常数 $p > 0$.

解 p-级数的部分和为

$$s_n = 1 + \frac{1}{2^p} + \frac{1}{3^p} + \cdots + \frac{1}{n^p}$$

当 $p \leqslant 1$ 时，因 $n^p \leqslant n$，故 $\frac{1}{n^p} \geqslant \frac{1}{n}$. 由调和级数 $\sum\limits_{n=1}^{\infty} \frac{1}{n}$ 发散，有 $\sum\limits_{n=1}^{\infty} \frac{1}{n^p}$ 发散.

当 $p > 1$ 时，我们证明部分和数列 $\{s_n\}$ 有上界，从而 $\sum\limits_{n=1}^{\infty} \frac{1}{n^p}$ 收敛.

对任意的 $n \geqslant 1$，有 $n \leqslant 2^n - 1$，因此 $s_n \leqslant s_{2^n - 1}$.

$$\begin{aligned}
s_{2^n - 1} &= 1 + \frac{1}{2^p} + \frac{1}{3^p} + \cdots + \frac{1}{(2^n - 1)^p} \\
&= 1 + \left(\frac{1}{2^p} + \frac{1}{3^p}\right) + \left(\frac{1}{4^p} + \frac{1}{5^p} + \frac{1}{6^p} + \frac{1}{7^p}\right) + \cdots + \left[\frac{1}{2^{(n-1)p}} + \cdots + \frac{1}{(2^n - 1)^p}\right] \\
&\leqslant 1 + \frac{2}{2^p} + \frac{4}{4^p} + \cdots + \frac{2^{(n-1)}}{2^{(n-1)p}} \\
&= 1 + \frac{1}{2^{p-1}} + \frac{1}{2^{2(p-1)}} + \cdots + \frac{1}{2^{(n-1)(p-1)}} \qquad (\text{等比数列})
\end{aligned}$$

当 $p > 1$ 时，$0 < \frac{1}{2^{p-1}} < 1$. 于是 $s_n < \frac{2^{p-1}}{2^{p-1} - 1}$. 故

当 $p > 1$ 时，p-级数 $\sum\limits_{n=1}^{\infty} \frac{1}{n^p}$ 收敛.

综上所述，**p-级数当 $p \leqslant 1$ 时发散，当 $p > 1$ 时收敛.**

例 8.7 讨论下列级数的敛散性：

(1) $\sum\limits_{n=1}^{\infty} \frac{1}{\sqrt{n(n+1)}}$ (2) $\sum\limits_{n=1}^{\infty} \frac{\sqrt{n^2 + 1}}{n^3 + 2n}$

解 (1) 因为 $\frac{1}{\sqrt{n(n+1)}} > \frac{1}{n+1}$，而级数 $\sum\limits_{n=1}^{\infty} \frac{1}{n+1}$ 是级数 $\sum\limits_{n=1}^{\infty} \frac{1}{n}$ 去掉

了第一项，因而是发散的，根据比较审敛法，级数 $\sum\limits_{n=1}^{\infty} \frac{1}{\sqrt{n(n+1)}}$ 是发散的.

(2) $\frac{\sqrt{n^2 + 1}}{n^3 + 2n} \leqslant \frac{\sqrt{n^2 + n^2}}{n^3} = \frac{\sqrt{2}}{n^2}$

级数 $\sum\limits_{n=1}^{\infty} \frac{1}{n^2}$ 收敛，由线性性质，$\sum\limits_{n=1}^{\infty} \frac{\sqrt{2}}{n^2}$ 也收敛. 由比较审敛法，级数 $\sum\limits_{n=1}^{\infty} \frac{\sqrt{n^2 + 1}}{n^3 + 2n}$

收敛.

使用比较审敛法需要比较两个级数一般项的大小，通常要证明不等式，这便给比较审敛法的应用带来了一定的难度. 下面介绍的比较审敛法的极限形式

可以把证明不等式的工作转化成求极限，从而降低了比较审敛法使用的难度.

定理 8.4　（比较审敛法的极限形式）

设 $\sum\limits_{n=1}^{\infty} u_n$ 与 $\sum\limits_{n=1}^{\infty} v_n$ 都是正项级数，且 $\lim\limits_{n\to\infty}\dfrac{u_n}{v_n}=l$，则

（1）当 $0<l<+\infty$ 时，级数 $\sum\limits_{n=1}^{\infty} u_n$ 与 $\sum\limits_{n=1}^{\infty} v_n$ 有相同的敛散性；

（2）当 $l=0$ 时，若级数 $\sum\limits_{n=1}^{\infty} v_n$ 收敛，则级数 $\sum\limits_{n=1}^{\infty} u_n$ 也收敛；

（3）当 $l=+\infty$ 时，若级数 $\sum\limits_{n=1}^{\infty} v_n$ 发散，则级数 $\sum\limits_{n=1}^{\infty} u_n$ 也发散.

证明　（1）由 $\lim\limits_{n\to\infty}\dfrac{u_n}{v_n}=l>0$，对于 $\varepsilon=\dfrac{l}{2}$，存在正数 N，当 $n>N$ 时，有

$$\left|\frac{u_n}{v_n}-l\right|<\frac{l}{2}$$

即　$\dfrac{l}{2}<\dfrac{u_n}{v_n}<\dfrac{3l}{2}$

从而

$$\frac{l}{2}v_n<u_n<\frac{3l}{2}v_n$$

由余和定律和比较审敛法，级数 $\sum\limits_{n=1}^{\infty} u_n$ 与 $\sum\limits_{n=1}^{\infty} v_n$ 有相同的敛散性.

（2）当 $l=0$ 时，取 $\varepsilon=1$，则存在正数 N，当 $n>N$ 时，有

$$\left|\frac{u_n}{v_n}\right|<1$$

得　$\dfrac{u_n}{v_n}<1$，即　$u_n<v_n$.

由余和定律和比较审敛法，若级数 $\sum\limits_{n=1}^{\infty} v_n$ 收敛，则级数 $\sum\limits_{n=1}^{\infty} u_n$ 也收敛.

（3）当 $l=+\infty$ 时，有 $\lim\limits_{n\to\infty}\dfrac{v_n}{u_n}=0$，由（2）有结论成立.

例 8.8　判定级数 $\sum\limits_{n=1}^{\infty}\dfrac{6^n-5^n}{7^n-6^n}$ 的敛散性.

解　设 $u_n=\dfrac{6^n-5^n}{7^n-6^n}$，$v_n=\dfrac{6^n}{7^n}=\left(\dfrac{6}{7}\right)^n$，因为

$$\lim_{n\to\infty}\frac{u_n}{v_n}=\frac{\dfrac{6^n-5^n}{7^n-6^n}}{\left(\dfrac{6}{7}\right)^n}=\lim_{n\to\infty}\frac{1-\left(\dfrac{5}{6}\right)^n}{1-\left(\dfrac{6}{7}\right)^n}=1$$

由 $\displaystyle\sum_{n=1}^{\infty}\left(\dfrac{6}{7}\right)^n$ 收敛知，级数 $\displaystyle\sum_{n=1}^{\infty}\dfrac{6^n-5^n}{7^n-6^n}$ 收敛.

如果在比较审敛法的极限形式中，将所给级数与 p-级数进行比较，即可得到下列常用结论：

定理8.5　（p-级数审敛法）　设 $\displaystyle\sum_{n=1}^{\infty}u_n$ 是正项级数，则

（1）若 $\displaystyle\lim_{n\to\infty}nu_n=l>0$ 或 $\displaystyle\lim_{n\to\infty}nu_n=+\infty$，则级数 $\displaystyle\sum_{n=1}^{\infty}u_n$ 发散；

（2）若 $p>1$，而 $\displaystyle\lim_{n\to\infty}n^pu_n$ 存在，则级数 $\displaystyle\sum_{n=1}^{\infty}u_n$ 收敛.

对于正项级数 $\displaystyle\sum_{n=1}^{\infty}u_n$，如果 $\displaystyle\lim_{n\to\infty}u_n\neq0$，则级数一定是发散的. 只有当 $\displaystyle\lim_{n\to\infty}u_n=0$，即 u_n 为无穷小时，才需要进一步判定级数的敛散性. 注意到

$$nu_n=\frac{u_n}{1/n},\qquad n^pu_n=\frac{u_n}{1/n^p}$$

因此，p-级数审敛法是说，如果 u_n 是 $\dfrac{1}{n}$ 的同阶或低阶无穷小，则 $\displaystyle\sum_{n=1}^{\infty}u_n$ 发散；如果 u_n 是 $\dfrac{1}{n}$ 的 p 阶无穷小且 $p>1$，则 $\displaystyle\sum_{n=1}^{\infty}u_n$ 收敛.

例8.9　讨论下列级数的的敛散性：

（1）$\displaystyle\sum_{n=1}^{\infty}\sin\frac{1}{n}$
　　　　　　（2）$\displaystyle\sum_{n=1}^{\infty}\ln\left(1+\frac{2}{n^2}\right)$

（3）$\displaystyle\sum_{n=1}^{\infty}\frac{3n}{(n+1)(n+2)}$
　　（4）$\displaystyle\sum_{n=1}^{\infty}\sqrt{n}\left(1-\cos\frac{\pi}{n}\right)$

解　（1）因为 $\sin\dfrac{1}{n}$ 是 $\dfrac{1}{n}$ 的等价无穷小，所以

$$\lim_{n\to\infty}n\cdot\sin\frac{1}{n}=1$$

所以 $\displaystyle\sum_{n=1}^{\infty}\sin\frac{1}{n}$ 发散.

（2）因为 $\ln\left(1+\dfrac{2}{n^2}\right)$ 是 $\dfrac{2}{n^2}$ 的等价无穷小，所以

$$\lim_{n\to\infty} n^2 \cdot \ln\left(1 + \frac{2}{n^2}\right) = 2$$

所以 $\sum\limits_{n=1}^{\infty} \ln\left(1 + \frac{2}{n^2}\right)$ 收敛.

（3）因为 $\lim\limits_{n\to\infty} n \cdot \dfrac{3n}{(n+1)(n+2)} = 3$，所以级数 $\sum\limits_{n=1}^{\infty} \dfrac{3n}{(n+1)(n+2)}$ 发散.

（4）因为 $\left(1 - \cos\dfrac{\pi}{n}\right)$ 是 $\dfrac{\pi^2}{2n^2}$ 的等价无穷小，所以

$$\lim_{n\to\infty} n^{\frac{3}{2}} \sqrt{n}\left(1 - \cos\frac{\pi}{n}\right) = \lim_{n\to\infty} n^2 \cdot \frac{1}{2}\left(\frac{\pi}{n}\right)^2 = \frac{\pi^2}{2}$$

所以级数 $\sum\limits_{n=1}^{\infty} \sqrt{n}\left(1 - \cos\dfrac{\pi}{n}\right)$ 收敛.

比较审敛法需要和已知的级数来进行比较，而下面给出的两种审敛法只需要对级数本身进行考察.

定理 8.6　（比值审敛法）　设 $\sum\limits_{n=1}^{\infty} u_n$ 为正项级数. 如果 $\lim\limits_{n\to\infty} \dfrac{u_{n+1}}{u_n} = \rho$，则

（1）当 $\rho < 1$ 时级数收敛；

（2）当 $\rho > 1 \left(\text{或} \lim\limits_{n\to\infty} \dfrac{u_{n+1}}{u_n} = +\infty\right)$ 时级数发散.

证明　（1）当 $\rho < 1$ 时. 取 $0 < \varepsilon < 1 - \rho$，使得 $r = \rho + \varepsilon < 1$，根据极限的定义，存在自然数 m，当 $n \geq m$ 时有不等式

$$\frac{u_{n+1}}{u_n} < \rho + \varepsilon = r$$

由此推得

$$u_{m+1} < ru_m, u_{m+2} < ru_{m+1} < r^2 u_m, u_{m+3} < ru_{m+2} < r^3 u_m, \cdots$$

即 $u_{m+n} \leq u_m r^n, n \geq 1$. 由 $r < 1$，级数 $\sum\limits_{n=1}^{\infty} u_m r^n$ 收敛. 根据比较审敛法，$\sum\limits_{n=1}^{\infty} u_{m+n}$ 收敛，故 $\sum\limits_{n=1}^{\infty} u_n$ 也收敛.

（2）当 $\rho > 1$ 时，取 $0 < \varepsilon < \rho - 1$. 根据极限的定义，存在自然数 m，当 $n \geq m$ 时，有不等式 $\dfrac{u_{n+1}}{u_n} > \rho - \varepsilon > 1$. 所以，当 $n \geq m$ 时，$u_{n+1} > u_n$. 这时，正项级数的一般项递增，不会趋于零. 根据级数收敛的必要条件，级数 $\sum\limits_{n=1}^{\infty} u_n$ 发散.

注　当 $\rho = 1$ 时，级数可能收敛也可能发散. 以 p-级数为例，由于对任

意给定的 $p > 0$，有

$$\lim_{n \to \infty} \frac{1/(n+1)^p}{1/n^p} = \lim_{n \to \infty} \left(\frac{n}{n+1} \right)^p = 1$$

可是 p-级数当 $p \leq 1$ 时发散，当 $p > 1$ 时收敛. 所以当 $\rho = 1$ 时，不能用比值审敛法判别敛散性.

达朗贝尔

（D'Alembert，1717—1783）

法国数学家、力学家、哲学家

注　比值审敛法也称**达朗贝尔判别法**.

例 8.10　判别级数 $\displaystyle\sum_{n=1}^{\infty} \frac{n!}{n^n}$ 的敛散性.

解　$\displaystyle\lim_{n \to \infty} \frac{(n+1)!/(n+1)^{n+1}}{n!/n^n} = \lim_{n \to \infty} \frac{n^n}{(n+1)^n} = \lim_{n \to \infty} \left(\frac{n}{n+1} \right)^n = \frac{1}{e} < 1$

由比值审敛法，级数 $\displaystyle\sum_{n=1}^{\infty} \frac{n!}{n^n}$ 收敛.

例 8.11　判别级数 $\displaystyle\sum_{n=1}^{\infty} \frac{a^n}{n^2}$ 的敛散性，其中 $a > 0$.

解

$$\lim_{n \to \infty} \frac{a^{n+1}/(n+1)^2}{a^n/n^2} = \lim_{n \to \infty} \frac{a n^2}{(n+1)^2} = a$$

由比值审敛法，当 $0 < a < 1$ 时，级数 $\displaystyle\sum_{n=1}^{\infty} \frac{a^n}{n^2}$ 收敛；当 $a > 1$ 时，级数 $\displaystyle\sum_{n=1}^{\infty} \frac{a^n}{n^2}$ 发散；

而当 $a = 1$ 时，级数为 $\displaystyle\sum_{n=1}^{\infty} \frac{1}{n^2}$，由 p-级数的敛散性，级数 $\displaystyle\sum_{n=1}^{\infty} \frac{a^n}{n^2}$ 收敛.

定理 8.7　（**根值审敛法**）设 $\displaystyle\sum_{n=1}^{\infty} u_n$ 为正项级数，如果 $\displaystyle\lim_{n \to \infty} \sqrt[n]{u_n} = \rho$，则

（1）当 $\rho < 1$ 时级数收敛；

（2）当 $\rho > 1 \left(\text{或} \displaystyle\lim_{n \to \infty} \sqrt[n]{u_n} = +\infty \right)$ 时级数发散.

根值审敛法也称**柯西判别法**，我们略去该定理的证明. 一个有趣的事实是：$\displaystyle\lim_{n \to \infty} \sqrt[n]{u_n} = \rho$ 与 $\displaystyle\lim_{n \to \infty} \frac{u_{n+1}}{u_n} = \rho$ 等价.

例 8.12　判别级数 $\displaystyle\sum_{n=1}^{\infty} \left(\frac{b}{a_n} \right)^n$ 的敛散性，其中 $a_n \to a (n \to \infty)$，a_n, b, a 均为正数，且 $a \neq b$.

解　使用根值审敛法. 因为

$$\lim_{n\to\infty}\sqrt[n]{\left(\frac{b}{a_n}\right)^n}=\lim_{n\to\infty}\frac{b}{a_n}=\frac{b}{a}$$

所以，当 $a<b$ 时，$\frac{b}{a}>1$，级数发散；当 $a>b$ 时，$\frac{b}{a}<1$，级数收敛.

这里我们再介绍一下正项级数的积分审敛法.

*定理 8.8 （积分审敛法） 设 $\sum_{n=1}^{\infty}u_n$ 为正项级数，N 为某个自然数. 如果存在 $[N,+\infty)$ 上的单调减函数 $f(x)$，使得 $u_n=f(n)$ $(n\geq N)$，则级数 $\sum_{n=1}^{\infty}u_n$ 与广义积分 $\int_N^{+\infty}f(x)\mathrm{d}x$ 有相同的敛散性.

*例 8.13 判别级数 $\sum_{n=2}^{\infty}\frac{1}{n\ln n}$ 的敛散性.

解 取 $f(x)=\frac{1}{x\ln x}$，则 $f(x)$ 在 $[2,+\infty)$ 上单调递减. 又广义积分

$$\int_2^{+\infty}\frac{1}{x\ln x}\mathrm{d}x=\ln\ln x\Big|_2^{+\infty}=+\infty$$

即广义积分发散，所以级数 $\sum_{n=2}^{\infty}\frac{1}{n\ln n}$ 发散.

*例 8.14 判别级数 $\sum_{n=2}^{\infty}\frac{1}{n(\ln n)^2}$ 的敛散性.

解 取 $f(x)=\frac{1}{x(\ln x)^2}$，由

$$\int_2^{+\infty}\frac{1}{x(\ln x)^2}\mathrm{d}x=-\frac{1}{\ln x}\Big|_2^{+\infty}=\frac{1}{\ln 2}$$

即广义积分收敛，所以级数 $\sum_{n=2}^{\infty}\frac{1}{n(\ln n)^2}$ 收敛.

8.2.3 交错级数

所谓交错级数是这样的级数，它的各项是正负交错的，从而可以写成下面的形式：

$$u_1-u_2+u_3-u_4+\cdots+(-1)^{n-1}u_n+\cdots$$
或
$$-u_1+u_2-u_3+u_4+\cdots+(-1)^{n}u_n+\cdots$$
其中 $u_n\geq 0$ $(n=1,2,\cdots)$.

对于交错级数，我们有下面的判别法.

定理 8.9 （莱布尼茨定理） 如果交错级数 $\sum_{n=1}^{\infty}(-1)^{n-1}u_n$ 满足条件：

（1）$u_n \geqslant u_{n+1}$ （$n = 1, 2, \cdots$），

（2）$\lim\limits_{n \to \infty} u_n = 0$，

则级数 $\sum\limits_{n=1}^{\infty} (-1)^{n-1} u_n$ 收敛，且级数和 $s \leqslant u_1$，其余项的绝对值 $|r_n| \leqslant u_{n+1}$.

证明　级数的前 $2m$ 项的和

$$s_{2m} = (u_1 - u_2) + (u_3 - u_4) + \cdots + (u_{2m-1} - u_{2m})$$

由条件（1）可知 $s_{2m} \geqslant 0$ 且随 m 递增，而 s_{2m} 又可以表示为

$$s_{2m} = u_1 - (u_2 - u_3) - \cdots - (u_{2m-2} - u_{2m-1}) - u_{2m} \leqslant u_1$$

所以部分和数列 $\{s_{2m}\}$ 单调有界，因而有极限，且 $\lim\limits_{m \to \infty} s_{2m} = s \leqslant u_1$.

又因为

$$s_{2m+1} = s_{2m} + u_{2m+1}$$

再根据条件（2）

$$\lim_{m \to \infty} s_{2m+1} = \lim_{m \to \infty} (s_{2m} + u_{2m+1}) = \lim_{m \to \infty} s_{2m} + \lim_{m \to \infty} u_{2m+1} = s + 0 = s$$

所以　$\lim\limits_{n \to \infty} s_n = s \leqslant u_1$.

交错级数的余项 $r_n = s - s_n = \sum\limits_{k=n+1}^{\infty} (-1)^{k-1} u_k$ 仍然是交错级数，并且满足收敛的两个条件，所以这个级数是收敛的. 它的和小于等于级数第一项中的 u_{n+1}，所以 $|r_n| \leqslant u_{n+1}$.

例 8.15　判别级数 $\sum\limits_{n=1}^{\infty} (-1)^{n-1} \dfrac{1}{n}$ 的敛散性.

解　交错级数 $\sum\limits_{n=1}^{\infty} (-1)^{n-1} \dfrac{1}{n}$ 满足条件

$$u_n = \frac{1}{n} > \frac{1}{n+1} = u_{n+1} \quad (n = 1, 2, \cdots) \quad 及 \quad \lim_{n \to \infty} u_n = \lim_{n \to \infty} \frac{1}{n} = 0$$

根据交错级数的莱布尼茨定理，交错级数 $\sum\limits_{n=1}^{\infty} (-1)^{n-1} \dfrac{1}{n}$ 收敛，且其和 $s < 1$.

如果用部分和

$$s_n = 1 - \frac{1}{2} + \frac{1}{3} - \cdots + (-1)^{n-1} \frac{1}{n}$$

作为 s 的近似值，所产生的误差 $|r_n| \leqslant \dfrac{1}{n+1}$.

例 8.16　判别级数 $\sum\limits_{n=1}^{\infty} (-1)^{n-1} \dfrac{\ln n}{n}$ 的敛散性.

解　令 $f(x) = \dfrac{\ln x}{x}$，则 $f'(x) = \dfrac{1 - \ln x}{x^2} < 0$ （$x > \mathrm{e}$），且 $\lim\limits_{x \to +\infty} f(x) = 0$，所

以，当 $n>2$ 时，$\dfrac{\ln n}{n}$ 单调递减，且 $\lim\limits_{n\to\infty}\dfrac{\ln n}{n}=0$. 因此，级数 $\sum\limits_{n=1}^{\infty}(-1)^{n-1}\dfrac{\ln n}{n}$ 收敛.

8.2.4　绝对收敛与条件收敛

定义 8.2　对于常数项级数 $\sum\limits_{n=1}^{\infty}u_n$，如果正项级数 $\sum\limits_{n=1}^{\infty}|u_n|$ 收敛，则称级数 $\sum\limits_{n=1}^{\infty}u_n$ **绝对收敛**. 如果级数 $\sum\limits_{n=1}^{\infty}u_n$ 收敛，而级数 $\sum\limits_{n=1}^{\infty}|u_n|$ 发散，则称级数 $\sum\limits_{n=1}^{\infty}u_n$ **条件收敛**.

例如，级数 $\sum\limits_{n=1}^{\infty}\left|(-1)^{n-1}\dfrac{1}{n^2}\right|=\sum\limits_{n=1}^{\infty}\dfrac{1}{n^2}$ 是收敛的，所以 $\sum\limits_{n=1}^{\infty}(-1)^{n-1}\dfrac{1}{n^2}$ 绝对收敛. 级数 $\sum\limits_{n=1}^{\infty}(-1)^{n-1}\dfrac{1}{n}$ 是收敛的交错级数，而级数 $\sum\limits_{n=1}^{\infty}\left|(-1)^{n-1}\dfrac{1}{n}\right|=\sum\limits_{n=1}^{\infty}\dfrac{1}{n}$ 发散，所以 $\sum\limits_{n=1}^{\infty}(-1)^{n-1}\dfrac{1}{n}$ 是条件收敛的.

注　一个条件收敛的交错级数的所有奇数项所组成的级数是发散的，所有偶数项所组成的级数也是发散的.

显然，收敛的正项级数是绝对收敛的. 级数的绝对收敛与级数收敛有下面的关系：

定理 8.10　如果级数 $\sum\limits_{n=1}^{\infty}u_n$ 绝对收敛，则级数 $\sum\limits_{n=1}^{\infty}u_n$ 一定收敛.

证明　设级数 $\sum\limits_{n=1}^{\infty}u_n$ 绝对收敛，那么 $\sum\limits_{n=1}^{\infty}|u_n|$ 收敛，令

$$v_n=\dfrac{1}{2}(u_n+|u_n|)\ (n=1,2,\cdots)$$

显然 $v_n\geqslant0$，且 $v_n\leqslant|u_n|\ (n=1,2,\cdots)$. 由比较审敛法，正项级数 $\sum\limits_{n=1}^{\infty}2v_n$ 收敛. 而 $u_n=2v_n-|u_n|$，由收敛级数的线性性质，

$$\sum\limits_{n=1}^{\infty}u_n=\sum\limits_{n=1}^{\infty}2v_n-\sum\limits_{n=1}^{\infty}|u_n|$$

所以级数 $\sum\limits_{n=1}^{\infty}u_n$ 收敛.

定理 8.10 表明，对于一般项级数 $\sum\limits_{n=1}^{\infty}u_n$，如果我们用正项级数的审敛法判

定级数 $\sum\limits_{n=1}^{\infty}|u_n|$ 收敛，则此级数收敛. 这就使得一大类级数的收敛性判别问题，转化为正项级数的收敛性判别问题.

一般说来，如果级数 $\sum\limits_{n=1}^{\infty}|u_n|$ 发散，我们不能断定级数 $\sum\limits_{n=1}^{\infty}u_n$ 也发散. 但是如果用比值审敛法或根值审敛法判定级数 $\sum\limits_{n=1}^{\infty}|u_n|$ 发散，则我们可以断定级数 $\sum\limits_{n=1}^{\infty}u_n$ 必定发散. 这是因为用这两种方法判定 $\sum\limits_{n=1}^{\infty}|u_n|$ 发散的依据是 $\lim\limits_{n\to\infty}|u_n|\neq0$，从而 $\lim\limits_{n\to\infty}u_n\neq0$，因此级数 $\sum\limits_{n=1}^{\infty}u_n$ 也是发散的.

例 8.17 判别级数 $\sum\limits_{n=1}^{\infty}\dfrac{\sin nx}{n^2}$ 的敛散性，其中 $-\infty<x<+\infty$.

解 因为 $\left|\dfrac{\sin nx}{n^2}\right|\leqslant\dfrac{1}{n^2}$，级数 $\sum\limits_{n=1}^{\infty}\dfrac{1}{n^2}$ 收敛，所以级数 $\sum\limits_{n=1}^{\infty}\dfrac{\sin nx}{n^2}$ 绝对收敛，由

定理 8.10，级数 $\sum\limits_{n=1}^{\infty}\dfrac{\sin nx}{n^2}$ 收敛.

例 8.18 判别级数 $\sum\limits_{n=1}^{\infty}(-1)^{n-1}\dfrac{n^{n+1}}{(n+1)!}$ 的敛散性.

解 首先，这是一个交错级数，其一般项 $u_n=(-1)^{n-1}\dfrac{n^{n+1}}{(n+1)!}$. 先判断 $\sum\limits_{n=1}^{\infty}|u_n|$ 是否收敛. 利用比值审敛法. 因为

$$\lim_{n\to\infty}\frac{|u_{n+1}|}{|u_n|}=\lim_{n\to\infty}\frac{(n+1)^{n+2}(n+1)!}{[(n+1)+1]!\,n^{n+1}}$$

$$\lim_{n\to\infty}\left(\frac{n+1}{n}\right)^n\frac{(n+1)^2}{n(n+2)}=\lim_{n\to\infty}\left(1+\frac{1}{n}\right)^n=\mathrm{e}>1$$

所以级数 $\sum\limits_{n=1}^{\infty}|u_n|$ 发散.

其次，由 $\lim\limits_{n\to\infty}\dfrac{|u_{n+1}|}{|u_n|}>1$，当 n 充分大时，有 $|u_{n+1}|>|u_n|$，故 $\lim\limits_{n\to\infty}u_n\neq0$，所以题设级数发散.

绝对收敛的级数具有一些条件收敛的级数所不具备的性质.

*定理 8.11 （无限交换律） 如果级数 $\sum\limits_{n=1}^{\infty}u_n$ 绝对收敛，和为 s，则任意

交换此级数各项次序后所得的新级数（称为原级数的更序级数）$\sum\limits_{n=1}^{\infty} u_n^{*}$ 也绝对收敛，且和仍为 s.

证明略.

条件收敛的级数不具备这个性质，而且可以证明，对于条件收敛的级数，适当地交换各项的次序所组成的更序级数，可以收敛于任何预先给定的数或发散.

下面的定理会在以后的学习中用到. 考虑无穷级数的乘积

$$\left(\sum_{n=1}^{\infty} u_n x^n\right) \cdot \left(\sum_{n=1}^{\infty} v_n x^n\right)$$

展开并合并同类项，则 x^n 的系数是

$$w_n = u_1 v_n + u_2 v_{n-1} + \cdots + u_{n-1} v_2 + u_n v_1 \quad (n = 1, 2, \cdots)$$

称级数 $\sum\limits_{n=1}^{\infty} w_n$ 为级数 $\sum\limits_{n=1}^{\infty} u_n$ 与级数 $\sum\limits_{n=1}^{\infty} v_n$ 的**柯西乘积**.

*定理 8.12　（柯西定理）　若级数 $\sum\limits_{n=1}^{\infty} u_n$ 和 $\sum\limits_{n=1}^{\infty} v_n$ 都绝对收敛，其和分别是 s 和 σ，则它们的柯西乘积

$$u_1 v_1 + (u_1 v_2 + u_2 v_1) + (u_1 v_3 + u_2 v_2 + u_3 v_1) + \cdots +$$
$$(u_1 v_n + u_2 v_{n-1} + \cdots + u_{n-1} v_2 + u_n v_1) + \cdots$$

即级数 $\sum\limits_{n=1}^{\infty} w_n$ 也绝对收敛，且其和为 $s\sigma$.

例 8.19　级数

$$\sum_{n=1}^{\infty} x^{n-1} = 1 + x + x^2 + \cdots + x^n + \cdots = \frac{1}{1-x}, |x| < 1$$

自乘得到的柯西乘积记作 $\sum\limits_{n=1}^{\infty} w_n$，其中

$$w_n = 1 \cdot x^{n-1} + x \cdot x^{n-2} + \cdots + x^{n-2} \cdot x + x^{n-1} \cdot 1 = n x^{n-1} \quad (n = 1, 2, \cdots)$$

所以

$$\sum_{n=1}^{\infty} w_n = \sum_{n=1}^{\infty} n x^{n-1} = 1 + 2x + 3x^2 + \cdots + n x^{n-1} + \cdots = \frac{1}{(1-x)^2}, |x| < 1$$

*柯西审敛原理

前面我们主要讨论了常数项级数收敛的必要条件和充分条件. 把数列极限收敛的**柯西收敛准则**应用到级数，就得到级数收敛的充分必要条件.

级数 $\sum\limits_{n=1}^{\infty} u_n$ 收敛的充分必要条件是：$\forall \varepsilon > 0$，$\exists N > 0$，当 $m > n > N$ 时，

$$|u_n + u_{n+1} + \cdots + u_m| < \varepsilon$$

证明从略.

例如，考察调和级数 $\displaystyle\sum_{n=1}^{\infty} \frac{1}{n}$ ，对于任意的正整数 N ，都存在 $2n > n > N$ ，

$$\left| \frac{1}{n} + \frac{1}{n+1} + \cdots + \frac{1}{2n} \right| > \frac{1}{2}$$

所以调和级数 $\displaystyle\sum_{n=1}^{\infty} \frac{1}{n}$ 发散.

习题 8.2

A 组

1. 判定下列级数的敛散性：

(1) $\displaystyle\sum_{n=1}^{\infty} \frac{1}{3n-1}$

(2) $\displaystyle\sum_{n=1}^{\infty} \left(\sqrt{n^3+1} - \sqrt{n^3} \right)$

(3) $\displaystyle\sum_{n=1}^{\infty} \frac{1}{(n+1)(n+4)}$

(4) $\displaystyle\sum_{n=1}^{\infty} \sin \frac{\pi}{2^n}$

(5) $\displaystyle\sum_{n=1}^{\infty} \ln \left(\frac{2n+3}{2n+1} \right)$

(6) $\displaystyle\sum_{n=1}^{\infty} \left(\frac{n-1}{n^2+2} \right)^2$

(7) $\displaystyle\sum_{n=1}^{\infty} \frac{\sqrt{n}+5}{2n^2+3n+7}$

(8) $\displaystyle\sum_{n=1}^{\infty} \frac{1}{n \sqrt[n]{n}}$

2. 用比值审敛法或根值审敛法判别下列级数的收敛性：

(1) $\dfrac{3}{1 \times 2} + \dfrac{3^2}{2 \times 2^2} + \dfrac{3^3}{3 \times 2^3} + \cdots + \dfrac{3^n}{n \times 2^n} + \cdots$

(2) $\dfrac{5}{100} + \dfrac{5^2}{200} + \dfrac{5^3}{300} + \dfrac{5^4}{400} + \cdots$

(3) $\displaystyle\sum_{n=1}^{\infty} \frac{2^n \cdot n!}{n^n}$

(4) $\displaystyle\sum_{n=1}^{\infty} \frac{3^n}{(n+1)2^{n+1}}$

(5) $\displaystyle\sum_{n=1}^{\infty} \frac{1}{[\ln(n+1)]^n}$

(6) $\displaystyle\sum_{n=1}^{\infty} \left(\frac{n}{3n-1} \right)^{2n-1}$

(7) $\displaystyle\sum_{n=1}^{\infty} \left(\frac{n+1}{n} \right)^{-n^2}$

(8) $\displaystyle\sum_{n=1}^{\infty} \frac{3^n}{1+e^n}$

3. 用适当的方法判别下列级数的收敛性：

(1) $\sqrt{2} + \sqrt{\dfrac{3}{2}} + \cdots + \sqrt{\dfrac{n+1}{n}} + \cdots$

(2) $\displaystyle\sum_{n=1}^{\infty} 2^n \sin \frac{\pi}{3^n}$

(3) $\displaystyle\sum_{n=1}^{\infty} \frac{1}{\sqrt[3]{n}} \ln \left(\frac{n+5}{n} \right)$

(4) $\displaystyle\sum_{n=1}^{\infty} \left(\tan \frac{1}{n} - \sin \frac{1}{n} \right)$

(5) $\displaystyle\sum_{n=1}^{\infty}\left(\frac{n}{n+1}\right)^n$

(6) $\displaystyle\sum_{n=1}^{\infty} n\left(\frac{3}{4}\right)^n$

(7) $\displaystyle\sum_{n=1}^{\infty}\frac{n+1}{n(n+2)}$

(8) $\displaystyle\sum_{n=1}^{\infty}\frac{n^4}{n!}$

4. 判定下列级数是否收敛. 如果收敛, 是绝对收敛还是条件收敛?

(1) $\displaystyle\sum_{n=1}^{\infty}\frac{\sin n}{n^2}$

(2) $\displaystyle\sum_{n=1}^{\infty}(-1)^n\frac{2^{n^2}}{n!}$

(3) $\displaystyle\sum_{n=1}^{\infty}(-1)^n\frac{n}{2n-1}$

(4) $\displaystyle\sum_{n=1}^{\infty}(-1)^n\frac{1}{\sqrt{n}+1}$

(5) $\displaystyle\sum_{n=1}^{\infty}(-1)^{n-1}\frac{1}{\pi^{n+1}}\sin\frac{\pi}{n+1}$

(6) $\displaystyle\sum_{n=1}^{\infty}(-1)^{n-1}\frac{1}{\ln(1+n)}$

(7) $\displaystyle\sum_{n=1}^{\infty}\frac{n}{2^{n+1}}\cos^2\frac{n\pi}{4}$

(8) $\displaystyle\sum_{n=2}^{\infty}(-1)^n\frac{1}{n-\ln n}$

B 组

1. 用适当的方法判别下列级数的收敛性:

(1) $\displaystyle\sum_{n=1}^{\infty} n\ln\left(1+\frac{1}{n^2}\right)$

(2) $\displaystyle\sum_{n=1}^{\infty}\frac{1}{n}(e^{\frac{1}{\sqrt{n}}}-1)$

(3) $\displaystyle\sum_{n=1}^{\infty}\frac{2^{n-1}}{n^n}\cos^2\left(\frac{n\pi}{4}\right)$

(4) $\displaystyle\sum_{n=1}^{\infty}\frac{4^n}{5^n-3^n}$

(5) $\displaystyle\sum_{n=1}^{\infty} n\tan\frac{\pi}{2^{n+1}}$

(6) $\displaystyle\sum_{n=1}^{\infty}\frac{a^n}{n^k}(a>0)$

(7) $\displaystyle\sum_{n=1}^{\infty}\frac{\ln(n+2)}{\left(a+\frac{1}{n}\right)^n}\quad(a>0)$

(8) $\displaystyle\sum_{n=1}^{\infty}\frac{1}{1+a^n}\quad(a>0)$

2. 设正项级数 $\displaystyle\sum_{n=1}^{\infty} u_n$ 收敛, 证明级数 $\displaystyle\sum_{n=1}^{\infty}\frac{u_n}{1+u_n}$ 也收敛.

3. 设级数 $\displaystyle\sum_{n=1}^{\infty} u_n$ 收敛, 且 $\displaystyle\lim_{n\to\infty}\frac{v_n}{u_n}=1$, 问 $\displaystyle\sum_{n=1}^{\infty} v_n$ 是否也收敛? 并说明理由.

4. 利用级数收敛的必要条件证明:

(1) $\displaystyle\lim_{n\to\infty}\frac{n^n}{(n!)^2}=0$

(2) $\displaystyle\lim_{n\to\infty} np^n=0\quad(0<p<1)$

8.3　幂　级　数

通项为函数的级数称为函数项级数. 幂级数是两种广泛应用的函数项级数之一. 本节主要研究幂级数的性质以及幂级数的求和方法.

8.3.1　函数项级数的概念

定义 8.3　设 $u_1(x), u_2(x), \cdots, u_n(x), \cdots$ 为区间 I 上的函数列,

$$\sum_{n=1}^{\infty} u_n(x) = u_1(x) + u_2(x) + \cdots + u_n(x) + \cdots \quad (x \in I) \qquad (8\text{-}3)$$

称为定义在 I 上的函数项无穷级数, 简称 **函数项级数**.

对于每一个确定的 $x_0 \in I$, 由级数 (8-3) 都可以得到一个常数项级数

$$\sum_{n=1}^{\infty} u_n(x_0) = u_1(x_0) + u_2(x_0) + \cdots + u_n(x_0) + \cdots \qquad (8\text{-}4)$$

级数 (8-4) 可能收敛也可能发散. 如果级数 (8-4) 收敛, 则称点 x_0 是函数项级数 (8-3) 的 **收敛点**. 如果级数 (8-4) 发散, 则称点 x_0 是函数项级数 (8-3) 的 **发散点**. 函数项级数 (8-3) 的收敛点的全体, 称为它的 **收敛域**, 所有发散点的全体, 称为它的 **发散域**.

收敛域内的每一个点 x, 对应一个收敛的常数项级数

$$u_1(x) + u_2(x) + \cdots + u_n(x) + \cdots$$

因而也对应一个确定的和 $s(x)$, 这样得到一个定义在收敛域上的函数 $s(x)$. 这个函数称为函数项级数 (8-3) 的 **和函数**, 和函数的定义域就是函数项级数的收敛域.

把函数项级数 (8-3) 的前 n 项和记作 $s_n(x)$, 对收敛域上的 x 有

$$\lim_{n \to \infty} s_n(x) = s(x)$$

称 $r_n(x) = s(x) - s_n(x)$ 为函数项级数 (8-3) 的 **余和**. 显然, 对于收敛域上的每一个点 x, 有 $\lim_{n \to \infty} r_n(x) = 0$.

例 8.20　求级数 $\sum_{n=1}^{\infty} \dfrac{(-1)^n}{n} \left(\dfrac{1}{x+1} \right)^n$ 的收敛域.

解　由比值判别法, 有

$$\lim_{n \to \infty} \left| \frac{u_{n+1}(x)}{u_n(x)} \right| = \lim_{n \to \infty} \frac{n}{n+1} \frac{1}{|x+1|} = \frac{1}{|x+1|}$$

所以,

当 $\dfrac{1}{|x+1|} < 1$，即 $x > 0$ 或 $x < -2$ 时，原级数绝对收敛；

当 $\dfrac{1}{|x+1|} > 1$，即 $-2 < x < 0$ 时，原级数发散；

当 $\dfrac{1}{|x+1|} = 1$ 时，有 $x = 0$ 或 $x = -2$，其中，当 $x = 0$ 时，原级数为 $\displaystyle\sum_{n=1}^{\infty} \dfrac{(-1)^n}{n}$

收敛，当 $x = -2$ 时，原级数为 $\displaystyle\sum_{n=1}^{\infty} \dfrac{1}{n}$ 发散.

综上所述，原级数的收敛域为 $(-\infty, -2) \cup [0, +\infty)$.

8.3.2　幂级数及其收敛性

形如

$$\sum_{n=0}^{\infty} a_n(x - x_0)^n = a_0 + a_1(x - x_0) + a_2(x - x_0)^2 + \cdots + a_n(x - x_0)^n + \cdots$$

$$(8\text{-}5)$$

的级数，称为 $x - x_0$ 的**幂级数**，其中常数 $a_0, a_1, a_2, \cdots, a_n, \cdots$ 称为幂级数的系数.

当 $x_0 = 0$ 时，幂级数的形式更为简单

$$\sum_{n=0}^{\infty} a_n x^n = a_0 + a_1 x + a_2 x^2 + \cdots + a_n x^n + \cdots \qquad (8\text{-}6)$$

称为 x 的**幂级数**.

由于可以通过简单的线性变换 $t = x - x_0$ 把幂级数（8-5）变成幂级数（8-6）的形式，所以下面的讨论以幂级数（8-6）为主.

设幂级数（8-6）的和函数为 $s(x)$，其部分和为 $s_n(x)$，则

$$s(x) = \lim_{n \to \infty} s_n(x)$$

此式的意义在于，和函数 $s(x)$ 总可以用多项式 $s_n(x)$ 近似表达. 我们接下来主要讨论幂级数的收敛性以及和函数的求法.

考察幂级数 $\displaystyle\sum_{n=1}^{\infty} x^n$ 不难发现，它的收敛域是一个区间，即 $(-1, 1)$. 事实上，在一般情形下，幂级数的收敛域都是区间. 为证明这个结论，我们需要从下面的阿贝尔定理出发.

定理 8.13　（阿贝尔定理）　若幂级数

$$\sum_{n=0}^{\infty} a_n x^n = a_0 + a_1 x + a_2 x^2 + \cdots + a_n x^n + \cdots$$

在点 $x = x_0$（$x_0 \neq 0$）处收敛，则此幂级数在一切满足 $|x| < |x_0|$ 的点 x 处绝对收敛. 如果 $\displaystyle\sum_{n=0}^{\infty} a_n x^n$ 在点 $x = x_0$ 处发散，则此幂级数在一切满足 $|x| > |x_0|$ 的点 x 处

发散.

证明 （1）先设 x_0 是幂级数（8-6）的收敛点，即级数

$$\sum_{n=0}^{\infty} a_n x_0^n = a_0 + a_1 x_0 + a_2 x_0^2 + \cdots + a_n x_0^n + \cdots$$

收敛，根据级数收敛的必要条件，有 $\lim\limits_{n\to\infty} a_n x_0^n = 0$，所以数列 $\{a_n x_0^n\}$ 有界，即 $\exists M > 0$，使得 $|a_n x_0^n| \leqslant M$ $(n \geqslant 1)$.

当 $|x| < |x_0|$ 时，有

$$|a_n x^n| = \left| a_n x_0^n \left(\frac{x}{x_0}\right)^n \right| \leqslant M \left| \frac{x}{x_0} \right|^n$$

级数 $\sum\limits_{n=0}^{\infty} M \left| \dfrac{x}{x_0} \right|^n$ 是公比为 $\left| \dfrac{x}{x_0} \right| < 1$ 的等比级数，所以它是收敛的．根据正项级数的比较判别法，$\sum\limits_{n=0}^{\infty} a_n x^n$ 绝对收敛.

（2）采用反证法来证明定理的第二部分．设 $\sum\limits_{n=0}^{\infty} a_n x^n$ 在点 $x = x_0$ 处发散，而存在一点 x_1 满足 $|x_1| > |x_0|$，且 $\sum\limits_{n=0}^{\infty} a_n x_1^n$ 收敛．则根据(1)的结论，$\sum\limits_{n=0}^{\infty} a_n x^n$ 在点 $x = x_0$ 绝对收敛，与假设矛盾．所以对满足不等式 $|x| > |x_0|$ 的一切 x，幂级数 $\sum\limits_{n=0}^{\infty} a_n x^n$ 发散.

$\sum\limits_{n=0}^{\infty} a_n x^n$ 在点 $x = 0$ 总是收敛的．幂级数的收敛域可能仅仅是原点，也可能是整个实数轴．如果收敛域不是这两种情形，那么从原点出发，沿 x 轴正方向考察．如果遇到一个收敛点 x_0，根据阿贝尔定理，收敛域至少是 $|x| < x_0$. 因为收敛域不是整个实数轴，所以迟早会遇到发散点 x_1，根据阿贝尔定理，发散域至少是 $|x| > x_1$，因此，收敛点与发散点不会交错出现，它们之间必有一个分界点．即从原点出发，继续向 x 轴正方向走，最初只遇到收敛

阿贝尔
（Abel, 1802—1829）
挪威数学家

点，越过一个分界点后，就只遇到发散点，这个分界点可能是收敛点，也可能是发散点．在 x 轴负方向的情况类似，且两个分界点关于原点对称．由此可得推论.

推论8.1 如果 $\sum\limits_{n=0}^{\infty} a_n x^n$ 不是仅在 $x = 0$ 一点收敛，也不是在整个实数轴

上都收敛，则存在正数 R，使得当 $|x| < R$ 时，$\sum\limits_{n=0}^{\infty} a_n x^n$ 绝对收敛，当 $|x| > R$ 时，

$\sum\limits_{n=0}^{\infty} a_n x^n$ 发散.

上述推论中的 R 称为幂级数 $\sum\limits_{n=0}^{\infty} a_n x^n$ 的**收敛半径**. $(-R,R)$ 称为幂级数的**收敛区间**. 注意，当 $x = -R$ 与 $x = R$ 时，$\sum\limits_{n=0}^{\infty} a_n x^n$ 可能收敛也可能发散. $\sum\limits_{n=0}^{\infty} a_n x^n$ 的收敛域是由其收敛区间加上收敛的端点构成的，因此，一定是四个区间 $[-R,R]$，$(-R,R)$，$(-R,R]$，$[-R,R)$ 之一.

注　由于幂级数的收敛域一定是一个区间，所以有些教材中也把幂级数的收敛域称为收敛区间，请读者注意区别. 本书采用的定义是为了叙述幂级数的分析性质更方便.

为了形式上的统一，当 $\sum\limits_{n=0}^{\infty} a_n x^n$ 只在原点收敛时，规定其收敛半径 $R = 0$.

当 $\sum\limits_{n=0}^{\infty} a_n x^n$ 在整个实数轴上都收敛时，规定其收敛半径 $R = +\infty$. 显然，求出收敛半径对确定收敛域是十分重要的.

关于幂级数的收敛半径，我们有下面的定理.

定理 8.14　设 R 为幂级数 $\sum\limits_{n=0}^{\infty} a_n x^n$ 的收敛半径. 如果 $\lim\limits_{n \to \infty} \left| \dfrac{a_{n+1}}{a_n} \right| = \rho$，则

$$R = \begin{cases} \dfrac{1}{\rho} & (\rho \neq 0) \\ +\infty & (\rho = 0) \\ 0 & (\rho = +\infty) \end{cases}$$

证明　对级数 $\sum\limits_{n=0}^{\infty} |a_n x^n|$ 应用比值判别法，由

$$\lim_{n \to \infty} \left| \frac{a_{n+1} x^{n+1}}{a_n x^n} \right| = \lim_{n \to \infty} \left| \frac{a_{n+1}}{a_n} \right| |x| = \rho |x|$$

若 $\rho \neq 0$，则当 $|x| < \dfrac{1}{\rho}$ 时，级数 $\sum\limits_{n=0}^{\infty} a_n x^n$ 绝对收敛；

当 $|x| > \dfrac{1}{\rho}$ 时，级数 $\sum\limits_{n=0}^{\infty} |a_n x^n|$ 发散，且当 n 充分大时，有 $|a_{n+1} x^{n+1}| > |a_n x^n|$，一般项 $|a_n x^n|$ 不趋于零，从而级数 $\sum\limits_{n=0}^{\infty} a_n x^n$ 发散. 故收敛半径 $R = \dfrac{1}{\rho}$.

若 $\rho = 0$，则对于任意 $x \neq 0$，有

$$\lim_{n \to \infty} \left| \frac{a_{n+1}x^{n+1}}{a_n x^n} \right| = \lim_{n \to \infty} \left| \frac{a_{n+1}}{a_n} \right| |x| = 0$$

所以，级数 $\sum\limits_{n=0}^{\infty} a_n x^n$ 绝对收敛，故收敛半径 $R = +\infty$.

若 $\rho = +\infty$，则对于任意 $x \neq 0$，有

$$\lim_{n \to \infty} \left| \frac{a_{n+1}x^{n+1}}{a_n x^n} \right| = \lim_{n \to \infty} \left| \frac{a_{n+1}}{a_n} \right| |x| = +\infty$$

所以，级数 $\sum\limits_{n=0}^{\infty} |a_n x^n|$ 发散，且一般项 $|a_n x^n|$ 不趋于零，从而级数 $\sum\limits_{n=0}^{\infty} a_n x^n$ 发散.
故收敛半径 $R = 0$.

例 8.21 求幂级数 $\sum\limits_{n=1}^{\infty} (-1)^n \dfrac{5^n x^n}{\sqrt{n}}$ 的收敛半径和收敛域.

解 因为

$$\lim_{n \to \infty} \left| \frac{a_{n+1}}{a_n} \right| = \lim_{n \to \infty} 5 \sqrt{\frac{n}{n+1}} = 5$$

故收敛半径是 $R = \dfrac{1}{5}$.

当 $x = \dfrac{1}{5}$ 时，原级数为 $\sum\limits_{n=1}^{\infty} (-1)^n \dfrac{1}{\sqrt{n}}$，这是一个交错级数，根据定理 8.9

（莱布尼茨定理），$\sum\limits_{n=1}^{\infty} (-1)^n \dfrac{5^n x^n}{\sqrt{n}}$ 在 $x = \dfrac{1}{5}$ 处收敛.

而当 $x = -\dfrac{1}{5}$ 时，级数成为 $\sum\limits_{n=1}^{\infty} \dfrac{1}{\sqrt{n}}$，它是发散的. 所以级数 $\sum\limits_{n=1}^{\infty} (-1)^n \dfrac{5^n x^n}{\sqrt{n}}$

在 $x = -\dfrac{1}{5}$ 处发散. 该级数的收敛域为 $\left(-\dfrac{1}{5}, \dfrac{1}{5} \right]$.

例 8.22 求幂级数 $\sum\limits_{n=1}^{\infty} (-1)^n \dfrac{x^n}{n!}$ 的收敛半径和收敛域.

解 因为

$$\lim_{n \to \infty} \left| \frac{a_{n+1}}{a_n} \right| = \lim_{n \to \infty} \frac{1}{n+1} = 0$$

所以收敛半径 $R = +\infty$，因此该级数的收敛域为 $(-\infty, +\infty)$.

例 8.23 求幂级数 $\sum\limits_{n=1}^{\infty} n! x^n$ 的收敛半径和收敛域.

解　当 $x \neq 0$ 时，

$$\lim_{n \to \infty} \left| \frac{a_{n+1}}{a_n} \right| = \lim_{n \to \infty} (n+1) = +\infty$$

所以，收敛半径为 $R=0$，仅在 $x=0$ 收敛.

与形如 $\sum_{n=0}^{\infty} a_n x^n$ 的幂级数类似，$\sum_{n=0}^{\infty} a_n (x-x_0)^n$ 的收敛域也有以下三种情形：

（1）仅仅包含 $x=x_0$，级数收敛到 a_0；

（2）在整个实数轴上收敛，即 $(-\infty, +\infty)$；

（3）$[x_0-R, x_0+R]$，(x_0-R, x_0+R)，$(x_0-R, x_0+R]$，$[x_0-R, x_0+R)$ 之一.

上面的 R 也称为收敛半径. 求形如 $\sum_{n=0}^{\infty} a_n (x-x_0)^n$ 的幂级数的收敛半径，可以先做变换 $t = x-x_0$，变成形如 $\sum_{n=0}^{\infty} a_n t^n$ 的级数，此幂级数的收敛半径与原幂级数的收敛半径相同.

例 8.24　求幂级数 $\sum_{n=1}^{\infty} (-1)^{n-1} \frac{(x-2)^n}{n^2}$ 的收敛半径和收敛域.

解　因为

$$\lim_{n \to \infty} \left| \frac{a_{n+1}}{a_n} \right| = \lim_{n \to \infty} \frac{n^2}{(n+1)^2} = 1$$

所以，$\sum_{n=1}^{\infty} (-1)^{n-1} \frac{(x-2)^n}{n^2}$ 的收敛半径为 $R=1$.

当 $|x-2| < 1$ 时，级数绝对收敛；

当 $|x-2| > 1$ 时，级数发散；

当 $|x-2| = 1$ 时，级数 $\sum_{n=1}^{\infty} (-1)^{n-1} \frac{1}{n^2}$ 绝对收敛，

所以收敛域为 $1 \leq x \leq 3$，即 $[1,3]$.

根据幂级数系数的特点，有时我们也用根值判别法来求收敛半径.

定理 8.15　设 R 为幂级数 $\sum_{n=0}^{\infty} a_n x^n$ 的收敛半径. 如果 $\lim_{n \to \infty} \sqrt[n]{|a_n|} = \rho$，则

$$R = \begin{cases} \dfrac{1}{\rho} & (\rho \neq 0) \\ +\infty & (\rho = 0) \\ 0 & (\rho = +\infty) \end{cases}$$

证明略.

例 8.25 求级数 $\sum\limits_{n=1}^{\infty}\left(1+\dfrac{1}{n}\right)^n\cdot x^n$ 的收敛半径和收敛域.

解 由 $\lim\limits_{n\to\infty}\sqrt[n]{|a_n|}=\lim\limits_{n\to\infty}\left(1+\dfrac{1}{n}\right)=1$，所以，收敛半径 $R=1$. 注意到

$$\lim_{n\to\infty}\left(1+\dfrac{1}{n}\right)^n=\mathrm{e}$$

当 $|x|=1$ 时，级数一般项不趋于零，故级数发散. 所以级数收敛域为 $(-1,1)$.

另外，在定理 8.14 中，a_n 是幂级数 $\sum\limits_{n=0}^{\infty}a_nx^n$ 中 x^n 的系数. 如果幂级数有缺项，如缺少奇数次幂或偶数次幂的项时，则应直接用比值判别法，或用根值判别法来判断其收敛性.

例 8.26 求级数 $\sum\limits_{n=1}^{\infty}\dfrac{x^{2n+1}}{3^n}$ 的收敛半径和收敛域.

解 直接使用比值审敛法：

$$\lim_{n\to\infty}\left|\dfrac{\dfrac{x^{2n+3}}{3^{n+1}}}{\dfrac{x^{2n+1}}{3^n}}\right|=\lim_{n\to\infty}\left|\dfrac{x^2}{3}\right|=\dfrac{x^2}{3}$$

当 $|x|<\sqrt{3}$ 时，有 $\dfrac{x^2}{3}<1$，$\sum\limits_{n=1}^{\infty}\dfrac{x^{2n+1}}{3^n}$ 绝对收敛，所以级数 $\sum\limits_{n=1}^{\infty}\dfrac{x^{2n+1}}{3^n}$ 收敛；

当 $|x|>\sqrt{3}$ 时，有 $\dfrac{x^2}{3}>1$，$\sum\limits_{n=1}^{\infty}\dfrac{x^{2n+1}}{3^n}$ 的一般项不趋于零，级数发散，

所以收敛半径 $R=\sqrt{3}$. 当 $R=\pm\sqrt{3}$ 时，级数的一般项不趋于零，级数发散. 因此级数 $\sum\limits_{n=1}^{\infty}\dfrac{x^{2n+1}}{3^n}$ 的收敛域为 $(-\sqrt{3},\sqrt{3})$.

8.3.3 幂级数的性质及幂级数的和函数

设有幂级数

$$\sum_{n=0}^{\infty}a_nx^n=a_0+a_1x+a_2x^2+\cdots+a_nx^n+\cdots$$

$$\sum_{n=0}^{\infty}b_nx^n=b_0+b_1x+b_2x^2+\cdots+b_nx^n+\cdots$$

的收敛半径分别为 R_a 和 R_b，令 $R=\min\{R_a,R_b\}$，则在 $(-R,R)$ 内有

（1）$\displaystyle\sum_{n=0}^{\infty} a_n x^n \pm \sum_{n=0}^{\infty} b_n x^n = \sum_{n=0}^{\infty} (a_n \pm b_n) x^n$

（2）$\displaystyle\left(\sum_{n=0}^{\infty} a_n x^n \right) \left(\sum_{n=0}^{\infty} b_n x^n \right) = \sum_{n=0}^{\infty} c_n x^n$

其中 $c_n = a_0 b_n + a_1 b_{n-1} + \cdots + a_n b_0 \quad (n \geqslant 0)$.

我们知道，幂级数的和函数是在其收敛区域内定义的一个函数，关于和函数的连续、可导及可积性，有如下结果：

设幂级数 $\displaystyle\sum_{n=0}^{\infty} a_n x^n = s(x)$ 的收敛半径为 $R(R>0)$，则有

1. 和函数的连续性

和函数 $s(x)$ 在收敛域上连续.

2. 逐项求导公式

和函数 $s(x)$ 在区间 $(-R,R)$ 内可导，并在 $(-R,R)$ 内有逐项求导公式

$$s'(x) = \left(\sum_{n=0}^{\infty} a_n x^n \right)' = \sum_{n=0}^{\infty} (a_n x^n)' = \sum_{n=1}^{\infty} n a_n x^{n-1}$$

且逐项求导后所得到的幂级数和原来的幂级数有相同的收敛半径.

幂级数逐项求导后得到的仍然是幂级数，且收敛半径不变. 反复使用求导公式可以知道，幂级数在收敛区间内有任意阶的导数.

3. 逐项积分公式

和函数 $s(x)$ 在 $(-R,R)$ 内可积，有逐项积分公式

$$\int_0^x s(x) \, dx = \int_0^x \left(\sum_{n=0}^{\infty} a_n x^n \right) dx = \sum_{n=0}^{\infty} \int_0^x a_n x^n \, dx = \sum_{n=0}^{\infty} \frac{a_n}{n+1} x^{n+1}$$

且逐项积分后所得到的幂级数和原来的幂级数有相同的收敛半径.

注　幂级数逐项微分与逐项积分后收敛半径不变，但是收敛域可能不同. 例如，例 8.21 中的幂级数 $\displaystyle\sum_{n=1}^{\infty} (-1)^n \frac{5^n x^n}{\sqrt{n}}$，收敛半径是 $\dfrac{1}{5}$，收敛域是

$\left(-\dfrac{1}{5}, \dfrac{1}{5} \right]$. 逐项求导有

$$\left[\sum_{n=1}^{\infty} (-1)^n \frac{5^n x^n}{\sqrt{n}} \right]' = \sum_{n=1}^{\infty} \left[(-1)^n \frac{5^n x^n}{\sqrt{n}} \right]' = \sum_{n=1}^{\infty} (-1)^n \sqrt{n} \, 5^n x^{n-1}$$

根据和函数的求导公式，逐项求导后得到的幂级数 $\displaystyle\sum_{n=1}^{\infty} (-1)^n \sqrt{n} \, 5^n x^{n-1}$ 与原级数

的收敛半径相同，但是它在 $x = \pm \dfrac{1}{5}$ 都不收敛，所以 $\displaystyle\sum_{n=1}^{\infty} (-1)^n \sqrt{n} 5^n x^{n-1}$ 的收敛域是 $\left(-\dfrac{1}{5}, \dfrac{1}{5} \right)$，与原幂级数不同.

　　幂级数的以上几个性质在求和函数的时候常常起到关键作用. 此外，几何级数的和函数

$$\sum_{n=0}^{\infty} x^n = 1 + x + x^2 + \cdots + x^n + \cdots = \frac{1}{1-x}, \quad |x| < 1$$

也是幂级数求和中的一个基本结果.

例 8.27　求幂级数 $\displaystyle\sum_{n=0}^{\infty} (n+1)x^n$ 的和函数.

解　由

$$\lim_{n \to \infty} \left| \frac{a_{n+1}}{a_n} \right| = \lim_{n \to \infty} \left| \frac{n+2}{n+1} \right| = 1$$

级数的收敛半径为 1. 容易知道 $\displaystyle\sum_{n=0}^{\infty} (n+1)x^n$ 在 $x = \pm 1$ 均发散，所以级数的收敛域为 $(-1,1)$. 设幂级数的和函数为 $s(x)$，即

$$s(x) = \sum_{n=0}^{\infty} (n+1)x^n, \quad x \in (-1,1)$$

逐项积分，并注意到经过逐项积分后得到的新级数与原幂级数有相同的收敛半径，有

$$\int_0^x s(x)\, \mathrm{d}x = \int_0^x \left[\sum_{n=0}^{\infty} (n+1)x^n \right] \mathrm{d}x$$
$$= \sum_{n=0}^{\infty} \int_0^x (n+1)x^n \mathrm{d}x$$
$$= \sum_{n=0}^{\infty} x^{n+1} = \frac{x}{1-x}, \quad x \in (-1,1)$$

即

$$\int_0^x s(x)\, \mathrm{d}x = \frac{x}{1-x}, \quad x \in (-1,1)$$

两端对 x 求导，得

$$s(x) = \left(\frac{x}{1-x} \right)' = \frac{1}{(1-x)^2}, \quad x \in (-1,1)$$

即

$$\sum_{n=0}^{\infty} (n+1)x^n = \frac{1}{(1-x)^2}, \quad x \in (-1,1)$$

例 8.28 求幂级数 $\displaystyle\sum_{n=0}^{\infty}\frac{x^{n}}{n+1}$ 的和函数.

解 因为

$$\lim_{n\to\infty}\left|\frac{a_{n+1}}{a_{n}}\right|=\lim_{n\to\infty}\frac{n+1}{n+2}=1$$

故幂级数的收敛半径为 1，收敛域为 $[-1,1)$. 设幂级数的和函数为 $s(x)$，则

$$xs(x)=\sum_{n=0}^{\infty}\frac{x^{n+1}}{n+1}$$

等式右边逐项求导，由于新得到的级数收敛半径不变，所以

$$\left(\sum_{n=0}^{\infty}\frac{x^{n+1}}{n+1}\right)'=\sum_{n=0}^{\infty}\left(\frac{x^{n+1}}{n+1}\right)'=\sum_{n=0}^{\infty}x^{n}=\frac{1}{1-x},\ x\in(-1,1)$$

所以

$$[xs(x)]'=\left(\sum_{n=0}^{\infty}\frac{x^{n+1}}{n+1}\right)'=\sum_{n=0}^{\infty}x^{n}=\frac{1}{1-x},\ x\in(-1,1)$$

对上式两边积分，得

$$\begin{aligned}xs(x)-0\cdot s(0)&=\int_{0}^{x}[xs(x)]'\mathrm{d}x\\&=\int_{0}^{x}\frac{1}{1-x}\mathrm{d}x=-\ln(1-x)\ \Big|_{0}^{x}\\&=-\ln(1-x),\ x\in(-1,1)\end{aligned}$$

当 $x=0$ 时，显然 $s(0)=1$. 又当 $x=-1$ 时，原级数为 $\displaystyle\sum_{n=0}^{\infty}\frac{(-1)^{n}}{n+1}$，是收敛的，利用幂级数和函数的连续性得到

$$s(x)=\begin{cases}\dfrac{-\ln(1-x)}{x},&x\in[-1,0)\cup(0,1)\\[2mm]1,&x=0\end{cases}$$

$s(x)$ 在点 $x=0$ 是连续的. 事实上，由 $\displaystyle\lim_{x\to0}s(x)=\lim_{x\to0}\frac{-\ln(1-x)}{x}=1=s(0)$，就可以验证这一点.

另外，由 $s(-1)=\ln2$，有

$$1-\frac{1}{2}+\frac{1}{3}-\frac{1}{4}+\cdots+\frac{(-1)^{n-1}}{n}+\cdots=\ln2$$

例 8.29 求 $\displaystyle\sum_{n=1}^{\infty}\frac{2n-1}{2^{n}}x^{2n-2}$ 的收敛域及和函数，并求数项级数 $\displaystyle\sum_{n=1}^{\infty}\frac{2n-1}{2^{n}}$ 的和.

解　做变换 $t = \dfrac{x}{\sqrt{2}}$，则有

$$\sum_{n=1}^{\infty} \frac{2n-1}{2^n} x^{2n-2} = \frac{1}{2} \sum_{n=1}^{\infty} (2n-1) \left(\frac{x}{\sqrt{2}} \right)^{2n-2} = \frac{1}{2} \sum_{n=1}^{\infty} (2n-1) t^{2n-2}$$

设幂级数 $\sum\limits_{n=1}^{\infty} (2n-1) t^{2n-2}$ 的和函数为 $f(t)$，容易求出 $\sum\limits_{n=1}^{\infty} (2n-1) t^{2n-2}$ 的收敛半径为 1，逐项积分得

$$\begin{aligned}
\int_0^t f(t)\,\mathrm{d}t &= \int_0^t \left[\sum_{n=1}^{\infty} (2n-1) t^{2n-2} \right] \mathrm{d}t \\
&= \sum_{n=1}^{\infty} \int_0^t (2n-1) t^{2n-2} \mathrm{d}t \\
&= \sum_{n=1}^{\infty} t^{2n-1} \\
&= \frac{t}{1-t^2},\ t \in (-1,1)
\end{aligned}$$

对上式两端求导，得

$$f(t) = \left(\frac{t}{1-t^2} \right)' = \frac{1+t^2}{(1-t^2)^2},\ t \in (-1,1)$$

于是

$$\sum_{n=1}^{\infty} \frac{2n-1}{2^n} x^{2n-2} = \frac{1}{2} f\left(\frac{x}{\sqrt{2}} \right) = \frac{1}{2} \frac{1+\dfrac{x^2}{2}}{\left(1-\dfrac{x^2}{2} \right)^2} = \frac{2+x^2}{(2-x^2)^2},\ -\sqrt{2} < x < \sqrt{2}$$

于是

$$\sum_{n=1}^{\infty} \frac{2n-1}{2^n} = \frac{2+1^2}{(2-1^2)^2} = 3$$

习题 8.3

A 组

1. 求下列幂级数的收敛域：

(1) $\sum\limits_{n=1}^{\infty} (-1)^n \dfrac{x^n}{2^n}$

(2) $\sum\limits_{n=1}^{\infty} n x^n$

(3) $\dfrac{x}{2} + \dfrac{x^2}{2 \times 4} + \dfrac{x^3}{2 \times 4 \times 6} + \cdots$

(4) $\dfrac{x}{1 \times 2} + \dfrac{x^3}{3 \times 2^3} + \dfrac{x^5}{5 \times 2^5} + \cdots$

(5) $\sum\limits_{n=0}^{\infty} \dfrac{1}{4^n} (x-1)^{2n}$

(6) $\sum\limits_{n=1}^{\infty} \dfrac{(x-5)^n}{\sqrt{n}}$

（7）$\sum\limits_{n=0}^{\infty} \dfrac{1}{2n-1}(2x-1)^n$

（8）$\sum\limits_{n=1}^{\infty} \left(\dfrac{x^n}{n} + 2^n \cdot x^n \right)$

2. 求下列幂级数的收敛域及和函数：

（1）$\sum\limits_{n=1}^{\infty} nx^{n-1}$

（2）$\sum\limits_{n=1}^{\infty} \dfrac{x^n}{n}$

（3）$\sum\limits_{n=0}^{\infty} (2n+1)x^n$

（4）$\sum\limits_{n=1}^{\infty} \dfrac{x^{4n+1}}{4n+1}$

B 组

1. 设幂级数 $\sum\limits_{n=0}^{\infty} a_n x^n$ 的收敛半径是 2，求级数 $\sum\limits_{n=1}^{\infty} na_n(x-1)^{n-1}$ 的收敛区间.

2. 设 $f(x) = \sum\limits_{n=0}^{\infty} \dfrac{x^n}{n!}$，证明：

（1）$f(x)$ 满足微分方程 $f'(x) - f(x) = 0$.

（2）$f(x) = e^x, \ -\infty < x < +\infty$.

（3）利用 $f(x)$ 的表达式求幂级数 $\sum\limits_{n=2}^{\infty} \dfrac{n-1}{n!}(x+1)^n$ 的和函数.

8.4　泰　勒　级　数

上一节我们学习了对给定的幂级数如何求它的收敛域以及和函数.本节我们将要介绍如何把函数展开为幂级数,并简单介绍其在数值计算中应用.

8.4.1　泰勒级数的概念

已知

$$\sum_{n=0}^{\infty} x^n = 1 + x + x^2 + \cdots + x^n + \cdots = \frac{1}{1-x}, \quad |x| < 1$$

我们说,幂级数 $\sum_{n=0}^{\infty} x^n$ 在 $|x| < 1$ 内的和函数是 $\dfrac{1}{1-x}$.反过来说就是,函数 $\dfrac{1}{1-x}$ 在 $|x| < 1$ 内展开成了 x 的幂级数 $\sum_{n=0}^{\infty} x^n$.

我们首先研究这样的问题:如果函数 $f(x)$ 在 x_0 的某个邻域 $|x - x_0| < R$ 内可以展开成 $(x - x_0)$ 的幂级数,即 $f(x) = \sum_{n=0}^{\infty} a_n (x - x_0)^n$,那么函数 $f(x)$ 应当具有什么性质?幂级数的系数 $a_n (n \in \mathbf{N})$ 又该怎样计算?

由于幂级数在其收敛域内无穷次可导,即有任意阶的导数,所以 $f(x)$ 必然在此区间内有任意阶导数.我们有

$$f(x) = a_0 + a_1(x - x_0) + a_2(x - x_0)^2 + \cdots + a_n(x - x_0)^n + \cdots$$

$$f'(x) = a_1 + 2a_2(x - x_0) + 3a_3(x - x_0)^2 + \cdots + na_n(x - x_0)^{n-1} + \cdots$$

$$f''(x) = 2! \, a_2 + 3! \, a_3(x - x_0) + \cdots + n(n-1)a_n(x - x_0)^{n-2} + \cdots$$

$$f'''(x) = 3! \, a_3 + \cdots + n(n-1)(n-2)a_n(x - x_0)^{n-3} + \cdots$$

$$\vdots$$

$$f^{(n)}(x) = n! \, a_n + (n+1)n(n-1)\cdots 2a_{n+1}(x - x_0) + \cdots$$

$$\vdots$$

将 $x = x_0$ 依次代入上面各式,得

$$a_n = \frac{f^{(n)}(x_0)}{n!} \quad (n \geq 0)$$

这样,我们就证明了如下的定理.

定理 8.16　如果函数 $f(x)$ 在点 x_0 的某个邻域 $|x - x_0| < R$ 内可以展开成 $(x - x_0)$ 的幂级数,则

$$f(x) = \sum_{n=0}^{\infty} \frac{f^{(n)}(x_0)}{n!}(x - x_0)^n$$

这一结论被称为**幂级数展开式的唯一性**.

只要 $f(x)$ 在点 x_0 任意次可微，就称幂级数 $\sum\limits_{n=0}^{\infty} \dfrac{f^{(n)}(x_0)}{n!}(x - x_0)^n$ 为函数

$f(x)$ 在点 x_0 的**泰勒级数**，记为 $f(x) \sim \sum\limits_{n=0}^{\infty} \dfrac{f^{(n)}(x_0)}{n!}(x - x_0)^n$.

如果

$$f(x) = \sum_{n=0}^{\infty} \frac{f^{(n)}(x_0)}{n!}(x - x_0)^n \tag{8-7}$$

在 x_0 的某个邻域成立，就称式（8-7）是函数 $f(x)$ 在点 x_0 的**泰勒展开式**.

特别地，当 $x_0 = 0$ 时，称幂级数 $\sum\limits_{n=0}^{\infty} \dfrac{f^{(n)}(0)}{n!}x^n$ 为函数 $f(x)$ 的**麦克劳林级数**.

定理 8.17　设函数 $f(x)$ 在邻域 $|x - x_0| < R$ 内有任意阶的导数，则

（1）$R_n(x) = f(x) - \sum\limits_{k=0}^{n} \dfrac{f^{(k)}(x_0)}{k!}(x - x_0)^k = \dfrac{f^{(n+1)}(\xi)}{(n+1)!}(x - x_0)^{n+1}$，其中 ξ

在 x_0 与 x 之间.

（2）$f(x) = \sum\limits_{n=0}^{\infty} \dfrac{f^{(n)}(x_0)}{n!}(x - x_0)^n$ 的充分必要条件是 $\lim\limits_{n\to\infty} R_n(x) = 0$，$x \in (-R, R)$.

证明　（1）是带拉格朗日余项的泰勒中值定理.　（2）是收敛级数的定义.

注　函数在某个点没有泰勒展开式可以考察下面的例子. 令

$$f(x) = \begin{cases} e^{-\frac{1}{x^2}}, & x \neq 0 \\ 0, & x = 0 \end{cases}$$

可以证明：$f(x)$ 在点 $x_0 = 0$ 任意可导，且 $f^{(n)}(0) = 0 (n = 0, 1, 2, \cdots)$. 所以

$f(x)$ 的麦克劳林级数为 $\sum\limits_{n=0}^{\infty} 0 \cdot x^n = 0$. 显然，除 $x = 0$ 以外，$f(x)$ 的麦克劳林

级数处处不收敛于 $f(x)$.

8.4.2　函数展开为幂级数

在许多应用和理论问题中，经常需要将函数展开为幂级数. 下面以求 $f(x)$ 的麦克劳林级数为例来介绍**直接展开法**.

直接展开法主要分为两个步骤.

第一步 求 $f(x)$ 的麦克劳林级数及其收敛区间 $(-R,R)$.

这一步骤需要求 $f(x)$ 的各阶导数

$$f'(x), f''(x), f'''(x), \cdots, f^{(n)}(x), \cdots$$

以及 $f(x)$ 与它的各阶导数在 $x=0$ 处的值

$$f(0), f'(0), f''(0), \cdots, f^{(n)}(0), \cdots$$

并求出它的收敛半径 R.

如果在 $x=0$ 处某阶导数不存在，$f(x)$ 就不能展开成麦克劳林级数.

第二步 验证. 即验证是否有

$$f(x) = f(0) + f'(0)x + \frac{f''(0)}{2!}x^2 + \cdots + \frac{f^{(n)}(0)}{n!}x^n + \cdots, \quad |x| < R$$

验证的方法有两种：**余项分析** 与 **和函数分析**.

余项分析 对任意的 $x \in (-R,R)$，分析余项

$$R_n(x) = \frac{f^{(n+1)}(\xi)}{(n+1)!}x^{n+1} \quad (\text{其中 } \xi \text{ 在 } 0 \text{ 与 } x \text{ 之间})$$

如果 $\lim_{n \to \infty} R_n(x) = 0$，$x \in (-R,R)$，则 $f(x)$ 在 $(-R,R)$ 内的幂级数展开式为

$$f(x) = f(0) + f'(0)x + \frac{f''(0)}{2!}x^2 + \cdots + \frac{f^{(n)}(0)}{n!}x^n + \cdots, \quad (-R,R)$$

和函数分析 求出和函数

$$s(x) = f(0) + f'(0)x + \frac{f''(0)}{2!}x^2 + \cdots + \frac{f^{(n)}(0)}{n!}x^n + \cdots, \quad (-R,R)$$

从而判断是否有 $f(x) = s(x)$.

例 8.30 将函数 $f(x) = e^x$ 展开为 x 的幂级数.

解 $f(x) = e^x$，则

$$f^{(n)}(x) = e^x \quad (n = 1, 2, \cdots)$$

所以

$$f^{(n)}(0) = 1 \quad (n = 0, 1, 2, \cdots)$$

于是

$$f(x) \sim 1 + x + \frac{x^2}{2!} + \cdots + \frac{x^n}{n!} + \cdots$$

该级数的收敛半径 $R = +\infty$.

对于所有的 $x \in (-\infty, +\infty)$，余项

$$R_n(x) = \frac{e^\xi}{(n+1)!}x^{n+1}$$

其中 ξ 在 0 与 x 之间. 故 $|e^\xi| \leqslant e^{|\xi|} < e^{|x|}$，于是

$$|R_n(x)| = \left| \frac{\mathrm{e}^\xi}{(n+1)!} x^{n+1} \right| < \mathrm{e}^{|x|} \frac{|x|^{n+1}}{(n+1)!}$$

对每一个确定的 x，$\mathrm{e}^{|x|}$ 是一个有限值，而 $\dfrac{x^{n+1}}{(n+1)!}$ 是收敛级数

$$1 + x + \frac{x^2}{2!} + \cdots + \frac{x^n}{n!} + \cdots$$

的一般项，由级数收敛的必要条件有 $\lim\limits_{n\to\infty} \dfrac{x^{n+1}}{(n+1)!} = 0$，所以 $\lim\limits_{n\to\infty} \dfrac{\mathrm{e}^{|x|} |x|^{n+1}}{(n+1)!} = 0$，

于是

$$\lim_{n\to\infty} |R_n(x)| = 0$$

所以

$$\mathrm{e}^x = 1 + x + \frac{x^2}{2!} + \cdots + \frac{x^n}{n!} + \cdots, \quad x \in (-\infty, +\infty).$$

注　令 $s(x) = 1 + x + \dfrac{x^2}{2!} + \cdots + \dfrac{x^n}{n!} + \cdots$，则 $s(0) = 1$，且

$$s'(x) = 1 + x + \frac{x^2}{2!} + \cdots + \frac{x^n}{n!} + \cdots = s(x)$$

解微分方程 $s'(x) = s(x)$，$s(0) = 1$，得 $s(x) = \mathrm{e}^x$.

例 8.31　将函数 $f(x) = \sin x$ 展开为 x 的幂级数.

解　因为

$$f^{(n)}(x) = \sin\left(x + \frac{n\pi}{2}\right) \quad (n = 1, 2, \cdots)$$

所以

$$f^{(n)}(0) = \begin{cases} (-1)^m, & n = 2m+1 \\ 0, & n = 2m \end{cases} \quad (m = 0, 1, 2, \cdots)$$

于是

$$f(x) \sim x - \frac{x^3}{3!} + \frac{x^5}{5!} + \cdots + (-1)^{n-1} \frac{x^{2n-1}}{(2n-1)!} + \cdots$$

该级数的收敛半径 $R = +\infty$. 对于所有的 $x \in (-\infty, +\infty)$，我们有

$$|R_n(x)| = \left| \frac{\sin\left(\xi + \dfrac{n+1}{2}\pi\right)}{(n+1)!} x^{n+1} \right| \leqslant \frac{|x|^{n+1}}{(n+1)!}$$

其中 ξ 在 0 与 x 之间.

又 $\lim\limits_{n\to\infty}\dfrac{x^{n+1}}{(n+1)!}=0$，故 $\lim\limits_{n\to\infty}R_n(x)=0$. 于是，

$$\sin x = x - \frac{x^3}{3!} + \frac{x^5}{5!} + \cdots + (-1)^{n-1}\frac{x^{2n-1}}{(2n-1)!} + \cdots,\ x\in(-\infty,+\infty)$$

注 令 $s(x)=x-\dfrac{x^3}{3!}+\dfrac{x^5}{5!}-\cdots+(-1)^{n-1}\dfrac{x^{2n-1}}{(2n-1)!}+\cdots$，则 $s(0)=0$，$s'(0)=1$，且

$$s''(x) = -x + \frac{x^3}{3!} - \frac{x^5}{5!} + \cdots + (-1)^n\frac{x^{2n-1}}{(2n-1)!} + \cdots = -s(x)$$

解微分方程 $s''(x)+s(x)=0$，得通解 $s(x)=C_1\cos x + C_2\sin x$. 代入初始条件 $s(0)=0$，$s'(0)=1$，得特解 $s(x)=\sin x$.

例 8.32 将函数 $f(x)=(1+x)^{\alpha}$ 展开为 x 的幂级数，其中 α 不是自然数.

解 $f(x)=(1+x)^{\alpha}$ 的各阶导数为

$$f'(x) = \alpha(1+x)^{\alpha-1}$$
$$f''(x) = \alpha(\alpha-1)(1+x)^{\alpha-2}$$
$$\vdots$$
$$f^{(n)}(x) = \alpha(\alpha-1)\cdots(\alpha-n+1)(1+x)^{\alpha-n}$$
$$\vdots$$

所以
$$f(0)=1, f'(0)=\alpha, f''(0)=\alpha(\alpha-1),\cdots f^{(n)}(0)=\alpha(\alpha-1)\cdots(\alpha-n+1),\cdots$$
$f(x)$ 的麦克劳林级数为
$$1 + \alpha x + \frac{\alpha(\alpha-1)}{2!}x^2 + \cdots + \frac{\alpha(\alpha-1)\cdots(\alpha-n+1)}{n!}x^n + \cdots$$
因为

$$\lim\limits_{n\to\infty}\left| \frac{\dfrac{\alpha(\alpha-1)\cdots(\alpha-n)}{(n+1)!}x^{n+1}}{\dfrac{\alpha(\alpha-1)\cdots(\alpha-n+1)}{n!}x^n} \right| = \lim\limits_{n\to\infty}\left| \frac{\alpha-n}{n+1} \right| \cdot |x| = |x|$$

所以该级数的收敛半径为 1，对任意的 α，该级数在 $(-1,1)$ 内都收敛. 在区间端点级数是否收敛与 α 的值有关.

这个函数的泰勒公式的余项比较复杂，我们直接求它的和函数. 令

$$F(x) = 1 + \alpha x + \frac{\alpha(\alpha-1)}{2!}x^2 + \cdots + \frac{\alpha(\alpha-1)\cdots(\alpha-n+1)}{n!}x^n + \cdots,\ |x|<1$$

注意到 $f'(x) = \alpha(1+x)^{\alpha-1}$，即 $f(x)$ 是满足微分方程

$$(1+x)f'(x) = \alpha f(x), \ f(0) = 1$$

我们只要验证 $F(x)$ 同样满足上述微分方程，并由线性微分方程解的存在唯一性，即可证明 $f(x) = F(x)$.

逐项求导，得

$$F'(x) = \alpha + \frac{\alpha(\alpha-1)}{1!}x + \cdots + \frac{\alpha(\alpha-1)\cdots(\alpha-n+1)}{(n-1)!}x^{n-1} + \cdots$$

$$= \alpha\left[1 + \frac{(\alpha-1)}{1!}x + \cdots + \frac{(\alpha-1)\cdots(\alpha-n+1)}{(n-1)!}x^{n-1} + \cdots\right]$$

上式两端同乘 $(1+x)$，然后合并 $x^n (n=1,2,\cdots)$ 的同类项，再注意到

$$\frac{(\alpha-1)\cdots(\alpha-n+1)}{(n-1)!} + \frac{(\alpha-1)\cdots(\alpha-n)}{n!} = \frac{\alpha(\alpha-1)\cdots(\alpha-n+1)}{n!}(n=1,2,\cdots)$$

于是有

$$(1+x)F'(x) = \alpha F(x), \ |x| < 1$$

因此

$$(1+x)^\alpha = 1 + \alpha x + \frac{\alpha(\alpha-1)}{2!}x^2 + \cdots + \frac{\alpha(\alpha-1)\cdots(\alpha-n+1)}{n!}x^n + \cdots, \ |x| < 1$$

直接展开法的优点是有固定的步骤，缺点是计算量可能比较大. 另一种方法是根据需展开的函数与一些已知麦克劳林级数的函数之间的关系间接地得到需展开函数的麦克劳林级数，称为**间接展开法**.

例 8.33　将函数 $f(x) = \cos x$ 展开为 x 的幂级数.

解　由于

$$\sin x = x - \frac{x^3}{3!} + \frac{x^5}{5!} + \cdots + (-1)^{n-1}\frac{x^{2n-1}}{(2n-1)!} + \cdots$$

$$= \sum_{n=1}^{\infty} (-1)^{n-1}\frac{x^{2n-1}}{(2n-1)!}, \ x \in (-\infty, +\infty)$$

逐项求导得

$$\cos x = (\sin x)' = \left[\sum_{n=1}^{\infty} (-1)^{n-1}\frac{x^{2n-1}}{(2n-1)!}\right]'$$

$$= \sum_{n=0}^{\infty} (-1)^n\frac{x^{2n}}{(2n)!}, \quad x \in (-\infty, +\infty)$$

例 8.34　将函数 $f(x) = \dfrac{1}{1+x^2}$ 展开为 x 的幂级数.

解　利用

$$\frac{1}{1-t} = \sum_{n=0}^{\infty} t^n \quad (-1 < t < 1)$$

将等式两端的 t 换为 $-x^2$，得到

$$\frac{1}{1+x^2} = \frac{1}{1-(-x^2)} = \sum_{n=0}^{\infty} (-x^2)^n = \sum_{n=0}^{\infty} (-1)^n x^{2n}, \quad |x| < 1$$

例 8.35 将函数 $f(x) = \ln(1+x)$ 展开为 x 的幂级数，并求 $f^{(n)}(0)$.

解

$$f'(x) = \frac{1}{1+x} = \sum_{n=0}^{\infty} (-1)^n x^n, \quad |x| < 1$$

幂级数在其收敛区间内可以逐项积分，等式两端从 0 到 x 积分，得到

$$\ln(1+x) = \int_0^x \frac{1}{1+x}\mathrm{d}x = \int_0^x \sum_{n=0}^{\infty} (-1)^n t^n \mathrm{d}t$$

$$= \sum_{n=0}^{\infty} \int_0^x (-1)^n t^n \mathrm{d}t = \sum_{n=0}^{\infty} \frac{(-1)^n}{n+1} x^{n+1} \quad (-1 < x \leqslant 1)$$

上式对 $x = 1$ 成立，是因为 $f(x) = \ln(1+x)$ 在 $x = 1$ 处连续，且 $\sum\limits_{n=0}^{\infty} \dfrac{(-1)^n}{n+1} x^{n+1}$ 在 $x = 1$ 处收敛.

由系数公式，得

$$\frac{f^{(n)}(0)}{n!} = \frac{(-1)^{n-1}}{n}, \quad \text{即 } f^{(n)}(0) = (-1)^{n-1}(n-1)! \quad (n \geqslant 1)$$

例 8.36 将函数 $f(x) = \dfrac{1}{x^2+4x+3}$ 展开为 $x-1$ 的幂级数.

解 因为

$$f(x) = \frac{1}{x^2+4x+3} = \frac{1}{(x+3)(x+1)}$$

$$= \frac{1}{4\left(1+\dfrac{x-1}{2}\right)} - \frac{1}{8\left(1+\dfrac{x-1}{4}\right)}$$

又

$$\frac{1}{4\left(1+\dfrac{x-1}{2}\right)} = \frac{1}{4}\sum_{n=0}^{\infty} (-1)^n \frac{(x-1)^n}{2^n}, \quad |x-1| < 2$$

$$\frac{1}{8\left(1+\dfrac{x-1}{4}\right)} = \frac{1}{8}\sum_{n=0}^{\infty} (-1)^n \frac{(x-1)^n}{4^n}, \quad |x-1| < 4$$

根据收敛级数的性质可以得到

$$f(x) = \frac{1}{x^2 + 4x + 3} = \sum_{n=0}^{\infty} (-1)^n \left(\frac{1}{2^{n+2}} - \frac{1}{2^{2n+3}} \right) (x - 1)^n, \quad |x - 1| < 2$$

8.4.3　幂级数的应用

1. 近似计算

幂级数是数值近似计算的基本方法.

例 8.37　计算积分 $\int_0^{0.2} e^{-x^2} dx$.

解　在 e^x 的幂级数展开式中以 $-x^2$ 替换 x, 就得到

$$e^{-x^2} = 1 - x^2 + \frac{x^4}{2!} - \frac{x^6}{3!} + \cdots + (-1)^n \frac{x^{2n}}{n!} + \cdots$$

$$= \sum_{n=0}^{\infty} (-1)^n \frac{x^{2n}}{n!} \quad (-\infty < x < +\infty)$$

于是, 由逐项积分公式得

$$\int_0^{0.2} e^{-x^2} dx = \int_0^{0.2} \left[1 - x^2 + \frac{x^4}{2!} - \frac{x^6}{3!} + \cdots + (-1)^n \frac{x^{2n}}{n!} + \cdots \right] dx$$

$$= \left[x - \frac{x^3}{3} + \frac{x^5}{10} - \frac{x^7}{42} + \cdots \right]_0^{0.2}$$

$$\approx 0.2 - 0.0026667 + 0.0000320 = 0.1973653$$

这里只取前三项, 计算精度已足够好, 误差 $|r_3| \leqslant \frac{0.2^7}{42} \approx 0.000000304$.

2. 微分方程的幂级数解法

例 8.38　求微分方程 $y'' - xy = 0$ 满足 $y(0) = 0$, $y'(0) = 1$ 的特解.

解　设 $y = \sum_{n=0}^{\infty} a_n x^n$, 则 $a_0 = 0$, $a_1 = 1$, 即

$$y = x + a_2 x^2 + a_3 x^3 + \cdots + a_n x^n = x + \sum_{n=2}^{\infty} a_n x^n$$

于是

$$xy = x^2 + \sum_{n=2}^{\infty} a_n x^{n+1} = x^2 + \sum_{n=3}^{\infty} a_{n-1} x^n$$

$$y' = 1 + 2a_2 x + 3a_3 x^2 + \cdots + na_n x^{n-1} = 1 + \sum_{n=2}^{\infty} na_n x^{n-1}$$

$$y'' = \sum_{n=2}^{\infty} n(n-1)a_n x^{n-2} = 2a_2 + 6a_3 x + 12a_4 x^2 + \sum_{n=3}^{\infty} (n+2)(n+1)a_{n+2} x^n$$

代入方程得

$$2a_2 + 6a_3x + 12a_4x^2 + \sum_{n=3}^{\infty}(n+2)(n+1)a_{n+2}x^n - x^2 - \sum_{n=3}^{\infty}a_{n-1}x^n = 0$$

即

$$2a_2 + 6a_3x + (12a_4 - 1)x^2 + \sum_{n=3}^{\infty}\left[(n+2)(n+1)a_{n+2} - a_{n-1}\right]x^n = 0$$

上式是恒等式，所以各项系数必全为零，因此

$$a_2 = 0, a_3 = 0, a_4 = \frac{1}{12}, \cdots, a_{n+2} = \frac{a_{n-1}}{(n+2)(n+1)} \quad (n \geqslant 3)$$

所求特解为

$$y = x + \frac{x^4}{4 \cdot 3} + \frac{x^7}{7 \cdot 6 \cdot 4 \cdot 3} + \frac{x^{10}}{10 \cdot 9 \cdot 7 \cdot 6 \cdot 4 \cdot 3} + \cdots +$$

$$\frac{x^{3m+1}}{(3m+1) \cdot 3m \cdot \cdots \cdot 10 \cdot 9 \cdot 7 \cdot 6 \cdot 4 \cdot 3} + \cdots$$

3. 欧拉公式

$$e^{ix} = \cos x + i\sin x$$

其中 $i = \sqrt{-1}$ 为虚数单位. 欧拉公式的形式推导如下：

$$e^x = 1 + x + \frac{x^2}{2!} + \frac{x^3}{3!} + \cdots + \frac{x^n}{n!} + \cdots \quad (-\infty < x < +\infty)$$

$$e^{ix} = 1 + ix + \frac{(ix)^2}{2!} + \frac{(ix)^3}{3!} + \frac{(ix)^4}{4!} + \frac{(ix)^5}{5!} + \cdots$$

$$= \left(1 - \frac{x^2}{2!} + \frac{x^4}{4!} - \frac{x^6}{6!} + \cdots\right) + i\left(x - \frac{x^3}{3!} + \frac{x^5}{5!} - \frac{x^7}{7!} + \cdots\right) = \cos x + i\sin x$$

即 $e^{ix} = \cos x + i\sin x$，同样，$e^{-ix} = \cos x - i\sin x$，把这两式相加、减可分别得到

$$\cos x = \frac{1}{2}(e^{ix} + e^{-ix}), \qquad \sin x = \frac{1}{2i}(e^{ix} - e^{-ix})$$

此式也称为欧拉公式. 由欧拉公式，可得

$$e^{\alpha x}(\cos\beta x + i\sin\beta x) = e^{(\alpha + i\beta)x} = e^{\lambda x}$$

其中 $\lambda = \alpha + i\beta$ 为复数，x 为实数.

不难由定义直接证明

$$\frac{d}{dx}e^{\lambda x} = \lambda e^{\lambda x}$$

其中 λ 为复数，且有

$$\int e^{\lambda x}dx = \frac{1}{\lambda}e^{\lambda x} + C$$

其中 C 为复数，说明这个积分公式的复数形式与实数形式是一样的.

　　一般地，如果把一元函数中出现的**常数**都换成**复数**，那么我们先前学习的各种法则，如极限法则、求导法则和积分法则等，仍然成立，而且类似的情形也可以推广到多元函数.

习题 8.4

A 组

1. 将下列函数展开成 x 的幂级数，并指出展开式成立的区间：

（1）$\ln(a+x)$

（2）a^{-x}

（3）$\sin\dfrac{x}{2}$

（4）$\cos^2 x$

（5）$(1+x)\ln(1+x)$

（6）$\dfrac{1}{x^2-3x+2}$

2. 将函数 $f(x)=\cos x$ 展开成 $x+\dfrac{\pi}{3}$ 的幂级数.

3. 将函数 $f(x)=\dfrac{1}{x^2}$ 展开成 $x+1$ 的幂级数.

4. 将函数 $f(x)=\dfrac{1}{x^2+3x+2}$ 展开成 $x+4$ 的幂级数.

5. 将下列函数展开成 x 的幂级数，并指出展开式成立的区间：

（1）$\dfrac{e^x-1}{x}$

（2）$\arcsin x$

（3）$\ln\dfrac{1+x}{1-x}$

（4）$\dfrac{x}{1+x-2x^2}$

（5）$\arctan\dfrac{1+x}{1-x}$

（6）$\dfrac{1}{(1-x)^3}$

B 组

1. 利用幂级数的展开式求下列式子：

（1）$\lim\limits_{x\to 0}\dfrac{\cos x-e^{-\frac{x^2}{2}}}{x^4}$

（2）$\displaystyle\int e^{x^2}\,\mathrm{d}x$

2. 将函数 $f(x)=\lg x$ 展开成 $x-1$ 的幂级数，并指出展开式成立的区间.

3. 将函数 $f(x)=\sqrt{x^3}$ 展开成 $x-1$ 的幂级数.

4. 将函数 $f(x)=(x-3)e^{2x}$ 展开成 $x-3$ 的幂函数，并求 $f^{(20)}(3)$.

5. 若 $f(x)=\displaystyle\sum_{n=0}^{\infty}a_n x^n$，$(-R,R)$，证明：

（1）当 $f(x)$ 为偶函数时，$a_{2n+1}=0$，$(n=0,1,2,\cdots)$.

（2）当 $f(x)$ 为奇函数时，$a_{2n}=0$，$(n=0,1,2,\cdots)$.

8.5　傅里叶级数

傅里叶级数也称三角级数，是指形如

$$A_0 + \sum_{n=1}^{\infty} A_n \sin(n\omega t + \varphi_n) \tag{8-8}$$

的函数项级数，式中 A_0，A_n，$\varphi_n(n=1,2,3,\cdots)$ 都是常数.

傅里叶级数在当今科学技术中的应用是多方面的，这一点我们可以从级数本身寻找依据. 傅里叶级数的一般项 $A_n\sin(n\omega t + \varphi_n)$ 可以表示简谐振动，也可以看作周期信号，其中 t 表示时间，A_n 为振幅，$n\omega$ 为角频率，φ_n 为初相位，周期为 $\dfrac{2\pi}{n\omega}$，而级数则表示简谐振动的叠加. 在电工学中，这种展开称为**谐波分析**，其中常数项 A_0 称为**直流分量**，$A_1\sin(\omega t + \varphi_1)$ 称为**一次谐波**（又叫作**基波**），而 $A_2\sin(2\omega t + \varphi_2)$，$A_3\sin(3\omega t + \varphi_3)$，$\cdots$ 依次称为**二次谐波**，**三次谐波**，等等.

众所周知，自然界中的众多（周期）信号，如声、光、电信号和数字信号都可以看作简单周期（正弦）信号的叠加，即都可以写成傅里叶级数的形式. 这是傅里叶级数具有广泛应用的根本原因.

简单地说，傅里叶级数可对信号进行压缩、存储、传输和复原. 在傅里叶级数基础上生成的傅里叶变换（简称傅氏变换）常用于数字信号与数字图像的频域处理. 通过高通（或低通）滤波，信号或图像可以保留变化剧烈（或平缓）的信息，以适应各种实际需要. 在计算机科学、电子技术与自动控制技术中，最经常用的数学工具"小波变换"就是在傅里叶级数和傅里叶变换的基础上发展起来的.

本节重点研究如何把函数展开成三角级数及三角级数的和函数.

8.5.1　三角函数系

周期函数反映了客观世界中的周期运动. 除了正弦函数外，还会遇到非正弦周期函数，它们反映了较复杂的周期运动，如电子技术中常用的周期为 T 的矩形波（见图 8-1），就是一个非正弦周期函数的例子.

但是非正弦的周期函数可以表示成正弦函数构成的无穷级数. 下面介绍将周期函数展开成由正弦或余弦函数构成的无穷级数的方法.

为了以后讨论方便，将正弦函数 $A_n\sin(n\omega t + \varphi_n)$ 按三角公式变形，得

$$A_n\sin(n\omega t + \varphi_n) = A_n\sin\varphi_n\cos n\omega t + A_n\cos\varphi_n\sin n\omega t$$

令

$$\frac{a_0}{2} = A_0, \qquad a_n = A_n\sin\varphi_n, \qquad b_n = A_n\cos\varphi_n, \qquad \omega t = x$$

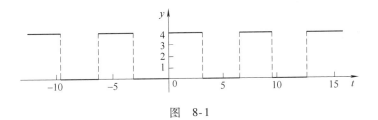

图 8-1

则式（8-8）可以改写为

$$\frac{a_0}{2} + \sum_{n=1}^{\infty} (a_n \cos nx + b_n \sin nx) \tag{8-9}$$

形如式（8-9）的级数称为**三角级数**，其中 a_0，a_n，b_n（$n = 1$，2，3，$\cdots$）都是常数.

与将一个函数展开成幂级数时所要考虑的问题类似，将一个一般的周期函数 $f(x)$ 展开成三角级数，也需要解决以下两个问题：

（1）$f(x)$ 应具备什么条件才能展开成三角级数？

（2）如果 $f(x)$ 可以展开成如下的三角级数，即

$$f(x) = \frac{a_0}{2} + \sum_{n=1}^{\infty} (a_n \cos nx + b_n \sin nx)$$

那么系数 a_0，a_n，b_n（$n = 1$，2，3，$\cdots$）如何确定？

为此，我们首先介绍**三角函数系**的正交性. 所谓三角函数系

$$1，\cos x，\sin x，\cos 2x，\sin 2x，\cdots，\cos nx，\sin nx，\cdots \tag{8-10}$$

在区间 $[-\pi, \pi]$ 上正交，是指在三角函数系（8-10）中任何两个不同的函数的乘积在 $[-\pi, \pi]$ 上的积分等于零，即

$$\int_{-\pi}^{\pi} \cos nx \, dx = 0 \quad (n = 1, 2, 3, \cdots)$$

$$\int_{-\pi}^{\pi} \sin nx \, dx = 0 \quad (n = 1, 2, 3, \cdots)$$

$$\int_{-\pi}^{\pi} \sin kx \cos nx \, dx = 0 \quad (k, n = 1, 2, 3, \cdots)$$

$$\int_{-\pi}^{\pi} \cos kx \cos nx \, dx = 0 \quad (k, n = 1, 2, 3, \cdots, k \neq n)$$

$$\int_{-\pi}^{\pi} \sin kx \sin nx \, dx = 0 \quad (k, n = 1, 2, 3, \cdots, k \neq n)$$

以上等式都可以通过定积分直接验证. 这里只验证第四个式子.

利用三角函数中的积化和差公式

$$\cos kx \cos nx = \frac{1}{2} \big[\cos(k+n)x + \cos(k-n)x \big]$$

当 $k \neq n$ 时，有

$$\int_{-\pi}^{\pi} \cos kx \cos nx \, \mathrm{d}x = \frac{1}{2} \int_{-\pi}^{\pi} \left[\cos(k+n)x + \cos(k-n)x \right] \mathrm{d}x$$

$$= \frac{1}{2} \left[\frac{\sin(k+n)x}{k+n} + \frac{\sin(k-n)x}{k-n} \right] \Bigg|_{-\pi}^{\pi}$$

$$= 0$$

其余等式请读者自行验证.

另外有

$$\int_{-\pi}^{\pi} \mathrm{d}x = 2\pi$$

$$\int_{-\pi}^{\pi} \sin^2 nx \, \mathrm{d}x = \pi \quad (n = 1, 2, 3, \cdots)$$

$$\int_{-\pi}^{\pi} \cos^2 nx \, \mathrm{d}x = \pi \quad (n = 1, 2, 3, \cdots)$$

8.5.2　周期为 2π 的函数的傅里叶级数

为简单起见，我们首先研究周期为 2π 的函数的三角级数展开问题. 假设

$$f(x) = \frac{a_0}{2} + \sum_{k=1}^{\infty} (a_k \cos kx + b_k \sin kx) \tag{8-11}$$

先确定其中的系数 $a_0, a_n, b_n \quad (n = 1, 2, 3, \cdots)$.

将式（8-11）两端同乘以 $\cos nx \quad (n = 0, 1, 2, \cdots)$，然后在 $[-\pi, \pi]$ 上逐项积分，再利用三角函数系的正交性，得

$$\int_{-\pi}^{\pi} f(x) \cos nx \, \mathrm{d}x = \int_{-\pi}^{\pi} \left[\frac{a_0}{2} + \sum_{k=1}^{\infty} (a_k \cos kx + b_k \sin kx) \right] \cos nx \, \mathrm{d}x$$

$$= \frac{a_0}{2} \int_{-\pi}^{\pi} \cos nx \, \mathrm{d}x + \sum_{k=1}^{\infty} \left(a_k \int_{-\pi}^{\pi} \cos kx \cos nx \, \mathrm{d}x + b_k \int_{-\pi}^{\pi} \sin kx \cos nx \, \mathrm{d}x \right)$$

$$= \begin{cases} a_0 \pi & (n = 0) \\ a_n \pi & (n \neq 0) \end{cases}$$

于是

$$a_n = \frac{1}{\pi} \int_{-\pi}^{\pi} f(x) \cos nx \, \mathrm{d}x \quad (n = 0, 1, 2, \cdots)$$

同理，将式（8-11）两端同乘以 $\sin nx \quad (n = 1, 2, \cdots)$，然后在 $[-\pi, \pi]$ 上逐项积分，再利用三角函数系的正交性，也得到

$$\int_{-\pi}^{\pi} f(x)\sin nx\mathrm{d}x = \frac{a_0}{2}\int_{-\pi}^{\pi}\sin nx\mathrm{d}x + \sum_{k=1}^{\infty}\left(a_k\int_{-\pi}^{\pi}\cos kx\sin nx\mathrm{d}x + b_k\int_{-\pi}^{\pi}\sin kx\sin nx\mathrm{d}x\right)$$
$$= b_n\pi$$

因此

$$b_n = \frac{1}{\pi}\int_{-\pi}^{\pi}f(x)\sin nx\mathrm{d}x \quad (n = 1, 2, \cdots)$$

于是，我们得到了函数 $f(x)$ 的**傅里叶系数公式**

$$\begin{cases} a_n = \dfrac{1}{\pi}\displaystyle\int_{-\pi}^{\pi}f(x)\cos nx\mathrm{d}x \quad (n = 0, 1, 2, \cdots) \\[3mm] b_n = \dfrac{1}{\pi}\displaystyle\int_{-\pi}^{\pi}f(x)\sin nx\mathrm{d}x \quad (n = 1, 2, 3, \cdots) \end{cases} \tag{8-12}$$

称由式（8-12）所确定的三角级数

$$\frac{a_0}{2} + \sum_{n=1}^{\infty}(a_n\cos nx + b_n\sin nx)$$

为 $f(x)$ 的**傅里叶级数**.

傅里叶
（Fourier, 1768—1830）
法国数学家、物理学家

一个定义在 $(-\infty, +\infty)$ 上周期为 2π 的函数 $f(x)$，如果它在一个周期上可积，则一定可以写出它的傅里叶级数

$$f(x) \sim \frac{a_0}{2} + \sum_{n=1}^{\infty}(a_n\cos nx + b_n\sin nx)$$

这里我们用" ~ "而不是用" = "，是因为我们并不知道 $f(x)$ 的傅里叶级数的收敛性，即使 $f(x)$ 的傅里叶级数收敛，也不知道它是否收敛到函数 $f(x)$. 那么函数 $f(x)$ 应满足什么条件才可以展开成傅里叶级数？关于这个问题，我们不加证明地给出收敛定理.

定理 8.18　（收敛定理　狄利克雷（Dirichlet）充分条件）

设 $f(x)$ 是以 2π 为周期的周期函数，$\dfrac{a_0}{2} + \displaystyle\sum_{n=1}^{\infty}(a_n\cos nx + b_n\sin nx)$ 是 $f(x)$ 的傅里叶级数. 如果 $f(x)$ 在 $[-\pi, \pi]$ 上逐段单调，则

$$\frac{a_0}{2} + \sum_{n=1}^{\infty}(a_n\cos nx + b_n\sin nx) = \frac{f(x-0) + f(x+0)}{2}$$

也就是说，只要 $f(x)$ 在 $[-\pi, \pi]$ 上逐段单调，则由式（8-12）定义的级

数一定收敛, 当 $f(x)$ 在点 x 间断时, 和函数在点 x 的值为 $f(x)$ 在点 x 的左、右极限的平均值, 当 $f(x)$ 在点 x 连续时, 和函数在点 x 的值就等于 $f(x)$.

狄利克雷
（Dirichlet，1805—1859）
德国数学家

可见, 函数展开成傅里叶级数的条件要比函数展开成幂级数的条件弱得多.

特别地, 当函数 $f(x)$ 是奇函数时, $f(x)\cos nx$ 是奇函数, $f(x)\sin nx$ 是偶函数, 所以由式 (8-12) 可得它的傅里叶系数为

$$\begin{cases} a_n = 0 & (n = 0, 1, 2, \cdots) \\ b_n = \dfrac{2}{\pi} \displaystyle\int_0^\pi f(x)\sin nx\,\mathrm{d}x & (n = 1, 2, 3, \cdots) \end{cases}$$

此时, $f(x)$ 的傅里叶级数为 $\displaystyle\sum_{n=1}^\infty b_n \sin nx$, 它只含正弦项, 这样的级数称为**正弦级数**.

类似地, 当 $f(x)$ 为偶函数时, 它的傅里叶系数为

$$\begin{cases} a_n = \dfrac{2}{\pi} \displaystyle\int_0^\pi f(x)\cos nx\,\mathrm{d}x & (n = 0, 1, 2, \cdots) \\ b_n = 0 & (n = 1, 2, 3, \cdots) \end{cases}$$

此时, $f(x)$ 的傅里叶级数为 $\dfrac{a_0}{2} + \displaystyle\sum_{n=1}^\infty a_n \cos nx$, 这样的级数称为**余弦级数**.

例 8.39 设

$$f(x) = \begin{cases} 0, & 2k\pi - \pi \leqslant x < 2k\pi \\ 1, & 2k\pi \leqslant x < 2k\pi + \pi \end{cases}$$

其中, $k = 0, \pm 1, \pm 2, \cdots$. 求 $f(x)$ 的傅里叶级数.

解 $f(x)$ 是周期为 2π 的分段连续函数. 由狄利克雷充分条件, $f(x)$ 可以展开为傅里叶级数. 设 $F(x)$ 是 $f(x)$ 的傅里叶级数的和函数, 则

当 $x = k\pi (k = 0, \pm 1, \pm 2, \cdots)$ 时,

$$F(k\pi) = \frac{f(k\pi - 0) + f(-k\pi + 0)}{2} = \frac{1 + 0}{2} = \frac{1}{2}$$

当 $x \neq k\pi (k = 0, \pm 1, \pm 2, \cdots)$ 时, $F(x) = f(x)$. 即

$$F(x) = \begin{cases} 0, & 2k\pi - \pi < x < 2k\pi \\ 1, & 2k\pi < x < 2k\pi + \pi \\ 0.5, & x = k\pi \end{cases}$$

其中, $k = 0, \pm 1, \pm 2, \cdots$.

$f(x)$ 的傅里叶系数为

$$a_0 = \frac{1}{\pi}\int_{-\pi}^{\pi} f(x)\,\mathrm{d}x = \frac{1}{\pi}\int_0^{\pi}\mathrm{d}x = 1$$

$$a_n = \frac{1}{\pi}\int_{-\pi}^{\pi} f(x)\cos nx\,\mathrm{d}x = \frac{1}{\pi}\int_0^{\pi}\cos nx\,\mathrm{d}x = 0 \quad (n = 1,2,\cdots)$$

$$b_n = \frac{1}{\pi}\int_{-\pi}^{\pi} f(x)\sin nx\,\mathrm{d}x$$

$$= \frac{1}{\pi}\int_0^{\pi}\sin nx\,\mathrm{d}x$$

$$= \frac{1-(-1)^n}{n\pi}$$

$$= \begin{cases} \dfrac{2}{(2k-1)\pi}, & n = 2k-1 \\ 0, & n = 2k \end{cases} \quad (k = 1,2,\cdots)$$

故

$$f(x) \sim F(x) = \frac{1}{2} + \frac{2}{\pi}\sum_{k=1}^{\infty}\frac{\sin(2k-1)x}{2k-1} = \begin{cases} 0, & -\pi < x < 0 \\ 1, & 0 < x < \pi \\ 0.5, & x = 0, \pm\pi \end{cases}$$

$f(x)$ 及其傅里叶级数的前 $2,4,8,16$ 项的部分和图形如图 8-2 所示.

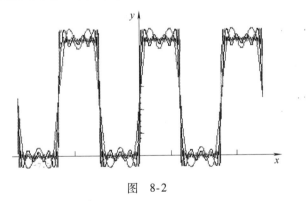

图　8-2

8.5.3　函数在 $[-\pi,\pi]$ 上的傅里叶级数

傅里叶级数的和函数一定是周期函数. 因此, 对于非周期函数也就不存在傅里叶展开的问题. 但是, 如果我们只关心函数 $f(x)$ 在 $[-\pi,\pi)$ 或 $(-\pi,\pi]$ 上的一段, 就可以把这一段延拓为 $(-\infty,+\infty)$ 上周期为 2π 的周期函数, 即令

$$F(x) = f(x) \quad (-\pi < x \leqslant \pi), \text{且}\, F(x+2\pi) = F(x), x \in (-\infty, +\infty)$$

这样的话，我们就可以将 $F(x)$ 展开成傅里叶级数. 这个级数就是 $f(x)$ 在 $[-\pi,\pi]$ 上的傅里叶级数，简称 $f(x)$ 的傅里叶级数.

例 8.40　将函数

$$f(x) = |x| \quad (-\pi \leqslant x < \pi)$$

展开成傅里叶级数，并求下列数项级数的和

$$\sigma = \sum_{n=1}^{\infty} \frac{1}{n^2}, \quad \sigma_1 = \sum_{n=1}^{\infty} \frac{1}{(2n-1)^2}, \quad \sigma_2 = \sum_{n=1}^{\infty} \frac{1}{(2n)^2}$$

解　所给函数在 $[-\pi,\pi]$ 上满足收敛定理的条件，且进行周期延拓后，它在 $(-\infty,+\infty)$ 上连续，因此，延拓后的周期函数的傅里叶级数在 $[-\pi,\pi]$ 上收敛于 $f(x)$.

首先，计算傅里叶系数

$$a_0 = \frac{1}{\pi} \int_{-\pi}^{\pi} f(x)\,\mathrm{d}x = \frac{2}{\pi} \int_0^{\pi} x\,\mathrm{d}x = \frac{2}{\pi} \left[\frac{x^2}{2} \right] \Big|_0^{\pi} = \pi$$

$$a_n = \frac{1}{\pi} \int_{-\pi}^{\pi} f(x)\cos nx\,\mathrm{d}x = \frac{2}{\pi} \int_0^{\pi} x\cos nx\,\mathrm{d}x$$

$$= \frac{2}{\pi} \left(\frac{x\sin nx}{n} + \frac{\cos nx}{n^2} \right) \Big|_0^{\pi} = \frac{2[(-1)^n - 1]}{n^2\pi}$$

$$= \begin{cases} -\dfrac{4}{n^2\pi}, & n = 2k-1 \\[2mm] 0, & n = 2k \end{cases} \quad (k = 1, 2, \cdots)$$

因为 $f(x)$ 是偶函数，所以

$$b_n = \frac{1}{\pi} \int_{-\pi}^{\pi} f(x)\sin nx\,\mathrm{d}x = 0$$

$$f(x) = \frac{a_0}{2} + \sum_{n=1}^{\infty} (a_n\cos nx + b_n\sin nx)$$

$$= \frac{\pi}{2} - \frac{4}{\pi} \left(\frac{\cos x}{1^2} + \frac{\cos 3x}{3^2} + \frac{\cos 5x}{5^2} + \cdots \right), \, x \in [-\pi, \pi] \quad (8\text{-}13)$$

$f(x)$ 的傅里叶级数的前四项和的图形如图 8-3 所示.

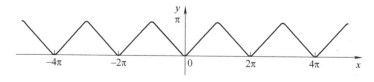

图　8-3

在式（8-13）中，令 $x=0$，得

$$\sigma_1 = \sum_{n=1}^{\infty} \frac{1}{(2n-1)^2} = \frac{\pi^2}{8}$$

又

$$\sigma_2 = \sum_{n=1}^{\infty} \frac{1}{(2n)^2} = \frac{1}{4} \sum_{n=1}^{\infty} \frac{1}{n^2} = \frac{\sigma}{4}$$

由此

$$\sigma = \sigma_1 + \sigma_2 = \frac{\pi^2}{8} + \frac{\sigma}{4}$$

解得

$$\sigma = \frac{\pi^2}{6},\ \sigma_2 = \frac{\pi^2}{24}$$

8.5.4　函数在 $[0,\pi]$ 上的正弦级数或余弦级数

在某些实际问题中，如热的传导和扩散问题等，有时还需要将定义在区间 $[0,\pi]$ 上的函数展开为正弦级数或余弦级数. 为此，我们需要把这个函数在区间 $[0,\pi]$ 上的一段以不同方式延拓为周期函数.

1. 奇延拓

令

$$F(x) = \begin{cases} f(x), & 0 < x \leqslant \pi \\ 0, & x = 0 \\ -f(-x), & -\pi < x < 0 \end{cases}$$

且 $F(x+2\pi) = F(x)$，$x \in (-\infty, +\infty)$，则 $F(x)$ 是以 2π 为周期的奇函数.

2. 偶延拓

令

$$F(x) = \begin{cases} f(x), & 0 \leqslant x \leqslant \pi \\ f(-x), & -\pi \leqslant x < 0 \end{cases}$$

且 $F(x+2\pi) = F(x)$，$x \in (-\infty, +\infty)$，则 $F(x)$ 是以 2π 为周期的偶函数.

然后将 $F(x)$ 展开成傅里叶级数，这个级数必定是正弦级数（或余弦级数）. 再限制 x 在区间 $[0,\pi]$ 上，就得到 $f(x)$ 的正弦级数（或余弦级数）.

例 8.41　将函数

$$f(x) = x + 1 (0 \leqslant x \leqslant \pi)$$

分别展开成正弦级数和余弦级数.

解　（1）为将函数展开成正弦级数，先将函数进行奇延拓，再以 2π 为周期进行周期性延拓，如图 8-4 所示.

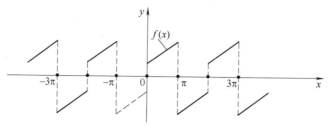

图　8-4

$$b_n = \frac{2}{\pi} \int_0^\pi f(x) \sin nx \, \mathrm{d}x$$

$$= \frac{2}{\pi} \int_0^\pi (x+1) \sin nx \, \mathrm{d}x$$

$$= -\frac{2}{n\pi} \left(\left[(x+1) \cos nx \right] \Big|_0^\pi - \int_0^\pi \cos nx \, \mathrm{d}x \right)$$

$$= -\frac{2}{n\pi} \left[(\pi+1)(-1)^n - 1 \right]$$

$$= \frac{2\left[(-1)^{n+1}(\pi+1) + 1 \right]}{n\pi} \qquad (n = 1, 2, \cdots)$$

令 $F(x) = \sum\limits_{n=1}^{\infty} b_n \sin nx$，则

$$f(x) \sim F(x) = \sum_{n=1}^{\infty} b_n \sin nx = \frac{2}{\pi} \sum_{n=1}^{\infty} \frac{(-1)^{n+1}(\pi+1) + 1}{n} \sin nx$$

$$= \frac{2}{\pi} \left[(\pi+2) \sin x - \frac{\pi}{2} \sin 2x + \frac{\pi+2}{3} \sin 3x - \frac{\pi}{4} \sin 4x + \cdots \right]$$

$$= \begin{cases} 0, & x = k\pi (k \in \mathbf{Z}) \\ x + 1, & \text{其他} \end{cases}$$

　　$F(x)$ 是 $(-\infty, +\infty)$ 上周期为 2π 的函数，只有限定在 $(0, \pi)$ 上时，才有 $f(x) = F(x)$. $F(x)$ 的傅里叶级数的前 20 项和的图形如图 8-5 所示.

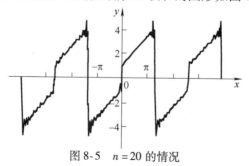

图 8-5　$n = 20$ 的情况

（2）为将函数展开成余弦级数，先将函数进行偶延拓，再以 2π 为周期进行周期性延拓，如图8-6所示.

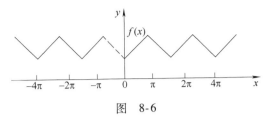

图 8-6

$$a_0 = \frac{2}{\pi}\int_0^\pi f(x)\,\mathrm{d}x = \frac{2}{\pi}\int_0^\pi (x+1)\,\mathrm{d}x = \pi + 2$$

$$a_n = \frac{2}{\pi}\int_0^\pi f(x)\cos nx\,\mathrm{d}x = \frac{2}{\pi}\int_0^\pi (x+1)\cos nx\,\mathrm{d}x$$

$$= \frac{2}{n\pi}\left[(x+1)\sin nx\,\Big|_0^\pi + \frac{\cos nx}{n}\,\Big|_0^\pi\right]$$

$$= \frac{2}{n^2\pi}\left[(-1)^n - 1\right]$$

$$= \begin{cases} 0, & n = 2k \\ \dfrac{-4}{n^2\pi}, & n = 2k-1 \end{cases} \quad (k = 1, 2, \cdots)$$

因为延拓后的函数处处连续，所以

$$f(x) = x + 1$$

$$= \frac{a_0}{2} + \sum_{n=1}^\infty a_n \cos nx$$

$$= \frac{\pi+2}{2} - \frac{4}{\pi}\sum_{n=1}^\infty \frac{1}{(2n-1)^2}\cos(2n-1)x$$

$$= \frac{\pi+2}{2} - \frac{4}{\pi}\left(\cos x + \frac{1}{3^2}\cos 3x + \frac{1}{5^2}\cos 5x + \cdots\right) \quad (0 \le x \le \pi)$$

与正弦级数相比，这个余弦级数收敛的情况要好一些，仅前四项之和（见图8-7）

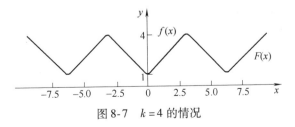

图 8-7　$k = 4$ 的情况

就几乎与图 8-6 一样了.

8.5.5 周期为 $2l$ 的函数的傅里叶级数

若周期为 $2l$ 的周期函数 $f(x)$ 满足收敛定理的条件, 则展开成傅里叶级数的方法是, 先进行变量代换 $t = \dfrac{\pi x}{l}$, 将函数变换为周期为 2π 的函数, 求出它的傅里叶级数, 最后代回到变量 x, 就可以得到 $f(x)$ 傅里叶级数的展开式为

$$f(x) \sim \frac{a_0}{2} + \sum_{n=1}^{\infty} \left(a_n \cos \frac{n\pi x}{l} + b_n \sin \frac{n\pi x}{l} \right)$$

其中系数 a_n 和 b_n 分别为

$$a_n = \frac{1}{l} \int_{-l}^{l} f(x) \cos \frac{n\pi x}{l} \mathrm{d}x \quad (n = 0, 1, 2, \cdots)$$

$$b_n = \frac{1}{l} \int_{-l}^{l} f(x) \sin \frac{n\pi x}{l} \mathrm{d}x \quad (n = 1, 2, \cdots)$$

当 $f(x)$ 为奇函数时, 它的傅里叶系数为

$$a_n = 0 \quad (n = 0, 1, 2, \cdots)$$

$$b_n = \frac{2}{l} \int_{0}^{l} f(x) \sin \frac{n\pi x}{l} \mathrm{d}x \quad (n = 1, 2, \cdots)$$

它的傅里叶级数为

$$f(x) \sim \sum_{n=1}^{\infty} b_n \sin \frac{n\pi x}{l}$$

当 $f(x)$ 为偶函数时, 它的傅里叶系数为

$$a_n = \frac{2}{l} \int_{0}^{l} f(x) \cos \frac{n\pi x}{l} \mathrm{d}x \quad (n = 0, 1, 2, \cdots)$$

$$b_n = 0 \quad (n = 1, 2, \cdots)$$

它的傅里叶级数为

$$f(x) \sim \frac{a_0}{2} + \sum_{n=1}^{\infty} a_n \cos \frac{n\pi x}{l}$$

例 8.42 设 $f(x)$ 是周期为 4 的周期函数, 它在 $[-2, 2)$ 上的表达式为

$$f(x) = \begin{cases} 0, & -2 \leqslant x < 0 \\ a, & 0 \leqslant x < 2 \end{cases}$$

将其展开成傅里叶级数 $(a > 0)$.

解 因为周期为 4, 故 $l = 2$, 且满足狄利克雷条件,

$$a_0 = \frac{1}{2}\int_{-2}^{0}0\mathrm{d}x + \frac{1}{2}\int_{0}^{2}a\mathrm{d}x = a$$

$$a_n = \frac{1}{2}\int_{0}^{2}a \cdot \cos\frac{n\pi}{2}x\mathrm{d}x = 0 \quad (n = 1, 2, \cdots)$$

$$b_n = \frac{1}{2}\int_{0}^{2}a \cdot \sin\frac{n\pi}{2}x\mathrm{d}x$$

$$= \frac{a}{n\pi}(1 - \cos n\pi)$$

$$= \begin{cases} \dfrac{2a}{n\pi} & (n = 1, 3, 5, \cdots) \\ 0 & (n = 2, 4, 6, \cdots) \end{cases}$$

所以

$$f(x) \sim \frac{a}{2} + \frac{2a}{\pi}\left(\sin\frac{\pi x}{2} + \frac{1}{3}\sin\frac{3\pi x}{2} + \frac{1}{5}\sin\frac{5\pi x}{2} + \cdots\right) = \begin{cases} 0, & x \in (-2, 0) \\ a, & x \in (0, 2) \\ a/2, & x = -2 \text{ 及 } 0 \end{cases}$$

*8.5.6　傅里叶级数的复数形式

利用周期为 $2l$ 的周期函数的傅里叶级数展开式, 再利用欧拉公式

$$\cos t = \frac{\mathrm{e}^{\mathrm{i}t} + \mathrm{e}^{-\mathrm{i}t}}{2}, \qquad \sin t = \frac{\mathrm{e}^{\mathrm{i}t} - \mathrm{e}^{-\mathrm{i}t}}{2\mathrm{i}}$$

可以得到傅里叶级数的复数形式为

$$\sum_{n=-\infty}^{\infty} c_n \mathrm{e}^{\mathrm{i}\frac{n\pi x}{l}}$$

其中傅里叶系数的复数形式为

$$c_0 = \frac{a_0}{2} = \frac{1}{2l}\int_{-l}^{l}f(x)\,\mathrm{d}x$$

$$c_{\pm n} = \frac{a_n \mp \mathrm{i}b_n}{2} = \frac{1}{2l}\int_{-l}^{l}f(x)\mathrm{e}^{\mp \mathrm{i}n\omega x}\mathrm{d}x$$

其中 $\omega = \dfrac{\pi}{l}$.

或写成

$$c_n = \frac{1}{2l}\int_{-l}^{l}f(x)\mathrm{e}^{-\mathrm{i}\frac{n\pi x}{l}}\mathrm{d}x \quad (n = 0, \pm 1, \pm 2, \cdots)$$

傅里叶级数的两种形式 (实数的与复数的) 在本质上是一样的, 但比较来讲, 复数形式较简洁些, 只需要一个算式计算系数.

例 8.43 求函数

$$f(x) = \begin{cases} 0, & -\dfrac{\pi}{\omega} \leqslant t < 0 \\[2ex] E\sin\omega t, & 0 \leqslant t \leqslant \dfrac{\pi}{\omega} \end{cases}$$

的复数形式的傅里叶级数展开式.

解 $c_0 = \dfrac{\omega}{2\pi} \displaystyle\int_{-\frac{\pi}{\omega}}^{\frac{\pi}{\omega}} f(t)\mathrm{d}t = \dfrac{\omega}{2\pi} \int_0^{\frac{\pi}{\omega}} E\sin\omega t \mathrm{d}t = \dfrac{\omega E}{2\pi}\Big[-\dfrac{\cos\omega t}{\omega} \Big]\Big|_0^{\frac{\pi}{\omega}} = \dfrac{E}{\pi}$

当 $n \neq \pm 1$ 时

$$c_n = \dfrac{\omega}{2\pi} \int_{-\frac{\pi}{\omega}}^{\frac{\pi}{\omega}} f(x)\mathrm{e}^{-\mathrm{i}n\omega t}\mathrm{d}t = \dfrac{\omega E}{2\pi} \int_{-\frac{\pi}{\omega}}^{\frac{\pi}{\omega}} \sin\omega t \cdot \mathrm{e}^{-\mathrm{i}n\omega t}\mathrm{d}t$$

$$= \dfrac{\omega E}{4\pi\mathrm{i}} \int_0^{\frac{\pi}{\omega}} \big[\mathrm{e}^{-\mathrm{i}(n-1)\omega t} - \mathrm{e}^{-\mathrm{i}(n+1)\omega t} \big]\mathrm{d}t$$

$$= \dfrac{E}{4\pi}\Big[\Big(\dfrac{\mathrm{e}^{-\mathrm{i}(n-1)\omega t}}{n-1}\Big)^{\cdot}\Big|_0^{\frac{\pi}{\omega}} - \Big(\dfrac{\mathrm{e}^{-\mathrm{i}(n+1)\omega t}}{n+1}\Big)\Big|_0^{\frac{\pi}{\omega}} \Big]$$

$$= \dfrac{E}{2\pi} \cdot \dfrac{(-1)^{n-1}-1}{n^2-1} = \begin{cases} -\dfrac{E}{\pi} \cdot \dfrac{1}{n^2-1}, & n = 2k \\[2ex] 0, & n = 2k+1 \end{cases} \quad (k = \pm 1, \pm 2, \cdots)$$

$$c_{\pm 1} = \dfrac{\omega E}{2\pi} \int_0^{\frac{\pi}{\omega}} \sin\omega t \cdot \mathrm{e}^{\pm\mathrm{i}\omega t}\mathrm{d}t = \dfrac{\omega E}{2\pi} \int_0^{\frac{\pi}{\omega}} (\sin\omega t\cos\omega t \mp \mathrm{i}\sin^2\omega t)\mathrm{d}t$$

$$= \dfrac{\omega E}{2\pi}\Big[\Big(-\dfrac{\cos 2\omega t}{4\omega}\Big) \mp \mathrm{i}\Big(\dfrac{t}{2} - \dfrac{\sin 2\omega t}{4\omega}\Big) \Big]\Big|_0^{\frac{\pi}{\omega}} = \mp \dfrac{E}{4}\mathrm{i}$$

由于 $f(x)$ 在 $\Big(-\dfrac{\pi}{\omega}, \dfrac{\pi}{\omega} \Big)$ 上是连续的, 因此其复数形式的傅里叶级数是

$$f(x) = \dfrac{E}{\pi} - \dfrac{E}{4}\mathrm{i}\mathrm{e}^{\mathrm{i}\omega x} + \dfrac{E}{4}\mathrm{i}\mathrm{e}^{-\mathrm{i}\omega x} - \dfrac{E}{\pi} \sum_{\substack{k=-\infty \\ k \neq 0}}^{+\infty} \dfrac{1}{(2k)^2 - 1}\mathrm{e}^{2\mathrm{i}k\omega x}$$

$$= \dfrac{E}{\pi} - \dfrac{E}{2}\sin\omega x - \dfrac{E}{\pi} \sum_{\substack{k=-\infty \\ k \neq 0}}^{+\infty} \dfrac{1}{4k^2-1}\mathrm{e}^{2\mathrm{i}k\omega x}, \ x \in \Big(-\dfrac{\pi}{\omega}, \dfrac{\pi}{\omega} \Big)$$

习题 8.5

A 组

1. 下列函数 $f(x)$ 是周期为 2π 的函数, $f(x)$ 在 $[-\pi, \pi)$ 上的表达式如下, 试将 $f(x)$ 展开成傅里叶级数.

(1) $f(x) = \mathrm{e}^{2x} (-\pi \leqslant x < \pi)$

（2）$f(x) = \begin{cases} bx, & -\pi \leqslant x < 0 \\ ax, & 0 \leqslant x < \pi \end{cases}$，其中 a 和 b 为常数，且 $a > b > 0$

（3）$f(x) = 3x^2 + 1 \quad (-\pi \leqslant x < \pi)$

2. 将下列函数展开成傅里叶级数：

（1）$f(x) = \cos \dfrac{x}{2} \quad (-\pi \leqslant x \leqslant \pi)$

（2）$f(x) = \begin{cases} e^x, & -\pi \leqslant x < 0 \\ 1, & 0 \leqslant x \leqslant \pi \end{cases}$

3. 将函数 $f(x) = x^2 (0 \leqslant x \leqslant \pi)$ 分别展开成正弦级数和余弦级数，并求级数 $\displaystyle\sum_{n=1}^{\infty} \dfrac{(-1)^{n-1}}{n^2}$ 的和.

4. （1）将函数 $f(x) = 2 + |x| \quad (-1 \leqslant x \leqslant 1)$ 展开成以 2 为周期的傅里叶级数.

　（2）求级数 $\displaystyle\sum_{n=1}^{\infty} \dfrac{1}{n^2}$ 的和.

5. 设函数 $f(x)$ 是周期为 2π 的函数，$s(x)$ 是 $f(x)$ 的傅里叶级数的和函数，$f(x)$ 在一个周期内的表达式为

$$f(x) = \begin{cases} x^2, & -\pi \leqslant x < 0 \\ 1, & 0 \leqslant x \leqslant \pi \end{cases}$$

（1）写出 $s(x)$ 在 $[-\pi, \pi]$ 上的表达式.

（2）求 $s\left(\dfrac{3\pi}{2}\right)$，$s(-15\pi)$，$s\left(\dfrac{51\pi}{4}\right)$.

综合习题 8

A 组

1. 设级数 $\displaystyle\sum_{n=1}^{\infty} a_n$ 与 $\displaystyle\sum_{n=1}^{\infty} b_n$ 中一个收敛，一个发散.

（1）证明：$\displaystyle\sum_{n=1}^{\infty} (a_n + b_n)$ 发散；

（2）举例说明，若 $\displaystyle\sum_{n=1}^{\infty} a_n$ 与 $\displaystyle\sum_{n=1}^{\infty} b_n$ 发散，则 $\displaystyle\sum_{n=1}^{\infty} (a_n + b_n)$ 可能收敛，也可能发散.

2. 判定下列级数的敛散性：

（1）$\displaystyle\sum_{n=1}^{\infty} \dfrac{1}{n \sqrt[n]{n}}$

（2）$\displaystyle\sum_{n=1}^{\infty} n^2 \left(1 - \cos \dfrac{1}{n}\right)$

（3）$\displaystyle\sum_{n=1}^{\infty} e^{-\sqrt{n}}$

（4）$\displaystyle\sum_{n=1}^{\infty} \dfrac{\sqrt{n}}{\sqrt{1 + n^4}}$

（5）$\displaystyle\sum_{n=1}^{\infty} \dfrac{5^n (n+2)!}{(2n)!}$

（6）$\displaystyle\sum_{n=1}^{\infty} (-1)^{n+1} \dfrac{(n+1)!}{n^{n+1}}$

3. 求级数 $x + \dfrac{x^3}{3} + \dfrac{x^5}{5} + \cdots$ 的和函数及收敛域，并求级数 $\displaystyle\sum_{n=1}^{\infty} \dfrac{1}{(2n-1)2^n}$ 的和.

4. 求级数 $\displaystyle\sum_{n=1}^{\infty} n^2 x^{n-1}$ 的和函数及其收敛域，并求级数 $\displaystyle\sum_{n=1}^{\infty}(-1)^{n-1}\frac{n^2}{2^{n-1}}$ 的和.

5. 将 $f(x) = \displaystyle\int_0^x \frac{\ln(1+t)}{t}\mathrm{d}t$ 展开成 x 的幂级数，并求此级数的收敛区间.

6. 求幂级数 $\displaystyle\sum_{n=1}^{\infty}\frac{x^{2n+1}}{n!}$ 的收敛区间及和函数.

7. 设 $a_n = \displaystyle\int_0^{\frac{\pi}{4}}\tan^n x\mathrm{d}x$.

（1）求 $\displaystyle\sum_{n=1}^{\infty}\frac{1}{n}(a_n + a_{n+2})$ 的值；

（2）证明：对任何 $\lambda > 0$，$\displaystyle\sum_{n=1}^{\infty}\frac{a_n}{n^\lambda}$ 收敛.

8.（1）设幂级数 $\displaystyle\sum_{n=1}^{\infty}a_n(x-2)^n$ 在 $x = -1$ 处收敛，则该级数在 $x = 4$ 处是否收敛，若收敛，是绝对收敛还是条件收敛.

（2）设幂级数 $\displaystyle\sum_{n=0}^{\infty}a_n(x-1)^n$ 在 $x = 0$ 处收敛，在 $x = 2$ 处发散，试确定该幂级数的收敛域.

（3）设幂级数 $\displaystyle\sum_{n=0}^{\infty}a_n x^n$ 在 $x = 2$ 处收敛，则幂级数 $\displaystyle\sum_{n=0}^{\infty}a_n\left(x-\frac{1}{2}\right)^n$ 在 $x = -2$ 处的敛散性如何？

B 组

1. 判定下列级数的敛散性：

（1）$\displaystyle\sum_{n=1}^{\infty}\int_0^{\frac{1}{n}}\frac{\sqrt{x}}{1+x^2}\mathrm{d}x$

（2）$\displaystyle\sum_{n=1}^{\infty}(-1)^{n+1}\frac{\ln\left(2+\frac{1}{n}\right)}{\sqrt{(3n-2)(3n+2)}}$

（3）$\displaystyle\sum_{n=1}^{\infty}\left[\frac{1}{n}-\ln\left(1+\frac{1}{n}\right)\right]$

（4）$\displaystyle\sum_{n=1}^{\infty}\frac{n^{\ln n}}{(\ln n)^n}$

（5）$\displaystyle\sum_{n=1}^{\infty}(\sqrt[n]{n}-1)$

（6）$\displaystyle\sum_{n=1}^{\infty}(-1)^{n-1}(\sqrt[n]{n}-1)$

2. 将 $f(x) = \begin{cases} \dfrac{1+x^2}{x}\arctan x & x \neq 0 \\ 1 & x = 0 \end{cases}$ 展开成 x 的幂级数，并求 $\displaystyle\sum_{n=1}^{\infty}\frac{(-1)^n}{1-4n^2}$ 的和.

3. 设 $f(x) = x^{100}\mathrm{e}^{x^2}$，利用幂级数展开式求 $f^{(200)}(0)$.

4. 设正项级数 $\displaystyle\sum_{n=1}^{\infty}a_n$ 与 $\displaystyle\sum_{n=1}^{\infty}b_n$ 收敛，证明：$\displaystyle\sum_{n=1}^{\infty}\sqrt{a_n b_n}$ 与 $\displaystyle\sum_{n=1}^{\infty}\frac{\sqrt{a_n}}{n}$ 都收敛.

5. 应用 $\dfrac{\mathrm{e}^x - 1}{x}$ 的幂级数展开，证明 $\displaystyle\sum_{n=1}^{\infty}\frac{n}{(n+1)!} = 1$.

6. 求幂级数 $\displaystyle\sum_{n=1}^{\infty}n2^{\frac{n}{2}}x^{3n-1}$ 的和函数.

7. 将下列函数展开成 x 的幂级数：

（1）$\ln\left(x+\sqrt{1+x^2}\right)$ 　　　　　　　　（2）$\dfrac{1}{(2-x)^2}$

8. （1）验证 $y(x)=\displaystyle\sum_{n=0}^{\infty}\dfrac{x^{3n}}{(3n)!}(x\in\mathbf{R})$，满足方程 $y''+y'+y=\mathrm{e}^x$.

（2）利用（1）的结果求 $I=\displaystyle\sum_{n=0}^{\infty}\dfrac{1}{(3n)!}$ 的和.

9. 设 $\displaystyle\lim_{x\to0}\dfrac{f(x)}{x}=0$，且 $f''(0)$ 存在. 试证明级数 $\displaystyle\sum_{n=1}^{\infty}\sqrt{n}f\left(\dfrac{1}{n}\right)$ 绝对收敛.

10. 证明：交错级数 $\displaystyle\sum_{n=1}^{\infty}(-1)^n u_n(u_n\geqslant0)$ 绝对收敛的充要条件是级数 $\displaystyle\sum_{n=1}^{\infty}u_{2n-1}$ 和 $\displaystyle\sum_{n=1}^{\infty}u_{2n}$ 都收敛.

11. 设 $u_n>0(n=1,2,\cdots)$，且 $\displaystyle\sum_{n=1}^{\infty}u_n$ 收敛，$\lambda\in\left(0,\dfrac{\pi}{2}\right)$ 为常数，证明级数 $\displaystyle\sum_{n=1}^{\infty}(-1)^n\left(n\tan\dfrac{\lambda}{n}\right)u_{2n}$ 绝对收敛.

12. 设 $f(x)=\mathrm{e}^{-x}$ 在 $[0,2\pi]$ 上的傅里叶级数展开式为

$$f(x)=\dfrac{1-\mathrm{e}^{-2\pi}}{2\pi}+\dfrac{1}{\pi}\sum_{n=1}^{\infty}\dfrac{1-\mathrm{e}^{-2\pi}}{1+n^2}(\cos nx-n\sin nx)$$

试求级数 $\displaystyle\sum_{n=1}^{\infty}\dfrac{1}{1+n^2}$ 的和.

第 **9** 章

空间解析几何与向量代数

这一章是微积分学的重要转折点. 在几何上, 一元微积分研究平面图形, 而接下来的几章里, 我们将学习三维空间中的微积分.

本章首先介绍空间向量及其运算, 并以此为工具来讨论空间平面和直线, 然后介绍空间曲面和空间曲线, 并重点介绍二次曲面. 本章的内容是多元函数微积分学的几何基础.

9.1　空间向量及其运算

类似于平面直角坐标系, 我们可以用空间直角坐标系表示空间中的点. 以 O 为原点作三条互相垂直的数轴, 分别称为 x 轴 (横轴)、y 轴 (纵轴)、z 轴 (竖轴), 统称为坐标轴. 通常把 x 轴和 y 轴配置在水平面上, 而 z 轴是铅垂线, 其中右手空间直角坐标系 (简称右手系) 是指 x 轴, y 轴, z 轴的方向符合右手规则, 即以右手握住 z 轴, 当右手的四个手指从 x 轴正向以 $\dfrac{\pi}{2}$ 角度转向 y 轴正向时, 大拇指的指向就是 z 轴的正向, 如图 9-1 所示.

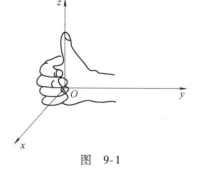

图　9-1

空间直角坐标系也称笛卡儿坐标系，观察一下离你最近的墙角的三条线就清楚了．设 P 为空间中的任意一点，记点 P 在 x 轴、y 轴、z 轴的投影（过点 P 分别作三坐标轴的垂线所得垂足）的坐标分别为 x、y、z，称为点 P 的横坐标、纵坐标和竖坐标，也分别称为点 P 的 x 坐标、y 坐标和 z 坐标，记为 $P(x,y,z)$．很明显，点 P 可以由其坐标唯一表示．设 $P_1(x_1,y_1,z_1)$ 和 $P_2(x_2,y_2,z_2)$ 为空间两点，则线段 P_1P_2 的长度为

$$|P_1P_2| = \sqrt{|x_2-x_1|^2 + |y_2-y_1|^2 + |z_2-z_1|^2}$$

这就是空间两点间的距离公式．

下面我们在空间直角坐标系中讨论空间向量的表示及其运算．

空间中既有大小又有方向的量称为**向量**，如物理学中的力、位移、速度、加速度等都是向量．在几何上，通常用有向线段来表示向量，有向线段的长度表示向量的大小，也称**向量的模**，有向线段的方向表示向量的方向．

一般用 $\vec{a}$，$\vec{b}$，$\vec{i}$，$\vec{j}$，$\vec{k}$，$\cdots$ 或粗体字母 a，b，i，j，k，$\cdots$ 来表示向量，向量 a 的模记作 $|a|$．以 P_1 为起点、P_2 为终点的有向线段所表示的向量记作 $\overrightarrow{P_1P_2}$，线段 P_1P_2 的长度就是向量 $\overrightarrow{P_1P_2}$ 的模．模等于 0 的向量叫作**零向量**，记作 $\boldsymbol{0}$，它是起点与终点重合的向量．模等于 1 的向量叫作**单位向量**．通常用 i，j，k 分别表示空间直角坐标系中与 x 轴、y 轴、z 轴同向的单位向量，并称它们为空间直角坐标系 $Oxyz$ 的基本单位向量．如果两个非零向量 a 与 b 的方向相同或相反，就称向量 a 与 b 平行，记作 $a/\!/b$．如果两个向量 a 与 b 的模相等且方向相同，那么称向量 a 与 b 为相等向量，记作 $a=b$．

设 a 是以 $P_1(x_1,y_1,z_1)$ 为起点，以 $P_2(x_2,y_2,z_2)$ 为终点的向量，b 是以坐标系原点 $(0,0,0)$ 为起点，以 $P(x_2-x_1,y_2-y_1,z_2-z_1)$ 为终点的向量，显然有 $a=b$．我们称

$$(x_2-x_1,y_2-y_1,z_2-z_1)$$

为向量 a 的坐标，并记 $a=(x_2-x_1,y_2-y_1,z_2-z_1)$．

定义 9.1　（向量的加法）　设向量 $a=(a_1,a_2,a_3)$，$b=(b_1,b_2,b_3)$，称

$$c=(a_1+b_1,a_2+b_2,a_3+b_3)$$

为向量 $a=(a_1,a_2,a_3)$ 与 $b=(b_1,b_2,b_3)$ 的和，记作 $c=a+b$．

在几何上，任取一点 A，作 $\overrightarrow{AB}=a$，再以 B 为起点，作向量 $\overrightarrow{BC}=b$，连接 AC（见图 9-2），那么向量 $\overrightarrow{AC}=c$ 就是向量 a 与 b 的和．这种作两向量之和的方法叫作向量加法的三角形法则．

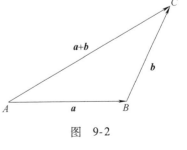

图　9-2

设向量 $\boldsymbol{a} = (a_1, a_2, a_3)$. 注意到

$$\boldsymbol{i} = (1,0,0), \quad \boldsymbol{j} = (0,1,0), \quad \boldsymbol{k} = (0,0,1)$$

有

$$\boldsymbol{a} = a_1\boldsymbol{i} + a_2\boldsymbol{j} + a_3\boldsymbol{k}$$

上式称为**向量 $\boldsymbol{a}$ 按基本单位向量表示的分解式**，$a_1\boldsymbol{i}$, $a_2\boldsymbol{j}$, $a_3\boldsymbol{k}$ 是向量 $\boldsymbol{a}$ 分别在 x 轴、y 轴、z 轴上的分向量，a_1、a_2、a_3 是向量 $\boldsymbol{a}$ 在 x 轴、y 轴、z 轴上的投影.

定理 9.1 向量的加法满足下列运算律：

（1） **交换律** $\boldsymbol{a} + \boldsymbol{b} = \boldsymbol{b} + \boldsymbol{a}$；

（2） **结合律** $(\boldsymbol{a} + \boldsymbol{b}) + \boldsymbol{c} = \boldsymbol{a} + (\boldsymbol{b} + \boldsymbol{c})$.

定义 9.2 （向量与数的乘法）

设向量 $\boldsymbol{a} = (a_1, a_2, a_3)$，$\lambda$ 为任意实数，定义

$$\lambda\boldsymbol{a} = (\lambda a_1, \lambda a_2, \lambda a_3)$$

称 $\lambda\boldsymbol{a}$ 为向量 $\boldsymbol{a}$ 与实数 λ 的数乘.

显然，$|\lambda\boldsymbol{a}| = |\lambda||\boldsymbol{a}|$. 当 $\lambda > 0$ 时，$\lambda\boldsymbol{a}$ 与 $\boldsymbol{a}$ 方向相同；当 $\lambda < 0$ 时，$\lambda\boldsymbol{a}$ 与 $\boldsymbol{a}$ 方向相反. 特别地，记 $(-1)\boldsymbol{a} = -\boldsymbol{a}$，称为 $\boldsymbol{a}$ 的负向量. 当 $|\boldsymbol{a}| \neq 0$ 时，$\dfrac{\boldsymbol{a}}{|\boldsymbol{a}|}$ 是与 $\boldsymbol{a}$ 平行的单位向量.

非零向量 $\boldsymbol{a}$ 与 x 轴、y 轴、z 轴所成的不超过 π 的夹角 α、β、γ 称为**非零向量 $\boldsymbol{a}$ 的方向角**，方向角的余弦 $\cos\alpha$、$\cos\beta$、$\cos\gamma$ 叫作**向量 $\boldsymbol{a}$ 的方向余弦**.

如图 9-3 所示，非零向量 $\boldsymbol{a} = (a_1, a_2, a_3)$ 的方向余弦为

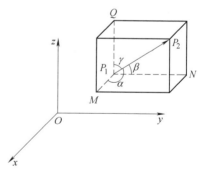

图 9-3

$$\cos\alpha = \frac{a_1}{|\boldsymbol{a}|} = \frac{a_1}{\sqrt{a_1^2 + a_2^2 + a_3^2}}$$

$$\cos\beta = \frac{a_2}{|\boldsymbol{a}|} = \frac{a_2}{\sqrt{a_1^2 + a_2^2 + a_3^2}}$$

$$\cos\gamma = \frac{a_3}{|\boldsymbol{a}|} = \frac{a_3}{\sqrt{a_1^2 + a_2^2 + a_3^2}}$$

且 $\cos^2\alpha + \cos^2\beta + \cos^2\gamma = 1$.

例 9.1 设已知两点 $P_1(2, 2, \sqrt{2})$ 和 $P_2(1, 3, 0)$，计算向量 $\overrightarrow{P_1P_2}$ 的模、方向余弦和方向角.

解 $\overrightarrow{P_1P_2} = (1-2, 3-2, 0-\sqrt{2}) = (-1, 1, -\sqrt{2})$

$$|\overrightarrow{P_1P_2}| = \sqrt{(-1)^2 + 1^2 + (-\sqrt{2})^2} = 2$$

$$\cos\alpha = -\frac{1}{2}, \cos\beta = \frac{1}{2}, \cos\gamma = -\frac{\sqrt{2}}{2}$$

$$\alpha = \frac{2\pi}{3}, \beta = \frac{\pi}{3}, \gamma = \frac{3\pi}{4}$$

定理9.2 向量的数乘满足下列运算律

（1）结合律 $\lambda(\mu a) = \mu(\lambda a) = (\lambda\mu)a$；

（2）第一分配律 $(\lambda + \mu)a = \lambda a + \mu a$；

（3）第二分配律 $\lambda(a + b) = \lambda a + \lambda b$.

定义9.3 （向量的数量积） 设 a 和 b 为向量，$(\widehat{a, b})$ 是它们的夹角.

称 $|a||b|\cos(\widehat{a, b})$ 为向量 a 和向量 b 的数量积，记作 $a \cdot b$，即

$$a \cdot b = |a||b|\cos(\widehat{a, b})$$

一般地，设 a 和 b 为向量，则向量 a 在向量 b 上的投影为

$$a \cdot \frac{b}{|b|} = |a|\cos(\widehat{a, b}).$$

向量的数量积有明确的物理意义：当物体在常力 $F = a$ 的作用下，沿直线从点 P_1 移动到点 P_2，令 $b = \overrightarrow{P_1P_2}$ 时，力所做的功为 $a \cdot b = |a||b|\cos(\widehat{a, b})$.

由向量数量积的物理意义，有

定理9.3 数量积满足下列运算律

（1）交换律 $a \cdot b = b \cdot a$；

（2）分配律 $(a + b) \cdot c = a \cdot c + b \cdot c$；

（3）关于数因子的结合律 $(\lambda a) \cdot b = \lambda(a \cdot b) = a \cdot (\lambda b)$

其中 λ 为任意实数.

设向量 $a = (a_1, a_2, a_3)$，$b = (b_1, b_2, b_3)$，则

$$a = a_1 i + a_2 j + a_3 k, b = b_1 i + b_2 j + b_3 k$$

由数量积的运算性质有

$$\begin{aligned}
a \cdot b &= (a_1 i + a_2 j + a_3 k) \cdot (b_1 i + b_2 j + b_3 k) \\
&= a_1 b_1 (i \cdot i) + a_1 b_2 (i \cdot j) + a_1 b_3 (i \cdot k) + a_2 b_1 (j \cdot i) + \\
&\quad a_2 b_2 (j \cdot j) + a_2 b_3 (j \cdot k) + \\
&\quad a_3 b_1 (k \cdot i) + a_3 b_2 (k \cdot j) + a_3 b_3 (k \cdot k)
\end{aligned}$$

因为 i, j, k 是两两相互垂直的单位向量，所以

$$i \cdot j = j \cdot i = 0, i \cdot k = k \cdot i = 0, j \cdot k = k \cdot j = 0$$

且

$$i \cdot i = j \cdot j = k \cdot k = 1$$

因而

$$a \cdot b = a_1 b_1 + a_2 b_2 + a_3 b_3$$

这个简单的数量积计算公式使得我们可以方便地计算向量的夹角. 即

$$\cos(\widehat{a,b}) = \frac{a \cdot b}{|a||b|} = \frac{a_1 b_1 + a_2 b_2 + a_3 b_3}{\sqrt{a_1^2 + a_2^2 + a_3^2} \cdot \sqrt{b_1^2 + b_2^2 + b_3^2}}$$

特别地, **向量 a 与 b 相互垂直的充分必要条件是 $a \cdot b = 0$.**

例9.2 已知三点 $A(1,0,0)$, $B(3,1,1)$, $C(2,0,1)$, 且 $\overrightarrow{BC} = a$, $\overrightarrow{CA} = b$, 求 a 与 b 的夹角.

解 由向量坐标的计算公式可得

$$a = \overrightarrow{BC} = (-1, -1, 0), \quad |a| = \sqrt{(-1)^2 + (-1)^2 + 0^2} = \sqrt{2}$$
$$b = \overrightarrow{CA} = (-1, 0, -1), \quad |b| = \sqrt{(-1)^2 + 0^2 + (-1)^2} = \sqrt{2}$$

由向量数量积的坐标计算公式可得

$$a \cdot b = (-1) \times (-1) + (-1) \times 0 + 0 \times (-1) = 1$$

因此

$$\cos(\widehat{a,b}) = \frac{a \cdot b}{|a||b|} = \frac{1}{\sqrt{2} \times \sqrt{2}} = \frac{1}{2}$$

所以 $(\widehat{a,b}) = \dfrac{\pi}{3}$.

例9.3 设液体流过平面 S 上面积为 A 的一个区域, 液体在此区域上各点处的流速均为常向量 v. 设 n 为垂直于 S 的单位向量 (见图9-4a), 计算单位时间内经过此区域流向 n 所指一方的液体的质量 m (液体的密度为 ρ).

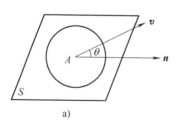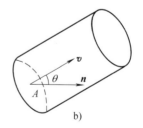

图 9-4

解 单位时间内流过此区域的液体组成一个底面积为 A, 斜高为 $|v|$ 的斜柱体 (见图9-4b). 这个柱体的斜高与底面垂线的夹角就是 v 与 n 的夹角 θ, 所以这个柱体的高为 $|v|\cos\theta$, 体积为

$$A|v|\cos\theta = Av \cdot n$$

从而, 单位时间内经过这个区域流向 n 所指一方的液体的质量为

$$m = \rho A v \cdot n$$

除了向量的数量积，我们还可以定义**向量的向量积**. 设 a 和 b 为向量，定义向量 $a \times b$ 的模为 $|a \times b| = |a||b| \sin(\widehat{a, b})$，$a \times b$ 与 a 和 b 都垂直，方向按右手规则从 a 转向 b 来确定，$a \times b$ 称为 a 与 b 的向量积.

在几何上，$|a \times b|$ 是以 a 和 b 为邻边的平行四边形的面积，而 $|(a \times b) \cdot c|$ 是分别以 a，b，c 为棱的平行六面体的体积. 因此，三向量 a，b，c 共面的充分必要条件是 $(a \times b) \cdot c = 0$.

设 $a = a_1 i + a_2 j + a_3 k$，$b = b_1 i + b_2 j + b_3 k$，则向量积可按下式计算：
$$a \times b = (a_2 b_3 - a_3 b_2) i + (a_3 b_1 - a_1 b_3) j + (a_1 b_2 - a_2 b_1) k$$

或写成

$$a \times b = \begin{vmatrix} i & j & k \\ a_1 & a_2 & a_3 \\ b_1 & b_2 & b_3 \end{vmatrix}$$

习题 9.1

1. 已知三点 $A(-1, 2, 1)$，$B(3, 0, 1)$，$C(2, 1, 2)$，试求 $\overrightarrow{AB}$，$\overrightarrow{BA}$，$\overrightarrow{AC}$，$\overrightarrow{BC}$ 的坐标与模.

2. 试用向量 $\overrightarrow{AB}$ 与 $\overrightarrow{AC}$ 表示三角形 ABC 的面积.

3. 求平行于向量 $a = (6, 7, -6)$ 的单位向量.

4. 设 $a = (1, -2, 3)$，$b = (5, 2, -1)$，求 (1) $2a \cdot 3b$；(2) $a \cdot i$；(3) $\cos(\widehat{a, b})$.

5. 利用向量证明：

(1) 对角线互相平分的四边形是平行四边形；

(2) 三角形两边中点的连线平行于第三边，且其长度等于第三边的一半.

6. 设 M 为三角形 ABC 的重心，O 为空间中任意一点，证明：$\overrightarrow{OM} = \dfrac{1}{3}(\overrightarrow{OA} + \overrightarrow{OB} + \overrightarrow{OC})$.

9.2 空间平面和直线方程

最简单的空间曲面是平面，而直线可以看作是两个相交平面的交线. 本节我们将以向量为工具，在空间直角坐标系中讨论平面方程与直线方程.

9.2.1 空间平面方程

1. 平面的点法式方程

设 $M_0(x_0, y_0, z_0)$ 为空间中一点，$\boldsymbol{n} = (A, B, C)$ 为非零向量，则所有过点 M_0 且与向量 $\boldsymbol{n}$ 垂直的直线共面. 记该平面为 Π，并称 $\boldsymbol{n}$ 为平面 Π 的法向量. 下面求平面 Π 的方程.

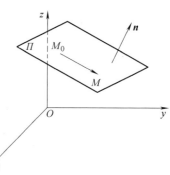

在平面 Π 上任取一点 $M(x, y, z)$（见图9-5），则有 $\overrightarrow{M_0M} \perp \boldsymbol{n}$，即 $\overrightarrow{M_0M} \cdot \boldsymbol{n} = 0$，因为 $\overrightarrow{M_0M} = (x - x_0, y - y_0, z - z_0)$，所以

$$A(x - x_0) + B(y - y_0) + C(z - z_0) = 0 \tag{9-1}$$

即为平面 Π 所满足的方程，该方程称为**平面的点法式方程**.

图 9-5

例如，过点 $(1, -2, 1)$ 且以 $\boldsymbol{n} = (2, 3, -1)$ 为法向量的平面方程为

$$2(x - 1) + 3(y + 2) - (z - 1) = 0$$

例9.4 求过点 $M_1(1, 1, 0)$，$M_2(-2, 2, -1)$，$M_3(1, 2, 1)$ 的平面方程.

解 设平面的法向量为 $\boldsymbol{n} = (A, B, C)$，则向量 $\boldsymbol{n}$ 与向量 $\overrightarrow{M_1M_2}$、$\overrightarrow{M_1M_3}$ 都垂直，于是有

$$\begin{cases} -3A + B - C = 0 \\ B + C = 0 \end{cases}$$

令 $A = 2$，则 $B = 3$，$C = -3$. 故所求平面的方程为

$$2(x - 1) + 3(y - 1) - 3(z - 0) = 0$$

2. 平面的一般方程

从代数上看，平面的点法式方程是关于 x，y，z 的一次方程. 反过来，设有三元一次方程

$$Ax + By + Cz + D = 0 \tag{9-2}$$

任取该方程的一组解 x_0，y_0，z_0，即

$$Ax_0 + By_0 + Cz_0 + D = 0$$

两式相减得

$$A(x - x_0) + B(y - y_0) + C(z - z_0) = 0$$

所以式（9-2）是通过点 $M_0(x_0, y_0, z_0)$ 且以 $\boldsymbol{n} = (A, B, C)$ 为法向量的平面方程. 称式（9-2）为**平面的一般方程**, 由此可推出:

（1）当 $D = 0$ 时, 平面 $Ax + By + Cz = 0$ 过原点;

（2）当 $C = 0$ 时, 平面 $Ax + By + D = 0$ 平行于 z 轴. 同理, 平面 $Ax + Cz + D = 0$ 和 $By + Cz + D = 0$ 分别平行于 y 轴和 x 轴;

（3）当 $B = C = 0$ 时, 平面 $Ax + D = 0$ 平行于面 yOz. 同理, 方程 $By + D = 0$ 和 $Cz + D = 0$ 分别平行于面 zOx 和面 xOy.

例 9.5　求通过 x 轴和点 $(4, -3, -1)$ 的平面方程.

解　因为所求平面通过 x 轴, 所以它的法向量垂直于 x 轴, 可设法向量 $\boldsymbol{n} = (0, B, C)$. 又因为平面过原点, 所以 $D = 0$, 因此, 所求的平面的方程为

$$By + Cz = 0$$

由平面通过点 $(4, -3, -1)$, 有

$$-3B - C = 0$$

代入后得到所求的平面方程为

$$y - 3z = 0$$

3. 平面的截距式方程

设平面的一般方程为

$$Ax + By + Cz + D = 0$$

若该平面与 x 轴, y 轴和 z 轴分别交于 $P(a, 0, 0)$、$Q(0, b, 0)$、$R(0, 0, c)$ 三点（见图 9-6）, 其中 $a \cdot b \cdot c \neq 0$, 则这三点均满足平面方程, 即有

$$aA + D = 0, \quad bB + D = 0, \quad cC + D = 0$$

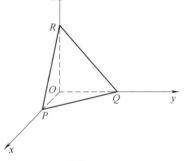

图　9-6

解得

$$A = -\frac{D}{a}, \quad B = -\frac{D}{b}, \quad C = -\frac{D}{c}$$

代入所设方程中, 得

$$\frac{x}{a} + \frac{y}{b} + \frac{z}{c} = 1 \tag{9-3}$$

式（9-3）称为**平面的截距式方程**, 其中 a、b、c 分别称为平面在 x 轴、y 轴和 z 轴上的截距.

例9.6　求平面 $3x - 2y + z - 6 = 0$ 与三个坐标面所围的四面体的体积.

解　将此平面写成截距式方程为

$$\frac{x}{2} - \frac{y}{3} + \frac{z}{6} = 1$$

则该方程在 x 轴、y 轴和 z 轴上的截距分别为 2、-3、6，故所求的四面体的体积为

$$V = \frac{1}{6} \left| 2 \times (-3) \times 6 \right| = 6$$

4. 两平面的夹角

两平面的夹角（锐角或直角）可以借助它们的法向量来计算. 具体地说，如果平面 Π_1 和 Π_2 的方程分别为

$$\Pi_1: A_1 x + B_1 y + C_1 z + D_1 = 0$$
$$\Pi_2: A_2 x + B_2 y + C_2 z + D_2 = 0$$

则易见，$\pm(A_1, B_1, C_1)$，$\pm(A_2, B_2, C_2)$ 分别是 Π_1 和 Π_2 的法向量. 令 $\boldsymbol{n}_1 = (A_1, B_1, C_1)$，$\boldsymbol{n}_2 = (A_2, B_2, C_2)$，则平面 Π_1 和 Π_2 的夹角应是 $(\widehat{\boldsymbol{n}_1, \boldsymbol{n}_2})$ 和 $(\widehat{-\boldsymbol{n}_1, \boldsymbol{n}_2}) = \pi - (\widehat{\boldsymbol{n}_1, \boldsymbol{n}_2})$ 两者中的锐角或直角. 设 Π_1 和 Π_2 的夹角为 θ（见图9-7），则

$$\cos\theta = \left| \cos(\widehat{\boldsymbol{n}_1, \boldsymbol{n}_2}) \right| = \frac{\left| A_1 A_2 + B_1 B_2 + C_1 C_2 \right|}{\sqrt{A_1^2 + B_1^2 + C_1^2} \cdot \sqrt{A_2^2 + B_2^2 + C_2^2}}$$

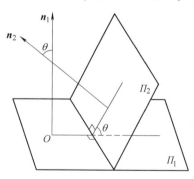

图 9-7

由两向量垂直和平行的充要条件，即可推出：

(1) Π_1 垂直于 Π_2 的充要条件是 $A_1 A_2 + B_1 B_2 + C_1 C_2 = 0$；

(2) Π_1 平行于 Π_2 的充要条件是 $\dfrac{A_1}{A_2} = \dfrac{B_1}{B_2} = \dfrac{C_1}{C_2}$；

（3）Π_1 与 Π_2 重合的充要条件是 $\dfrac{A_1}{A_2} = \dfrac{B_1}{B_2} = \dfrac{C_1}{C_2} = \dfrac{D_1}{D_2}$.

例 9.7　求两平面的夹角，其中

$$\Pi_1 : -x + 2y - z + 1 = 0, \Pi_2 : y + 3z - 1 = 0$$

解　两平面的法向量分别为　$\boldsymbol{n}_1 = (-1, 2, -1)$ 和 $\boldsymbol{n}_2 = (0, 1, 3)$，因为

$$\cos\theta = \frac{\left| -1 \times 0 + 2 \times 1 - 1 \times 3 \right|}{\sqrt{(-1)^2 + 2^2 + (-1)^2} \times \sqrt{1^2 + 3^2}} = \frac{1}{\sqrt{60}}$$

所以两平面夹角为

$$\theta = \arccos \frac{1}{\sqrt{60}}$$

5. 点到平面的距离

设 $P_0(x_0, y_0, z_0)$ 是平面 $\Pi : Ax + By + Cz + D = 0$ 外的一点，求点 P_0 到平面 Π 的距离.

如图 9-8 所示，过点 P_0 作平面 Π 的垂线，交平面 Π 于点 $N(x_1, y_1, z_1)$. 则点 P_0 到平面 Π 的距离

$$d = |\overrightarrow{NP_0}|$$

由于 $\overrightarrow{NP_0}$ 与 $\boldsymbol{n} = (A, B, C)$ 平行，设

$$\begin{cases} x_0 - x_1 = \lambda A \\ y_0 - y_1 = \lambda B \\ z_0 - z_1 = \lambda C \end{cases}$$

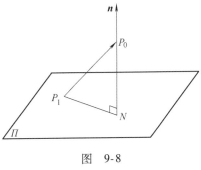

图　9-8

则有

$$d = |\overrightarrow{NP_0}| = \sqrt{|x_0 - x_1|^2 + |y_0 - y_1|^2 + |z_0 - z_1|^2}$$
$$= |\lambda| \sqrt{A^2 + B^2 + C^2}$$

而且

$$\lambda(A^2 + B^2 + C^2) = A(x_0 - x_1) + B(y_0 - y_1) + C(z_0 - z_1)$$
$$= Ax_0 + By_0 + Cz_0 + D$$

所以

$$d = \frac{|Ax_0 + By_0 + Cz_0 + D|}{\sqrt{A^2 + B^2 + C^2}}$$

上式称为**点到平面的距离公式**.

如点 $(2, 1, 1)$ 到平面 $x + y - z + 1 = 0$ 的距离为

$$d = \frac{|1 \times 2 + 1 \times 1 - 1 \times 1 + 1|}{\sqrt{1^2 + 1^2 + (-1)^2}} = \frac{3}{\sqrt{3}} = \sqrt{3}$$

9.2.2　空间直线方程

空间直线就可以看作两个相交平面的交线，因此，如图 9-9 所示，**空间直线的一般方程**为

$$\begin{cases} A_1 x + B_1 y + C_1 z + D_1 = 0 \\ A_2 x + B_2 y + C_2 z + D_2 = 0 \end{cases} \tag{9-4}$$

为了更简洁地表示空间直线方程，我们引入直线方向向量的概念. 设 $\boldsymbol{s} = (m, n, p)$ 为非零向量，如果直线 L 上的任意有向线段都与 $\boldsymbol{s}$ 平行，则称 $\boldsymbol{s}$ 为直线 L 的方向向量. 例如，过空间中两个不同点 $M_0(x_0, y_0, z_0)$ 和 $M_1(x_1, y_1, z_1)$ 可以作唯一一条直线，该直线上的任意有向线段都与 $\overrightarrow{M_0 M_1} = (x_1 - x_0, y_1 - y_0, z_1 - z_0)$ 平行，故 $\overrightarrow{M_0 M_1}$ 就是该直线的方向向量.

空间直线可以由直线上的一点和方向向量唯一确定，设直线 L 过点 $M_0(x_0, y_0, z_0)$，$\boldsymbol{s} = (m, n, p)$ 为方向向量，我们求直线 L 的方程.

在直线 L 上任取一点 $M(x, y, z)$，如图 9-10 所示. 作向量

$$\overrightarrow{M_0 M} = (x - x_0, y - y_0, z - z_0)$$

则由 $\overrightarrow{M_0 M} // \boldsymbol{s}$，得

$$\frac{x - x_0}{m} = \frac{y - y_0}{n} = \frac{z - z_0}{p} \tag{9-5}$$

式 (9-5) 称为直线 L 的**对称式方程**，或称点向式方程.

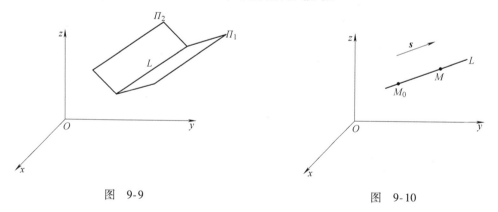

图　9-9　　　　　　　　　　　　图　9-10

由于 $\boldsymbol{s} = (m, n, p)$ 为非零向量，m，n，p 不会同时为零，但可能有其中一个或两个为零的情形. 例如，当 $\boldsymbol{s}$ 垂直于 x 轴时，有 $m = 0$. 此时，为了保持方程的对称形式，我们仍写成

$$\frac{x - x_0}{0} = \frac{y - y_0}{n} = \frac{z - z_0}{p}$$

它表示

$$\begin{cases} x - x_0 = 0 \\ \dfrac{y - y_0}{n} = \dfrac{z - z_0}{p} \end{cases}$$

当 m, n, p 中有两个为零时，例如，$m = n = 0$，式（9-5）表示

$$\begin{cases} x - x_0 = 0 \\ y - y_0 = 0 \end{cases}$$

由直线的对称式方程，设

$$\frac{x - x_0}{m} = \frac{y - y_0}{n} = \frac{z - z_0}{p} = t$$

则

$$\begin{cases} x = x_0 + mt \\ y = y_0 + nt \\ z = z_0 + pt \end{cases} \tag{9-6}$$

式（9-6）称为**直线的参数方程**.

例 9.8　用对称式方程及参数方程表示直线

$$\begin{cases} x + y + z + 1 = 0 \\ 2x - y + 3z + 4 = 0 \end{cases}$$

解　取 $x_0 = 1$，代入方程组得

$$y_0 = 0, \quad z_0 = -2$$

$(1, 0, -2)$ 是直线上的一点.

设这条直线的方向向量为 $s = (m, n, p)$. 由于两平面的交线与这两个平面的法向量 $n_1 = (1, 1, 1)$ 和 $n_2 = (2, -1, 3)$ 都垂直，所以

$$\begin{cases} m + n + p = 0 \\ 2m - n + 3p = 0 \end{cases}$$

令 $n = -1$，解得 $m = 4$，$p = -3$. 因此，所给直线的对称式方程为

$$\frac{x - 1}{4} = \frac{y}{-1} = \frac{z + 2}{-3}$$

参数方程为

$$\begin{cases} x = 1 + 4t \\ y = -t \\ z = -2 - 3t \end{cases}$$

两直线的夹角（锐角或直角）可以通过其方向向量计算.

设直线 L_1 和直线 L_2 的方向向量分别为 $\boldsymbol{s}_1 = (m_1, n_1, p_1)$，$\boldsymbol{s}_2 = (m_2, n_2, p_2)$，$L_1$ 和 L_2 的夹角为 φ，则

$$\cos\varphi = \left| \cos(\widehat{\boldsymbol{s}_1, \boldsymbol{s}_2}) \right| = \frac{|m_1 m_2 + n_1 n_2 + p_1 p_2|}{\sqrt{m_1^2 + n_1^2 + p_1^2} \cdot \sqrt{m_2^2 + n_2^2 + p_2^2}} \tag{9-7}$$

如果直线与平面的法向量平行，则称直线与平面垂直. 当直线与平面不垂直时，直线和它在平面上的投影直线的夹角 $\varphi\left(0 \leqslant \varphi < \dfrac{\pi}{2}\right)$ 称为**直线和平面的夹角**（见图 9-11），当直线与平面垂直时，规定直线和平面的夹角为 $\dfrac{\pi}{2}$.

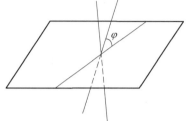

图　9-11

设直线的方向向量为 $\boldsymbol{s} = (m, n, p)$，平面的法线向量为 $\boldsymbol{n} = (A, B, C)$，直线与平面的夹角为 φ，则

$$\sin\varphi = \left| \cos(\widehat{\boldsymbol{s}, \boldsymbol{n}}) \right| = \frac{|Am + Bn + Cp|}{\sqrt{A^2 + B^2 + C^2} \cdot \sqrt{m^2 + n^2 + p^2}} \tag{9-8}$$

习题 9.2

1. 求过点 $(3, 0, -1)$ 且与平面 $3x - 7y + 5z - 12 = 0$ 平行的平面方程.

2. 求过 $(1, 1, -1)$，$(-2, -2, 2)$，$(1, -1, 2)$ 三点的平面方程.

3. 已知两点 $A(2, -1, -2)$，$B(8, 7, 5)$，求过点 B 且与线段 AB 垂直的平面.

4. 求点 $(1, 2, 1)$ 到平面 $x + 2y + 2z - 10 = 0$ 的距离.

5. 求过点 $(4, -1, 3)$ 且平行于直线 $\dfrac{x-3}{2} = \dfrac{y}{1} = \dfrac{z-1}{5}$ 的直线方程.

6. 求过两点 $(3, -2, 1)$ 和 $(-1, 0, 2)$ 的直线方程.

7. 求过点 $(2, 0, -3)$ 且与直线 $\begin{cases} x - 2y + 4z - 7 = 0 \\ 3x + 5y - 2z + 1 = 0 \end{cases}$ 垂直的平面方程.

9.3　空间曲面和曲线

在空间解析几何中，我们把曲面看作满足一定条件的动点的几何轨迹．如果动点 $P(x,y,z)$ 满足的约束条件可以用三元方程 $F(x,y,z)=0$ 表示，那么就称 $F(x,y,z)=0$ 是这个曲面的方程，而把曲面称为方程 $F(x,y,z)=0$ 的图形．

例 9.9　求球心在点 $P_0(x_0,y_0,z_0)$，半径为 r 的球面的方程．

解　设 $P(x,y,z)$ 是球面上的任意点，由球面的定义 $|P_0P|=r$，即

$$\sqrt{(x-x_0)^2+(y-y_0)^2+(z-z_0)^2}=r$$

所求的球面方程为

$$(x-x_0)^2+(y-y_0)^2+(z-z_0)^2=r^2$$

特别地，以原点为球心的球面方程是

$$x^2+y^2+z^2=r^2$$

由一条曲线 Γ 绕固定直线 l 在空间旋转一周所生成的曲面称为**旋转面**，曲线 Γ 称为此旋转面的**母线**，固定直线 l 称为**旋转轴**．

例 9.10　设坐标面 yOz 上的曲线 Γ 的方程为 $f(y,z)=0$．求 Γ 绕 z 轴旋转一周所生成的曲面的方程．

解　如图 9-12a 所示，设 $M_1(0,y_1,z_1)$ 为曲线 Γ 上任意一点，则 $f(y_1,z_1)=0$．当曲线 Γ 绕 z 轴旋转时，点 M_1 绕 z 轴旋转到另一点 $M(x,y,z)$．易见，$z=z_1$，且点 M 到 z 轴的距离 $d=\sqrt{x^2+y^2}=|y_1|$，即 $y_1=\pm\sqrt{x^2+y^2}$．代入方程，有

$$f(\pm\sqrt{x^2+y^2},z)=0$$

此方程即为所求的曲面方程．

同理，Γ 绕 y 轴旋转一周所生成的曲面的方程为 $f(y,\pm\sqrt{x^2+z^2})=0$．

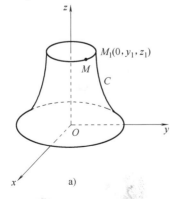

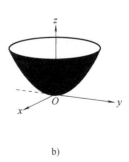

a)　　　　　　　　　　　b)

图　9-12

例如，$z = y^2$ 绕 z 轴旋转一周所生成的曲面的方程为 $z = x^2 + y^2$（见图 9-12b）.

以上两个例子是求曲面的方程. 曲面研究的另一个基本问题是根据曲面方程研究曲面的图形. 一般来说方程 $F(x,y,z) = 0$ 的图形不容易直接得到，但如果取定 x、y、z 中的某个变量，例如 $z = z_0$ 为常数时，$F(x,y,z_0) = 0$ 就是一条曲线，它是曲面 $F(x,y,z) = 0$ 与平面 $z = z_0$ 的交线. 我们可以通过这些交线了解曲面的全貌. 这种方法称为**截痕法**.

例如，如果曲面方程 $F(x,y,z) = 0$ 中不出现 z，即曲面方程为 $f(x,y) = 0$，则对于任意的 $z = z_0$，交线都是相同的，只是坐标面 xOy 内曲线 $f(x,y) = 0$ 沿着 z 轴的一个平移. 曲面 $1 + 2x - 2x^3 - y = 0$ 图形如图 9-13 所示.

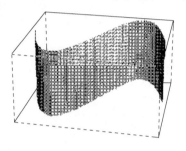

一般地，设 Γ 是一条空间曲线，L 是一条直线. 动直线沿着曲线 Γ 在空间运动，并在运动中保持和直线 L 平行，那么该动直线运动产生的曲面称为柱面，其中曲线 Γ 称为该柱面的准线，动直线 L 称为该柱面的母线.

图　9-13

下面介绍**二次曲面**，其一般方程为

$$a_{11}x^2 + a_{22}y^2 + a_{33}z^2 + 2a_{12}xy + 2a_{13}xz + 2a_{23}yz + 2a_{14}x + 2a_{24}y + 2a_{34}z + a_{44} = 0$$

其中 $a_{ij}(i = 1,2,3; j = 1,2,3)$ 均为实数，且二次项系数不全为零. 通过坐标系的旋转和平移，我们可以把二次曲面的一般方程化为标准方程.

1. 椭球面

标准方程为

$$\frac{x^2}{a^2} + \frac{y^2}{b^2} + \frac{z^2}{c^2} = 1 \quad (a > 0, b > 0, c > 0)$$

其中 a，b，c 均称为椭球面的半轴. 当 $a = b = c$ 时即为球面.

用平行于坐标平面的平面去截椭球面（必须相交）所有截痕（或称截口曲线）都是椭圆，如图 9-14 所示.

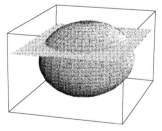

a)用平行于xOy平面的平面
$z = z_0$ 截椭球面

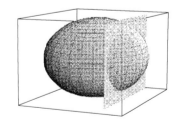

b)用平行于xOz平面的平面
$y = y_0$ 截椭球面

图　9-14

118

2. 单叶双曲面

标准方程为

$$\frac{x^2}{a^2} + \frac{y^2}{b^2} - \frac{z^2}{c^2} = 1 \quad (a>0, b>0, c>0)$$

用平面 $z = z_0$ 截割该曲面时，所有的截痕曲线都是椭圆，如图 9-15a 所示.
用平面 $x = x_0$ 或 $y = y_0$ 截割该曲面时，截痕曲线是双曲线，如图 9-15b 所示.

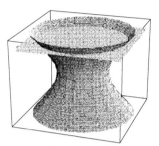 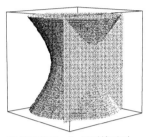

a) 用平行于 xOy 平面的
平面 $z = z_0$ 截单叶双曲面
截痕是椭圆

b) 用平行于 xOz 平面的平面 $y = y_0$
截单叶双曲面，截痕是双曲线

图　9-15

3. 双叶双曲面

标准方程为

$$\frac{x^2}{a^2} + \frac{y^2}{b^2} - \frac{z^2}{c^2} = -1 \quad (a>0, b>0, c>0)$$

用平面 $z = z_0$ 截割曲面，当 $|z_0| < c$ 时，与曲面无交点；当 $|z_0| = c$ 时，与曲面相交于两点 $(0,0,c)$ 和 $(0,0,-c)$；当 $|z_0| > c$ 时，与平面 $z = z_0$ 的截痕为椭圆，如图 9-16a 所示. 用平面 $y = y_0$ 截曲面，截痕曲线是双曲线，如图 9-16b 所示.

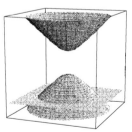 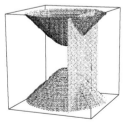

a) 用平行于 xOy 平面的
平面 $z = z_0$ 截双叶双曲面
截痕是椭圆

b) 用平行于 xOz 平面的平面
$y = y_0$ 截双叶双曲面，截痕
是双曲线

图　9-16

4. 二次锥面

标准方程为

$$\frac{x^2}{a^2} + \frac{y^2}{b^2} - \frac{z^2}{c^2} = 0 \quad (a > 0, b > 0, c > 0)$$

二次锥面与平面 $z = z_0 \neq 0$ 的截口曲线都是椭圆，而与平面 $x = 0$ 或 $y = 0$ 的截口曲线都是一对直线，如图 9-17 所示.

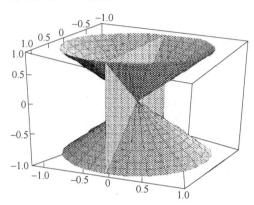

图 9-17　平面 xOz 与锥面相交的截口是一对相交直线

5. 椭圆抛物面

标准方程为

$$\frac{x^2}{a^2} + \frac{y^2}{b^2} = 2z \quad (a > 0, b > 0)$$

椭圆抛物面与平面 $z = z_0 \neq 0$ 截口的曲线都是椭圆，而与平面 $x = x_0$ 或 $y = y_0$ 的截口曲线都是抛物线，如图 9-18 所示.

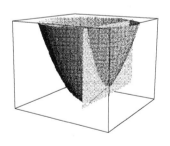 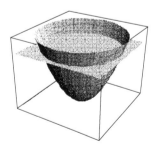

a) 椭圆抛物面与平行于
xOz 的平面相交，截口是抛物线

b) 椭圆抛物面与平行于
xOy 的平面相交，截口是椭圆

图　9-18

6. 双曲抛物面

标准方程为

$$\frac{x^2}{a^2} - \frac{y^2}{b^2} = 2z \quad (a > 0, b > 0)$$

双曲抛物面又被形象地称为**马鞍面**.

马鞍面与平面 $z = 0$ 的截口为一对直线，与平面 $z = z_0 \neq 0$ 截口曲线都是双曲线. 而与平面 $x = x_0$ 或 $y = y_0$ 的截口曲线都是抛物线，如图 9-19 所示.

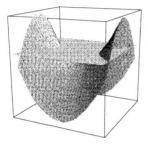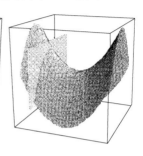

a) 马鞍面与 $z = z_0 \neq 0$ 平面相交，截口是双曲线　　b) 马鞍面与 $x = x_0$ 相交，截口是开口向上的抛物线　　c) 马鞍面与 $y = y_0$ 相交，截口是开口向下的抛物线

图　9-19

在多元微积分的学习中，常会遇到由几个曲面（包括平面）围成的空间区域，这些区域的边界面多是平面和二次曲面，下面是几个这类空间区域的简图.

　　例9.11　　由旋转抛物面 $z = x^2 + y^2 + 1$ 和平面 $x = 0$，$x = 1$，$y = 0$，$y = 1$ 及坐标平面 $z = 0$ 所围空间区域，如图 9-20a 所示.

　　例9.12　　由球面 $x^2 + y^2 + z^2 = R^2$ 和柱面 $y = \sqrt{Rx - x^2}$ 及坐标平面 $z = 0$ 和 $x = 0$ 所围在第一卦限中的空间区域，如图 9-20b 所示.

　　例9.13　　坐标平面 $x = 0$，$y = 0$ 和 $z = 0$ 及抛物面 $z = x^2 + y^2$ 和平面 $x + y = 1$ 所围空间区域，如图 9-20c 所示.

　　例9.14　　由坐标平面 $z = 0$，平面 $\dfrac{x}{2} + \dfrac{y}{4} + \dfrac{z}{3} = 1$ 和抛物柱面 $y^2 = 2x$ 所围空间区域，如图 9-20d 所示.

　　下面简单介绍空间曲线的方程.

　　空间曲线可以看作两个曲面的交线. 设曲面由 $F(x, y, z) = 0$ 和 $G(x, y, z) = 0$ 表示. 如果它们都通过某曲线 C，且除曲线 C 上的点外没有其他的公共点，则联立这两个三元方程

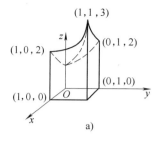

a)

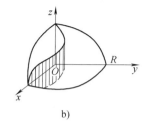

b)

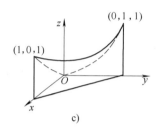

c)

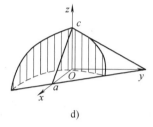

d)

图　9-20

$$\begin{cases} F(x,y,z)=0 \\ G(x,y,z)=0 \end{cases}$$

就表示这条曲线 C，并称之为**空间曲线 C 的一般方程**，如图 9-21 所示.

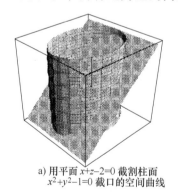

a) 用平面 x+z−2=0 截割柱面
x²+y²−1=0 截口的空间曲线

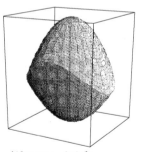

b)2x²+y²+z−3=0 和
x²+y²−z=0 相交成的空间曲线

图　9-21

在通常情况下，空间曲线可以用参数方程表示，如图 9-22 所示.

参数方程一般形式为

$$\begin{cases} x = x(t) \\ y = y(t) \quad (a \leqslant t \leqslant b) \\ z = z(t) \end{cases}$$

其中 t 称为参数.

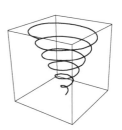

a) 空间圆柱螺线
$$\begin{cases} x = -9\cos 3t \\ y = -9\sin 3t \\ z = 4t \end{cases}$$

b) 空间曲线
$$\begin{cases} x = 3t^2 \\ y = 4t^2 \\ z = -12t^2 \end{cases}$$

c) 空间圆锥螺线
$$\begin{cases} x = t\cos 2t \\ y = t\sin 2t \\ z = 2t \end{cases}$$

图　9-22

在以后多元积分学的学习中，常涉及关于空间曲面和曲线在坐标平面上的投影问题. 所谓空间曲面和曲线在坐标平面上的投影就是用垂直于坐标平面的光束照射空间曲面或空间曲线在坐标平面上所形成的阴影部分. 一般来说，空间曲面在坐标平面的投影可以是坐标平面上的一个区域或是一条线（见图 9-23），而空间曲线在坐标平面的投影通常是坐标平面上的一条线（或是一个点），如图 9-24 所示.

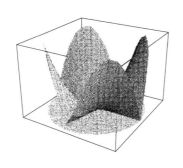

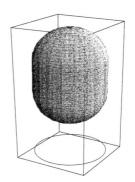

a) 曲面在 xOy 平面上的投影
为区域 $\begin{cases} x^2+y^2\leqslant 1 \\ z=0 \end{cases}$

b) 曲顶柱体在 xOy 平面上的投影区域的边界线，也是竖直边界柱面在 xOy 平面的投影

图　9-23

例 9.15　设一个立体由上半球面 $z = \sqrt{4 - x^2 - y^2}$ 和锥面 $z = \sqrt{3(x^2 + y^2)}$ 所围成（见图 9-24b），求它在 xOy 坐标面上的投影.

解　半球面和锥面的交线为

$$\begin{cases} z = \sqrt{4 - x^2 - y^2} \\ z = \sqrt{3(x^2 + y^2)} \end{cases}$$

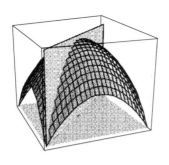 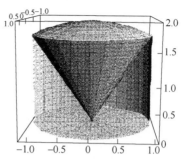

a) 抛物面与平面截痕在xOy
平面上的投影是一条直线

b) 边界曲面交线在xOy
平面上的投影是单位圆
周, 图中投影柱面显示了
一半

图　9-24

消去 z, 得到 $x^2 + y^2 = 1$.

xOy 平面上的曲线 $\begin{cases} x^2 + y^2 = 1 \\ z = 0 \end{cases}$ 为空间曲线 $\begin{cases} z = \sqrt{4 - x^2 - y^2} \\ z = \sqrt{3(x^2 + y^2)} \end{cases}$ 在 xOy 平面上的投

影. 而平面区域 $\begin{cases} x^2 + y^2 \leqslant 1 \\ z = 0 \end{cases}$ 为上半球面 $z = \sqrt{4 - x^2 - y^2}$ 和锥面 $z = \sqrt{3(x^2 + y^2)}$ 所

围立体在 xOy 平面上的投影.

一般地, 设空间曲线 C 的方程为

$$\begin{cases} F(x,y,z) = 0 \\ G(x,y,z) = 0 \end{cases}$$

在联立方程组中消去变量 z 得到方程 $H(x,y) = 0$, 则空间曲线 C 在 xOy 坐标面上
投影曲线的方程为

$$\begin{cases} H(x,y) = 0 \\ z = 0 \end{cases}$$

习题 9.3

1. 画出下列方程所表示的曲面:

(1) $\dfrac{x^2}{9} + \dfrac{y^2}{4} + \dfrac{z^2}{16} = 1$

(2) $z = \dfrac{(x^2 + y^2)}{2}$

(3) $z^2 = \dfrac{(x^2 + y^2)}{2}$

(4) $\dfrac{y^2}{9} - \dfrac{z^2}{4} = 1$

2. 指出下列方程所表示的曲线:

(1) $\begin{cases} x^2 + y^2 + z^2 = 25 \\ x = 3 \end{cases}$

(2) $\begin{cases} x^2 + 4y^2 + 9z^2 = 36 \\ y = 1 \end{cases}$

（3）$\begin{cases} x^2 - 4y^2 + z^2 = 25 \\ x = -3 \end{cases}$　　　　　　（4）$\begin{cases} y^2 + z^2 - 4x + 8 = 0 \\ y = 4 \end{cases}$

3. 一动点与两定点（2,3,2）和（4,5,6）等距离，求这动点的方程.

4. 将 xOz 坐标面上的抛物线 $z^2 = 5x$ 绕 x 轴旋转一周，求所生成的旋转曲面方程.

第**10**章

多元函数微分学及其应用

这一章我们主要学习三维空间中的函数，即二元函数的微分．但所得的结论和研究方法都可以平行地推广到三元及以上的多元函数．

10.1 多元函数的极限与连续

这一节我们首先介绍 n 维空间及相关概念，然后讨论多元函数（主要是二元函数）的定义域、极限和连续性．

10.1.1 n 维空间

在平面直角坐标系中，平面上的点与二元数组 (x, y) 一一对应．记 $\mathbf{R}^2$ 为二元数组 (x, y) 的全体，称为二维空间．类似地，在空间直角坐标系中，空间上的点与三元数组 (x, y, z) 一一对应，$\mathbf{R}^3$ 为三元数组 (x, y, z) 的全体，称为三维空间．一般地，设 n 为正整数，n 元数组 $(x_1, x_2, \cdots, x_n)$ 的全体称为 n 维空间，记作 $\mathbf{R}^n$，而每个 n 元数组 $(x_1, x_2, \cdots, x_n)$ 称为 n 维空间中的一个点（或一个 n 维向量）．

n 维空间中两点 $P(x_1, x_2, \cdots, x_n)$ 和 $Q(y_1, y_2, \cdots, y_n)$ 之间的距离定义为

$$|PQ| = \sqrt{(y_1 - x_1)^2 + (y_2 - x_2)^2 + \cdots + (y_n - x_n)^2}$$

当 $n=1,2,3$ 时，它分别是数轴、平面、空间上两点间的距离，即 n 维空间中的距离公式是几何空间中距离公式的直接推广.

下面介绍 n 维空间中有关点集的几个概念，它们都是一维空间中相关概念的推广.

邻域：设 P_0 是 $\mathbf{R}^n$ 的一个点，δ 是某一正数，与点 P_0 距离小于 δ 的点 P 的全体称为点 P_0 的 δ 邻域，记为 $U(P_0,\delta)$，即

$$U(P_0,\delta)=\{P\in\mathbf{R}^n\mid |PP_0|<\delta\}$$

例如，设 $P_0(x_0,y_0)\in\mathbf{R}^2$ 是 xOy 平面上的一个点，$\delta>0$，则

$$U(P_0,\delta)=\{(x,y)\mid \sqrt{(x-x_0)^2+(y-y_0)^2}<\delta\}$$

在几何上，$U(P_0,\delta)$ 是 xOy 平面上以 P_0 为圆心，以 δ 为半径的不含圆周的实心圆.

空心邻域：P_0 的 δ 邻域去掉中心点 P_0 就成为 P_0 的 δ 空心邻域，记为 $\overset{\circ}{U}(P_0,\delta)$，即

$$\overset{\circ}{U}(P_0,\delta)=\{P\mid 0<|PP_0|<\delta\}$$

例如，$P_0(x_0,y_0)\in\mathbf{R}^2$ 的 δ 空心邻域为

$$\overset{\circ}{U}(P_0,\delta)=\{(x,y)\mid 0<\sqrt{(x-x_0)^2+(y-y_0)^2}<\delta\}$$

内点与边界点：设 E 为 n 维空间中的点集，$P\in\mathbf{R}^n$ 是一个点. 如果存在点 P 的某个邻域 $U(P,\delta)$，使得 $U(P,\delta)\subset E$，则称点 P 为集合 E 的**内点**. 如果点 P 的任何邻域内都既有属于 E 的点又有不属于 E 的点，则称 P 为集合 E 的**边界点**，E 的边界点的全体称为 E 的**边界**.

如果 P 为集合 E 的内点，则 $P\in E$. 如果 P 为集合 E 的**边界点**，则可能有 $P\in E$，也可能有 $P\notin E$. 例如，$E=\{(x,y)\mid 1<x^2+y^2\le 4\}$，则满足 $1<x^2+y^2<4$ 的点 $P(x,y)$ 都是内点，满足 $x^2+y^2=1$ 的边界点不属于 E，而满足 $x^2+y^2=4$ 的边界点属于 E.

聚点：设 E 为 n 维空间中的点集，$P\in\mathbf{R}^n$ 是一个点. 如果点 P 的任何空心邻域内都包含 E 中的无穷多个点，则称 P 为集合 E 的**聚点**.

例如，令 $E=\{(x,y)\mid 1<x^2+y^2\le 4\}\cup\{(2,5)\}$，则点 $(2,5)$ 不是 E 的聚点，而除了点 $(2,5)$ 外，E 的其他内点和边界点都是 E 的聚点.

换一种说法，$P_0(x_0,y_0)$ 是平面点集 E 的聚点，是指存在点列 $\{P_n(x_n,y_n)\}$ 满足 $P_n(x_n,y_n)\in E$，$P_n(x_n,y_n)\neq P_0(x_0,y_0)$，$n\ge 1$，且

$$\lim_{n\to\infty}x_n=x_0,\qquad \lim_{n\to\infty}y_n=y_0$$

开集与闭集：若点集 E 的点都是内点，则称 E 是**开集**. 设点集 $E\subseteq\mathbf{R}^n$，如果

E 的补集 $\mathbf{R}^n - E$ 是开集，则称 E 为**闭集**.

特别地，任意的点集与它的边界的并集都是闭集.

例如，$E = \{(x,y) \mid 1 < x^2 + y^2 < 4\}$ 为开集，$\{(x,y) \mid 1 \leqslant x^2 + y^2 \leqslant 4\}$ 为闭集，而 $\{(x,y) \mid 1 < x^2 + y^2 \leqslant 4\}$ 既不是开集也不是闭集.

区域与闭区域：设 D 为开集，如果对于 D 内任意两点，都可以用 D 内的折线（其上的点都属于 D）连接起来，则称开集 D 是**连通**的. 连通的开集称为**区域**或**开区域**. 开区域与其边界的并集称为**闭区域**.

有界集与无界集：对于点集 E，若存在 $M > 0$，使得 $E \subseteq U(O, M)$，即 E 中所有点到原点的距离都不超过 M，则称点集 E 为**有界集**，否则称为**无界集**.

如果 D 是区域而且有界，则称 D 为**有界区域**.

例如，$\{(x,y) \mid x^2 + y^2 < 1\}$ 是有界开区域，而 $\{(x,y) \mid x^2 + y^2 \leqslant 1\}$ 是有界闭区域，$\{(x,y) \mid x > y\}$ 是无界区域.

有界闭区域的直径：设 D 是 $\mathbf{R}^n$ 中的有界闭区域，则称

$$d(D) = \max_{P_1, P_2 \in D} \{ |P_1 P_2| \}$$

为 D 的直径.

例如，线段的直径等于线段的长度，平面上的圆和空间中的球的直径就是我们通常所称的直径，而矩形和长方体的直径则是其对角线的长度.

10.1.2　多元函数的极限

我们通常用 $z = f(x,y)$ 表示二元函数，其中 x 和 y 是自变量，z 是因变量. 二元函数的图形可以在空间直角坐标系中表示.

一般来说，在空间直角坐标系中，由二元函数 $z = f(x,y)$ 所确定的点 $(x, y, f(x,y))$ 构成一张曲面，或者说二元函数的图像（形）是几何空间的一张曲面（见图 10-1）.

例如，$z = x^2 + y^2$ 表示开口向上的旋转抛物面（见图 10-2）.

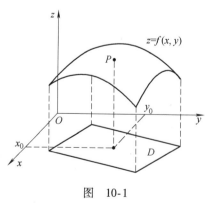

图　10-1

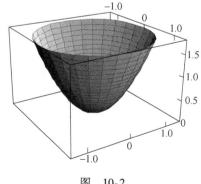

图　10-2

定义 10.1　设函数 $z = f(x, y)$ 在区域 D 有定义，A 为常数，$P_0(x_0, y_0)$ 是 D 的内点或边界点. 如果对任意给定的 $\varepsilon > 0$，都存在 $\delta > 0$，当 $0 < \sqrt{(x - x_0)^2 + (y - y_0)^2} < \delta$ 且 $P(x, y) \in D$ 时，有

$$|f(x, y) - A| < \varepsilon$$

则称当 $x \to x_0$，$y \to y_0$ 时，$f(x, y)$ 的极限是 A，记为 $\lim\limits_{\substack{x \to x_0 \\ y \to y_0}} f(x, y) = A$.

二元函数的极限称为**二重极限**.

由定义 10.1，显然有，$\lim\limits_{\substack{x \to x_0 \\ y \to y_0}} \sqrt{(x - x_0)^2 + (y - y_0)^2} = 0$.

我们可以仿照一元函数极限的方法来类似地处理二元函数的极限. 例如：

如果 $|f(x, y) - A| < C\rho$，C 为常数，则 $\lim\limits_{\substack{x \to x_0 \\ y \to y_0}} f(x, y) = A$.

其中 $\rho = \sqrt{(x - x_0)^2 + (y - y_0)^2}$.

下面我们讨论具体的例子.

例 10.1　求 $\lim\limits_{\substack{x \to 0 \\ y \to 0}} \dfrac{xy}{\sqrt{x^2 + y^2}}$.

解　令 $\rho = \sqrt{x^2 + y^2}$，由

$$\left| \frac{xy}{\sqrt{x^2 + y^2}} \right| \leqslant \frac{x^2 + y^2}{2\sqrt{x^2 + y^2}} = \frac{1}{2}\rho$$

有

$$\lim\limits_{\substack{x \to 0 \\ y \to 0}} \frac{xy}{\sqrt{x^2 + y^2}} = 0$$

出于类似的考虑，我们可以充分利用一元函数极限的方法和结论来讨论二重极限.

例 10.2　求 $\lim\limits_{\substack{x \to 0 \\ y \to 0}} \dfrac{\sqrt{xy + 1} - 1}{xy}$.

解　令 $t = xy$，则

$$\lim\limits_{\substack{x \to 0 \\ y \to 0}} \frac{\sqrt{xy + 1} - 1}{xy} = \lim\limits_{t \to 0} \frac{\sqrt{t + 1} - 1}{t} = \frac{1}{2}$$

根据二元函数极限的定义，如果点 (x, y) 以某种特殊方式（如沿一条定直线或定曲线）趋于点 (x_0, y_0) 时，函数 $f(x, y)$ 的极限不存在，或者，当点 (x, y) 以两种不同方式趋于点 (x_0, y_0) 时，$f(x, y)$ 的极限都存在但不相等，则函数 $f(x, y)$ 在点 (x_0, y_0) 的极限肯定不存在.

例 10.3　设 $f(x,y) = \begin{cases} \dfrac{xy}{x^2+y^2}, & x^2+y^2 \neq 0 \\ 0, & x^2+y^2 \neq 0 \end{cases}$ ，证明：$\lim\limits_{\substack{x\to 0 \\ y\to 0}} f(x,y)$ 不存在.

证明　由于

$$\lim_{\substack{y\to 0 \\ 沿 x=0}} f(x,y) = \lim_{y\to 0} \frac{0 \cdot y}{0^2+y^2} = 0$$

$$\lim_{\substack{y\to 0 \\ 沿 y=x}} f(x,y) = \lim_{x\to 0} \frac{x \cdot x}{x^2+x^2} = \frac{1}{2}$$

所以 $\lim\limits_{\substack{x\to 0 \\ y\to 0}} f(x,y)$ 不存在.

事实上，当点 (x,y) 沿不同直线 $y=kx$ 趋于原点时，有

$$\lim_{\substack{x\to 0 \\ 沿 y=kx}} f(x,y) = \lim_{x\to 0} \frac{x \cdot kx}{x^2+k^2x^2} = \frac{k}{1+k^2}$$

10.1.3　多元函数的连续性

在一元函数中，我们首先讨论了基本初等函数的连续性，然后证明了连续函数的四则运算和复合函数也是连续的，并最终得出所有初等函数都在其定义区间内连续. 用类似的方法，我们同样可以讨论多元函数的连续性. 我们仍然以二元函数为例来进行讨论.

定义 10.2　设函数 $z=f(x,y)$ 在点 $P_0(x_0,y_0)$ 有定义. 如果 $\lim\limits_{\substack{x\to x_0 \\ y\to y_0}} f(x,y) = f(x_0,y_0)$，则称 $z=f(x,y)$ 在点 (x_0,y_0) 连续.

与一元函数类似，关于函数四则运算与复合函数连续性的讨论也基本相同，我们略去烦琐的叙述，直接给出下面的重要结论：

定理 10.1　二元初等函数在其定义区域内连续.

定理 10.2　如果 $z=f(x,y)$ 在有界闭区域 D 上连续，则 $z=f(x,y)$ 在 D 上有最大值和最小值，并且可以取到最大值和最小值之间的任意值.

例如，$z=x^2+y^2$ 在整个 xOy 平面上连续，在有界闭区域 $x^2+y^2 \leq R^2$ 上有最大值 R^2 和最小值 0.

习题 10.1

A 组

1. 写出下列集合 E 的全部内点、外点、边界点、聚点，并指出 E 是否为开集、闭集、连通集、开区域、闭区域、有界集?

（1）$E = \{(x,y) \mid 0 < x^2 + y^2 < 4\}$

（2）$E = \{(x,y) \mid xy \neq 0\}$

（3）$E = \{(x,y) \mid x \leqslant 1, y \leqslant 1, x + y \geqslant 1\}$

2. 设 $f\left(x+y, \dfrac{y}{x}\right) = (x^2 - y^2)$，求 $f(x,y)$.

3. 设 $f(x,y) = x^2 + y^2 - xy\arctan\dfrac{x}{y}$，证明：$f(tx,ty) = t^2 f(x,y)$.

4. 确定下列函数的定义域：

（1）$z = \ln(1 - x - y)$

（2）$z = \sqrt{x - \sqrt{y}} + \sqrt{1 - x^2}$

（3）$z = \arcsin\dfrac{y}{x}$

（4）$u = \sqrt{R^2 - x^2 - y^2 - z^2}$

5. 求下列极限：

（1）$\lim\limits_{\substack{x\to 0 \\ y\to 1}} \dfrac{1 - xy}{x^2 + y^2}$

（2）$\lim\limits_{\substack{x\to\infty \\ y\to\infty}} \dfrac{1}{x^2 + y^2}$

（3）$\lim\limits_{\substack{x\to 0 \\ y\to 0}} \dfrac{2 - \sqrt{xy + 4}}{xy}$

（4）$\lim\limits_{\substack{x\to 0^+ \\ y\to 0^+}} (1 + xy)^{\frac{1}{\sin xy}}$

（5）$\lim\limits_{\substack{x\to 0 \\ y\to 2}} \dfrac{\sin xy}{x}$

（6）$\lim\limits_{\substack{x\to 0 \\ y\to 0}} \dfrac{1 - \cos(x^2 + y^2)}{(x^2 + y^2)\,\mathrm{e}^{x^2 y^2}}$

B 组

1. 证明极限 $\lim\limits_{\substack{x\to 0 \\ y\to 0}} \dfrac{|xy|}{\sqrt{x^2 + y^2}} = 0$.

2. 证明极限 $\lim\limits_{\substack{x\to 0 \\ y\to 0}} \dfrac{x + y}{x - y}$ 不存在.

3. 讨论下列函数的连续性

（1）$f(x,y) = \dfrac{x^2 y}{x + 2y}$

（2）$f(x,y) = \begin{cases} \dfrac{xy}{\sqrt{x^2 + y^2}}, & (x,y) \neq (0,0) \\[2mm] 0, & (x,y) = (0,0) \end{cases}$

10.2　偏　导　数

对于一元函数，我们已经建立了完整的微积分体系，自然还会希望用研究一元函数的方法来研究多元函数. 如果每次只考虑多元函数中的一个自变量，而将其余自变量固定为常数，或者只是简单地看作常数，则多元函数就可以看作一元函数了. 本节我们就用这种思想来研究多元函数.

10.2.1　偏导数的概念及其计算

我们首先以二元函数为例给出偏导数的概念.

定义 10.3　设二元函数 $z = f(x,y)$ 在点 $P_0(x_0,y_0)$ 的某个邻域内有定义. 如果极限

$$\lim_{\Delta x \to 0} \frac{\Delta z}{\Delta x} = \lim_{\Delta x \to 0} \frac{f(x_0 + \Delta x, y_0) - f(x_0, y_0)}{\Delta x}$$

存在，则称 $z = f(x,y)$ 在点 $P_0(x_0,y_0)$ 处对 x 可偏导，称此极限值为函数 $z = f(x,y)$ 在点 $P_0(x_0,y_0)$ 处**对 x 的偏导数**，记作

$$\left. \frac{\partial z}{\partial x} \right|_{(x_0,y_0)}, \quad \left. \frac{\partial f}{\partial x} \right|_{(x_0,y_0)}, \quad \left. z'_x \right|_{(x_0,y_0)} \text{ 或 } f'_x(x_0,y_0)$$

在上述定义中，$z = f(x,y_0)$ 是 x 的一元函数，如果令 $g(x) = f(x,y_0)$，则 $f'_x(x_0,y_0) = g'(x_0)$. 定义中的 $\Delta z = f(x_0 + \Delta x, y_0) - f(x_0,y_0)$ 称为二元函数 $z = f(x,y)$ 在 $y = y_0$ 时关于 x 的偏增量.

注　z'_x、f'_x 也记成 z_x、f_x，其他偏导数和后面介绍的高阶偏导数记号也有类似情况，请读者在阅读不同的教科书时予以注意.

类似地，如果极限

$$\lim_{\Delta y \to 0} \frac{\Delta z}{\Delta y} = \lim_{\Delta y \to 0} \frac{f(x_0, y_0 + \Delta y) - f(x_0, y_0)}{\Delta y}$$

存在，则称函数 $z = f(x,y)$ 在点 $P_0(x_0,y_0)$ 处对 y 可偏导，该极限值称为 $z = f(x,y)$ 在点 $P_0(x_0,y_0)$ 处对 y 的偏导数，记作

$$\left. \frac{\partial z}{\partial y} \right|_{(x_0,y_0)}, \quad \left. \frac{\partial f}{\partial y} \right|_{(x_0,y_0)}, \quad \left. z'_y \right|_{(x_0,y_0)} \text{ 或 } f'_y(x_0,y_0)$$

如果函数 $z = f(x,y)$ 在区域 D 内任一点 (x,y) 处对 x 的偏导数都存在，实际上就构成了 D 上的对 x 的偏导函数，它仍是 x 与 y 的二元函数，被称作函数 $z = f(x,y)$ 对自变量 x 的偏导函数（简称偏导数），记作

$$\frac{\partial z}{\partial x}, \quad \frac{\partial f}{\partial x}, \quad z_x' \text{ 或 } f_x'(x,y)$$

同理，函数 $z = f(x,y)$ 对自变量 y 的偏导函数（简称偏导数），记作

$$\frac{\partial z}{\partial y}, \quad \frac{\partial f}{\partial y}, \quad z_y' \text{ 或 } f_y'(x,y)$$

一般地，设 $y = f(x_1, x_2, \cdots, x_n)$ 是 n 元函数. 如果把除 x_k 外的其他自变量都看作常数，则可以把 $y = f(x_1, x_2, \cdots, x_n)$ 看作 x_k 的一元函数. 令 $g(x_k) = f(x_1, \cdots, x_k, \cdots, x_n)$，则 $g'(x_k)$ 就是 $y = f(x_1, x_2, \cdots, x_n)$ 对 x_k 的偏导数，记作

$$\frac{\partial f(x_1, x_2, \cdots, x_n)}{\partial x_k} \text{ 或 } f_{x_k}'(x_1, x_2, \cdots, x_n)\qquad.$$

由于多元函数的偏导数实际上是一元函数的导数，所以所有一元函数的求导法则与求导公式都可以用来求偏导数.

例 10.4　求函数 $f(x,y) = 2x^2 + y + 3xy^2 - x^3y^4$ 在点（1，1）处的偏导数.

解　$f_x'(x,y) = 4x + 3y^2 - 3x^2y^4$，所以 $f_x'(1,1) = 4$.

$f_y'(x,y) = 1 + 6xy - 4x^3y^3$，所以 $f_y'(1,1) = 3$.

例 10.5　设 $z = x^y$　$(x > 0, x \neq 1)$，求证：$\dfrac{x}{y}\dfrac{\partial z}{\partial x} + \dfrac{1}{\ln x}\dfrac{\partial z}{\partial y} = 2z$.

证明　因为 $\dfrac{\partial z}{\partial x} = yx^{y-1}$，$\dfrac{\partial z}{\partial y} = x^y\ln x$，故

$$\frac{x}{y}\frac{\partial z}{\partial x} + \frac{1}{\ln x}\frac{\partial z}{\partial y} = \frac{x}{y}yx^{y-1} + \frac{1}{\ln x}x^y\ln x$$

$$= x^y + x^y$$

$$= 2z$$

即

$$\frac{x}{y}\frac{\partial z}{\partial x} + \frac{1}{\ln x}\frac{\partial z}{\partial y} = 2z$$

例 10.6　设 $z = \dfrac{(x - 2y)^2}{2x + y}$，求 $\dfrac{\partial z}{\partial x}$ 和 $\dfrac{\partial z}{\partial y}$.

解　把 y 看成常数，对 x 求导，得

$$\frac{\partial z}{\partial x} = \frac{1}{(2x+y)^2}\left[2(x-2y)(2x+y) - 2(x-2y)^2\right]$$

$$= \frac{2(x-2y)(x+3y)}{(2x+y)^2}$$

把 x 看成常数，对 y 求导，得

$$\frac{\partial z}{\partial y} = \frac{1}{(2x+y)^2}\big[\,2(x-2y)(-2)(2x+y)-(x-2y)^2\,\big]$$

$$= \frac{(2y-x)(2y+9x)}{(2x+y)^2}$$

例 10.7 已知理想气体的状态方程 $pV=RT$（R 为常数），求证：

$$\frac{\partial p}{\partial V}\cdot\frac{\partial V}{\partial T}\cdot\frac{\partial T}{\partial p}=-1$$

证明 由 $p=\dfrac{RT}{V}$，有 $\dfrac{\partial p}{\partial V}=-\dfrac{RT}{V^2}$

由 $V=\dfrac{RT}{p}$，有 $\dfrac{\partial V}{\partial T}=\dfrac{R}{p}$

由 $T=\dfrac{pV}{R}$，有 $\dfrac{\partial T}{\partial p}=\dfrac{V}{R}$

所以 $$\frac{\partial p}{\partial V}\cdot\frac{\partial V}{\partial T}\cdot\frac{\partial T}{\partial p}=\Big(-\frac{RT}{V^2}\Big)\cdot\frac{R}{p}\cdot\frac{V}{R}=-1$$

10.2.2 偏导数的几何意义

设二元函数 $z=f(x,y)$ 在点 (x_0,y_0) 有偏导数. 如图 10-3a 所示，设 $M_0(x_0,y_0,f(x_0,y_0))$ 为曲面 $z=f(x,y)$ 上的一点，过点 M_0 作平面 $y=y_0$，此平面与曲面相交得一曲线，曲线的方程为 $\begin{cases} z=f(x,y) \\ y=y_0 \end{cases}$．注意到 $f'_x(x_0,y_0)$ 是一元函数 $f(x,y_0)$ 在点 $x=x_0$ 处的导数 $f'_x(x,y_0)\big|_{x=x_0}$，由一元函数的几何意义可知

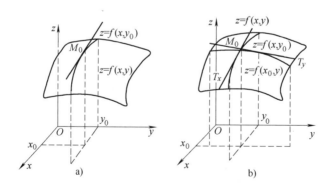

图 10-3

偏导数 $f'_x(x_0, y_0)$ 等于曲线：$\begin{cases} z = f(x,y) \\ y = y_0 \end{cases}$ 在点 $M_0(x_0, y_0, f(x_0, y_0))$ 处的切线对 x 轴的斜率．如果该切线与 x 轴正向的夹角为 α，则有

$$\tan\alpha = f'_x(x_0, y_0)$$

同理，偏导数 $f'_y(x_0, y_0)$ 等于曲线 $\begin{cases} z = f(x,y) \\ x = x_0 \end{cases}$ 在点 $M_0(x_0, y_0, f(x_0, y_0))$ 处的切线对 y 轴的斜率（见图 10-3b）．如果该切线与 y 轴正向的夹角为 β，则有

$$\tan\beta = f'_y(x_0, y_0)$$

另外，研究多元函数的偏导数时，我们实际上是在只改变一个自变量的情况下观察函数如何变化，这种思想同样可以用来研究复杂系统．

例 10.8　求曲线 $\begin{cases} z = \dfrac{x^2 + y^2}{4} \\ y = 4 \end{cases}$ 在点 $(2, 4, 5)$ 处的切线与 x 轴正向所成的倾角．

解　$f'_x(x, y) = \dfrac{1}{2}x$，由偏导数的几何意义，所求倾角的正切 $\tan\alpha = f'_x(2, 4) = 1$，故 $\alpha = \dfrac{\pi}{4}$．

尽管多元函数的偏导数本质上是一元函数的导数，但二者之间仍有很大区别．例如，对一元函数而言，如果函数在某点导数存在，则它在该点必连续，即可导必连续；而对多元函数而言，函数在某个点的各个偏导数都存在与函数在该点连续之间却并无太多联系，我们看下面的例子．

例 10.9　证明：函数 $f(x, y) = \begin{cases} \dfrac{xy}{x^2 + y^2}, & (x, y) \neq (0, 0) \\ 0, & (x, y) = (0, 0) \end{cases}$ 在点 $(0, 0)$ 处不连续，但两个偏导数都存在．

证明　由例 10.3 知 $f(x, y)$ 在点 $(0, 0)$ 处不连续．

由 $f(x, 0) = 0$，有 $f'_x(0, 0) = 0$；由 $f(0, y) = 0$，有 $f'_y(0, 0) = 0$．故函数 $f(x, y)$ 在点 $(0, 0)$ 处可偏导．

此例说明，**多元函数在某点可偏导不能保证函数在该点连续**．

反过来，**多元函数在某点连续也不能保证函数在该点可偏导**．

例 10.10　研究函数 $f(x, y) = \sqrt{x^2 + y^2}$ 在点 $(0, 0)$ 的连续性与可偏导性．

解　因为

135

$$\lim_{\substack{x \to 0 \\ y \to 0}} f(x,y) = \sqrt{x^2 + y^2} = 0 = f(0,0)$$

所以该函数在点（0,0）是连续的，由

$$f(x,0) = |x|, \ f(0,y) = |y|$$

$f(x,y)$ 在点（0,0）两个偏导数均不存在.

10.2.3　高阶偏导数

由于多元函数的偏导数还是多元函数，所以类似于一元函数的高阶导数，我们可以考虑多元函数的高阶偏导数. 简单起见，我们仍然从二元函数开始讨论.

设函数 $z = f(x,y)$ 在平面区域 D 内偏导数处处存在. 如果 $\dfrac{\partial f}{\partial x}$ 与 $\dfrac{\partial f}{\partial y}$ 仍可偏导，则称它们的偏导数为函数 $z = f(x,y)$ 的二阶偏导数. 按照对变量求偏导数的次序不同，可以有如下四种不同的二阶偏导数.

（1）对 x 求两次偏导数：

$$\frac{\partial^2 z}{\partial x^2} = \frac{\partial^2 f}{\partial x^2} = f''_{xx} = \frac{\partial}{\partial x}\left(\frac{\partial f}{\partial x}\right)$$

（2）先对 x 求偏导数再对 y 求偏导数：

$$\frac{\partial^2 z}{\partial x \partial y} = \frac{\partial^2 f}{\partial x \partial y} = f''_{xy} = \frac{\partial}{\partial y}\left(\frac{\partial f}{\partial x}\right)$$

（3）先对 y 求偏导数再对 x 求偏导数：

$$\frac{\partial^2 z}{\partial y \partial x} = \frac{\partial^2 f}{\partial y \partial x} = f''_{yx} = \frac{\partial}{\partial x}\left(\frac{\partial f}{\partial y}\right)$$

（4）对 y 求两次偏导数：

$$\frac{\partial^2 z}{\partial y^2} = \frac{\partial^2 f}{\partial y^2} = f''_{yy} = \frac{\partial}{\partial y}\left(\frac{\partial f}{\partial y}\right)$$

以上四种二阶偏导数仍然是平面区域 D 上的二元函数，如果二阶偏导数在 D 上仍然可偏导，则可类似地得到三阶偏导数，共 8 种. 只要允许的话，如此继续下去便可得到任意阶偏导数.

n 阶偏导数可仿照二阶偏导数的记法，如

$$\frac{\partial}{\partial x}\left(\frac{\partial^{n-1} z}{\partial x^{n-1}}\right) = \frac{\partial^n z}{\partial x^n}, \quad \frac{\partial}{\partial x}\left(\frac{\partial^{n-1} z}{\partial x^{n-2} \partial y}\right) = \frac{\partial^n z}{\partial x^{n-2} \partial y \partial x}$$

二阶以及二阶以上的偏导数统称为**高阶偏导数**.

我们把 $\dfrac{\partial^2 z}{\partial x \partial y}$ 和 $\dfrac{\partial^2 z}{\partial y \partial x}$ 称为**混合二阶偏导数**. 类似地有三阶或高阶的混合偏导

数. 例如，$\dfrac{\partial^n z}{\partial x^{n-1} \partial y}$即为 n 阶混合偏导数. 偏导数的记号同时表明了对函数求偏

导数的次序，例如，$\dfrac{\partial^2 z}{\partial x \partial y}$表示先对 x 求偏导数，再对 y 求偏导数.

例 10.11　设 $u = \dfrac{1}{r}$，$r = \sqrt{x^2 + y^2 + z^2}$，求证 $\dfrac{\partial^2 u}{\partial x^2} + \dfrac{\partial^2 u}{\partial y^2} + \dfrac{\partial^2 u}{\partial z^2} = 0$.

证明
$$\frac{\partial u}{\partial x} = -\frac{1}{r^2} \frac{\partial r}{\partial x} = -\frac{1}{r^2} \cdot \frac{x}{r}$$

$$\frac{\partial^2 u}{\partial x^2} = -\frac{1}{r^3} + \frac{3x}{r^4} \cdot \frac{\partial r}{\partial x} = -\frac{1}{r^3} + \frac{3x^2}{r^5}$$

由函数关于 x，y，z 具有轮换对称性，可知

$$\frac{\partial^2 u}{\partial y^2} = -\frac{1}{r^3} + \frac{3y^2}{r^5}, \quad \frac{\partial^2 u}{\partial z^2} = -\frac{1}{r^3} + \frac{3z^2}{r^5}$$

因此
$$\frac{\partial^2 u}{\partial x^2} + \frac{\partial^2 u}{\partial y^2} + \frac{\partial^2 u}{\partial z^2} = -\frac{3}{r^3} + \frac{3(x^2 + y^2 + z^2)}{r^5}$$

$$= -\frac{3}{r^3} + \frac{3r^2}{r^5} = 0$$

注　方程 $\dfrac{\partial^2 u}{\partial x^2} + \dfrac{\partial^2 u}{\partial y^2} + \dfrac{\partial^2 u}{\partial z^2} = 0$ 称为**拉普拉斯**方程，它能表示多种物理状态和现象，是数学物理方程中一种非常重要的方程.

例 10.12　求 $f(x, y) = x^3 y^2 + xy$ 的四个二阶偏导数.

解　$f'_x = 3x^2 y^2 + y$
$$f''_{xx} = 6xy^2, \quad f''_{xy} = 6x^2 y + 1$$
$$f'_y = 2x^3 y + x,$$
$$f''_{yy} = 2x^3, \quad f''_{yx} = 6x^2 y + 1$$

在这个例子中，有 $f''_{xy} = f''_{yx}$. 一般地，有如下定理.

定理 10.3　如果函数 $z = f(x, y)$ 的两个二阶混合偏导数 f''_{xy} 和 f''_{yx} 都在平面区域 D 内连续，那么这两个二阶混合偏导数在 D 内相等.

换句话说，二阶混合偏导数在连续的条件下与求偏导的次序无关. 定理 10.3 的条件称为**求偏导与次序无关的条件**. 定理的结果称为**混合偏导数的唯一性**.

对于更高阶的混合偏导数，也有类似的结论，即如果函数 $f(x, y)$ 的所有 q 阶混合偏导数都在平面区域 D 内连续，那么 $f(x, y)$ 在 D 内的 q 阶混合偏导数与求偏导数的次序无关.

下面的例子说明二阶混合偏导数可能和求偏导的次序有关.

例 10.13 设 $f(x,y) = \begin{cases} \dfrac{x^3 y}{x^2+y^2}, & (x,y) \neq (0,0) \\ 0, & (x,y) = (0,0) \end{cases}$,验证 $f''_{xy}(0,0) \neq f''_{yx}(0,0)$.

解 当 $(x,y) \neq (0,0)$ 时,有

$$f'_x(x,y) = \frac{3x^2 y \cdot (x^2+y^2) - x^3 y \cdot 2x}{(x^2+y^2)^2}$$

$$= \frac{3x^2 y}{x^2+y^2} - \frac{2x^4 y}{(x^2+y^2)^2}$$

$$f'_y(x,y) = \frac{x^3 \cdot (x^2+y^2) - x^3 y \cdot 2y}{(x^2+y^2)^2}$$

$$= \frac{x^3}{x^2+y^2} - \frac{2x^3 y^2}{(x^2+y^2)^2}$$

当 $(x,y) = (0,0)$ 时,由 $f(x,0) = 0$,有 $f'_x(0,0) = 0$. 由 $f(0,y) = 0$,有 $f'_y(0,0) = 0$. 于是由 $f'_x(0,y) = 0$,有 $f''_{xy}(0,0) = 0$. 类似地,由 $f'_y(x,0) = x$,有 $f''_{yx}(0,0) = 1$. 因此,

$$f''_{xy}(0,0) \neq f''_{yx}(0,0)$$

习题 10.2

A 组

1. 求下列函数的一阶偏导数:

(1) $z = x^3 y - y^3 x$

(2) $z = \sqrt{\ln(xy)}$

(3) $z = \ln\left(\tan \dfrac{x}{y}\right)$

(4) $u = x^{y^z}$

(5) $u = \arctan(x-y)^z$

(6) $u = \sin(xy) + \cos^2(xy)$

2. (1) 设 $f(x,y) = \dfrac{x}{\sqrt{x^2+y^2}}$,求 $f'_x(1,0), f'_y(1,0), f'_x(0,1), f'_y(0,1)$;

(2) 设 $f(x,y) = e^{-x}\sin(2x+2y)$,求 $f'_x\left(0, \dfrac{\pi}{4}\right)$, $f'_y\left(0, \dfrac{\pi}{4}\right)$.

3. 曲线 $\begin{cases} z = \dfrac{x^2+y^2}{4} \\ y = 2 \end{cases}$,在点 $(2,2,2)$ 处的切线对于 x 轴的倾角是多少?

4. 求下列函数的各个二阶偏导数:

(1) $z = x^4 + y^4 - 4x^2 y^2$

(2) $z = \arctan \dfrac{y}{x}$

（3）$z = y^x$　　　　　　　　　　　　　　（4）$z = \dfrac{\cos x^2}{y}$

5. 设 $z = x\ln（xy）$，求 $\dfrac{\partial^3 z}{\partial x^2 \partial y}$ 及 $\dfrac{\partial^3 z}{\partial x \partial y^2}$.

6. 求函数 $f（x,y）= \begin{cases} \dfrac{xy}{\sqrt{x^2+y^2}}, & x^2+y^2 \neq 0 \\ 0, & x^2+y^2 = 0 \end{cases}$ 的偏导函数.

7. 验证函数 $z = \ln \sqrt{x^2+y^2}$ 满足 $\dfrac{\partial^2 z}{\partial x^2} + \dfrac{\partial^2 z}{\partial y^2} = 0$.

B 组

1.（1）设 $u = \arctan \dfrac{x^3+y^3}{x-y}$，求证：$x\dfrac{\partial u}{\partial x} + y\dfrac{\partial u}{\partial y} = \sin 2u$；

（2）设 $y = e^{-kn^2 t}\sin nx$，求证：$\dfrac{\partial y}{\partial t} = k\dfrac{\partial^2 y}{\partial x^2}$.

2. 设 $z = \dfrac{y^2}{3x} + \varphi（xy）$，其中 $\varphi（u）$ 可导，证明：$x^2\dfrac{\partial z}{\partial x} + y^2 = xy\dfrac{\partial z}{\partial y}$.

10.3 全微分及其应用

上一节我们把一元函数的导数概念推广到多元函数的偏导数，这一节我们将把一元函数的微分概念推广到多元函数的微分，即全微分. 主要介绍全微分的概念，全微分与偏导数的关系以及全微分的应用.

多元函数的偏导数是把多元函数作为一元函数来处理，对某个变量求偏导数时把其余变量看作常数. 但在实际问题中，多元函数的各个自变量可以同时变化. 例如，对于二元函数 $z = f(x, y)$，当自变量 x、y 分别有增量 Δx 与 Δy 时，函数增量为

$$\Delta z = f(x + \Delta x, y + \Delta y) - f(x, y)$$

我们称 Δz 为函数 $z = f(x, y)$ 在点 $P(x, y)$ 处对应于 Δx 与 Δy 的**全增量**.

一般来说，计算全增量比较复杂. 与一元函数微分的思想类似，当 $|\Delta x|$ 和 $|\Delta y|$ 充分小时，我们考虑是否可以用自变量的增量 Δx 与 Δy 的线性函数来近似代替函数的全增量 Δz.

定义 10.4 （全微分） 设函数 $z = f(x, y)$ 在点 $P_0(x_0, y_0)$ 的某一邻域内有定义，A、B 为常数. 如果

$$\Delta z = A\Delta x + B\Delta y + o(\rho)$$

即

$$\lim_{\rho \to 0} \frac{\Delta z - (A\Delta x + B\Delta y)}{\rho} = 0$$

其中 $\rho = \sqrt{(\Delta x)^2 + (\Delta y)^2}$，则称函数 $z = f(x, y)$ 在点 $P_0(x_0, y_0)$ 可微分（简称可微），称 $A\Delta x + B\Delta y$ 为函数 $z = f(x, y)$ 在点 $P_0(x_0, y_0)$ 的全微分，记作 dz，即

$$dz = A\Delta x + B\Delta y$$

同一元微分类似，我们约定自变量的微分为 $dx = \Delta x$ 和 $dy = \Delta y$，则

$$dz = Adx + Bdy$$

如果函数在区域 D 内每一点都可微，那么称函数在 D 内可微，或称该函数是 D 内的可微函数.

下面我们考虑函数可微的条件.

定理 10.4 （可微的必要条件） 设函数 $z = f(x, y)$ 在点 $P_0(x_0, y_0)$ 可微，则

（1）$f(x, y)$ 在点 $P_0(x_0, y_0)$ 处连续；

（2）$f(x, y)$ 在点 $P_0(x_0, y_0)$ 处偏导数存在，且

$$dz = f_x'(x_0, y_0)dx + f_y'(x_0, y_0)dy$$

证明 （1）由函数 $z = f(x, y)$ 在点 $P_0(x_0, y_0)$ 可微，有

$$\Delta z = A\Delta x + B\Delta y + o(\rho)$$

显然有 $\lim\limits_{\rho \to 0}\Delta z = 0$，即

$$\lim\limits_{\rho \to 0} f(x_0 + \Delta x, y_0 + \Delta y) = f(x_0, y_0)$$

所以 $f(x, y)$ 在点 $P_0(x_0, y_0)$ 处连续.

（2）令 $\Delta y = 0$，则 $\rho = |\Delta x|$，由全微分的定义

$$\Delta z = f(x_0 + \Delta x, y_0) - f(x_0, y_0) = A\Delta x + o(|\Delta x|)$$

等式两边同除以 Δx，并令 $\Delta x \to 0$，得

$$\lim\limits_{\Delta x \to 0}\frac{\Delta z}{\Delta x} = \lim\limits_{\Delta x \to 0}\frac{f(x_0 + \Delta x, y_0) - f(x_0, y_0)}{\Delta x} = \frac{A\Delta x + o(|\Delta x|)}{\Delta x} = A$$

同理可得

$$\lim\limits_{\Delta y \to 0}\frac{\Delta z}{\Delta y} = \lim\limits_{\Delta y \to 0}\frac{f(x_0, y_0 + \Delta y) - f(x_0, y_0)}{\Delta y} = B$$

所以 $f(x, y)$ 在点 $P_0(x_0, y_0)$ 可偏导，且 $f'_x(x_0, y_0) = A$，$f'_y(x_0, y_0) = B$. 因此，$z = f(x, y)$ 在点 (x, y) 的全微分为

$$dz = f'_x(x_0, y_0)dx + f'_y(x_0, y_0)dy$$

由定理 10.4 立即推知，若函数 $z = f(x, y)$ 在区域 D 内处处都可微，则 $f(x, y)$ 在 D 内处处连续且可偏导，其全微分为

$$dz = f'_x(x, y)dx + f'_y(x, y)dy$$

特别需要指出的是，**函数在某点处连续且可偏导不能保证函数在该点可微.**

例 10.14　验证函数 $z = f(x, y) = \begin{cases} \dfrac{xy}{\sqrt{x^2 + y^2}}, & x^2 + y^2 \neq 0 \\ 0, & x^2 + y^2 = 0 \end{cases}$ 在 $(0, 0)$ 点连续、可偏导，但不可微.

解　由例 10.1 函数在点 $(0, 0)$ 处连续. 由偏导数定义得 $f'_x(0, 0) = f'_y(0, 0) = 0$. 但由于

$$\Delta z - [f'_x(0, 0)\Delta x + f'_y(0, 0)\Delta y] = \frac{\Delta x \Delta y}{\sqrt{(\Delta x)^2 + (\Delta y)^2}}$$

所以

$$\frac{\Delta z - [f'_x(0, 0)\Delta x + f'_y(0, 0)\Delta y]}{\rho} = \frac{\Delta x \Delta y}{(\Delta x)^2 + (\Delta y)^2}$$

当 $\Delta y = \Delta x \to 0$ 时，有 $\rho \to 0$，而

$$\frac{\Delta x \Delta y}{(\Delta x)^2 + (\Delta y)^2} = \frac{\Delta x \cdot \Delta x}{(\Delta x)^2 + (\Delta x)^2} = \frac{1}{2} \nrightarrow 0$$

因此，函数在点 $(0, 0)$ 不可微.

下面的定理给出二元函数可微的充分条件.

定理 10.5 （可微的充分条件）　如果函数 $z = f(x,y)$ 在点 $P_0(x_0, y_0)$ 的某个邻域内可偏导，且偏导数 $f_x'(x,y)$ 和 $f_y'(x,y)$ 在点 $P_0(x_0, y_0)$ 连续，则 $z = f(x,y)$ 在点 $P_0(x_0, y_0)$ 可微.

证明　我们证明在定理条件下，有 $\mathrm{d}z = f_x'(x_0, y_0)\mathrm{d}x + f_y'(x_0, y_0)\mathrm{d}y$.

当 $|\Delta x|$ 与 $|\Delta y|$ 都充分小时，函数的全增量

$$\Delta z = f(x_0 + \Delta x, y_0 + \Delta y) - f(x_0, y_0)$$
$$= [f(x_0 + \Delta x, y_0 + \Delta y) - f(x_0, y_0 + \Delta y)] + [f(x_0, y_0 + \Delta y) - f(x_0, y_0)]$$

由一元函数的微分中值定理，存在 $0 < \theta_1 < 1$，使得

$$f(x_0 + \Delta x, y_0 + \Delta y) - f(x_0, y_0 + \Delta y) = f_x'(x_0 + \theta_1 \Delta x, y_0 + \Delta y)\Delta x$$

存在 $0 < \theta_2 < 1$，使得

$$f(x_0, y_0 + \Delta y) - f(x_0, y_0) = f_y'(x_0, y_0 + \theta_2 \Delta y)\Delta y$$

所以

$$\lim_{\rho \to 0} \frac{\Delta z - [f_x'(x_0, y_0)\Delta x + f_y'(x_0, y_0)\Delta y]}{\rho}$$

$$= \lim_{\rho \to 0}[f_x'(x_0 + \theta_1 \Delta x, y_0 + \Delta y) - f_x'(x_0, y_0)]\frac{\Delta x}{\rho} +$$

$$\lim_{\rho \to 0}[f_y'(x_0, y_0 + \theta_2 \Delta y) - f_y'(x_0, y_0)]\frac{\Delta y}{\rho}$$

由偏导数的连续性，有

$$\lim_{\rho \to 0}f_x'(x_0 + \theta_1 \Delta x, y_0 + \Delta y) - f_x'(x_0, y_0) = \lim_{\rho \to 0}f_y'(x_0, y_0 + \theta_2 \Delta y) - f_y'(x_0, y_0) = 0$$

又因为 $\left|\dfrac{\Delta x}{\rho}\right| \leqslant 1$，$\left|\dfrac{\Delta y}{\rho}\right| \leqslant 1$，所以

$$\lim_{\rho \to 0} \frac{\Delta z - [f_x'(x_0, y_0)\Delta x + f_y'(x_0, y_0)\Delta y]}{\rho} = 0$$

于是，$f(x,y)$ 在点 $P_0(x_0, y_0)$ 可微.

二元函数可微分的必要条件和充分条件，可以完全类似地推广到一般的函数的情形. 例如，如果 $u = f(x,y,z)$ 在空间区域 D 内处处可微，则 $f(x,y,z)$ 在 D 内处处连续且可偏导，且

$$\mathrm{d}u = f_x'(x,y,z)\mathrm{d}x + f_y'(x,y,z)\mathrm{d}y + f_z'(x,y,z)\mathrm{d}z$$

为了说明偏导数连续是函数可微的充分条件而不是必要条件，我们考察下面的例子.

*例 10.15**　试证函数

$$z = f(x,y) = \begin{cases} (x^2 + y^2)\sin\dfrac{1}{x^2 + y^2}, & x^2 + y^2 \neq 0 \\ 0, & x^2 + y^2 = 0 \end{cases}$$

在原点 $(0,0)$ 可微，但偏导数在原点 $(0,0)$ 不连续.

证明　因为

$$\Delta z = f(0 + \Delta x, 0 + \Delta y) - f(0,0)$$

$$= \left[(\Delta x)^2 + (\Delta y)^2 \right] \sin \frac{1}{(\Delta x)^2 + (\Delta y)^2}$$

$$= o(\rho)$$

即

$$\Delta z = 0 \cdot \Delta x + 0 \cdot \Delta y + o(\rho)$$

所以，$z = f(x,y)$ 在原点 $(0,0)$ 处可微，且 $f_x'(0,0) = f_y'(0,0) = 0$.

再来证明偏导数 $f_x'(x,y)$ 与 $f_y'(x,y)$ 在原点 $(0,0)$ 不连续.

当 $x^2 + y^2 \neq 0$ 时，

$$f_x'(x,y) = 2x\sin \frac{1}{x^2 + y^2} - \frac{2x}{x^2 + y^2}\cos \frac{1}{x^2 + y^2}$$

因为极限

$$\lim_{x \to 0} f_x'(x,x) = \lim_{x \to 0}\left(2x\sin \frac{1}{2x^2} - \frac{1}{x}\cos \frac{1}{2x^2} \right)$$

不存在. 故偏导数 $f_x'(x,y)$ 在原点 $(0,0)$ 不连续.

同理可得，偏导数 $f_y'(x,y)$ 在原点 $(0,0)$ 不连续.

综合前面的讨论，我们可以得出结论：**如果多元函数 $z = f(P)$ 的各偏导数在区域 D 连续，则 $z = f(P)$ 在区域 D 连续、可微.**

例 10.16　求函数 $z = x^y$ 在点 $(2,2)$ 的全微分.

解
$$\frac{\partial z}{\partial x} = yx^{y-1}, \quad \frac{\partial z}{\partial y} = x^y \ln x$$

$$dz \Big|_{(2,2)} = \left(yx^{y-1}dx + x^y \ln x dy \right) \Big|_{(2,2)}$$

$$= 4dx + 4\ln 2 dy$$

例 10.17　求函数 $u = xy^2z^3$ 的全微分.

解
$$du = \frac{\partial u}{\partial x}dx + \frac{\partial u}{\partial y}dy + \frac{\partial u}{\partial z}dz$$

$$= y^2z^3 dx + 2xyz^3 dy + 3xy^2z^2 dz$$

最后，我们简单讨论一下全微分在近似计算中的应用. 当 $|\Delta x|$ 与 $|\Delta y|$ 都较小时，有近似等式

$$\Delta z \approx dz = f_x'(x,y)\Delta x + f_y'(x,y)\Delta y$$

上式也可以写成

$$f(x + \Delta x, y + \Delta y) \approx f(x,y) + f_x'(x,y)\Delta x + f_y'(x,y)\Delta y$$

我们可以据此对二元函数进行近似计算和误差估计.

例 10.18 计算 $(1.04)^{2.02}$ 的近似值.

解 令 $f(x,y) = x^y$, 则 $f(1.04, 2.02) = (1.04)^{2.02}$.

取 $x = 1$, $y = 2$, $\Delta x = 0.04$, $\Delta y = 0.02$, 由于 $f(1,2) = 1$, 且
$$f_x'(x,y) = yx^{y-1}, \quad f_y'(x,y) = x^y \ln x$$
$$f_x'(1,2) = 2, \quad f_y'(1,2) = 0$$

所以
$$(1.04)^{2.02} \approx 1 + 2 \times 0.04 + 0 \times 0.02 = 1.08$$

例 10.19 测得长方体的棱长分别为 $75\,\mathrm{cm}$、$60\,\mathrm{cm}$ 以及 $40\,\mathrm{cm}$, 且可能的最大测量误差为 $0.2\,\mathrm{cm}$. 试用全微分估计这些测量值在计算盒子体积时可能带来的绝对误差.

解 以 x、y、z 为棱长的长方体的体积 $V = xyz$, 所以
$$\mathrm{d}V = \frac{\partial V}{\partial x}\mathrm{d}x + \frac{\partial V}{\partial y}\mathrm{d}y + \frac{\partial V}{\partial z}\mathrm{d}z = yz\,\mathrm{d}x + xz\,\mathrm{d}y + xy\,\mathrm{d}z$$

由题设, 取 $x = 75\,\mathrm{cm}$, $y = 60\,\mathrm{cm}$, $z = 40\,\mathrm{cm}$, $\mathrm{d}x = \mathrm{d}y = \mathrm{d}z = 0.2\,\mathrm{cm}$. 有
$$\Delta V \approx \mathrm{d}V = 60\,\mathrm{cm} \times 40\,\mathrm{cm} \times 0.2\,\mathrm{cm} + 75\,\mathrm{cm} \times 40\,\mathrm{cm} \times 0.2\,\mathrm{cm} + 75\,\mathrm{cm} \times 60\,\mathrm{cm} \times 0.2\,\mathrm{cm}$$
$$= 1980\,\mathrm{cm}^3$$

即每边仅 $0.2\,\mathrm{cm}$ 的误差可以导致体积的计算误差达到 $1980\,\mathrm{cm}^3$.

习题 10.3

A 组

1. 求下列函数的全微分:

(1) $z = \mathrm{e}^{\frac{y}{x}}$

(2) $z = \dfrac{x}{\sqrt{x^2 + y^2}}$

(3) $u = \mathrm{e}^{xyz}$

(4) $z = x^2 y + \dfrac{x}{y}$

2. 求函数 $z = \ln(x^2 + y^2 + 1)$ 在点 $(1,2)$ 处的全微分.

3. 求函数 $z = \dfrac{y}{x}$ 在 $x = 2$, $y = 1$, $\Delta x = 0.1$, $\Delta y = -0.2$ 时的全增量和全微分.

4. 求函数 $z = \mathrm{e}^{xy}$ 当 $x = 1$, $y = 1$, $\Delta x = 0.15$, $\Delta y = 0.1$ 时的全微分.

B 组

1. 计算 $\sqrt{(1.02)^3 + (1.97)^3}$ 的近似值.

2. 设有一无盖圆柱形容器, 容器的壁与底的厚度均为 $0.1\,\mathrm{cm}$, 内高为 $20\,\mathrm{cm}$, 内半径为 $4\,\mathrm{cm}$, 求容器外壳体积的近似值.

10.4　多元复合函数的求导法则

在一元函数微分学中，我们有复合函数求导的链式法则，即 $\dfrac{\mathrm{d}y}{\mathrm{d}x}=\dfrac{\mathrm{d}y}{\mathrm{d}u}\dfrac{\mathrm{d}u}{\mathrm{d}x}$，其中 $y=f(u)$，$u=g(x)$. 在多元微分学中，多元复合函数的偏导数也有类似的求导法则.

我们从最简单的情况开始讨论.

定理 10.6　设函数 $u=\varphi(t)$，$v=\psi(t)$ 在点 t 可导，函数 $z=f(u,v)$ 在对应点 $(\varphi(t),\psi(t))$ 可微，则复合函数 $z=f(\varphi(t),\psi(t))$ 在点 t 可导，且

$$\frac{\mathrm{d}z}{\mathrm{d}t}=\frac{\partial z}{\partial u}\frac{\mathrm{d}u}{\mathrm{d}t}+\frac{\partial z}{\partial v}\frac{\mathrm{d}v}{\mathrm{d}t} \tag{10-1}$$

证明　对任意的 Δu 和 Δv，令

$$H(\Delta u,\Delta v)=\begin{cases}\dfrac{\Delta z-\mathrm{d}z}{\rho}, & \rho\neq 0\\[2mm] 0, & \rho=0\end{cases} \tag{10-2}$$

式中，$u=\varphi(t)$，$v=\psi(t)$，$\rho=\sqrt{(\Delta u)^2+(\Delta v)^2}$，$\mathrm{d}z=\dfrac{\partial z}{\partial u}\Delta u+\dfrac{\partial z}{\partial v}\Delta v$.

因为函数 $z=f(u,v)$ 在点 $(\varphi(t)$，$\psi(t))$ 可微，所以

$$\lim_{\rho\to 0}H(\Delta u,\Delta v)=0 \tag{10-3}$$

由式（10-2），对任意的 Δu 和 Δv，有

$$\Delta z=\frac{\partial z}{\partial u}\Delta u+\frac{\partial z}{\partial v}\Delta v+H(\Delta u,\Delta v)\rho \tag{10-4}$$

令 $\Delta u=\varphi(t+\Delta t)-\varphi(t)$，$\Delta v=\psi(t+\Delta t)-\psi(t)$，则由此产生的函数 $z=f(u,v)$ 的全增量为

$$\Delta z=f(u+\Delta u,v+\Delta v)-f(u,v)$$

于是，对任意的 $\Delta t\neq 0$，由式（10-4）有

$$\frac{\Delta z}{\Delta t}=\frac{\partial z}{\partial u}\frac{\Delta u}{\Delta t}+\frac{\partial z}{\partial v}\frac{\Delta v}{\Delta t}+H(\Delta u,\Delta v)\frac{\rho}{\Delta t} \tag{10-5}$$

又因为 $u=\varphi(t)$，$v=\psi(t)$ 可导，所以，当 $\Delta t\to 0$ 时，有 $\Delta u\to 0$，$\Delta v\to 0$，且

$$\lim_{\Delta t\to 0}\frac{\Delta u}{\Delta t}=\frac{\mathrm{d}u}{\mathrm{d}t},\quad \lim_{\Delta t\to 0}\frac{\Delta v}{\Delta t}=\frac{\mathrm{d}v}{\mathrm{d}t},\quad \lim_{\Delta t\to 0}H(\Delta u,\Delta v)=0$$

另外，因为

$$\lim_{\Delta t \to 0}\left|\frac{\rho}{\Delta t}\right| = \lim_{\Delta t \to 0}\left|\frac{\sqrt{(\Delta u)^2 + (\Delta v)^2}}{\Delta t}\right| = \lim_{\Delta t \to 0}\sqrt{\left(\frac{\Delta u}{\Delta t}\right)^2 + \left(\frac{\Delta v}{\Delta t}\right)^2}$$

$$= \sqrt{\left(\frac{\mathrm{d}u}{\mathrm{d}t}\right)^2 + \left(\frac{\mathrm{d}v}{\mathrm{d}t}\right)^2}$$

所以当 $\Delta t \to 0$ 时，$\dfrac{\rho}{\Delta t}$ 有界.

综上所述，有

$$\lim_{\Delta t \to 0}\frac{\Delta z}{\Delta t} = \frac{\partial z}{\partial u}\frac{\mathrm{d}u}{\mathrm{d}t} + \frac{\partial z}{\partial v}\frac{\mathrm{d}v}{\mathrm{d}t}$$

即得复合函数 $z = f(\varphi(t), \psi(t))$ 在点 t 可导，且

$$\frac{\mathrm{d}z}{\mathrm{d}t} = \frac{\partial z}{\partial u}\frac{\mathrm{d}u}{\mathrm{d}t} + \frac{\partial z}{\partial v}\frac{\mathrm{d}v}{\mathrm{d}t}$$

此处 $\dfrac{\mathrm{d}z}{\mathrm{d}t}$ 又称为全导数.

例 10.20　设 $y = (\cos x)^{\sin x}$，求 $\dfrac{\mathrm{d}y}{\mathrm{d}x}$.

解　这是一元幂指函数的导数问题，我们用二元复合函数的求导法则来计算. 设 $u = \cos x$，$v = \sin x$，则 $y = u^v$. 由定理 10.6，有

$$\frac{\mathrm{d}y}{\mathrm{d}x} = \frac{\partial y}{\partial u}\frac{\mathrm{d}u}{\mathrm{d}x} + \frac{\partial y}{\partial v}\frac{\mathrm{d}v}{\mathrm{d}x}$$

$$= vu^{v-1}\cdot(-\sin x) + u^v\ln u\cdot\cos x$$

$$= \sin x\cdot(\cos x)^{\sin x - 1}\cdot(-\sin x) + (\cos x)^{\sin x}(\ln\cos x)\cdot\cos x$$

$$= -\sin^2 x\cdot(\cos x)^{\sin x - 1} + (\cos x)^{1 + \sin x}(\ln\cos x)$$

定理 10.6 还可以从两个方面进行推广. 一方面，复合函数的中间变量可以有多个，例如，对于 $z = f(u, v, w)$，$u = u(t)$，$v = v(t)$，$w = w(t)$ 构成的复合函数

$$z = f(u(t), v(t), w(t))$$

则在与定理 10.6 类似的条件下，该复合函数在 t 可导，且

$$\frac{\mathrm{d}z}{\mathrm{d}t} = \frac{\partial z}{\partial u}\frac{\mathrm{d}u}{\mathrm{d}t} + \frac{\partial z}{\partial v}\frac{\mathrm{d}v}{\mathrm{d}t} + \frac{\partial z}{\partial w}\frac{\mathrm{d}w}{\mathrm{d}t}$$

另一方面，中间变量可以是多元函数，此时需要把式（10-1）的导数修正为偏导数. 例如，设复合函数 $z = f(u(x, y), v(x, y))$ 由 $z = f(u, v)$ 与 $u = u(x, y)$，$v = v(x, y)$ 复合得到，我们考虑求该复合函数的偏导数. 把 y 看作常数，则由定理 10.6 得

$$\frac{\partial z}{\partial x} = \frac{\partial f}{\partial u}\frac{\partial u}{\partial x} + \frac{\partial f}{\partial v}\frac{\partial v}{\partial x}$$

把 x 看作常数，则由定理 10.6 得

$$\frac{\partial z}{\partial y} = \frac{\partial f}{\partial u}\frac{\partial u}{\partial y} + \frac{\partial f}{\partial v}\frac{\partial v}{\partial y}$$

由上述两式还可以得到

$$\mathrm{d}z = \frac{\partial z}{\partial x}\mathrm{d}x + \frac{\partial z}{\partial y}\mathrm{d}y, \quad \mathrm{d}z = \frac{\partial z}{\partial u}\mathrm{d}u + \frac{\partial z}{\partial v}\mathrm{d}v$$

通常称为**一阶全微分的形式不变性**.

基于定理 10.6 的多元复合函数的求导法则称为**链式法则**. 找到了复合函数变量间的函数关系链条，就可以用链式法则计算偏导数.

例 10.21　设 $z = \mathrm{e}^u \sin v$，$u = xy$，$v = x + y$，求 $\dfrac{\partial z}{\partial x}$ 和 $\dfrac{\partial z}{\partial y}$.

解　由链式法则有

$$\begin{aligned}
\frac{\partial z}{\partial x} &= \frac{\partial z}{\partial u}\frac{\partial u}{\partial x} + \frac{\partial z}{\partial v}\frac{\partial v}{\partial x} \\
&= \mathrm{e}^u \sin v \cdot y + \mathrm{e}^u \cos v \cdot 1 \\
&= \mathrm{e}^{xy}\left[y\sin(x+y) + \cos(x+y) \right] \\
\frac{\partial z}{\partial y} &= \frac{\partial z}{\partial u}\frac{\partial u}{\partial y} + \frac{\partial z}{\partial v}\frac{\partial v}{\partial y} \\
&= \mathrm{e}^u \sin v \cdot x + \mathrm{e}^u \cos v \cdot 1 \\
&= \mathrm{e}^{xy}\left[x\sin(x+y) + \cos(x+y) \right]
\end{aligned}$$

例 10.22　设 $z = \dfrac{1}{\sqrt{u^2 + v^2 + w^2}}$，$u = x^2 + y^2$，$v = x^2 - y^2$，$w = 2xy$，求 $\dfrac{\partial z}{\partial x}$.

解　由链式法则有

$$\begin{aligned}
\frac{\partial z}{\partial x} &= \frac{\partial z}{\partial u}\frac{\partial u}{\partial x} + \frac{\partial z}{\partial v}\frac{\partial v}{\partial x} + \frac{\partial z}{\partial w}\frac{\partial w}{\partial x} \\
&= \frac{-u}{\left(\sqrt{u^2+v^2+w^2}\right)^3}\cdot 2x + \frac{-v}{\left(\sqrt{u^2+v^2+w^2}\right)^3}\cdot 2x + \frac{-w}{\left(\sqrt{u^2+v^2+w^2}\right)^3}\cdot 2y \\
&= -\frac{1}{\left(\sqrt{u^2+v^2+w^2}\right)^3}(2xu + 2xv + 2yw)
\end{aligned}$$

例 10. 23 设函数 $z = f(u, v)$ 可微分，而 $u = \dfrac{x}{y}$，$v = \dfrac{y}{z}$，求函数 $w = f\left(\dfrac{x}{y}, \dfrac{y}{z}\right)$ 的微分与偏导数.

解 w 是 x，y，z 的三元函数，有

$$\mathrm{d}w = w_x' \mathrm{d}x + w_y' \mathrm{d}y + w_z' \mathrm{d}z$$

由一阶全微分的形式不变性，有

$$
\begin{aligned}
\mathrm{d}w &= f_u' \mathrm{d}u + f_v' \mathrm{d}v = f_u' \mathrm{d}\left(\frac{x}{y}\right) + f_v' \mathrm{d}\left(\frac{y}{z}\right) \\
&= f_u' \frac{y\mathrm{d}x - x\mathrm{d}y}{y^2} + f_v' \frac{z\mathrm{d}y - y\mathrm{d}z}{z^2} \\
&= \frac{1}{y} f_u' \mathrm{d}x + \left(-\frac{x}{y^2} f_u' + \frac{1}{z} f_v'\right)\mathrm{d}y - \frac{y}{z^2} f_v' \mathrm{d}z
\end{aligned}
$$

而偏导数分别为

$$w_x' = \frac{1}{y} f_u', \quad w_y' = -\frac{x}{y^2} f_u' + \frac{1}{z} f_v', \quad w_z' = -\frac{y}{z^2} f_v'$$

对于抽象（即无具体表达式）的多元复合函数，我们通常用一种简便记号表示其偏导数，可以省却设中间变量的麻烦. 设 f 是多元函数，用 f_k' 表示 f 对其第 k 个变量的偏导数，f_{kj}'' 是 f 先对第 k 个变量再对第 j 个变量的二阶偏导数，等等. 例如，对函数 $f(u,v)$，有

$$f_1' = \frac{\partial f(u,v)}{\partial u}, \quad f_{12}'' = \frac{\partial^2 f(u,v)}{\partial u \partial v}.$$

例 10. 24 $u = f(x, xy, xyz)$，求 $\dfrac{\partial u}{\partial x}$.

解

$$
\begin{aligned}
\frac{\partial u}{\partial x} &= f_1' \cdot \frac{\partial x}{\partial x} + f_2' \cdot \frac{\partial(xy)}{\partial x} + f_3' \cdot \frac{\partial(xyz)}{\partial x} \\
&= f_1' + y f_2' + yz f_3'
\end{aligned}
$$

例 10. 25 设 $w = f(x + y + z, xyz)$，其中 f 具有二阶连续偏导数，求 $\dfrac{\partial^2 w}{\partial x \partial z}$.

解 根据链式法则，有

$$\frac{\partial w}{\partial x} = f_1' \cdot \frac{\partial(x+y+z)}{\partial x} + f_2' \cdot \frac{\partial(xyz)}{\partial x} = f_1' + yz f_2'$$

$$\frac{\partial^2 w}{\partial x \partial z} = \frac{\partial}{\partial z}(f_1' + yz f_2') = \frac{\partial f_1'}{\partial z} + y f_2' + yz \frac{\partial f_2'}{\partial z}$$

求 $\dfrac{\partial f_1'}{\partial z}$ 及 $\dfrac{\partial f_2'}{\partial z}$ 时，应注意 f_1' 及 f_2' 仍是复合函数，根据链式法则，有

$$\frac{\partial f_1'}{\partial z} = f_{11}'' \cdot \frac{\partial(x+y+z)}{\partial z} + f_{12}'' \cdot \frac{\partial(xyz)}{\partial z} = f_{11}'' + xy f_{12}''$$

$$\frac{\partial f_2'}{\partial z} = f_{21}'' \cdot \frac{\partial(x+y+z)}{\partial z} + f_{22}'' \cdot \frac{\partial(xyz)}{\partial z} = f_{21}'' + xy f_{22}''$$

于是

$$\frac{\partial^2 w}{\partial x \partial z} = f_{11}'' + xy f_{12}'' + y f_2' + yz f_{21}'' + xy^2 z f_{22}''$$

$$= f_{11}'' + y(x+z) f_{12}'' + y f_2' + xy^2 z f_{22}''$$

例 10.26　设 $z = f(2x-y) + g(x,xy)$，其中 $f(t)$ 二阶可导，$g(u,v)$ 有

连续二阶偏导数，求 $\dfrac{\partial^2 z}{\partial x \partial y}$.

解　由链式法则，有

$$\frac{\partial z}{\partial x} = f' \cdot \frac{\partial(2x-y)}{\partial x} + g_1' \cdot \frac{\partial(x)}{\partial x} + g_2' \cdot \frac{\partial(xy)}{\partial x} y = 2f' + g_1' + y g_2'$$

$$\frac{\partial^2 z}{\partial x \partial y} = \frac{\partial}{\partial y}(2f' + g_1' + y g_2') = 2\frac{\partial f'}{\partial y} + \frac{\partial g_1'}{\partial y} + g_2' + y\frac{\partial g_2'}{\partial y}$$

$$\frac{\partial f'}{\partial y} = f'' \cdot \frac{\partial(2x-y)}{\partial y} = -f''$$

$$\frac{\partial g_1'}{\partial y} = x g_{12}''$$

$$\frac{\partial g_2'}{\partial y} = x g_{22}''$$

$$\frac{\partial^2 z}{\partial x \partial y} = -2f'' + x g_{12}'' + xy g_{22}'' + g_2'$$

习题 10.4

A 组

1. 求下列全导数：

(1) 设 $z = \mathrm{e}^{x-2y}$，而 $x = \sin t$，$y = t^3$，求 $\dfrac{\mathrm{d}z}{\mathrm{d}t}$；

(2) 设 $u = \dfrac{\mathrm{e}^{ax}(y-z)}{a^2+1}$，而 $y = a\sin x$，$z = \cos x$，求 $\dfrac{\mathrm{d}u}{\mathrm{d}x}$；

（3）设 $z = \arcsin(x+y)$，而 $x = 2t$，$y = t^3$，求 $\dfrac{\mathrm{d}z}{\mathrm{d}t}$；

（4）设 $z = \arctan(xy)$，而 $y = \mathrm{e}^x$，求 $\dfrac{\mathrm{d}z}{\mathrm{d}x}$.

2. 设 $z = u^2 v - uv^2$，而 $u = x\cos y$，$v = x\sin y$，求 $\dfrac{\partial z}{\partial x}$，$\dfrac{\partial z}{\partial y}$.

3. 设 $z = u^2\ln v$，而 $u = \dfrac{x}{y}$，$v = 3x - 2y$，求 $\dfrac{\partial z}{\partial x}$，$\dfrac{\partial z}{\partial y}$.

4. 设 $z = x^2 uv$，而 $u = \ln(x^2 + y^2)$，$v = \mathrm{e}^{xy}$，求 $\dfrac{\partial z}{\partial x}$，$\dfrac{\partial z}{\partial y}$.

5. 设 $z = \arctan\dfrac{x}{y}$，而 $x = u + v$，$y = u - v$，验证：$\dfrac{\partial z}{\partial u} + \dfrac{\partial z}{\partial v} = \dfrac{u - v}{u^2 + v^2}$.

6. 求下列函数的一阶偏导数（其中 f 具有一阶连续偏导数）：

（1）$z = f(x^2 - y^2, \mathrm{e}^{xy})$

（2）$u = f\left(\dfrac{x}{y}, \dfrac{y}{z}\right)$

（3）$u = f(x + y + z, x^2 + y^2 + z^2, x^3 + y^3 + z^3)$

7. 设 $z = xy + xF(u)$，而 $u = \dfrac{y}{x}$，$F(u)$ 可微，证明：$x\dfrac{\partial z}{\partial x} + y\dfrac{\partial z}{\partial y} = z + xy$.

8. 求下列函数的各个二阶偏导数（其中 f 具有二阶连续偏导数）：

（1）$z = f\left(x, \dfrac{x}{y}\right)$

（2）$z = f(xy^2, x^2 y)$

（3）$z = f(\sin x, \cos y, \mathrm{e}^{x+y})$

（4）$z = x^2 f\left(\dfrac{y}{x^2}\right)$

9. 设 $u = F(xy, yz)$，F 有连续偏导数，证明：$x\dfrac{\partial u}{\partial x} + z\dfrac{\partial u}{\partial z} = y\dfrac{\partial u}{\partial y}$.

10. 设 $u = \sin x + f(\sin y - \sin x)$（其中函数 f 可微），证明：

$$\dfrac{\partial u}{\partial y}\cos x + \dfrac{\partial u}{\partial x}\cos y = \cos x \cdot \cos y$$

11. 设 $z = xy + xF\left(\dfrac{y}{x}\right)$，其中 F 为可导函数，证明：$x\dfrac{\partial z}{\partial x} + y\dfrac{\partial z}{\partial z} = z + xy$.

12. 设 $u = f(x, y)$ 有二阶连续偏导数，而 $x = \dfrac{s - \sqrt{3}t}{2}$，$y = \dfrac{\sqrt{3}s + t}{2}$，证明：

（1）$\left(\dfrac{\partial u}{\partial x}\right)^2 + \left(\dfrac{\partial u}{\partial y}\right)^2 = \left(\dfrac{\partial u}{\partial s}\right)^2 + \left(\dfrac{\partial u}{\partial t}\right)^2$

（2）$\dfrac{\partial^2 u}{\partial x^2} + \dfrac{\partial^2 u}{\partial y^2} = \dfrac{\partial^2 u}{\partial s^2} + \dfrac{\partial^2 u}{\partial t^2}$

B 组

1. 设 $u = F(x - y, y - z, z - t)$，其中 F 为可微函数，证明：$\dfrac{\partial u}{\partial x} + \dfrac{\partial u}{\partial y} + \dfrac{\partial u}{\partial z} + \dfrac{\partial u}{\partial t} = 0$.

2. 设函数 $z = z(x, y)$ 具有二阶连续偏导数，试证明在变换 $u = 3x - y$，$v = x + y$ 下可以将方程 $\dfrac{\partial^2 z}{\partial x^2} + 2\dfrac{\partial^2 z}{\partial x \partial y} - 3\dfrac{\partial^2 z}{\partial y^2} = 0$ 化简为 $\dfrac{\partial^2 z}{\partial u \partial v} = 0$.

10.5　隐函数及其求导法

在一元函数微分学中，我们假定 y 是由方程 $F(x,y)=0$ 确定的关于 x 的隐函数，在 y 可导的情况下，我们利用复合函数的求导法则得到了它的导数. 至于隐函数的存在性及可导性我们未曾涉及. 这一节我们给出隐函数存在及可导的条件，并给出多元的隐函数求导方法. 我们从最简单的情况开始讨论，先给出一个方程确定的隐函数，再讨论由方程组确定的隐函数.

1. 一个方程的情形

定理 10.7　（隐函数存在定理 1）　设 $F(x,y)$ 满足：

（1）$F(x,y)$ 在 (x_0,y_0) 某邻域内可偏导，且 $F'_x(x,y)$ 和 $F'_y(x,y)$ 连续，

（2）$F(x_0,y_0)=0$，

（3）$F'_y(x_0,y_0)\neq0$，

则有以下结论：

（1）存在 x_0 的某个邻域，在此邻域内存在唯一确定的一元函数 $y=f(x)$ 满足 $F(x,f(x))\equiv0$，且 $f(x_0)=y_0$；

（2）$y=f(x)$ 具有连续导数，且

$$\frac{\mathrm{d}y}{\mathrm{d}x}=f'(x)=-\frac{F'_x(x,y)}{F'_y(x,y)}$$

函数 $y=f(x)$ 称为由方程 $F(x,y)=0$ 所确定的隐函数.

在几何上，定理 10.7 表示曲面 $z=F(x,y)$ 与坐标平面 $z=0$ 在 (x_0,y_0) 的某个邻域内交于一条光滑曲线. 其中，条件 $F(x_0,y_0)=0$ 表示曲面 $z=F(x,y)$ 与平面 $z=0$ 在点 (x_0,y_0) 相交；条件 $F'_y(x_0,y_0)\neq0$ 保证曲线 $\begin{cases} z=F(x,y) \\ x=x_0 \end{cases}$ 穿过平面 $z=0$；而条件 $F'_x(x,y)$ 和 $F'_y(x,y)$ 连续则可保证这种性质在 (x_0,y_0) 的某个邻域内都成立. 这里不对定理进行严格证明，只给出结论（2）的形式推导.

证明　只证结论（2）.

将方程 $F(x,y)=0$ 所确定的函数 $y=f(x)$ 代入其中，得恒等式

$$F(x,f(x))\equiv0$$

对上述方程的两边关于 x 求导，由复合函数求偏导的法则，得

$$F'_x(x,y)+F'_y(x,y)\frac{\mathrm{d}y}{\mathrm{d}x}=0$$

或

$$F'_x(x,y)+F'_y(x,y)f'(x)=0$$

因为 $F_y'(x_0,y_0) \neq 0$，且 F_y' 连续，所以在点 (x_0,y_0) 的某个邻域内，$F_y'(x,y) \neq 0$. 所以在该邻域内

$$\frac{\mathrm{d}y}{\mathrm{d}x} = -\frac{F_x'(x,y)}{F_y'(x,y)}$$

例 10.27　验证在点 $x = 0$ 的某个邻域内存在唯一确定的一元函数 $y = f(x)$ 满足方程 $xy - \mathrm{e}^x + \mathrm{e}^y = 0$，并求 $y = f(x)$ 的导数.

解　令 $F(x,y) = xy - \mathrm{e}^x + \mathrm{e}^y$，则

$$F_x'(x,y) = y - \mathrm{e}^x, \quad F_y'(x,y) = x + \mathrm{e}^y$$

在整个平面上连续，且

$$F(0,0) = 0, \quad F_y'(0,0) = 1 \neq 0$$

由定理 10.7，方程 $xy - \mathrm{e}^x + \mathrm{e}^y = 0$ 在点 $(0,0)$ 的某个邻域内能唯一确定一个有连续导数的函数 $y = f(x)$，且

$$\frac{\mathrm{d}y}{\mathrm{d}x} = -\frac{y - \mathrm{e}^x}{x + \mathrm{e}^y}$$

例 10.28　验证在 $x \in (-\infty, +\infty)$ 内存在唯一有连续导数的函数 $y = f(x)$ 满足方程 $y^5 + 2y - x - 3x^7 = 0$，并求 $y = f(x)$ 的导数 $\dfrac{\mathrm{d}y}{\mathrm{d}x}$.

证明　这里只证明对任意的 $x_0 \in (-\infty, +\infty)$，都存在 x_0 的某个邻域，在该邻域内存在唯一有连续导数的函数 $y = f(x)$ 满足方程 $y^5 + 2y - x - 3x^7 = 0$.

令 $F(x,y) = y^5 + 2y - x - 3x^7$，则

$$F_x' = -1 - 21x^6, \quad F_y' = 5y^4 + 2$$

在整个平面上连续，且

$$F(0,0) = 0, \quad F_y'(x,y) \geqslant 2$$

对任意的 $x_0 \in (-\infty, +\infty)$，由

$$\lim_{y \to +\infty} F(x_0,y) = +\infty, \quad \lim_{y \to -\infty} F(x_0,y) = -\infty, \quad F_y'(x_0,y) \geqslant 2$$

存在唯一的 y_0 满足 $F(x_0,y_0) = 0$. 由定理 10.7，存在 x_0 的某个邻域，在该邻域内方程 $y^5 + 2y - x - 3x^7 = 0$ 唯一确定一个有连续导数的函数 $y = f(x)$，且

$$\frac{\mathrm{d}y}{\mathrm{d}x} = -\frac{F_x'}{F_y'} = \frac{21x^6 + 1}{5y^4 + 2}$$

定理 10.7 给出了由方程 $F(x,y) = 0$ 确定一元隐函数的充分条件. 在类似条件下，可以由方程 $F(x_1, x_2, \cdots, x_n, y) = 0$ 确定 n 元隐函数 $y = f(x_1, x_2, \cdots, x_n)$. 其中，$n = 2$ 的情况叙述如下.

定理 10.8　（隐函数存在定理 2）　设 $F(x,y,z)$ 满足：

（1）$F(x,y,z)$ 在点 (x_0,y_0,z_0) 的某个邻域内可偏导，且偏导数在点 (x_0,y_0,z_0) 连续.

（2）$F(x_0,y_0,z_0)=0$，

（3）$F_z'(x_0,y_0,z_0)\neq 0$，

则有以下结论：

（1）存在点 (x_0,y_0) 的某个邻域，在此邻域内存在唯一的二元函数 $z=f(x,y)$，满足条件

$$F(x,y,f(x,y))\equiv 0$$

（2）函数 $z=f(x,y)$ 在该邻域内具有连续偏导数，且

$$\frac{\partial z}{\partial x}=-\frac{F_x'}{F_z'},\qquad \frac{\partial z}{\partial y}=-\frac{F_y'}{F_z'}$$

证明从略.

我们举例说明一下定理的条件和结论.

设 $F(x,y,z)=\dfrac{x^2}{a^2}+\dfrac{y^2}{b^2}+\dfrac{z^2}{c^2}-1$，则方程 $F(x,y,z)=0$ 表示一椭球面 Σ. 设 $P_0(x_0,y_0,z_0)$ 是 Σ 上任意一点. 以 L 表示 Σ 与 xOy 平面的交线.

（1）如果 $P_0\in L$，则 $z_0=0$，$F_z'(x_0,y_0,z_0)=0$，不满足定理 10.8 的条件（3）. 不难看出，无论 (x_0,y_0) 的邻域多么小，此邻域内总存在两个连续二元函数

$$z=f(x,y)=\pm\sqrt{1-\frac{x^2}{a^2}-\frac{y^2}{b^2}}$$

满足 $F_z(x,y,z)=0$.

（2）如果 $P_0\notin L$，则 $z_0\neq 0$，$F(x,y,z)$ 满足定理 10.8 的条件. 存在 (x_0,y_0) 的一个邻域，在此邻域内存在唯一的二元函数 $z=f(x,y)$ 满足 $F(x,y,z)=0$.

当 $z_0>0$ 时，P_0 在上半椭球面，$f(x,y)=\sqrt{1-\dfrac{x^2}{a^2}-\dfrac{y^2}{b^2}}$.

当 $z_0<0$ 时，P_0 在下半椭球面，$f(x,y)=-\sqrt{1-\dfrac{x^2}{a^2}-\dfrac{y^2}{b^2}}$.

例 10.29 设有隐函数 $F\left(\dfrac{x}{z},\dfrac{y}{z}\right)=0$，其中 F 具有连续的偏导数，求 $\dfrac{\partial z}{\partial x}$，$\dfrac{\partial z}{\partial y}$.

解 令 $G(x,y,z)=F\left(\dfrac{x}{z},\dfrac{y}{z}\right)$，则

$$G_x'=F_1'\cdot\frac{1}{z},\ G_y'=F_2'\cdot\frac{1}{z},\ G_z'=F_1'\cdot\left(-\frac{x}{z^2}\right)+F_2'\cdot\left(-\frac{y}{z^2}\right)$$

$$\frac{\partial z}{\partial x} = -\frac{G_x'}{G_z'} = \frac{zF_1'}{xF_1' + yF_2'}$$

$$\frac{\partial z}{\partial y} = -\frac{G_y'}{G_z'} = \frac{zF_2'}{xF_1' + yF_2'}$$

例 10.30 设函数 $z = f(x, y)$ 由方程 $x + y^2 - e^z = z$ 确定，求 $\dfrac{\partial z}{\partial x}, \dfrac{\partial z}{\partial y}$ 和 $\dfrac{\partial^2 z}{\partial x \partial y}$.

解 先求 $\dfrac{\partial z}{\partial x}, \dfrac{\partial z}{\partial y}$. 令 $F(x, y, z) = x + y^2 - e^z - z$, 则

$$F_x' = 1, \ F_y' = 2y, \ F_z' = -e^z - 1$$

故

$$\frac{\partial z}{\partial x} = -\frac{F_x'}{F_z'} = \frac{1}{e^z + 1}, \quad \frac{\partial z}{\partial y} = -\frac{F_y'}{F_z'} = \frac{2y}{e^z + 1}$$

再求 $\dfrac{\partial^2 z}{\partial x \partial y}$. 对 $\dfrac{\partial z}{\partial x} = \dfrac{1}{e^z + 1}$ 的两边关于 y 求偏导数，得

$$\frac{\partial^2 z}{\partial x \partial y} = -\frac{e^z}{(e^z + 1)^2} \frac{\partial z}{\partial y}$$

将 $\dfrac{\partial z}{\partial y} = \dfrac{2y}{e^z + 1}$ 代入得

$$\frac{\partial^2 z}{\partial x \partial y} = -\frac{2ye^z}{(e^z + 1)^3}$$

2. 方程组的情形

下面我们将隐函数存在定理做另一方面的推广. 我们不仅增加方程中变量的个数，而且增加方程的个数. 一般地，m 个 n 元方程（$n > m$）构成的方程组，在一定条件下，可以确定其中 m 个变量是另外 $n - m$ 个变量的可微函数.

例 10.31 设 $\begin{cases} x + y + z = 2 \\ x^2 + y^2 = \dfrac{1}{2}z^2 \end{cases} (y > 0, z > 0)$，求 $\dfrac{dy}{dx}, \dfrac{dz}{dx}$ 及 $\dfrac{dy}{dx}\bigg|_{x = -1}, \dfrac{dz}{dx}\bigg|_{x = -1}$.

解 方程组两边对 x 求导数，得

$$\begin{cases} 1 + \dfrac{dy}{dx} + \dfrac{dz}{dx} = 0 \\ 2x + 2y\dfrac{dy}{dx} = z\dfrac{dz}{dx} \end{cases}$$

解得

$$\frac{\mathrm{d}y}{\mathrm{d}x} = -\frac{z+2x}{z+2y}, \quad \frac{\mathrm{d}z}{\mathrm{d}x} = \frac{2x-2y}{z+2y}$$

故

$$\frac{\mathrm{d}y}{\mathrm{d}x}\bigg|_{x=-1} = \frac{\mathrm{d}y}{\mathrm{d}x}\bigg|_{\substack{x=-1\\y=1\\z=2}} = 0, \quad \frac{\mathrm{d}z}{\mathrm{d}x}\bigg|_{x=-1} = \frac{\mathrm{d}z}{\mathrm{d}x}\bigg|_{\substack{x=-1\\y=1\\z=2}} = -1$$

由方程组确定的隐函数存在条件叙述比较烦琐，我们只给出一种简单情况.

定理 10.9　（隐函数存在定理 3）　设函数 $F(x,y,u,v)$ 和 $G(x,y,u,v)$ 满足以下条件：

（1）$F(x_0,y_0,u_0,v_0)=0$，$G(x_0,y_0,u_0,v_0)=0$.

（2）在点 (x_0,y_0,u_0,v_0) 的某个邻域内可偏导，且偏导数连续.

（3）在点 (x_0,y_0,u_0,v_0) 处，F，G 关于 u，v 的雅可比（Jacobi）行列式

$$J = \frac{\partial(F,G)}{\partial(u,v)} = \begin{vmatrix} \dfrac{\partial F}{\partial u} & \dfrac{\partial F}{\partial v} \\ \dfrac{\partial G}{\partial u} & \dfrac{\partial G}{\partial v} \end{vmatrix} \neq 0$$

则存在 (x_0,y_0) 的某个邻域，在此邻域内存在唯一一组连续函数

$$u = f(x,y), \quad v = g(x,y)$$

（1）满足方程组

$$\begin{cases} F(x,y,f(x,y),g(x,y)) = 0 \\ G(x,y,f(x,y),g(x,y)) = 0 \end{cases}$$

（2）$u=f(x,y)$，$v=g(x,y)$ 的偏导数连续.

例 10.32　设 $xu-yv=0$，$yu+xv=1$，求 $\dfrac{\partial u}{\partial x}, \dfrac{\partial u}{\partial y}, \dfrac{\partial v}{\partial x}, \dfrac{\partial v}{\partial y}$.

解　将每个方程两边对 x 求导得

$$\begin{cases} u + x\dfrac{\partial u}{\partial x} - y\dfrac{\partial v}{\partial x} = 0 \\ y\dfrac{\partial u}{\partial x} + v + x\dfrac{\partial v}{\partial x} = 0 \end{cases}$$

在 $J = \begin{vmatrix} x & -y \\ y & x \end{vmatrix} = x^2 + y^2 \neq 0$ 的条件下，解出

$$\frac{\partial u}{\partial x} = -\frac{xu+yv}{x^2+y^2}, \quad \frac{\partial v}{\partial x} = \frac{yu-xv}{x^2+y^2}$$

类似地，方程两边对 y 求导，解出

$$\frac{\partial u}{\partial y} = \frac{xv-yu}{x^2+y^2}, \quad \frac{\partial v}{\partial y} = -\frac{xu+yv}{x^2+y^2}$$

作为隐函数存在定理的特殊情况，我们给出反函数组存在定理.

*定理 10.10　（反函数组存在定理）　设函数组 $x = x(u,v)$ 和 $y = y(u,v)$ 在点 (u,v) 的某邻域内具有连续的偏导数，其雅可比行列式 $\dfrac{\partial(x,y)}{\partial(u,v)} \neq 0$，则函数组 $\begin{cases} x = x(u,v) \\ y = y(u,v) \end{cases}$ 在与点 (u,v) 相对应的点 (x,y) 的邻域内（也称为在点 (x,y,u,v) 的邻域内）能确定具有连续偏导数的反函数组 $\begin{cases} u = u(x,y) \\ v = v(x,y) \end{cases}$，并有

$$\frac{\partial(x,y)}{\partial(u,v)} \cdot \frac{\partial(u,v)}{\partial(x,y)} = 1$$

证明从略.

例 10.33　讨论 $\begin{cases} x = r\cos\theta \\ y = r\sin\theta \end{cases}$ 有反函数组的条件.

解　$\dfrac{\partial(x,y)}{\partial(r,\theta)} = \begin{vmatrix} \cos\theta & -r\sin\theta \\ \sin\theta & r\cos\theta \end{vmatrix} = r$

由反函数组存在定理，当 $r \neq 0$ 时，$\begin{cases} x = r\cos\theta \\ y = r\sin\theta \end{cases}$ 的反函数组存在.

习题 10.5

A 组

1. 设 $\ln \sqrt{x^2 + y^2} = \arctan \dfrac{y}{x}$，求 $\dfrac{\mathrm{d}y}{\mathrm{d}x}$.

2. 设 $x + 2y + z - 2\sqrt{xyz} = 0$，求 $\dfrac{\partial z}{\partial x}$，$\dfrac{\partial z}{\partial y}$.

3. 设 $\dfrac{x}{z} = \ln \dfrac{z}{y}$，求 $\dfrac{\partial z}{\partial x}$，$\dfrac{\partial z}{\partial y}$.

4. 设 $2\sin(x + 2y - 3z) = x + 2y - 3z$，求证：$\dfrac{\partial z}{\partial x} + \dfrac{\partial z}{\partial y} = 1$.

5. 设 $\varPhi(u,v)$ 具有连续偏导数，证明由方程 $\varPhi(cx - az, cy - bz) = 0$ 所确定的函数 $z = f(x,y)$ 满足 $a\dfrac{\partial z}{\partial x} + b\dfrac{\partial z}{\partial y} = c$.

6. 设 $\mathrm{e}^z - xyz = 0$，求 $\dfrac{\partial^2 z}{\partial x^2}$.

7. 设 $z^3 - 3xyz = a^3$，求 $\dfrac{\partial^2 z}{\partial x \partial y}$.

8. 设 $2^{xy} = x + y$，求 $\mathrm{d}y \big|_{x=0}$.

9. 求由下列方程组所求确定的函数的导数或偏导数：

(1) 设 $\begin{cases} z = x^2 + y^2 \\ x^2 + 2y^2 + 3z^2 = 20 \end{cases}$，求 $\dfrac{\mathrm{d}y}{\mathrm{d}x}$，$\dfrac{\mathrm{d}z}{\mathrm{d}x}$；

(2) 设 $\begin{cases} x + y + z = 0 \\ x^2 + y^2 + z^2 = 1 \end{cases}$，求 $\dfrac{\mathrm{d}x}{\mathrm{d}z}$，$\dfrac{\mathrm{d}y}{\mathrm{d}z}$；

(3) 设 $\begin{cases} u = f(ux, v + y) \\ v = g(u - x, v^2 y) \end{cases}$，其中 f 和 g 都具有一阶连续偏导数，求 $\dfrac{\partial u}{\partial x}$，$\dfrac{\partial v}{\partial x}$；

(4) 设 $\begin{cases} x = \mathrm{e}^u + u\sin v \\ y = \mathrm{e}^u - u\sin v \end{cases}$ 求 $\dfrac{\partial u}{\partial x}$，$\dfrac{\partial u}{\partial y}$，$\dfrac{\partial v}{\partial x}$，$\dfrac{\partial v}{\partial y}$；

(5) 设 $\begin{cases} x^2 + y^2 + r^2 - 2s = 0 \\ x^3 - y^3 - r^3 + 3s = 1 \end{cases}$，求 $\dfrac{\partial x}{\partial r}$，$\dfrac{\partial x}{\partial s}$，$\dfrac{\partial y}{\partial r}$，$\dfrac{\partial y}{\partial s}$.

10. 设 $F(x - y, y - z, z - x) = 0$，其中 F 具有连续偏导数，且 $F_2' - F_3' \neq 0$，求证 $\dfrac{\partial z}{\partial x} + \dfrac{\partial z}{\partial y} = 1$.

11. 设有三元方程 $xy - z\ln y + \mathrm{e}^{xz} = 1$，根据隐函数存在定理，存在点 $(0,1,1)$ 的一个邻域，在此邻域内该方程能确定几个具有连续偏导数的隐函数？

B 组

1. 设 $z + \ln z - \displaystyle\int_y^x \mathrm{e}^{-t^2} \mathrm{d}t = 0$，求 $\dfrac{\partial^2 z}{\partial x \partial y}$.

2. 设 $u = f(x, y, z)$，$\psi(x^2, \mathrm{e}^y, z) = 0$，$y = \sin x$，其中 f 和 ψ 都具有连续偏导数，且 $\psi' \neq 0$，求 $\dfrac{\partial u}{\partial x}$.

10.6　多元微分在几何上的应用

本节主要介绍空间曲线的切线与法平面，空间曲面的切平面与法线的概念、求法和应用，以及全微分的几何意义.

10.6.1　空间曲线的切线与法平面

设 Γ 是一条空间曲线，M_0 是 Γ 上的一点，M 是曲线 Γ 上的一个动点，当 M 沿着 Γ 趋向于 M_0 时，若割线 M_0M 的极限位置为直线 MT，则称直线 MT 为曲线 Γ 在点 M_0 处的**切线**，切线的方向向量称为曲线 Γ 在点 M_0 处的**切向量**，如图 10-4 所示.

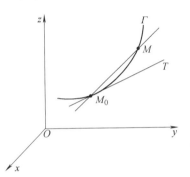

图　10-4

定理 10.11　设空间曲线 Γ 的参数方程为 $\begin{cases} x=x(t) \\ y=y(t) \\ z=z(t) \end{cases}$，$M_0(x(t_0),y(t_0),z(t_0))$ 为曲线上一点，如果 $x'(t_0)$，$y'(t_0)$，$z'(t_0)$ 不全为 0，则在曲线点 M_0 处有切线，且切线的方程为

$$\frac{x-x_0}{x'(t_0)}=\frac{y-y_0}{y'(t_0)}=\frac{z-z_0}{z'(t_0)}$$

证明　对于 Γ 上的定点 M_0，设 Γ 上的动点 $M(x_0+\Delta x,y_0+\Delta y,z_0+\Delta z)$ 对应的参数为 $t=t_0+\Delta t$，则曲线的割线 M_0M 的方向向量为 $(\Delta x,\Delta y,\Delta z)$，其方程为

$$\frac{x-x_0}{\Delta x}=\frac{y-y_0}{\Delta y}=\frac{z-z_0}{\Delta z}$$

当 $\Delta t\neq 0$ 时，用 Δt 除上式的各分母，得

$$\frac{x-x_0}{\dfrac{\Delta x}{\Delta t}}=\frac{y-y_0}{\dfrac{\Delta y}{\Delta t}}=\frac{z-z_0}{\dfrac{\Delta z}{\Delta t}}$$

点 M 沿曲线趋于 M_0 等价于 $\Delta t\to 0$，对上式取极限，即得到曲线 Γ 在点 M_0 处的切线的方程

$$\frac{x - x_0}{x'(t_0)} = \frac{y - y_0}{y'(t_0)} = \frac{z - z_0}{z'(t_0)}$$

如果曲线 Γ 在其上每点都有切线，则称曲线 Γ 为光滑曲线.

对应空间曲线的其他形式，只要设法写出曲线的参数方程，即可得出切向量.

例如，空间曲线 Γ 的方程以 $\begin{cases} y = y(x) \\ z = z(x) \end{cases}$ 的形式给出，则可以视 x 为参数，于是 Γ 在点 $M_0(x_0, y(x_0), z(x_0))$ 处的切向量为 $\boldsymbol{\tau} = (1, y'(x_0), z'(x_0))$.

称过点 M_0 而与曲线在点 M_0 的切线垂直的平面为曲线在点 M_0 处的**法平面**，曲线的切向量 $\boldsymbol{\tau}$ 就是法平面的法向量 $\boldsymbol{n}$，于是，其法平面方程为

$$(x - x_0, y - y_0, z - z_0) \cdot \boldsymbol{n} = 0$$

例如，空间曲线 $\begin{cases} x = x(t) \\ y = y(t) \\ z = z(t) \end{cases}$ 在点 M_0 处的法平面方程为

$$(x - x_0)x'(t_0) + (y - y_0)y'(t_0) + (z - z_0)z'(t_0) = 0$$

例 10.34 求曲线 $\Gamma: x = \int_0^t e^u \cos u \, du$，$y = 2\sin t + \cos t$，$z = 1 + e^{3t}$ 在 $t = 0$ 处的切线方程和法平面方程.

解 当 $t = 0$ 时，$x = 0$，$y = 1$，$z = 2$，因 $\dfrac{dx}{dt} = e^t \cos t$，$\dfrac{dy}{dt} = 2\cos t - \sin t$，$\dfrac{dz}{dt} = 3e^{3t}$，所以曲线 Γ 在 $t = 0$ 处的切向量为

$$\boldsymbol{\tau} = (x'(0), y'(0), z'(0)) = (1, 2, 3)$$

于是，所求切线方程为

$$\frac{x - 0}{1} = \frac{y - 1}{2} = \frac{z - 2}{3}$$

法平面方程为

$$x + 2(y - 1) + 3(z - 2) = 0$$

10.6.2 空间曲面的切平面与法线

设 Σ 为空间曲面，M_0 是 Σ 上一点，Π 是过点 M_0 的平面，其法向量记为 $\boldsymbol{n}$. 若在 Σ 上过点 M_0 的任何一条光滑曲线在点 M_0 的切线都在平面 Π 上，则称平面 Π 为曲面 Σ 在点 M_0 的**切平面**（见图 10-5），称 $\boldsymbol{n}$ 为曲面 Σ 在点 M_0 的法向量，过点 M_0 且垂直于切平面的直线称为曲面 Σ 在点 M_0 的**法线**.

定理 10. 12　若曲面 Σ 的方程为 $F(x,y,z) = 0$，函数 $F(x,y,z)$ 在 M_0 处可微且偏导数不全为零，则 Σ 在 M_0 处有切平面，且其法向量为 $\boldsymbol{n} = (F_x', F_y', F_z')\,|_{M_0}$.

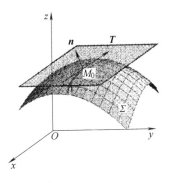

证明　设 Σ 上过点 M_0 的任何一条光滑曲线 Γ 的方程为 $\begin{cases} x = x(t) \\ y = y(t) \\ z = z(t) \end{cases}$，点 M_0 对应的参数为 t_0，

则有 $F(x(t), y(t), z(t)) = 0$，且 Γ 在点 M_0 处的

图　10-5

切向量为 $\boldsymbol{\tau} = (x'(t_0), y'(t_0), z'(t_0))$. 由隐函数及复合函数求导法则得

$$\left[F_x' \cdot x'(t) + F_y' \cdot y'(t) + F_z' \cdot z'(t) \right]_{M_0} = 0$$

即 $\boldsymbol{n} \cdot \boldsymbol{\tau} = 0$，再由 Γ 的任意性知，Σ 上过点 M_0 的所有光滑曲线在点 M_0 处的切向量都与向量 $\boldsymbol{n}$ 正交，这就证明了过点 M_0 的任意一条光滑曲线在点 M_0 处的切线都在平面

$$F_x'(M_0)(x - x_0) + F_y'(M_0)(y - y_0) + F_z'(M_0)(z - z_0) = 0$$

内，该平面就是 Σ 在点 M_0 处的切平面，且切平面的法向量为 $\boldsymbol{n} = (F_x', F_y', F_z')\,|_{M_0}$.

曲面 Σ 在点 M_0 处的法线方程为

$$\frac{x - x_0}{F_x'(M_0)} = \frac{y - y_0}{F_y'(M_0)} = \frac{z - z_0}{F_z'(M_0)}$$

特别地，如果曲面 Σ 的方程为

$$z = f(x,y)$$

令 $F(x,y,z) = z - f(x,y)$，则有

$$F_x' = -f_x', \quad F_y' = -f_y', \quad F_z' = 1$$

于是，曲面 Σ 在点 M_0 处的法向量为

$$\boldsymbol{n} = (-f_x', -f_y', 1)\,|_{(x_0, y_0)}$$

从而切平面方程为

$$f_x'(x_0, y_0)(x - x_0) + f_y'(x_0, y_0)(y - y_0) - (z - z_0) = 0$$

或

$$(z - z_0) = f_x'(x_0, y_0)(x - x_0) + f_y'(x_0, y_0)(y - y_0)$$

法线方程为

$$\frac{x - x_0}{f'_x(x_0, y_0)} = \frac{y - y_0}{f'_y(x_0, y_0)} = \frac{z - z_0}{-1}$$

注意，在切平面方程

$$(z - z_0) = f'_x(x_0, y_0)(x - x_0) + f'_y(x_0, y_0)(y - y_0)$$

中，等式的右端恰好是可微函数 $z = f(x, y)$ 在 (x_0, y_0) 处的全微分，等式左端是切平面在点 M_0 处所对应的竖坐标的增量. 因此，函数 $z = f(x, y)$ 在点 (x_0, y_0) 处的全微分在几何上表示曲面 $z = f(x, y)$ 在 M_0 处的切平面上点的竖坐标的增量，这就是**全微分的几何意义**.

如果假定切平面的法向量 $\boldsymbol{n}$ 是向上的，即 $\boldsymbol{n}$ 与 z 轴的正向所成的角为锐角，则有 $\boldsymbol{n} = (-f'_x, -f'_y, 1)$，其方向余弦为

$$\cos\alpha = \frac{-f'_x}{\sqrt{1 + (f'_x)^2 + (f'_y)^2}}$$

$$\cos\beta = \frac{-f'_y}{\sqrt{1 + (f'_x)^2 + (f'_y)^2}}$$

$$\cos\gamma = \frac{1}{\sqrt{1 + (f'_x)^2 + (f'_y)^2}}$$

例 10.35　求曲面 $z = x^2 + 5xy - 2y^2$ 在点 $(1, 2, 3)$ 处的切平面方程和法线方程.

解
$$\left.\frac{\partial z}{\partial x}\right|_{(1,2,3)} = 2x + 5y \Big|_{(1,2,3)} = 12$$

$$\left.\frac{\partial z}{\partial y}\right|_{(1,2,3)} = 5x - 4y \Big|_{(1,2,3)} = -3$$

法向量为 $\boldsymbol{n} = (12, -3, -1)$，故所求的切平面方程为

$$12(x - 1) - 3(y - 2) - (z - 3) = 0$$

即
$$12x - 3y - z - 3 = 0$$

所求的法线方程为

$$\frac{x - 1}{12} = \frac{y - 2}{-3} = \frac{z - 3}{-1}$$

例 10.36　求单叶双曲面 $x^2 + y^2 - z^2 = 4$ 在点 $(2, -3, 3)$ 处的切平面方程和法线方程.

解　记 $F(x, y, z) = x^2 + y^2 - z^2 - 4$，则有

$$(F'_x, F'_y, F'_z)\Big|_{(2,-3,3)} = (4, -6, -6)$$

可取法向量 $\boldsymbol{n} = (2, -3, -3)$，则所求切平面方程为

$$2(x-2)-3(y+3)-3(z-3)=0$$

即
$$2x-3y-3z-4=0$$

所求法线方程为
$$\frac{x-2}{2}=\frac{y+3}{-3}=\frac{z-3}{-3}$$

在本节结束之前，我们给出一个求曲面交线的切线和法平面方程的例子.

例 10.37　求过球面 $x^2+y^2+z^2=50$ 与锥面 $x^2+y^2=z^2$ 的交线上点 $M_0(3,4,5)$ 的切线方程和法平面方程.

解　令
$$F(x,y,z)=x^2+y^2+z^2-50$$
$$G(x,y,z)=x^2+y^2-z^2$$
$$F'_x=2x,F'_y=2y,F'_z=2z$$
$$G'_x=2x,G'_y=2y,G'_z=-2z$$
$$(F'_x,F'_y,F'_z)\big|_{M_0}=(6,8,10)$$
$$(G'_x,G'_y,G'_z)\big|_{M_0}=(6,8,-10)$$

注意到交线的切线同时在两个切平面内，因此取切向量为
$$\boldsymbol{\tau}=(3,4,5)\times(3,4,-5)=(-40,30,0)$$

于是切线方程为
$$\frac{x-3}{-4}=\frac{y-4}{3}=\frac{z-5}{0}$$

即
$$\begin{cases}\dfrac{x-3}{-4}=\dfrac{y-4}{3}\\ z=5\end{cases}$$

法平面方程为
$$-4(x-3)+3(y-4)=0$$
即 $4x-3y=0$.

显然这里的球面与锥面所截出的曲线是两个平行于 xOy 平面的圆. 切向量平行于 xOy 平面而垂直于 z 轴，如图 10-6 所示.

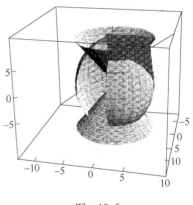

图　10-6

习题 10.6

A 组

1. 求下列曲线在给定点处的切线及法平面方程:

（1）$x=t-\cos t$，$y=3+\sin 2t$，$z=1+\cos 3t$ 在 $t=\dfrac{\pi}{2}$ 处;

(2) $\begin{cases} y^2 = 2mx \\ z^2 = m - x \end{cases}$ 在点 (x_0, y_0, z_0) 处;

(3) $\begin{cases} x^2 + y^2 + z^2 - 3x = 0 \\ 2x - 3y + 5z - 4 = 0 \end{cases}$ 在点 $(1,1,1)$ 处.

2. 求曲线 $x = t$, $y = t^2$, $z = t^3$ 上的点, 使该点的切线平行于平面 $x + 2y + z = 4$.

3. 求曲面 $3xyz - z^3 = a^3$ 上点 $(0, a, -a)$ 处的切平面和法线方程 $(a > 0)$.

4. 在曲面 $x^2 + 2y^2 + 3z^2 + 2xy + 2xz + 4yz = 8$ 上求一点的坐标, 使此点的切平面平行于 yOz 平面.

5. 在曲面 $z = xy$ 上求一点, 使该点处的法线垂直于平面 $x + 3y + z + 9 = 0$, 并写出该法线的方程.

6. 求抛物面 $z = 3x^2 + 2y^2$ 在点 $M(2,1,4)$ 处的切平面与法线方程, 以及法向量的方向余弦.

7. 证明曲面 $z = xe^{\frac{y}{x}}$ 上所有点处的切平面都过一定点.

8. 试证明曲面 $\sqrt{x} + \sqrt{y} + \sqrt{z} = \sqrt{a}(a > 0)$ 上任何点处的切平面方程在各个坐标轴上的截距之和等于 a.

B 组

证明球面 $\Sigma_1 : x^2 + y^2 + z^2 = R^2$ 与锥面 $\Sigma_2 : x^2 + y^2 = a^2 z^2$ 正交 (所谓两曲面正交是指它们在交点处的法向量互相垂直).

10.7　多元函数的极值

本节用多元函数的偏导数和全微分来研究多元函数的极值问题.

多元函数极值的定义与一元函数完全类似. 如果多元函数 $y=f(P)$ 在点 P_0 的某邻域内有定义, 且对于该邻域内异于 P_0 的任意一点 P 都成立不等式

$$f(P)<f(P_0) \text{ 或 } f(P)>f(P_0)$$

则称函数 $u=f(P)$ 在点 P_0 有极大值（或极小值）$f(P_0)$, P_0 称为 $y=f(P)$ 的极值点.

例如, 函数 $z=3x^2+4y^2$ 表示的曲面是椭圆抛物面, 在点（0,0）取得极小值 0, 如图 10-7 所示.

又如, 函数 $z=-\sqrt{x^2+y^2}$ 表示的是下半圆锥面, 在点（0,0）取得极大值也是最大值 0, 如图 10-8 所示.

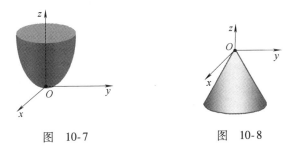

图　10-7　　　　　　　　图　10-8

通常来说, 多元函数极值的讨论远比一元函数复杂. 我们一般把多元极值问题分为两类, 即无条件极值问题和条件极值问题. 所谓无条件极值问题是指求一个多元函数在其整个定义域上的极值. 除此以外的极值问题就是条件极值问题了, 通常是求一个函数在约束条件下的极值.

10.7.1　无条件极值

下面我们以二元函数为例讨论多元函数取得极值的条件.

定理 10.13　（极值存在的必要条件）　设函数 $z=f(x,y)$ 在点 $P_0(x_0,y_0)$ 处取得极值, 且在该点处函数的偏导数都存在, 则 $z=f(x,y)$ 在点 $P_0(x_0,y_0)$ 处的一阶偏导数为零, 即

$$f'_x(x_0,y_0)=0, \quad f'_y(x_0,y_0)=0$$

证明　因为函数 $f(x,y)$ 在点 $P_0(x_0,y_0)$ 处取得极值, 所以一元函数

$f(x, y_0)$ 在 $x = x_0$ 必取得极值. 故由一元函数极值的必要条件知，必有 $f'_x(x_0, y_0) = 0$，同理，$f'_y(x_0, y_0) = 0$.

在几何上，定理 10.13 表示光滑曲面 $z = f(x, y)$（即 $z = f(x, y)$ 可微分）在其极值点 $P_0(x_0, y_0)$ 处的切平面与坐标面 xOy 平行.

定理 10.13 的结论可以推广到任意多元函数，即如果多元函数 $f(P)$ 在点 P_0 的各个偏导数都存在，且 P_0 是 $f(P)$ 的极值点，则 $f(P)$ 在点 P_0 的各个偏导数均为零. 例如，三元函数 $u = f(x, y, z)$ 在 $M_0(x_0, y_0, z_0)$ 处有偏导数，则在该点处有极值的必要条件是

$$f'_x(x_0, y_0, z_0) = 0, \quad f'_y(x_0, y_0, z_0) = 0, \quad f'_z(x_0, y_0, z_0) = 0$$

仿照一元函数，我们称所有一阶偏导数同时为零的点为多元函数的**驻点**. 定理 10.13 表明，函数的极值点只可能是函数的驻点或某个偏导数不存在的点. 而这些点是否确实是函数的极值点则需要进一步判定.

定理 10.14 （**极值存在的充分条件**）　设函数 $z = f(x, y)$ 在点 $P_0(x_0, y_0)$ 的某邻域内有一阶及二阶连续偏导数，且 $f'_x(x_0, y_0) = f'_y(x_0, y_0) = 0$. 令 $f''_{xx}(x_0, y_0) = A$，$f''_{xy}(x_0, y_0) = B$，$f''_{yy}(x_0, y_0) = C$，则

（1）当 $AC - B^2 > 0$ 时，$f(x_0, y_0)$ 是函数 $z = f(x, y)$ 的极值，其中当 $A < 0$ 时 $f(x_0, y_0)$ 为极大值，当 $A > 0$ 时 $f(x_0, y_0)$ 为极小值；

（2）当 $AC - B^2 < 0$ 时，$f(x_0, y_0)$ 不是极值.

证明参见附录 A-2.

需要特别指出的是，当 $AC - B^2 = 0$ 时，函数可能有极值也可能没有极值. 如函数 $z = x^4 + y^4$ 和 $u = x^2 + y^3$ 在 $(0, 0)$ 处均有 $AC - B^2 = 0$，但 $z(0, 0)$ 为极小值，而 $u(0, 0)$ 为非极值，如图 10-9a、b 所示.

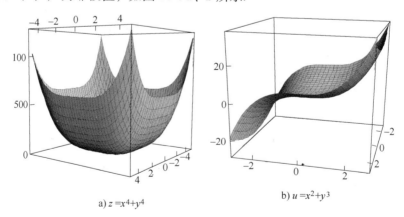

a) $z = x^4 + y^4$　　　　　b) $u = x^2 + y^3$

图　10-9

例 10.38　求函数 $f(x,y) = x^3 + y^3 - 3xy$ 的极值.

解　先求函数驻点，解方程组

$$\begin{cases} f'_x(x,y) = 3x^2 - 3y = 0 \\ f'_y(x,y) = 3y^2 - 3x = 0 \end{cases}$$

求得驻点 $P_0(0,0)$ 及 $P_1(1,1)$.

再求二阶偏导数，得

$$f''_{xx}(x,y) = 6x, \quad f''_{xy}(x,y) = -3, \quad f''_{yy}(x,y) = 6y$$

在点 $P_0(0,0)$ 有

$$A = 0, \quad B = -3, \quad C = 0, \quad AC - B^2 = -9 < 0$$

因此，在点 $P_0(0,0)$ 处没有极值.

在点 $P_1(1,1)$ 有

$$A = 6 > 0, \quad B = -3, \quad C = 6, \quad AC - B^2 = 27 > 0$$

因此，在点 $P_1(1,1)$ 处取得极小值 $f(1,1) = -1$.

例 10.39　求由方程 $x^2 + y^2 + z^2 - 2x + 2y - 4z - 10 = 0$ 所确定的函数 $z = f(x,y)$ 的极值.

解　**第一步**　求偏导数，得

$$z'_x = \frac{1-x}{z-2}, \quad z'_y = -\frac{1+y}{z-2}$$

再求二阶偏导数，得

$$z''_{xx} = -\frac{1 + (z'_x)^2}{z-2}, \quad z''_{xy} = -\frac{z'_x \cdot z'_y}{z-2}, \quad z''_{yy} = -\frac{1 + (z'_y)^2}{z-2}$$

第二步　求驻点. 令 $z'_x = 0$，$z'_y = 0$，解得 $x = 1$，$y = -1$，即得到驻点 $(1, -1)$. 将 $x = 1$，$y = -1$ 代入原方程，得到 $z = 6$ 和 $z = -2$. 这就是说，在驻点 $(1, -1)$ 的邻域内，由方程

$$x^2 + y^2 + z^2 - 2x + 2y - 4z - 10 = 0$$

确定两个函数 $z = z_1(x,y)$ 和 $z = z_2(x,y)$，其中 $z = z_1(x,y)$ 是在点 $(1, -1, 6)$ 附近的一块曲面；$z = z_2(x,y)$ 是在点 $(1, -1, -2)$ 附近的一块曲面.

第三步　利用极值的充分条件，判断驻点是否为极值点.

在点 $(1, -1, 6)$ 处，

$$A = z''_{xx}\Big|_{(1,-1,6)} = -\frac{1}{4}, \quad B = z''_{xy}\Big|_{(1,-1,6)} = 0, \quad C = z''_{yy}\Big|_{(1,-1,6)} = -\frac{1}{4}$$

$$AC - B^2 = \frac{1}{16} > 0, \text{ 且 } A = -\frac{1}{4} < 0$$

所以，函数 $z = z_1(x,y)$ 在点 $(1,-1)$ 处取得极大值，极大值为 $z = z_1(1,-1) = 6$.

在点 $(1,-1,-2)$ 处，

$$A = z''_{xx}\Big|_{(1,-1,-2)} = \frac{1}{4}, \quad B = z''_{xy}\Big|_{(1,-1,-2)} = 0, \quad C = z''_{yy}\Big|_{(1,-1,-2)} = \frac{1}{4}$$

$$AC - B^2 = \frac{1}{16} > 0, \text{ 且 } A = \frac{1}{4} > 0$$

所以，函数 $z = z_2(x,y)$ 在点 $(1,-1)$ 处取得极小值，极小值为 $z = z_2(1,-1) = -2$.

在一些实际问题中，问题本身可以保证函数在其定义域 D 内可微，所求的最大值或最小值存在且一定在 D 的内部取得. 在这些条件下，如果函数在 D 内只有一个驻点，那么该驻点处的函数值就是函数 $f(x,y)$ 在 D 上的最大（小）值.

例 10.40　设引水渠的横截面为等腰梯形，问在保持一定流量的前提下，如何选取等腰梯形各边长度，才能使渠道表面材料用料最省？

解　流量一定是指水渠的横截面面积 S 为定值. 设横截面下底为 x，腰为 y，腰与上底的夹角为 α，如图 10-10 所示，则

$$S = \frac{1}{2}(x + x + 2y\cos\alpha) \cdot y\sin\alpha$$

$$= (x + y\cos\alpha) \cdot y\sin\alpha$$

$$= xy\sin\alpha + y^2\sin\alpha\cos\alpha$$

材料用料最省，即梯形的两腰和下底的长度和最小，即

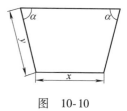

图　10-10

$$L = x + 2y \quad (x > 0, y > 0)$$

最小. 联立两式得到关于 $L = L(x,\alpha)$ 的隐函数方程

$$x\left(\frac{L-x}{2}\right)\sin\alpha + \left(\frac{L-x}{2}\right)^2 \sin\alpha\cos\alpha - S = 0$$

求偏导数得

$$\frac{\partial L}{\partial x} = -\frac{(L-2x) - (L-x)\cos\alpha}{x + (L-x)\cos\alpha}$$

$$\frac{\partial L}{\partial \alpha} = -\frac{2x(L-x)\cos\alpha + (L-x)^2\cos 2\alpha}{2x\sin\alpha + 2(L-x)\sin\alpha\cos\alpha}$$

令 $\dfrac{\partial L}{\partial x} = 0$，$\dfrac{\partial L}{\partial \alpha} = 0$，得方程组

$$\begin{cases} (L-2x) - (L-x)\cos\alpha = 0 \\ 2x(L-x)\cos\alpha + (L-x)^2\cos 2\alpha = 0 \end{cases}$$

解得
$$x = \frac{L}{3}, \quad \cos\alpha = \frac{1}{2}$$

所以
$$y = \frac{L}{3}, \quad \alpha = \frac{\pi}{3}$$

函数 $L(x, \alpha)$ 有唯一的驻点 $\left(\dfrac{L}{3}, \dfrac{\pi}{3}\right)$. 由实际问题可知最小值存在，故在流量一定的前提下，当横截面的等腰梯形的下底和两腰长度相等并且腰与上底的夹角为 60°时，用料最省.

例 10.41 **（最小二乘法）** x 和 y 是两个变量，通过实验测得了 x 与 y 的一组数据 $(x_1, y_1), (x_2, y_2), \cdots, (x_n, y_n)$. 如果猜测变量 y 是 x 的线性函数，即 $y = ax + b$，试确定常数 a 和 b，使得 $f(a, b) = \displaystyle\sum_{i=1}^{n} \left[y_i - (ax_i + b) \right]^2$ 最小.

解 令
$$\begin{cases} f_a' = -2 \displaystyle\sum_{i=1}^{n} (y_i - ax_i - b) x_i = 0 \\ f_b' = -2 \displaystyle\sum_{i=1}^{n} (y_i - ax_i - b) = 0 \end{cases}$$

得
$$\begin{cases} \left(\displaystyle\sum_{i=1}^{n} x_i^2 \right) a + \left(\displaystyle\sum_{i=1}^{n} x_i \right) b = \displaystyle\sum_{i=1}^{n} x_i y_i \\ \left(\displaystyle\sum_{i=1}^{n} x_i \right) a + nb = \displaystyle\sum_{i=1}^{n} y_i \end{cases}$$

当 $n \displaystyle\sum_{i=1}^{n} x_i^2 - \left(\displaystyle\sum_{i=1}^{n} x_i \right)^2 \neq 0$ 时，由此解出所求的常数 a 和 b

$$a = \frac{n \displaystyle\sum_{i=1}^{n} x_i y_i - \left(\displaystyle\sum_{i=1}^{n} x_i \right) \left(\displaystyle\sum_{i=1}^{n} y_i \right)}{n \displaystyle\sum_{i=1}^{n} x_i^2 - \left(\displaystyle\sum_{i=1}^{n} x_i \right)^2}$$

$$b = \frac{\left(\displaystyle\sum_{i=1}^{n} y_i \right) \displaystyle\sum_{i=1}^{n} x_i^2 - \left(\displaystyle\sum_{i=1}^{n} x_i \right) \left(\displaystyle\sum_{i=1}^{n} x_i y_i \right)}{n \displaystyle\sum_{i=1}^{n} x_i^2 - \left(\displaystyle\sum_{i=1}^{n} x_i \right)^2}$$

注意，如果
$$n \displaystyle\sum_{i=1}^{n} x_i^2 - \left(\displaystyle\sum_{i=1}^{n} x_i \right)^2 = 0$$

则 $x_1 = x_2 = \cdots = x_n$，所做实验没有意义，或者猜测没有意义.

以上求待定参数 a、b 的方法就称为**最小二乘法**.

10.7.2　条件极值　拉格朗日乘数法

我们先分析一个例子.

例 10.42　某厂要用铁皮做成容积一定的无盖的长方体盒子. 问怎样设计尺寸才能使用料最省?

解　设盒子底边长为 x，宽为 y，高为 z（单位均为 m），则容积 $V = xyz$. 此盒子所用材料的表面积为

$$s = xy + 2xz + 2yz \quad (x > 0, y > 0)$$

现在的问题是求函数 $s = xy + 2xz + 2yz$ 在条件 $xyz = V$ 及 $x > 0$，$y > 0$，$z > 0$ 下的极值，即所谓的条件极值. 由条件 $xyz = V$ 解出 $z = \dfrac{V}{xy}$ 代入函数 $s = xy + 2xz + 2yz$ 中消去变量 z，化为函数

$$s = xy + 2(x + y) \cdot \frac{V}{xy}$$

就是二元函数 $s = s(x, y)$ 的无条件极值问题了.

$$\text{令} \quad \begin{cases} \dfrac{\partial s}{\partial x} = y - \dfrac{2V}{x^2} = 0 \\[3mm] \dfrac{\partial s}{\partial y} = x - \dfrac{2V}{y^2} = 0 \end{cases}$$

解这个方程组，得 $x = y = \sqrt[3]{2V}$.

根据题意，盒子所用材料面积的最小值一定存在（$x > 0$，$y > 0$），且函数只有唯一的驻点（$\sqrt[3]{2V}$，$\sqrt[3]{2V}$），故可断定当 $x = y = \sqrt[3]{2V}$ 时，盒子用料最省. 这时，盒子的底是一个正方形，高是底边的一半.

在上例中，我们从约束条件中解出变量，从而把条件极值化为无条件极值. 尽管大多数情况下，从约束条件（方程或方程组）中解出某个变量往往比较困难，甚至不可能，但是沿着这个方向进行探索，数学家发现了求解条件极值的乘子方法.

例如，我们考虑函数 $z = f(x, y)$（称为**目标函数**）在条件 $\varphi(x, y) = 0$（称为**约束条件**）下在点 $M_0(x_0, y_0)$ 处取得极值的必要条件，其中 $f(x, y)$ 与 $\varphi(x, y)$ 在点 $M_0(x_0, y_0)$ 处的某个邻域内都有一阶连续偏导数，且 $\varphi_y'(M_0) \neq 0$.

根据隐函数存在定理，方程 $\varphi(x, y) = 0$ 确定一个具有连续导数的函数 $y = y(x)$，将其代入 $z = f(x, y)$ 得 $z = f(x, y(x))$. 由一元函数极值的必要条件得

$$\left.\frac{\mathrm{d}z}{\mathrm{d}x}\right|_{x=x_0} = f'_x(M_0) + f'_y(M_0)\left.\frac{\mathrm{d}y}{\mathrm{d}x}\right|_{x=x_0} = 0$$

又由 $\varphi(x,y)=0$，得

$$\left.\frac{\mathrm{d}y}{\mathrm{d}x}\right|_{x=x_0} = -\frac{\varphi'_x(M_0)}{\varphi'_y(M_0)}$$

综合以上两式得在点 M_0 处函数 $z=f(x,y)$ 在条件 $\varphi(x,y)=0$ 下取得极值的必要条件为

$$f'_x(M_0) - f'_y(M_0) \cdot \frac{\varphi'_x(M_0)}{\varphi'_y(M_0)} = 0$$

记 $\dfrac{f'_y(M_0)}{\varphi'_y(M_0)} = -\lambda$（称参数 λ 为**拉格朗日乘数**），则有

$$\begin{cases} f'_x(M_0) + \lambda\varphi'_x(M_0) = 0 \\ f'_y(M_0) + \lambda\varphi'_y(M_0) = 0 \\ \varphi(M_0) = 0 \end{cases}$$

令 $L(x,y,\lambda)=f(x,y)+\lambda\varphi(x,y)$，则上述方程组的解就是函数 $L(x,y,\lambda)$ 的驻点. 于是将求解约束极值的问题转化为求辅助函数 $L(x,y,\lambda)$ 的无约束极值的问题. 这种方法称为**拉格朗日乘数法**.

例 10.43　求平面 $Ax+By+Cz+D=0$ 上最靠近坐标原点的点.

解　由题意，目标函数为

$$f(x,y,z) = x^2 + y^2 + z^2$$

约束条件为

$$Ax + By + Cz + D = 0$$

作拉格朗日函数

$$L = x^2 + y^2 + z^2 + \lambda(Ax + By + Cz + D)$$

令 $L'_x = L'_y = L'_z = L'_\lambda = 0$，即

$$\begin{cases} L'_x = 2x + \lambda A = 0 \\ L'_y = 2y + \lambda B = 0 \\ L'_z = 2z + \lambda C = 0 \\ L'_\lambda = Ax + By + Cz + D = 0 \end{cases}$$

解得

$$\begin{cases} x_0 = \dfrac{-AD}{A^2+B^2+C^2} \\[2mm] y_0 = \dfrac{-BD}{A^2+B^2+C^2} \\[2mm] z_0 = \dfrac{-CD}{A^2+B^2+C^2} \end{cases}$$

由于该平面到原点的最近距离确实存在，又因为 L 的驻点唯一，因此，求得的点 (x_0, y_0, z_0) 距原点最近，距离为

$$d = \sqrt{x_0^2 + y_0^2 + z_0^2} = \frac{|D|}{\sqrt{A^2 + B^2 + C^2}}$$

例 10.44　在第一卦限内作椭球面 $\dfrac{x^2}{a^2} + \dfrac{y^2}{b^2} + \dfrac{z^2}{c^2} = 1$ 的切平面，使切平面与三个坐标面所围成的四面体的体积最小，并求切点坐标.

解　设 $P(x_0, y_0, z_0)$ 为椭球面上一点，令

$$F(x, y, z) = \frac{x^2}{a^2} + \frac{y^2}{b^2} + \frac{z^2}{c^2} - 1$$

则

$$F_x' \mid_P = \frac{2x_0}{a^2}, \quad F_y' \mid_P = \frac{2y_0}{b^2}, \quad F_z' \mid_P = \frac{2z_0}{c^2}$$

于是过 $P(x_0, y_0, z_0)$ 的切平面方程为

$$\frac{x_0}{a^2}(x - x_0) + \frac{y_0}{b^2}(y - y_0) + \frac{z_0}{c^2}(z - z_0) = 0$$

化简得

$$\frac{x \cdot x_0}{a^2} + \frac{y \cdot y_0}{b^2} + \frac{z \cdot z_0}{c^2} = 1$$

由此可知该平面在三个坐标轴上的截距为

$$x = \frac{a^2}{x_0}, \quad y = \frac{b^2}{y_0}, \quad z = \frac{c^2}{z_0}$$

于是问题即所为四面体的体积（目标函数）

$$V = \frac{1}{6}xyz = \frac{a^2 b^2 c^2}{6 x_0 y_0 z_0}$$

在约束条件

$$\frac{x_0^2}{a^2} + \frac{y_0^2}{b^2} + \frac{z_0^2}{c^2} = 1$$

下的最小值问题.

由于 V 与 $u = \ln x_0 + \ln y_0 + \ln z_0$ 的最大值点相同，故令

$$L(x_0, y_0, z_0, \lambda) = \ln x_0 + \ln y_0 + \ln z_0 + \lambda\left(\frac{x_0^2}{a^2} + \frac{y_0^2}{b^2} + \frac{z_0^2}{c^2} - 1\right)$$

令 $L_{x_0}' = 0$，$L_{y_0}' = 0$，$L_{z_0}' = 0$，$L_\lambda' = 0$

即

$$\begin{cases} \dfrac{1}{x_0} + \dfrac{2\lambda x_0}{a^2} = 0 \\[2mm] \dfrac{1}{y_0} + \dfrac{2\lambda y_0}{b^2} = 0 \\[2mm] \dfrac{1}{z_0} + \dfrac{2\lambda z_0}{c^2} = 0 \\[2mm] \dfrac{x_0^2}{a^2} + \dfrac{y_0^2}{b^2} + \dfrac{z_0^2}{c^2} - 1 = 0 \end{cases}$$

解得

$$x_0 = \frac{a}{\sqrt{3}}, y_0 = \frac{b}{\sqrt{3}}, z_0 = \frac{c}{\sqrt{3}} \quad （唯一驻点）$$

所以，当切点为 $\left(\dfrac{a}{\sqrt{3}}, \dfrac{b}{\sqrt{3}}, \dfrac{c}{\sqrt{3}}\right)$ 时，四面体的体积最小，此时

$$V_{\min} = \frac{\sqrt{3}}{2}abc$$

拉格朗日乘数法可以推广到多个自变量以及多个约束条件的情形，我们对此不详细介绍．一般来说，用拉格朗日乘数法求条件极值时，需要解非线性方程组，这往往非常困难．在实际应用中，通常使用数学软件求非线性方程组的数值解，有兴趣的读者可参考有关书籍．

最后，我们看一个求多元函数最值的例子．

例 10.45　求函数 $z = 1 - x + x^2 + 2y$ 在直线 $x = 0$，$y = 0$ 及 $x + y = 1$ 围成的三角形闭域 D（见图 10-11）上的最大（小）值．

解　由于 $z'_x = -1 + 2x$，$z'_y = 2 \neq 0$，所以在 D 内函数无极值，最大（小）值只能在边界上．

（1）在边界线 $x = 0$，$0 \leqslant y \leqslant 1$ 上，$z = 1 + 2y$．由于 $z'_y = 2 > 0$，$z = 1 + 2y$ 关于 y 严格递增，所以，$z(0, 0) = 1$ 最小，$z(0, 1) = 3$ 最大．

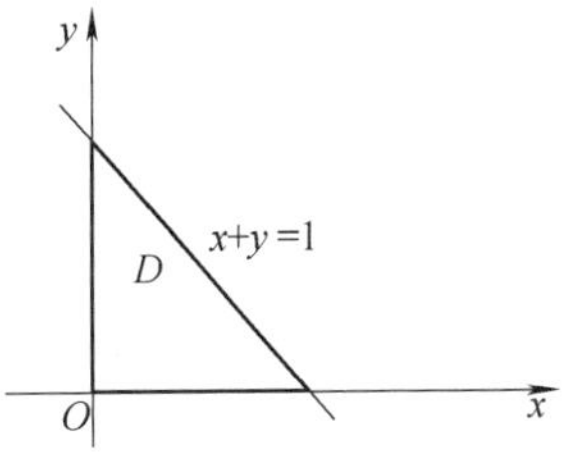

（2）在边界线 $y = 0, 0 \leqslant x \leqslant 1$ 上，$z = 1 - x + x^2$．由于 $z'_x = -1 + 2x$，有驻点 $x = \dfrac{1}{2}$，对应的函数值为

$z\left(\dfrac{1}{2}, 0\right) = \dfrac{3}{4}$，且在端点 $(1, 0)$ 处有 $z(1, 0) = 1$．

（3）在边界线 $x + y = 1(0 \leqslant x \leqslant 1)$ 上，$z = 1 - x + x^2 + 2(1 - x) = 3 - 3x + x^2$．由于 $z'_x = -3 + 2x < 0(0 \leqslant x \leqslant 1)$，所以函数关于 x 单调递减，最大（小）值在端点处．

图　10-11

比较 $z(0,0)$, $z(1,0)$, $z(0,1)$ 及 $z\left(\dfrac{1}{2},0\right)$, 得

$$z_{\min} = z\left(\dfrac{1}{2},0\right) = \dfrac{3}{4}, \qquad z_{\max} = z(0,1) = 3$$

习题 10.7

A 组

1. 求下列各函数的驻点和极值:

(1) $z = 4(x-y) - x^2 - y^2$ (2) $z = (6x - x^2)(4y - y^2)$

(3) $z = e^{2x}(x + 2y + y^2)$ (4) $z = e^{-(x^2 + y^2)}$

2. 要造一个容积等于定数的长方形无盖水池,应如何设计水池的尺寸,方可使它的表面积最小.

3. 在 xOy 平面上求一点,使得它到 $x = 0$, $y = 0$ 及 $x + 2y - 16$ 三条直线的距离平方之和最小.

4. 求半径为 a 的球中具有最大体积的内接长方体.

5. 将周长为定数的矩形绕它的一边旋转而构成的一个圆柱体,问矩形的边长如何设计,才能使圆柱体的体积最大.

6. 求 $z = \dfrac{1}{2}(x^4 + y^4)$ 在条件 $x + y = a$ 下的最小值,其中 $x \geqslant 0$, $y \geqslant 0$, a 为常数. 并证明不等式

$$\dfrac{x^4 + y^4}{2} \geqslant \left(\dfrac{x + y}{2}\right)^4$$

7. 求曲面 $xy - z^2 + 1 = 0$ 上距原点最近的点.

8. 某公司通过电台和报纸两种方式来为销售某商品而做广告,根据统计资料,销售收入 R(万元) 与电台广告费 x(万元) 和报纸广告费 y(万元) 间的关系为

$$R = 15 + 14x + 32y - xy - 2x^2 - 8y^2$$

求: (1) 在广告费不受限制情况下的最优广告策略;

(2) 在广告费限制为 1.5 (万元) 时,其相应的最优广告策略.

B 组

1. 求函数 $f(x_1, x_2, \cdots, x_n) = \sqrt[n]{x_1 x_2 \cdots x_n}$ 在条件 $x_1 + x_2 + \cdots + x_n = C$ (C 为常数) 下的最大值.

2. 已知 $x^2 + y^2 + z^2 = 1$, 求 $xy + yz + zx$ 的最小值.

10.8　方向导数与梯度

本节我们介绍多元函数的方向导数和梯度. 多元函数的方向导数是比偏导数更广泛的一个概念, 方向导数和与之相关的梯度在数量场的研究和优化计算问题中都有着广泛的应用.

10.8.1　方向导数

我们从回顾偏导数的概念开始下面的讨论. 多元函数的偏导数实质上是把多元函数看作一元函数进而求导数. 例如, 二元函数 $z = f(x, y)$ 在点 (x_0, y_0) 对 x 的偏导数就是限定 (x, y) 在有向直线 $y = y_0(x$ 轴正向) 上进而对 x 求导数.

下面, 我们把这样的想法推广到任意有向直线.

设 l 为任意一条有向直线, $l = (\cos\alpha, \cos\beta)$ 是其单位方向向量, $P_0(x_0, y_0)$ 为 l 上任意一点, 则 l 可以用参数方程

$$\begin{cases} x = x_0 + t\cos\alpha \\ y = y_0 + t\cos\beta \end{cases}, \quad t \in (-\infty, +\infty)$$

表示.

如果限定 (x, y) 在有向直线 l 上, 则二元函数 $z = f(x, y)$ 就可以看作关于 t 的一元函数

$$g(t) = f(x_0 + t\cos\alpha, y_0 + t\cos\beta) - f(x_0, y_0)$$

我们当然可以考虑 $g(t)$ 的导数问题. 为此, 我们引入方向导数的概念.

定义 10.5　　**(方向导数)**　设二元函数 $z = f(x, y)$ 在点 $P_0(x_0, y_0)$ 的某邻域内有定义, $l = (\cos\alpha, \cos\beta)$ 为单位向量. 如果极限

$$\lim_{t \to 0} \frac{f(x_0 + t\cos\alpha, y_0 + t\cos\beta) - f(x_0, y_0)}{t}$$

存在, 则称此极限为函数 $z = f(x, y)$ 在点 $P_0(x_0, y_0)$ 处沿 l 方向的方向导数, 记作 $\dfrac{\partial f}{\partial l}\bigg|_{P_0}$ 或 $\dfrac{\partial f(x_0, y_0)}{\partial l}$. 如果函数 $f(x, y)$ 在区域 D 内的任何一点 (x, y) 处沿 l 方向的方向导数都存在, 则 $\dfrac{\partial f}{\partial l}$ 为 D 内的一个函数, 称为 $f(x, y)$ 沿 l 方向的方向导函数 (简称方向导数).

方向导数的概念比偏导数更广泛. 例如, 假定 $z = f(x, y)$ 在点 $P_0(x_0, y_0)$ 可偏导, 则 $z = f(x, y)$ 在点 $P_0(x_0, y_0)$ 沿 x 轴正向 (即 $l = (1, 0)$ 方向) 的方向

导数为 $\dfrac{\partial f}{\partial l}\bigg|_{P_0} = \dfrac{\partial f}{\partial x}\bigg|_{P_0}$. 类似地, 如果 $l = (-1, 0)$, 即 x 轴负向, 则 $\dfrac{\partial f}{\partial l}\bigg|_{P_0} = -\dfrac{\partial f}{\partial x}\bigg|_{P_0}$; 如果 $l = (0, 1)$, 即 y 轴正向, 则 $\dfrac{\partial f}{\partial l}\bigg|_{P_0} = \dfrac{\partial f}{\partial y}\bigg|_{P_0}$; 如果 $l = (0, -1)$, 即 y 轴负向, 则 $\dfrac{\partial f}{\partial l}\bigg|_{P_0} = -\dfrac{\partial f}{\partial y}\bigg|_{P_0}$.

一般地, n 元函数的方向导数也可以用类似的方法定义. 例如, 三元函数 $u = f(x, y, z)$ 在 $P_0(x_0, y_0, z_0)$ 处沿 $l = (\cos\alpha, \cos\beta, \cos\gamma)$ 的方向导数为

$$\frac{\partial f(x_0, y_0, z_0)}{\partial l} = \lim_{t \to 0} \frac{f(x_0 + t\cos\alpha, y_0 + t\cos\beta, z_0 + t\cos\gamma) - f(x_0, y_0, z_0)}{t}$$

下面我们考虑方向导数的存在性.

定理 10.15 如果函数 $z = f(x, y)$ 在点 $P_0(x_0, y_0)$ 处可微, 则函数 $f(x, y)$ 在点 P_0 处沿任意方向 $l = (\cos\alpha, \cos\beta)$ 的方向导数都存在, 且

$$\frac{\partial f}{\partial l}\bigg|_{P_0} = \frac{\partial f}{\partial x}\bigg|_{P_0} \cos\alpha + \frac{\partial f}{\partial y}\bigg|_{P_0} \cos\beta$$

证明 因为函数 $f(x, y)$ 在点 P_0 处可微, 所以,

$$\begin{aligned}
\Delta z &= f(x_0 + \Delta x, y_0 + \Delta y) - f(x_0, y_0) \\
&= \frac{\partial f}{\partial x}\bigg|_{P_0} \Delta x + \frac{\partial f}{\partial y}\bigg|_{P_0} \Delta y + o(\rho)
\end{aligned}$$

其中 $\rho = \sqrt{(\Delta x)^2 + (\Delta y)^2}$.

特别地, 取 $\Delta x = t\cos\alpha$, $\Delta y = t\cos\beta$, 注意到 $\rho = |t|$, 有

$$\begin{aligned}
\frac{\partial f}{\partial l}\bigg|_{P_0} &= \lim_{t \to 0} \frac{\Delta z}{t} \\
&= \lim_{t \to 0} \left[\frac{\partial f}{\partial x}\bigg|_{P_0} \frac{\Delta x}{t} + \frac{\partial f}{\partial y}\bigg|_{P_0} \frac{\Delta y}{t} + \frac{o(\rho)}{t} \right] \\
&= \frac{\partial f}{\partial x}\bigg|_{P_0} \cos\alpha + \frac{\partial f}{\partial y}\bigg|_{P_0} \cos\beta
\end{aligned}$$

类似地, 如果三元函数 $u = f(x, y, z)$ 在点 $P_0(x_0, y_0, z_0)$ 处可微, 则在点 $P_0(x_0, y_0, z_0)$ 处沿 $l = (\cos\alpha, \cos\beta, \cos\gamma)$ 方向的方向导数存在, 并且

$$\frac{\partial f}{\partial l}\bigg|_{P_0} = \frac{\partial f}{\partial x}\bigg|_{P_0} \cos\alpha + \frac{\partial f}{\partial y}\bigg|_{P_0} \cos\beta + \frac{\partial f}{\partial z}\bigg|_{P_0} \cos\gamma$$

其中 $\cos\alpha$, $\cos\beta$, $\cos\gamma$ 是 l 的方向余弦.

例 10.46 求函数 $z = x^2 y + 3x$ 在点 $P_0(1, 2)$ 处, 沿从点 $P_0(1, 2)$ 到点

$P(0,3)$ 方向的方向导数.

解 由于

$$\frac{\partial z}{\partial x}\bigg|_{(1,2)} = (2xy+3)\big|_{(1,2)} = 7, \quad \frac{\partial z}{\partial y}\bigg|_{(1,2)} = x^2\big|_{(1,2)} = 1$$

l 的方向即为向量 $\overrightarrow{P_0 P}$ 的方向

$$\overrightarrow{P_0 P} = (0-1, 3-2) = (-1, 1)$$

所以 l 的方向余弦为

$$\cos\alpha = -\frac{1}{\sqrt{2}}, \quad \cos\beta = \frac{1}{\sqrt{2}}$$

因此

$$\frac{\partial z}{\partial l}\bigg|_{(1,2)} = -\frac{7}{\sqrt{2}} + \frac{1}{\sqrt{2}} = -3\sqrt{2}$$

例 10.47 设 n 是曲面 $2x^2 + 3y^2 + z^2 = 6$ 在点 $P(1,1,1)$ 处指向外侧的法

向量,求函数 $u = \dfrac{\sqrt{6x^2+8y^2}}{z}$ 在点 P 处沿方向 n 的方向导数.

解 令 $F(x,y,z) = 2x^2 + 3y^2 + z^2 - 6$, 因为

$$F_x'\big|_P = 4x\big|_P = 4, \quad F_y'\big|_P = 6y\big|_P = 6, \quad F_z'\big|_P = 2z\big|_P = 2$$

故

$$n = (F_x', F_y', F_z') = (4, 6, 2)$$

$$|n| = \sqrt{4^2 + 6^2 + 2^2} = 2\sqrt{14}$$

其方向余弦为

$$\cos\alpha = \frac{2}{\sqrt{14}}, \quad \cos\beta = \frac{3}{\sqrt{14}}, \quad \cos\gamma = \frac{1}{\sqrt{14}}$$

又因为

$$\frac{\partial u}{\partial x}\bigg|_P = \frac{6x}{z\sqrt{6x^2+8y^2}}\bigg|_P = \frac{6}{\sqrt{14}}$$

$$\frac{\partial u}{\partial y}\bigg|_P = \frac{8y}{z\sqrt{6x^2+8y^2}}\bigg|_P = \frac{8}{\sqrt{14}}$$

$$\frac{\partial u}{\partial z}\bigg|_P = -\frac{\sqrt{6x^2+8y^2}}{z^2}\bigg|_P = -\sqrt{14}$$

所以

$$\frac{\partial u}{\partial n}\bigg|_P = \left(\frac{\partial u}{\partial x}\cos\alpha + \frac{\partial u}{\partial y}\cos\beta + \frac{\partial u}{\partial z}\cos\gamma\right)\bigg|_P = \frac{11}{7}$$

10.8.2 梯度

多元函数的一个方向导数是函数在这个方向上的变化率. 对于给定的点. 我们自然关心在哪个方向上函数的变化率最大或最小, 为此我们引入**梯度**的概念.

函数 $z = f(x, y)$ 在点 $P(x, y)$ 处沿 $l = (\cos\alpha, \cos\beta)$ 的方向导数为

$$\frac{\partial f}{\partial l} = \frac{\partial f}{\partial x}\cos\alpha + \frac{\partial f}{\partial y}\cos\beta = \boldsymbol{G} \cdot \boldsymbol{l} = |\boldsymbol{G}|\cos\theta$$

其中 $\boldsymbol{G} = \left(\dfrac{\partial f}{\partial x}, \dfrac{\partial f}{\partial y}\right)$, θ 是 $\boldsymbol{G}$ 与 $\boldsymbol{l}$ 的夹角.

当 l 与 $\boldsymbol{G}$ 方向一致时, $\cos\theta = 1$, 方向导数最大, 等于 $|\boldsymbol{G}|$; 当 l 与 $\boldsymbol{G}$ 方向相反时, $\cos\theta = -1$, 方向导数最小, 等于 $-|\boldsymbol{G}|$. 也就是说, 沿 $\left(\dfrac{\partial f}{\partial x}, \dfrac{\partial f}{\partial y}\right)$ 方向, 函数增加最快, 沿 $\left(-\dfrac{\partial f}{\partial x}, -\dfrac{\partial f}{\partial y}\right)$ 方向, 函数减少得最快. 因此, 向量 $\boldsymbol{G} = \left(\dfrac{\partial f}{\partial x}, \dfrac{\partial f}{\partial y}\right)$ 具有特殊意义.

定义 10.6　设 $z = f(x, y)$ 在点 (x, y) 可微. 称向量 $\boldsymbol{G} = \left(\dfrac{\partial f}{\partial x}, \dfrac{\partial f}{\partial y}\right)$ 为函数 $z = f(x, y)$ 在点 (x, y) 的梯度, 记为 $\mathbf{grad}f$.

引用记号 $\nabla = \left(\dfrac{\partial}{\partial x}, \dfrac{\partial}{\partial y}\right)$, 称为奈布拉算子, 或称为向量微分算子或哈密尔顿算子, 则梯度又可记为

$$\mathbf{grad}f = \left(\frac{\partial f}{\partial x}, \frac{\partial f}{\partial y}\right) = \nabla f$$

梯度 $\mathbf{grad}f = \left(\dfrac{\partial f}{\partial x}, \dfrac{\partial f}{\partial y}\right) = \nabla f$ 可以刻画 $f(x, y)$ 在任一点处的变化情况, 因此成为描述数量场 $f(x, y)$ 特征的重要向量.

设函数 $z = f(x, y)$ 的等高线为

$$\Gamma: f(x, y) = C$$

两端微分, 得

$$\frac{\partial f}{\partial x}\mathrm{d}x + \frac{\partial f}{\partial y}\mathrm{d}y = 0$$

或

$$\left(\frac{\partial f}{\partial x}, \frac{\partial f}{\partial y}\right) \cdot (\mathrm{d}x, \mathrm{d}y) = 0$$

由于 $(\mathrm{d}x, \mathrm{d}y)$ 是曲线 Γ 的切线方向, 它平行于向量 $\left(1, \dfrac{\mathrm{d}y}{\mathrm{d}x}\right)$. 故上式表明,

梯度 $\mathbf{grad}f = \left(\dfrac{\partial f}{\partial x}, \dfrac{\partial f}{\partial y}\right)$ 为等高线 $\varGamma$ 上点 P 处的法向量，如图 10-12 所示. 这就是**梯度的几何意义**.

为了更形象地理解梯度的特征，不妨将函数 $z = f(x, y)$ 的图形想象为一座山，如图 10-13 所示. 山上一点的梯度方向就是该点山高增加最快的方向，而与梯度垂直的方向就是等高线的方向.

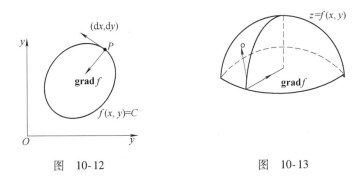

图　10-12　　　　　　　　　图　10-13

梯度概念可以推广到一般的 n 元函数. 例如，$u = f(x, y, z)$ 在点 $P(x, y, z)$ 处可微分，则函数在该点的梯度为

$$\mathbf{grad}f = \nabla f = \frac{\partial f}{\partial x}\boldsymbol{i} + \frac{\partial f}{\partial y}\boldsymbol{j} + \frac{\partial f}{\partial z}\boldsymbol{k} = \left(\frac{\partial f}{\partial x}, \frac{\partial f}{\partial y}, \frac{\partial f}{\partial z}\right)$$

它是函数 $u = f(x, y, z)$ 在点 P 处取得最大方向导数的方向，最大方向导数为

$$|\mathbf{grad}f| = \sqrt{\left(\frac{\partial f}{\partial x}\right)^2 + \left(\frac{\partial f}{\partial y}\right)^2 + \left(\frac{\partial f}{\partial z}\right)^2}$$

例 10.48　山坡的高度 z 近似为 $z = 5 - x^2 - 2y^2$. 求山坡上点 $\left(-\dfrac{3}{2}, -1, \dfrac{3}{4}\right)$ 处的高度增加最快的方向.

解　由 $f(x, y) = 5 - x^2 - 2y^2$，在点 $M_0\left(-\dfrac{3}{2}, -1\right)$ 处有

$$f_x{}'(M_0) = 3, \quad f_y{}'(M_0) = 4$$

$$\mathbf{grad}f\left(-\frac{3}{2}, -1\right) = (3, 4)$$

由梯度的意义，方向 $(3, 4)$ 就是 $\left(-\dfrac{3}{2}, -1, \dfrac{3}{4}\right)$ 处的高度增加最快的方向.

关于梯度的某些物理意义举以下例说明.

例 10.49　设一金属板上电压的分布为 $v(x, y) = 50 - x^2 - 4y^2$，问在点

（1，-2）处，沿什么方向电压升高最快？沿什么方向电压下降最快？其速率各为多少？沿什么方向电压变化最慢？

解　由函数的梯度知，函数沿梯度的方向上升最快，沿与梯度相反的方向下降最快，沿与梯度垂直的方向变化最慢. 因为电压分布 v 的梯度

$$\mathbf{grad}v = \left(\frac{\partial f}{\partial x}, \frac{\partial f}{\partial y} \right) = (-2x, -8y)$$

$$\mathbf{grad}v(1, -2) = (-2, 16), \quad -\mathbf{grad}v(1, -2) = (2, -16)$$

所以在（1，-2）处，沿 $-2\boldsymbol{i} + 16\boldsymbol{j}$ 的方向电压升高最快，沿 $2\boldsymbol{i} - 16\boldsymbol{j}$ 的方向电压下降最快，其上升或下降的速率都为 $\sqrt{2^2 + 16^2} = \sqrt{260}$.

因为与 $\mathbf{grad}v(1, -2)$ 垂直的方向为（16，2），故沿 $16\boldsymbol{i} + 2\boldsymbol{j}$ 的方向或 $-16\boldsymbol{i} - 2\boldsymbol{j}$ 的方向电压变化最慢（沿等值线）.

例 10.50　假设位于原点 O 处有一电荷量为 Q 的点电荷，其周围形成一电场，它在空间任一点 $M(x, y, z)$ 处产生的电位为 $u = \dfrac{Q}{\sqrt{x^2 + y^2 + z^2}}$，试求电场强度 $\boldsymbol{E}$.

解　令 $r = \sqrt{x^2 + y^2 + z^2}$，根据物理学知识得

$$\boldsymbol{E} = -\nabla u = \frac{Q}{r^3}(x\boldsymbol{i} + y\boldsymbol{j} + z\boldsymbol{k})$$

这说明点电荷形成的电场，其电位梯度 ∇u 与电场强度 $\boldsymbol{E}$ 大小相等，方向相反. 这与下述物理意义是符合的：

（1）电场强度指向电位减小最快的方向；

（2）如果将电荷 Q 换成质点 m，则在原点周围形成引力场，其势能为

$$u = \frac{m}{r}$$

则质点 m 在其周围形成的引力为

$$\boldsymbol{F} = -\nabla u = \frac{m}{r^3}(x\boldsymbol{i} + y\boldsymbol{j} + z\boldsymbol{k})$$

由此可知，势能梯度与引力的关系也是大小相等，方向相反.

例 10.51　当鲨鱼在觉察出血腥味后，总是游向血腥味最浓的方向. 假设鲨鱼与血源在同一平面，血源在坐标系原点，点 $P(x, y)$ 处的血腥味浓度近似为

$$f(x, y) = \mathrm{e}^{-(x^2 + 2y^2) \times 10^{-4}}$$

求鲨鱼从某点出发向血源前进的路线.

解　　因为鲨鱼追踪最强气味，所以每一瞬间都将沿着梯度的方向运动，

$$\mathbf{grad}f = 10^{-4}\mathrm{e}^{-(x^2+2y^2)\times 10^{-4}}(-2x, -4y)$$

即鲨鱼前进轨迹的切向量（$\mathrm{d}x, \mathrm{d}y$）与梯度 $\mathbf{grad}f$ 平行，即

$$\frac{\mathrm{d}x}{-2x} = -\frac{\mathrm{d}y}{4y}$$

解出 $y = Cx^2$（其中 C 为常数）.

设鲨鱼的初始位置为 (x_0, y_0)，则有 $y = y_0\left(\dfrac{x}{x_0}\right)^2$.

以上我们讨论了多元函数 $f(x, y)$ 的方向导数与梯度. 在实际应用中需要注意的是，**所有自变量都应该选择相同的单位**.

习题 10.8

A 组

1. 求下列个函数在指定方向的方向导数：

（1）$z = x^2 + y^2$ 在点 $(1, 2)$ 处沿从点 $(1, 2)$ 到点 $(2, 2+\sqrt{3})$ 的方向；

（2）$z = \mathrm{e}^{x^2+y^2}$ 在点 $(2, 1)$ 处沿 $l = (1, -1)$ 方向；

（3）$u = xyz$ 在点 $(5, 1, 2)$ 处沿从点 $(5, 1, 2)$ 到点 $(9, 4, 14)$ 的方向；

（4）$z = 1 - \left(\dfrac{x^2}{a^2} + \dfrac{y^2}{b^2}\right)$ 在点 $\left(\dfrac{a}{\sqrt{2}}, \dfrac{b}{\sqrt{2}}\right)$ 处沿曲线 $\dfrac{x^2}{a^2} + \dfrac{y^2}{b^2} = 1$ 在该点的内法线方向.

2. 已知 $u = x^2 + y^2 + z^2 - xy + yz$，点 $P_0(1, 1, 1)$，求 u 在点 P_0 处的方向导数 $\dfrac{\partial u}{\partial l}$ 的最大值和最小值，并指出相应的方向 l.

3. 求下列各函数在指定点处的梯度：

（1）$z = x^2 y + xy^2$ 在点 $(1, 2)$ 处；

（2）$z = \sqrt{x^2 + y^2 - 1}$ 在点 $(-1, 2)$ 处；

（3）$z = \ln(x^3 + y^3)$ 在点 $(0, 1)$ 处；

（4）$u = \mathrm{e}^{xy^2z^3}$ 在点 $(1, 1, 1)$ 处.

4. 设有一金属板在 xOy 平面上占据的区域为 $0 \leqslant x \leqslant 1$，$0 \leqslant y \leqslant 1$，已知板上各点的温度是

$$T = 500xy(1-x)(1-y) + 10 \quad （单位℃）$$

问在点 $\left(\dfrac{1}{4}, \dfrac{1}{3}\right)$ 处的一只昆虫应沿什么方向运动才能尽快地逃到较凉的地方.

B 组

设 u，v 都是 x，y，z 的函数，且具有一阶连续偏导数，证明：

（1）$\mathbf{grad}(u+v) = \mathbf{grad}u + \mathbf{grad}v$

（2）$\mathbf{grad}(uv) = (\mathbf{grad}u) \cdot v + u \cdot \mathbf{grad}v$

（3）$\mathbf{grad}(u^2) = 2u \cdot \mathbf{grad}u$

（4）$\mathbf{grad}f(u) = f'(u) \cdot \mathbf{grad}u$

综合习题 10

A 组

1. 考虑二元函数的下面 4 条性质：

① $f(x,y)$ 在点 (x_0, y_0) 连续；

② $f(x,y)$ 在点 (x_0, y_0) 处的两个偏导数连续；

③ $f(x,y)$ 在点 (x_0, y_0) 处可微；

④ $f(x,y)$ 在点 (x_0, y_0) 处两个偏导数存在.

则有（　　　）

A. ②⇒③⇒①　　　　B. ③⇒②⇒①　　　　C. ③⇒④⇒①　　　　D. ③⇒①⇒④

2. 已知函数 $f(x,y)$ 在点 $(0,0)$ 的某邻域内连续，且 $\lim\limits_{\substack{x\to 0\\ y\to 0}} \dfrac{f(x,y) - xy}{(x^2 + y^2)^2} = 1$，则（　　　）

A. 点 $(0,0)$ 不是 $f(x,y)$ 的极值点

B. 点 $(0,0)$ 是 $f(x,y)$ 的极大值点

C. 点 $(0,0)$ 是 $f(x,y)$ 的极小值点

D. 根据条件无法判断 $(0,0)$ 是否为 $f(x,y)$ 的极值点

3. 证明：极限 $\lim\limits_{\substack{x\to 0\\ y\to 0}} \dfrac{xy^2}{x^2 + y^4}$ 不存在.

4. 设 $u = xyze^{x+y+z}$，求 $\dfrac{\partial^2 u}{\partial x^2}$，$\dfrac{\partial^2 u}{\partial y^2}$，$\dfrac{\partial^2 u}{\partial z^2}$.

5. 设 $u = f(x,y)$ 有二阶连续偏导数，而 $x = \dfrac{1}{2}\ln(r^2 + s^2)$，$y = \arctan\dfrac{s}{r}$，证明：

（1）$\left(\dfrac{\partial u}{\partial x}\right)^2 + \left(\dfrac{\partial u}{\partial y}\right)^2 = (r^2 + s^2)\left[\left(\dfrac{\partial u}{\partial r}\right)^2 + \left(\dfrac{\partial u}{\partial s}\right)^2\right]$

（2）$\dfrac{\partial^2 u}{\partial x^2} + \dfrac{\partial^2 u}{\partial y^2} = (r^2 + s^2)\left(\dfrac{\partial^2 u}{\partial r^2} + \dfrac{\partial^2 u}{\partial s^2}\right)$

6. 设 $z = \dfrac{f(xy)}{x} + y\varphi(x+y)$，$f$ 和 φ 具有二阶连续导数，求 $\dfrac{\partial^2 z}{\partial x \partial y}$.

7. 设 $z = f(2x - y, y\sin x)$，其中 $f(u,v)$ 具有连续的二阶偏导数，求 $\dfrac{\partial^2 z}{\partial x \partial y}$.

8. 设 $y = f(x,t)$，t 是由方程 $F(x,y,t) = 0$ 所确定的函数，其中 f 和 F 都具有一阶连续偏导数，证明：

$$\dfrac{dy}{dx} = \dfrac{\dfrac{\partial f}{\partial x}\cdot\dfrac{\partial F}{\partial t} - \dfrac{\partial f}{\partial t}\cdot\dfrac{\partial F}{\partial x}}{\dfrac{\partial f}{\partial t}\cdot\dfrac{\partial F}{\partial y} + \dfrac{\partial F}{\partial t}}$$

9. 设 $z = f(x,y)$ 在 $(1,1)$ 处具有一阶连续偏导数，且 $f(1,1) = 1$，$\left.\dfrac{\partial f}{\partial x}\right|_{(1,1)} = 2$，$\left.\dfrac{\partial f}{\partial y}\right|_{(1,1)} = 3$，

$\varphi(x)=f(x,f(x,x))$. 求 $\dfrac{\mathrm{d}}{\mathrm{d}x}\varphi^3(x)\Big|_{x=1}$.

10. 设 $u=f(x,y,z)$ 具有一阶连续偏导数，又 $y=y(x)$ 及 $z=z(x)$ 分别由 $e^{xy}-xy=2$ 和 $e^x=\displaystyle\int_0^{x-z}\dfrac{\sin t}{t}\mathrm{d}t$ 所确定，求 $\dfrac{\mathrm{d}u}{\mathrm{d}x}$.

11. 求旋转椭球面 $3x^2+y^2+z^2=16$ 上点 $(-1,-2,3)$ 处的切平面与 xOy 面的夹角的余弦.

12. 证明曲面 $xyz=a^3$（$a>0$）上任何点处的切平面与坐标平面围成的四面体的体积为常数.

13. 设 $u=yf\left(\dfrac{x}{y}\right)+xg\left(\dfrac{y}{x}\right)$，其中 f 和 g 具有二阶连续偏导数，证明：$x\dfrac{\partial^2 u}{\partial x^2}+y\dfrac{\partial^2 u}{\partial x\partial y}=0$.

14. 求由方程 $x^2+2xy+2y^2=1$ 所确定的隐函数 $y=y(x)$ 的极值.

15. 若 $n\geqslant 1$，及 $x\geqslant 0$，$y\geqslant 0$，证明函数 $f(x,y)=\dfrac{x^n+y^n}{2}$ 在条件 $x+y=a$（定值）下的最小值为 $\left(\dfrac{a}{2}\right)^n$，并由此证明不等式 $\dfrac{x^n+y^n}{2}\geqslant\left(\dfrac{x+y}{2}\right)^n$.

B 组

1. 设 $f(x,y)=\begin{cases}(x^2+y^2)\sin\dfrac{1}{\sqrt{x^2+y^2}},&x^2+y^2\neq 0\\0,&x^2+y^2=0\end{cases}$，

（1）问 $f(x,y)$ 在点 $(0,0)$ 处是否连续？

（2）求 $f(x,y)$ 的偏导数并讨论偏导函数在点 $(0,0)$ 处的连续性.

（3）问 $f(x,y)$ 在点 $(0,0)$ 处是否可微？

2. 设函数 $z=f(x,y)$ 可微，且满足 $xf'_x(x,y)+yf'_y(x,y)=0$，证明：$f(x,y)$ 在极坐标系中只是 θ 的函数.

3. 试证：曲面 $z=x+f(y-z)$ 上任意一点的切平面平行于一条定直线，其中 f 为可微函数.

4. 一个徒步旅行者在爬山，山的高度是 $z=1000-2x^2-3y^2$. 当他在点 $(1,1,995)$ 处时，为了尽快升高，他应当按什么方向移动？如果他在最快速上升的道路上前进，证明这条路线在 xOy 平面上的投影曲线是 $y=x^{\frac{3}{2}}$（注意：约定以 x 轴正向为正南方向）.

5. 设 x_1，x_2，$\cdots$，x_n 为 n 个正数，试在条件 $x_1+x_2+\cdots+x_n=a$（定值）下，求函数 $u=x_1\cdot x_2\cdots\cdots x_n$ 的最大值，并由此证明不等式 $\sqrt[n]{x_1\cdot x_2\cdot\cdots\cdot x_n}\leqslant\dfrac{x_1+x_2+\cdots+x_n}{n}$.

6. 设函数 $f(u)$ 在 $(0,+\infty)$ 内二阶可导，且 $z=f(\sqrt{x^2+y^2})$ 满足等式 $\dfrac{\partial^2 z}{\partial x^2}+\dfrac{\partial^2 z}{\partial y^2}=0$，（1）验证：$f''(u)+\dfrac{f'(u)}{u}=0$；（2）若 $f(1)=0$，$f'(1)=1$，求 $f(u)$ 的表达式.

第**11**章

重 积 分

本章及下一章将介绍多元函数的积分问题. 多元函数的积分与一元函数的定积分一样，也是为了解决实际问题而产生的. 一元函数的定积分是一元函数在直线段上的积分，由特殊和式的极限定义，可以很好地处理一元"求整体量"的问题. 类似于一元微分推广到多元微分，我们可以把一元积分推广到多元积分. 如果把一元函数推广到多元函数，同时把直线上的积分区间推广到区域，我们就得到了重积分的概念. 本章主要介绍平面区域上的二重积分和空间区域上的三重积分.

11.1 二重积分的概念与性质

11.1.1 二重积分的概念

定积分的几何背景之一是求任意平面图形的面积. 通过适当划分，任意平面图形都可以分成规则的几何图形与曲边梯形，于是，求得了任意曲边梯形的面积就可以求得任意平面图形的面积. 我们把这种思想用来求空间几何体的体积. 把一个规则柱体的顶面替换为曲面，得到的立体称为曲顶柱体. 在许多情形下，空间中有限的几何体总可以划分成由平面围成的规则几何体与曲顶柱体的和. 因此，求得了任意曲顶柱体的体积就可以求得该几何体的体积.

问题 11.1 求曲顶柱体的体积

设曲顶柱体的底是 xOy 面上的有界闭区域 D，其侧面是以 D 的边界曲线为准线而且母线平行于 z 轴的柱面，它的顶是曲面 $z = f(x,y)$ （$f(x,y) \geqslant 0$，且 $z = f(x,y)$ 在 D 上连续），求曲顶柱体的体积.

由初等几何知，

$$平顶柱体的体积 = 底面积 \times 高（常量）$$

但是，这一公式无法直接应用于一般的曲顶柱体，因为曲顶柱体的高 $f(x,y)$ 随着点 $(x,y) \in D$ 的不同而变化，如图 11-1 所示.

我们用积分的思想来求曲顶柱体的体积.

（1）划分

把平面区域 D 划分为 n 个小区域 $\Delta\sigma_1$，$\Delta\sigma_2$，$\cdots$，$\Delta\sigma_n$，为简单起见，我们把第 i 个小区域的面积也记为 $\Delta\sigma_i$，以它们为底把大的曲顶柱体分为 n 个小曲顶柱体，体积分别记为 ΔV_1，ΔV_2，$\cdots$，ΔV_n（如图 11-2 所示）.

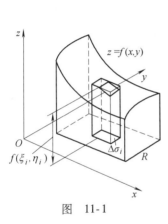

图 11-1

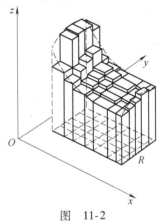

图 11-2

（2）近似

在每个 $\Delta\sigma_i$ 中任取一点 (ξ_i, η_i)，将对应的小曲顶柱体近似看成是以 $\Delta\sigma_i$ 为底、$f(\xi_i, \eta_i)$ 为高的平顶柱体. 于是

$$\Delta V_i \approx f(\xi_i, \eta_i) \Delta\sigma_i \quad (i = 1, 2, \cdots, n)$$

（3）求和

由于大曲顶柱体体积等于所有小曲顶柱体体积之和，所以将所有小"平顶"柱体体积的近似值累加起来，便得到曲顶柱体体积的近似值

$$V = \sum_{i=1}^{n} \Delta V_i \approx \sum_{i=1}^{n} f(\xi_i, \eta_i) \Delta\sigma_i$$

（4）取极限

令 $\lambda = \max\limits_{1 \leqslant i \leqslant n} \{ d(\Delta\sigma_i) \}$，则当 $\lambda \to 0$ 时，和式 $\sum\limits_{i=1}^{n} f(\xi_i, \eta_i) \Delta\sigma_i$ 的极限值就是

所求曲顶柱体的体积，即

$$V = \lim_{\lambda \to 0} \sum_{i=1}^{n} f(\xi_i, \eta_i) \Delta \sigma_i$$

抽去上述问题的几何意义，我们就得到了**二重积分的定义**.

定义 11.1　设 $f(x,y)$ 是有界闭区域 D 上的有界函数. 将 D 分成任意 n 个小闭区域 $\Delta \sigma_1, \Delta \sigma_2, \cdots, \Delta \sigma_n$，其中 $\Delta \sigma_i$ 表示第 i 个小闭区域，也表示它的面积. 在每个 $\Delta \sigma_i$ 上任取一点 $(\xi_i, \eta_i) \in \Delta \sigma_i$，作乘积 $f(\xi_i, \eta_i) \Delta \sigma_i$　$(i = 1, 2, 3, \cdots, n)$，并作和

$$\sum_{i=1}^{n} f(\xi_i, \eta_i) \Delta \sigma_i$$

令 $\lambda = \max\limits_{1 \leqslant i \leqslant n} \{d(\Delta \sigma_i)\} \to 0$. 如果和式的极限存在，则称 $f(x,y)$ 在 D 上可积，且称此极限值为函数 $f(x,y)$ 在闭区域 D 上的**二重积分**，记作 $\iint\limits_{D} f(x,y) \mathrm{d}\sigma$，即

$$\iint\limits_{D} f(x,y) \mathrm{d}\sigma = \lim_{\lambda \to 0} \sum_{i=1}^{n} f(\xi_i, \eta_i) \Delta \sigma_i$$

式中，$f(x,y)$ 是被积函数；$f(x,y) \mathrm{d}\sigma$ 是被积表达式；$\mathrm{d}\sigma$ 是面积微元；x 和 y 是积分变量；D 是积分区域；$\sum\limits_{i=1}^{n} f(\xi_i, \eta_i) \Delta \sigma_i$ 是积分和（也称黎曼和）.

关于二重积分的存在性问题，我们直接给出结论：**有界闭区域 D 上的连续函数在 D 上可积**.

按照二重积分的定义，问题 11.1 中的曲顶柱体的体积可表示为 $V = \iint\limits_{D} f(x,y) \mathrm{d}\sigma$. 一般地，当 $f(x,y) \geqslant 0$ 时，$\iint\limits_{D} f(x,y) \mathrm{d}\sigma$ 表示以平面区域 D 为底，曲面 $z = f(x,y)$ 为顶，以 D 的边界为准线，母线平行于 z 轴的曲顶柱体的体积 V. 当 $f(x,y) \leqslant 0$ 时，$\iint\limits_{D} f(x,y) \mathrm{d}\sigma = -V$. 这就是**二重积分的几何意义**.

11.1.2　二重积分的性质

二重积分与定积分有类似形式的定义，其性质也完全类似. 因此，我们在这里不加证明地给出二重积分的主要性质.

性质 1　（二重积分的线性性质）

若 $f(x,y)$ 与 $g(x,y)$ 在区域 D 上可积，$\alpha, \beta \in \mathbf{R}$，则 $\alpha f(x,y) + \beta g(x,y)$ 在 D 上也可积，且

$$\iint\limits_{D} [\alpha f(x,y) \mathrm{d}\sigma + \beta g(x,y)] \mathrm{d}\sigma = \alpha \iint\limits_{D} f(x,y) \mathrm{d}\sigma + \beta \iint\limits_{D} g(x,y) \mathrm{d}\sigma$$

性质 2 （积分区域的可加性）

如果闭区域 D 是两个没有公共内点的闭区域 D_1 和 D_2 的并集，则

$$\iint\limits_{D} f(x,y)\,\mathrm{d}\sigma = \iint\limits_{D_1} f(x,y)\,\mathrm{d}\sigma + \iint\limits_{D_2} f(x,y)\,\mathrm{d}\sigma$$

性质 3 如果在 D 上 $f(x,y) = 1$，σ 为 D 的面积，则

$$\sigma = \iint\limits_{D} 1\,\mathrm{d}\sigma = \iint\limits_{D} \mathrm{d}\sigma$$

性质 4 （比较性质）

若在区域 D 上，$f(x,y)$ 和 $g(x,y)$ 可积，且 $f(x,y) \geqslant g(x,y)$，则

$$\iint\limits_{D} f(x,y)\,\mathrm{d}\sigma \geqslant \iint\limits_{D} g(x,y)\,\mathrm{d}\sigma$$

特别地

（1）若 $f(x,y) \geqslant 0$，则 $\iint\limits_{D} f(x,y)\,\mathrm{d}\sigma \geqslant 0$（积分保号性）；

（2）因为 $-|f(x,y)| \leqslant f(x,y) \leqslant |f(x,y)|$，所以

$$\left| \iint\limits_{D} f(x,y)\,\mathrm{d}\sigma \right| \leqslant \iint\limits_{D} |f(x,y)|\,\mathrm{d}\sigma$$

性质 5 （积分估值定理）

设 M 和 m 分别是 $f(x,y)$ 在有界闭区域 D 上的最大值和最小值，σ 是 D 的面积，则有

$$m\sigma \leqslant \iint\limits_{D} f(x,y)\,\mathrm{d}\sigma \leqslant M\sigma$$

性质 6 （积分中值定理）

设 $f(x,y)$ 在有界闭区域 D 上**连续**，σ 是 D 的面积，则在 D 上至少存在一点 (ξ,η) 使得下式成立

$$\iint\limits_{D} f(x,y)\,\mathrm{d}\sigma = f(\xi,\eta) \cdot \sigma$$

或

$$f(\xi,\eta) = \frac{\iint\limits_{D} f(x,y)\,\mathrm{d}\sigma}{\sigma}$$

上述性质读者可仿照一元定积分性质的证明方法完成证明.

例 11.1 比较二重积分 $\iint\limits_{D} \ln(x+y)\,\mathrm{d}\sigma$ 与 $\iint\limits_{D} [\ln(x+y)]^2\,\mathrm{d}\sigma$ 的大小，其中 D 是矩形区域 $3 \leqslant x \leqslant 5$，$0 \leqslant y \leqslant 1$.

解　因为在 D 上，$3 \leqslant x + y \leqslant 6$，所以 $\ln(x+y) \geqslant 1$，故

$$\ln(x+y) \leqslant [\ln(x+y)]^2$$

由二重积分的比较性质有

$$\iint\limits_{D} \ln(x+y)\mathrm{d}\sigma \leqslant \iint\limits_{D} [\ln(x+y)]^2 \mathrm{d}\sigma$$

例 11.2　估计积分 $I = \iint\limits_{D}(1 + \sqrt{x^2+y^2})\mathrm{d}\sigma$

的值，其中 D 为 $x^2 + y^2 \leqslant 2x$.

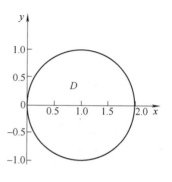

图　11-3

解　D 的区域如图 11-3 所示，其面积为

π. 而在区域 D 上 $0 \leqslant \sqrt{x^2+y^2} \leqslant 2$，于是被积函数

满足 $1 \leqslant 1 + \sqrt{x^2+y^2} \leqslant 3$，则由估值定理

$$\pi \leqslant I = \iint\limits_{D}(1 + \sqrt{x^2+y^2})\mathrm{d}\sigma \leqslant 3\pi$$

习题 11.1

A 组

1. 设有一平面薄板（不计其厚度），占有 xOy 平面的闭区域 D，薄板的面密度为 $\rho(x,y)$ 在 D 上连续，试用二重积分表示该薄板的质量.

2. 根据二重积分的几何意义，确定下列积分值

$$\iint\limits_{D} \sqrt{a^2 - x^2 - y^2}\mathrm{d}\sigma, \quad \text{其中} D = \{(x,y) \mid x^2 + y^2 \leqslant a^2\}.$$

B 组

1. 比较下列各组积分值的大小：

(1) $I_1 = \iint\limits_{D}(x+y)^2 \mathrm{d}\sigma$ 与 $I_1 = \iint\limits_{D}(x+y)^3 \mathrm{d}\sigma$，其中 D 是由圆周 $(x-2)^2 + (y-1)^2 = 2$ 所围成；

(2) $I_1 = \iint\limits_{D} \ln(x+y)\mathrm{d}\sigma, I_2 = \iint\limits_{D}(x+y)^2 \mathrm{d}\sigma$ 及 $I_3 = \iint\limits_{D}(x+y)\mathrm{d}\sigma$，其中 D 是由直线 $x=0$，$y=0, x+y=\dfrac{1}{2}$ 和 $x+y=1$ 所围成.

2. 估计下列各积分的值：

(1) $\iint\limits_{D} \mathrm{e}^{(x+y)}\mathrm{d}\sigma$，其中 $D = \{(x,y) \mid 0 \leqslant x \leqslant 1, 0 \leqslant y \leqslant 1\}$

(2) $\iint\limits_{D} \sin(x^2+y^2)\mathrm{d}\sigma$，其中 $D = \left\{(x,y) \; \middle| \; \dfrac{\pi}{4} \leqslant x^2 + y^2 \leqslant \dfrac{3}{4}\pi\right\}$

188

11.2 二重积分的计算

按照定义，二重积分等于一个特殊和式的极限，而且这个极限比一元定积分的和式的极限更为复杂，显然，由定义出发直接计算积分是不方便的. 我们希望利用定积分的已有结论计算二重积分，基本思路是把二重积分化成两次定积分，这种方法称为**累次积分法**.

11.2.1 直角坐标系下二重积分的计算

我们根据积分区域的形态特点分情况讨论二重积分的计算.

1. 矩形区域上的二重积分

考虑二重积分 $\iint\limits_{D} f(x,y)\,\mathrm{d}\sigma$. 积分区域

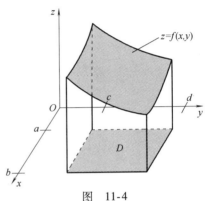

D 为矩形，$a \leqslant x \leqslant b$，$c \leqslant y \leqslant d$，如图 11-4 所示. 在直角坐标系中总是用分别平行于 x 轴和 y 轴的直线网来划分积分区域 D. 考虑划分后的任意一个小区域 $[x, x+\mathrm{d}x] \times [y, y+\mathrm{d}y]$，其面积为 $\mathrm{d}\sigma = \mathrm{d}x\mathrm{d}y$. 于是

图 11-4

$$\iint\limits_{D} f(x,y)\,\mathrm{d}\sigma = \iint\limits_{D} f(x,y)\,\mathrm{d}x\mathrm{d}y$$

习惯上总是用 $\iint\limits_{D} f(x,y)\,\mathrm{d}x\mathrm{d}y$ 来表示二重积分.

假设 $f(x,y) \geqslant 0$，$z = f(x,y)$ 在 D 上连续，则 $\iint\limits_{D} f(x,y)\,\mathrm{d}x\mathrm{d}y$ 是底面为 D，顶面为 $z = f(x,y)$ 的曲顶柱体的体积（见图 11-5a）. 我们用定积分计算这个体积.

把柱体切割成平行于 xOz 平面的薄片，$[y, y+\mathrm{d}y]$ 对应的薄片如图 11-5b 所示，则

$$\iint\limits_{D} f(x,y)\,\mathrm{d}x\mathrm{d}y = \int_{c}^{d} A(y)\,\mathrm{d}y$$

又对任意给定的 $y(c \leqslant y \leqslant d)$ 有

$$A(y) = \int_{a}^{b} f(x,y)\,\mathrm{d}x$$

于是有

$$\iint\limits_{D} f(x,y)\,\mathrm{d}x\mathrm{d}y = \int_{c}^{d}\left(\int_{a}^{b} f(x,y)\,\mathrm{d}x\right)\mathrm{d}y$$

如果先对柱体做平行于 yOz 平面的切割，则得到另一个次序相反的二次积分

$$\iint\limits_{D} f(x,y)\,\mathrm{d}x\mathrm{d}y = \int_{a}^{b}\left(\int_{c}^{d} f(x,y)\,\mathrm{d}y\right)\mathrm{d}x$$

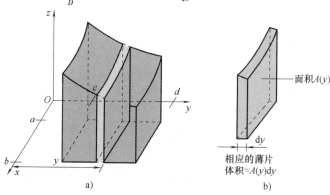

图 11-5

为简单起见，通常把 $\int_{c}^{d}\left(\int_{a}^{b} f(x,y)\,\mathrm{d}x\right)\mathrm{d}y$ 记成 $\int_{c}^{d}\mathrm{d}y\int_{a}^{b} f(x,y)\,\mathrm{d}x$ ，即

$$\iint\limits_{D} f(x,y)\,\mathrm{d}x\mathrm{d}y = \int_{c}^{d}\mathrm{d}y\int_{a}^{b} f(x,y)\,\mathrm{d}x$$

表示先对 x 积分再对 y 积分.

把 $\int_{a}^{b}\left(\int_{c}^{d} f(x,y)\,\mathrm{d}y\right)\mathrm{d}x$ 记成 $\int_{a}^{b}\mathrm{d}x\int_{c}^{d} f(x,y)\,\mathrm{d}y$ ，即

$$\iint\limits_{D} f(x,y)\,\mathrm{d}x\mathrm{d}y = \int_{a}^{b}\mathrm{d}x\int_{c}^{d} f(x,y)\,\mathrm{d}y$$

表示先对 y 积分再对 x 积分.

例 11.3　　计算 $\iint\limits_{D}(x^2+xy+y^2)\,\mathrm{d}x\mathrm{d}y$ ，其中 D 是矩形区域 $0\leqslant x\leqslant 1$，$1\leqslant y\leqslant 2$.

解　　先对 x 积分

$$
\begin{aligned}
\iint\limits_{D}(x^2+xy+y^2)\,\mathrm{d}x\mathrm{d}y &= \int_{1}^{2}\mathrm{d}y\int_{0}^{1}(x^2+xy+y^2)\,\mathrm{d}x \\
&= \int_{1}^{2}\left(\frac{1}{3}x^3+\frac{1}{2}x^2 y+xy^2\right)\Bigg|_{0}^{1}\mathrm{d}y \\
&= \int_{1}^{2}\left(\frac{1}{3}+\frac{1}{2}y+y^2\right)\mathrm{d}y \\
&= \left(\frac{1}{3}y+\frac{1}{4}y^2+\frac{1}{3}y^3\right)\Bigg|_{1}^{2} = \frac{41}{12}
\end{aligned}
$$

我们把先对 y 积分留作练习.

矩形区域上化二重积分为两次定积分的方法对一般情形同样适用, 即对函数只要求其可积, 积分区域可以任意.

在计算二重积分时, 一般先画出积分区域, 然后根据积分区域的形态选择合适的积分次序, 我们对此做稍微详细一些的讨论.

2. 横向区域

由 $y = c, y = d, x = x_1(y), x = x_2(y)(x_1(y) \leqslant x_2(y))$ 围成的平面区域 (见图 11-6) 是横向带形区域 $c \leqslant y \leqslant d$ 的一部分, 我们称之为横向区域, 或称 X—**区域**. 在这样的区域上积分时通常可以先对 x 积分再对 y 积分.

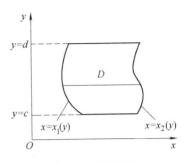

图 11-6   横向区域

对 x 积分时, 将 y 视为 "常量", 于是

$$\iint\limits_D f(x,y)\mathrm{d}x\mathrm{d}y = \int_c^d \left(\int_{x_1(y)}^{x_2(y)} f(x,y)\,\mathrm{d}x \right)\mathrm{d}y = \int_c^d \mathrm{d}y \int_{x_1(y)}^{x_2(y)} f(x,y)\,\mathrm{d}x$$

例 11.4   计算 $\iint\limits_D (x^2 + y - 1)\mathrm{d}x\mathrm{d}y$, 其中 D 是由直线 $y = x$, $y = 2x$ 及 $y = 2$ 所围成的区域.

解   先画出积分区域示意图, 并计算交点坐标. D 如图 11-7 所示, 这是横向区域, 选择先对 x 积分.

$$\iint\limits_D (x^2 + y - 1)\mathrm{d}x\mathrm{d}y = \int_0^2 \mathrm{d}y \int_{\frac{1}{2}y}^y (x^2 + y - 1)\,\mathrm{d}x$$

$$= \int_0^2 \left(\frac{1}{3}x^3 + yx - x \right)\Big|_{\frac{1}{2}y}^y \mathrm{d}y$$

$$= \int_0^2 \left(\frac{7}{24}y^3 + \frac{1}{2}y^2 - \frac{1}{2} \right)\mathrm{d}y$$

$$= \frac{3}{2}$$

3. 纵向区域

由 $x = a, x = b, y = y_1(x), y = y_2(x)(y_1(x) \leqslant y_2(x))$ 围成的平面区域 (见图 11-8) 是纵向带形区域 $a \leqslant x \leqslant b$ 的一部分. 我们称之为纵向区域, 或称 Y—**区域**. 在这样的区域上积分时通常可以先对 y 积分再对 x 积分.

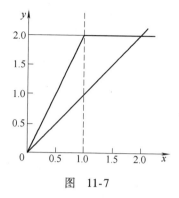

图 11-7

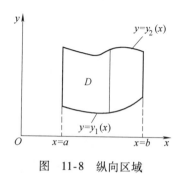

图 11-8 纵向区域

对 y 积分时，将 x 视为"常量"，于是

$$\iint\limits_{D} f(x,y)\mathrm{d}x\mathrm{d}y = \int_a^b \left(\int_{y_1(x)}^{y_2(x)} f(x,y)\mathrm{d}y \right) \mathrm{d}x = \int_a^b \mathrm{d}x \int_{y_1(x)}^{y_2(x)} f(x,y)\mathrm{d}y$$

例 11.5 计算 $\iint\limits_{D}(4x + 10y)\mathrm{d}x\mathrm{d}y$，其中 D 如图 11-9 所示.

解 这是纵向区域，选择先对 y 积分.

$$\iint\limits_{D}(4x + 10y)\mathrm{d}x\mathrm{d}y = \int_3^5 \mathrm{d}x \int_{-x}^{x^2}(4x + 10y)\mathrm{d}y$$

$$= \int_3^5 (4xy + 5y^2) \Big|_{-x}^{x^2} \mathrm{d}x$$

$$= \int_3^5 (5x^4 + 4x^3 - x^2)\mathrm{d}x = 3393\frac{1}{3}$$

4. 复杂区域

对于一般的平面区域，可以用平行于坐标轴的直线将其分成若干个横向区域或纵向区域，然后利用二重积分对积分区域的可加性进行计算.

例 11.6 计算 $\iint\limits_{D} xy^2\mathrm{d}x\mathrm{d}y$，其中 D 如图 11-10 所示.

解 如图 11-10 所示，积分区域 D 可以划分成 D_1 和 D_2.

$$\iint\limits_{D} xy^2\mathrm{d}x\mathrm{d}y = \iint\limits_{D_1} xy^2\mathrm{d}x\mathrm{d}y + \iint\limits_{D_2} xy^2\mathrm{d}x\mathrm{d}y$$

$$\iint\limits_{D_1} xy^2\mathrm{d}x\mathrm{d}y = \int_2^4 \mathrm{d}y \int_0^{y-2} xy^2\mathrm{d}x = \frac{1}{2}\int_2^4 (y-2)^2 y^2\mathrm{d}y$$

$$\iint\limits_{D_2} xy^2\mathrm{d}x\mathrm{d}y = \int_0^2 \mathrm{d}y \int_0^{2-y} xy^2\mathrm{d}x = \frac{1}{2}\int_0^2 (y-2)^2 y^2\mathrm{d}y$$

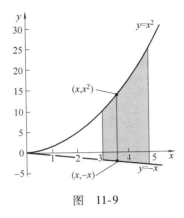

图 11-9

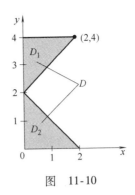

图 11-10

于是，$\iint\limits_{D} xy^2 \mathrm{d}x\mathrm{d}y = \dfrac{1}{2}\int_0^4 (y-2)^2 y^2 \mathrm{d}y$

$$= \dfrac{1}{2}\int_0^4 (y^4 - 4y^3 + 4y^2)\mathrm{d}y$$

$$= \dfrac{1}{2}\left(\dfrac{1}{5}y^5 - y^4 + \dfrac{4}{3}y^3\right)\bigg|_0^4 = \dfrac{256}{15}$$

将二重积分化为累次积分时，除了要考虑积分区域的几何特点外，还必须同时考虑被积函数. 有些时候，即使给定了累次积分的次序，也必须将其转换为另一个次序才能计算，称之为"交换积分次序". 我们看下面的例子.

例 11.7 计算 $\displaystyle\int_0^1 \mathrm{d}y \int_y^{\sqrt{y}} \dfrac{\sin x}{x}\mathrm{d}x$.

分析 因为 $y = \dfrac{\sin x}{x}$ 的原函数不是初等函数，所以，按原题所给的积分顺序不能直接求解，应当考虑通过交换积分顺序计算二重积分.

解 由条件知，积分区域为

$$D = \left\{(x,y) \mid y \leqslant x \leqslant \sqrt{y}, 0 \leqslant y \leqslant 1\right\}$$

既是横向型区域又是纵向区域（如图 11-11 所示）. 交换积分次序，将 D 看作成纵向区域，即

$$D = \left\{(x,y) \mid 0 \leqslant x \leqslant 1, \ x^2 \leqslant y \leqslant x\right\}$$

于是，

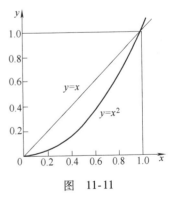

图 11-11

$$\int_0^1 \mathrm{d}y \int_y^{\sqrt{y}} \dfrac{\sin x}{x}\mathrm{d}x = \int_0^1 \mathrm{d}x \int_{x^2}^{x} \dfrac{\sin x}{x}\mathrm{d}y$$

$$= \int_0^1 \dfrac{\sin x}{x}\left(y \bigg|_{x^2}^{x}\right)\mathrm{d}x$$

193

$$= \int_0^1 \frac{\sin x}{x}(x - x^2)\,\mathrm{d}x$$

$$= \int_0^1 (\sin x - x\sin x)\,\mathrm{d}x$$

$$= 1 - \sin 1$$

总体来说,无论是考虑积分区域形状还是分析被积函数特点,都是为了使积分,尤其是第一次积分容易一些.

关于二重积分的记号特别要注意,$\int_a^b \mathrm{d}x \int_{y_1(x)}^{y_2(x)} f(x,y)\,\mathrm{d}y$ 是 $\int_a^b \left(\int_{y_1(x)}^{y_2(x)} f(x,y)\,\mathrm{d}y\right)\mathrm{d}x$ 的简写,一般不等于 $\int_a^b \mathrm{d}x$ 与 $\int_{y_1(x)}^{y_2(x)} f(x,y)\,\mathrm{d}y$ 的乘积. 但是,当被积函数 $f(x,y) = f_1(x)f_2(y)$,且积分区域为矩形域,即 $D = \{(x,y) \mid a \leqslant x \leqslant b, c \leqslant y \leqslant d\}$ 时,有

$$\iint\limits_{D} f(x,y)\,\mathrm{d}x\mathrm{d}y = \left(\int_a^b f_1(x)\,\mathrm{d}x\right)\left(\int_c^d f_2(y)\,\mathrm{d}y\right)$$

证明留给读者.

11. 2. 2　极坐标系下二重积分的计算

在计算二重积分时,常会遇到积分区域是圆形域、扇形域或环形域的情况,如果被积函数同时又具有 $f(x^2 + y^2)$ 或 $f\left(\dfrac{x}{y}\right)$ 的形式,则利用极坐标系计算二重积分更为简便.

首先,考虑在极坐标系下二重积分的表达式.

如图 11-12 所示,用以极点 O 为中心的一族同心圆:$r =$ 常数,以及从极点出发的一族射线:$\theta =$ 常数,把 D 分成 n 个小闭区域. 小闭区域 D_k 的面积为

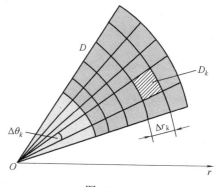

图　11-12

$$\Delta\sigma_k = \frac{1}{2}(r_k + \Delta r_k)^2 \cdot \Delta\theta_k - \frac{1}{2}r_k^2 \cdot \Delta\theta_k$$

$$= \frac{1}{2}(2r_k + \Delta r_k)\Delta r_k \cdot \Delta\theta_k$$

$$= \frac{r_k + (r_k + \Delta r_k)}{2} \cdot \Delta r_k \cdot \Delta\theta_k$$

$$= \bar{r}_k \cdot \Delta r_k \cdot \Delta\theta_k$$

其中 $\bar{r}_k$ 表示相邻两圆弧半径的平均值.

在此小闭区域内取圆周 $r = \bar{r}_k$ 上的一点 $(\bar{r}_k, \bar{\theta}_k)$，设该点的直角坐标为 (ξ_k, η_k). 由直角坐标与极坐标之间的关系有

$$\xi_k = \bar{r}_k \cos\bar{\theta}_k, \qquad \eta_k = \bar{r}_k \sin\bar{\theta}_k$$

于是有

$$\lim_{\lambda \to 0} \sum_{k=1}^{n} f(\xi_k, \eta_k) \Delta\sigma_k = \lim_{\lambda \to 0} \sum_{k=1}^{n} f(\bar{r}_k \cos\bar{\theta}_k, \bar{r}_k \sin\bar{\theta}_k) \bar{r}_k \cdot \Delta r_k \cdot \Delta\theta_k$$

即得

$$\iint_D f(x, y)\mathrm{d}\sigma = \iint_D f(r\cos\theta, r\sin\theta) r \mathrm{d}r\mathrm{d}\theta$$

又因为在直角坐标系中，$\iint_D f(x, y)\mathrm{d}\sigma$ 一般记作 $\iint_D f(x, y)\mathrm{d}x\mathrm{d}y$，所以上式通常表示为

$$\iint_D f(x, y)\mathrm{d}x\mathrm{d}y = \iint_D f(r\cos\theta, r\sin\theta) r \mathrm{d}r\mathrm{d}\theta$$

其中 $r\mathrm{d}r\mathrm{d}\theta$ 就是极坐标系中的面积微元.

在极坐标系中二重积分同样可以化为二次积分来计算. 一般选择先对 r 积分，再对 θ 积分的顺序，即把积分区域 D 表示为

$$D = \{(r, \theta) \mid \alpha \leqslant \theta \leqslant \beta, r_1(\theta) \leqslant r \leqslant r_2(\theta)\}$$

的形式，如图 11-13 所示.

$$\iint_D f(x, y)\mathrm{d}x\mathrm{d}y = \int_\alpha^\beta \mathrm{d}\theta \int_{r_1(\theta)}^{r_2(\theta)} f(r\cos\theta, r\sin\theta) r \mathrm{d}r$$

特别地，当极点在积分区域 D 的内部时（如图 11-14 所示），积分区域 D 可以表示为

$$D = \{(r, \theta) \mid 0 \leqslant \theta \leqslant 2\pi, 0 \leqslant r \leqslant r(\theta)\}$$

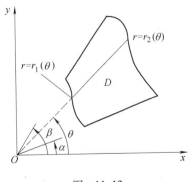

图　11-13

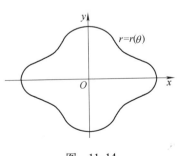

图　11-14

$$\iint\limits_{D} f(x,y)\mathrm{d}x\mathrm{d}y = \int_0^{2\pi}\mathrm{d}\theta\int_0^{r(\theta)} f(r\cos\theta,r\sin\theta)r\mathrm{d}r$$

例 11.8 将积分 $\int_0^1\mathrm{d}x\int_{1-x}^{\sqrt{1-x^2}} f(\sqrt{x^2+y^2})\mathrm{d}y$ 化为极坐标形式的二次积分.

解 为了把直角坐标系下的二次积分化为极坐标形式的二次积分, 应先画出区域 D 的图形, 然后再把区域的边界曲线用极坐标方程表示出来.

$$D = \{(x,y)\,|\,0\leq x\leq 1,1-x\leq y\leq\sqrt{1-x^2}\}$$

积分区域 D 如图 11-15 所示. 直线 $x+y=1$ 和
圆 $x^2+y^2=1$ 的极坐标方程分别为

$$r = \frac{1}{\cos\theta+\sin\theta},r=1.$$

因此, 积分区域 D 在极坐标系下可表示为

$$D = \left\{(r,\theta)\,\Big|\,0\leq\theta\leq\frac{\pi}{2},\frac{1}{\cos\theta+\sin\theta}\leq r\leq 1\right\}$$

被积函数 $f(\sqrt{x^2+y^2})=f(r)$. 于是,

$$\int_0^1\mathrm{d}x\int_{1-x}^{\sqrt{1-x^2}} f(\sqrt{x^2+y^2})\mathrm{d}y = \int_0^{\frac{\pi}{2}}\mathrm{d}\theta\int_{\frac{1}{\cos\theta+\sin\theta}}^1 f(r)r\mathrm{d}r$$

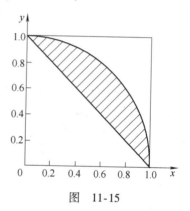

图　11-15

例 11.9 计算

(1) $H = \iint\limits_{D}\mathrm{e}^{-x^2-y^2}\mathrm{d}x\mathrm{d}y$, 其中 $D = \{(x,y)\,|\,x\geq 0,y\geq 0\}$

(2) $I = \int_{-\infty}^{+\infty}\mathrm{e}^{-x^2}\mathrm{d}x$

解 (1) 在 D 上计算

$$H = \iint\limits_{D}\mathrm{e}^{-x^2-y^2}\mathrm{d}x\mathrm{d}y = \int_0^{+\infty}\int_0^{+\infty}\mathrm{e}^{-x^2-y^2}\mathrm{d}x\mathrm{d}y$$

它属于广义二重积分, 由于函数 e^{-x^2} 的原函数不是初等函数, 所以上述二重积分不能在直角坐标系下计算. 下面, 我们利用极坐标系解决这个二重积分的计算问题.

在极坐标系下区域 D 可表示为

$$D = \left\{(r,\theta)\,\Big|\,0\leq\theta\leq\frac{\pi}{2},0\leq r\leq+\infty\right\}$$

于是,

$$H = \iint\limits_{D}\mathrm{e}^{-x^2-y^2}\mathrm{d}x\mathrm{d}y$$

$$= \int_0^{\frac{\pi}{2}} \mathrm{d}\theta \int_0^{+\infty} \mathrm{e}^{-r^2} r \mathrm{d}r$$

$$= \lim_{t \to +\infty} \int_0^{\frac{\pi}{2}} \mathrm{d}\theta \int_0^t \mathrm{e}^{-r^2} r \mathrm{d}r$$

$$= \frac{\pi}{2} \lim_{t \to +\infty} \left(-\frac{1}{2} \mathrm{e}^{-r^2} \right) \Big|_0^t$$

$$= \frac{\pi}{4}$$

(2) $\int_{-\infty}^{+\infty} \mathrm{e}^{-x^2} \mathrm{d}x$ 是收敛的一元广义积分. 因为被积函数是偶函数, 所以

$$I = \int_{-\infty}^{+\infty} \mathrm{e}^{-x^2} \mathrm{d}x = 2 \int_0^{+\infty} \mathrm{e}^{-x^2} \mathrm{d}x$$

可以通过 I 与 H 的关系求此积分.

$$H = \iint_D \mathrm{e}^{-x^2-y^2} \mathrm{d}x \mathrm{d}y$$

$$= \int_0^{+\infty} \mathrm{e}^{-x^2} \mathrm{d}x \int_0^{+\infty} \mathrm{e}^{-y^2} \mathrm{d}y$$

$$= \left(\int_0^{+\infty} \mathrm{e}^{-x^2} \mathrm{d}x \right)^2$$

$$= \left(\frac{I}{2} \right)^2 = \frac{I^2}{4}$$

所以

$$I = 2\sqrt{H} = 2\sqrt{\frac{\pi}{4}} = \sqrt{\pi}$$

11.2.3 对称性与二重积分

在定积分中, 如果积分区间关于原点对称, 我们就可以利用被积函数 $f(x)$ 的奇偶性简化定积分的计算, 即

$$\int_{-a}^a f(x) \mathrm{d}x = \begin{cases} 0, & f(-x) = -f(x) \\ 2\int_0^a f(x) \mathrm{d}x, & f(-x) = f(x) \end{cases}$$

下面我们把对称性的概念加以推广, 并讨论用对称性简化重积分的计算问题.

设 D 为平面区域, 如果对任意的 $(x,y) \in D$, 都有 $(x,-y) \in D$ ($(-x,y) \in D$ 或 $(-x,-y) \in D$), 则称区域 D 关于 x 轴 (y 轴或原点) 对称.

一般地, 也可以考虑平面区域关于定直线或定点的对称性. 空间形体的对

称性则稍显复杂,可以考虑形体关于坐标面、坐标轴、原点或一般的平面、直线或点的对称性. 例如,将二元函数 $f(x,y)$,$(x,y)\in D$ 视为空间曲面,如果区域 D 关于 x 轴对称,且 $f(x,y)$ 是关于 y 的偶函数,则曲面 $f(x,y)$,$(x,y)\in D$ 关于坐标面 $y=0$ 对称,此时 D 上以 $z=f(x,y)$ 为顶面的"曲顶柱体"也关于坐标面 $y=0$ 对称. 按照这种方法,我们就可以利用对称性求此"曲顶柱体"的"体积"了.

由二重积分的几何意义,我们直接得到下列结果.

(1) 设积分区域 D 关于 x 轴对称,D_1 为 D 在 x 轴上方的部分. 如果 $f(x,y)$ 是关于 y 的奇函数,则

$$\iint\limits_{D} f(x,y)\,\mathrm{d}x\mathrm{d}y = 0$$

如果 $f(x,y)$ 是关于 y 的偶函数,则

$$\iint\limits_{D} f(x,y)\,\mathrm{d}x\mathrm{d}y = 2\iint\limits_{D_1} f(x,y)\,\mathrm{d}x\mathrm{d}y$$

(2) 设积分区域 D 关于 y 轴对称,D_1 为 D 在 y 轴的右侧部分. 如果 $f(x,y)$ 是关于 x 的奇函数,则

$$\iint\limits_{D} f(x,y)\,\mathrm{d}x\mathrm{d}y = 0$$

如果 $f(x,y)$ 是关于 x 的偶函数,则

$$\iint\limits_{D} f(x,y)\,\mathrm{d}x\mathrm{d}y = 2\iint\limits_{D_1} f(x,y)\,\mathrm{d}x\mathrm{d}y$$

(3) 设积分区域 D 关于 x 轴和 y 轴都对称,D_1 为 D 在第一象限的部分,且 $f(x,y)$ 关于 x 和 y 都是偶函数,则

$$\iint\limits_{D} f(x,y)\,\mathrm{d}x\mathrm{d}y = 4\iint\limits_{D_1} f(x,y)\,\mathrm{d}x\mathrm{d}y$$

(4) 设积分区域 D 关于直线 $y=x$ 对称,D_1 为 D 在直线 $y=x$ 上侧的部分,且 $f(x,y)=f(y,x)$,则

$$\iint\limits_{D} f(x,y)\,\mathrm{d}x\mathrm{d}y = 2\iint\limits_{D_1} f(x,y)\,\mathrm{d}x\mathrm{d}y$$

除了上面这些之外,还有许多关于对称性的结果,读者不妨自己尝试去寻找. 我们不再一一罗列,只举几个简单的例子.

例 11.10　计算二重积分 $\iint\limits_{D}(x^2 + xy\mathrm{e}^{x^2+y^2})\,\mathrm{d}x\mathrm{d}y$,其中 D 由直线 $y=x$,$y=-1$,$x=1$ 所围成.

分析　积分区域如图 11-16 所示.

$$\iint\limits_{D}(x^2 + xye^{x^2+y^2})\mathrm{d}x\mathrm{d}y = \iint\limits_{D}x^2\mathrm{d}x\mathrm{d}y + \iint\limits_{D}xye^{x^2+y^2}\mathrm{d}x\mathrm{d}y$$

我们考虑积分 $\iint\limits_{D}xye^{x^2+y^2}\mathrm{d}x\mathrm{d}y$，其中函数 $xye^{x^2+y^2}$ 关于 x 和 y 都是奇函数. 向区域 D 添加辅助线 $y = -x$，将 D 分成上、下两部分 D_1 和 D_2，则 D_1 关于 x 轴对称，D_2 关于 y 轴对称. 这样，我们就可利用对称性简化这部分的积分计算了.

解 在积分区域 D 中添加辅助线 $y = -x$，将 D 分成上、下两部分 D_1 和 D_2，利用对称性得

$$\begin{aligned}
\iint\limits_{D}(x^2 + xye^{x^2+y^2})\mathrm{d}x\mathrm{d}y &= \iint\limits_{D}x^2\mathrm{d}x\mathrm{d}y + \iint\limits_{D}xye^{x^2+y^2}\mathrm{d}x\mathrm{d}y \\
&= \iint\limits_{D}x^2\mathrm{d}x\mathrm{d}y + \iint\limits_{D_1}xye^{x^2+y^2}\mathrm{d}x\mathrm{d}y + \iint\limits_{D_2}xye^{x^2+y^2}\mathrm{d}x\mathrm{d}y \\
&= \int_{-1}^{1}x^2\mathrm{d}x\int_{-1}^{x}\mathrm{d}y + 0 + 0 \\
&= \frac{2}{3}
\end{aligned}$$

例 11.11 求由双纽线 $(x^2+y^2)^2 = 2(x^2-y^2)$ 围成图形在圆 $x^2+y^2 = 1$ 外面部分的面积 S.

解 由二重积分的几何意义知，

$$S = \iint\limits_{D}\mathrm{d}x\mathrm{d}y$$

其中积分区域 D 如图 11-17 所示.

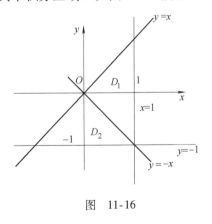

图 11-16

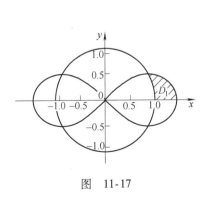

图 11-17

显然，D 关于 x 轴和 y 轴都对称. 设 D_1 是 D 在第一象限中的部分，由常数 1 关于 x 和 y 都是偶函数所以有

$$S = 4 \iint\limits_{D_1} \mathrm{d}x\mathrm{d}y$$

由于积分区域的边界曲线方程中都含有 $x^2 + y^2$，所以我们考虑在极坐标系下求解. 先将曲线

$$(x^2 + y^2)^2 = 2(x^2 - y^2), \quad x^2 + y^2 = 1$$

化为极坐标方程为

$$r = \sqrt{2\cos2\theta}, \quad r = 1$$

在第一象限求得两曲线的交点为 $\left(1, \dfrac{\pi}{6}\right)$，于是

$$S = 4 \iint\limits_{D_1} \mathrm{d}x\mathrm{d}y$$

$$= 4 \int_0^{\frac{\pi}{6}} \mathrm{d}\theta \int_1^{\sqrt{2\cos2\theta}} r\mathrm{d}r$$

$$= 2 \int_0^{\frac{\pi}{6}} (2\cos2\theta - 1)\mathrm{d}\theta$$

$$= \sqrt{3} - \frac{\pi}{3}$$

*11. 2. 4   二重积分的变量替换

定积分的换元积分法其实就是变量替换，它是定积分的常规计算方法之一. 本小节我们平行地考虑二重积分的变量替换. 实际上，前面介绍的极坐标系下的二重积分的计算就是变量替换的一种特殊情形. 下面给出一般二重积分变量替换的法则.

定理 11. 1   设 $f(x, y)$ 在 xOy 平面上的闭区域 D_{xy} 上连续，变换

$$T: \begin{cases} x = x(u, v) \\ y = y(u, v) \end{cases}$$

将 uOv 平面上的闭区域 D_{uv} 变为 xOy 平面上的 D_{xy}，且满足

（1）$x(u, v)$ 和 $y(u, v)$ 在 D_{uv} 上具有一阶连续偏导数；

（2）在 D_{uv} 上雅可比行列式 $J(u, v) = \dfrac{\partial(x, y)}{\partial(u, v)} \neq 0$.

则

$$\iint\limits_{D_{xy}} f(x, y)\mathrm{d}x\mathrm{d}y = \iint\limits_{D_{uv}} f(x(u, v), y(u, v)) |J(u, v)| \mathrm{d}u\mathrm{d}v$$

上式称为**二重积分的换元公式**.

证明 由 $J(u,v) = \dfrac{\partial(x,y)}{\partial(u,v)} \neq 0$，变换 T 可逆. 在 uOv 坐标面上，用平行于坐标轴的直线网分割区域 D_{uv}，任取其中一个小矩形区域，设其顶点的 uOv 坐标为

$$M_1'(u,v), \quad M_2'(u+h,v), \qquad M_3'(u+h,v+k), \qquad M_4'(u,v+k)$$

如图 11-18a 所示. 小矩形区域 $M_1'M_2'M_3'M_4'$ 经过变换 T 变成 xOy 平面上的一个曲边四边形 $M_1M_2M_3M_4$，如图 11-18b 所示，它的四个顶点的坐标分别为

$$M_1: x_1 = x(u,v), \quad y_1 = y(u,v)$$
$$M_2: x_2 = x(u+h,v), \quad y_2 = y(u+h,v)$$
$$M_3: x_3 = x(u+h,v+k), \quad y_3 = y(u+h,v+h)$$
$$M_4: x_4 = x(u,v+k), \quad y_4 = y(u,v+k)$$

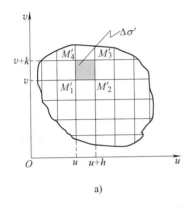
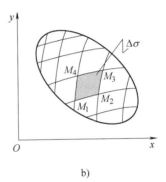

a)　　　　　　　　　　b)

图　11-18

令 $\rho = \sqrt{h^2 + k^2}$ ，则

$$x_2 - x_1 = x(u+h,v) - x(u,v) = \left.\frac{\partial x}{\partial u}\right|_{(u,v)} h + o(\rho)$$

$$x_4 - x_1 = x(u,v+k) - x(u,v) = \left.\frac{\partial x}{\partial v}\right|_{(u,v)} k + o(\rho)$$

同理，得

$$y_2 - y_1 = y(u+h,v) - y(u,v) = \left.\frac{\partial y}{\partial u}\right|_{(u,v)} h + o(\rho)$$

$$y_4 - y_1 = y(u,v+k) - y(u,v) = \left.\frac{\partial y}{\partial v}\right|_{(u,v)} k + o(\rho)$$

当 h 和 k 充分小时，曲边四边形 $M_1M_2M_3M_4$ 近似于平行四边形，其面积为

$$\Delta\sigma \approx |\overrightarrow{M_1M_2} \times \overrightarrow{M_1M_4}|$$

$$= \begin{Vmatrix} x_2 - x_1 & y_2 - y_1 \\ x_4 - x_1 & y_4 - y_1 \end{Vmatrix}$$

$$\approx \begin{Vmatrix} \dfrac{\partial x}{\partial u}h & \dfrac{\partial y}{\partial u}k \\ \dfrac{\partial x}{\partial v}h & \dfrac{\partial y}{\partial v}k \end{Vmatrix}$$

$$= \begin{Vmatrix} \dfrac{\partial x}{\partial u} & \dfrac{\partial x}{\partial v} \\ \dfrac{\partial y}{\partial u} & \dfrac{\partial y}{\partial v} \end{Vmatrix} hk = |J(u,v)|hk$$

即

$$\Delta\sigma \approx |J(u,v)|\Delta\sigma'$$

面积微元

$$d\sigma = |J(u,v)|dudv$$

得到二重积分的换元公式

$$\iint\limits_{D} f(x,y)dxdy = \iint\limits_{D'} f(x(u,v),y(u,v))|J(u,v)|dudv$$

关于定理 11.1 的条件我们说明两点:

(1) 如果雅可比行列式 $J(u,v)$ 只在 D_{uv} 内个别点上或一条曲线上为零,而在其他点上不为零,则换元公式仍成立. 例如,极坐标变换 T: $\begin{cases} x = r\cos\theta \\ y = r\sin\theta \end{cases}$, 其雅可比行列式为

$$J(r,\theta) = \frac{\partial(x,y)}{\partial(r,\theta)} = \begin{vmatrix} \cos\theta & -r\sin\theta \\ \sin\theta & r\cos\theta \end{vmatrix} = r$$

显然,除极点外,雅可比行列式处处不为零,所以有

$$\iint\limits_{D} f(x,y)dxdy = \iint\limits_{D'} f(r\cos\theta, r\sin\theta)rdrd\theta$$

(2) 在几何上变量替换 T 的雅可比行列式的绝对值表示变换前后的区域面积的伸缩率,

$$\lim_{\substack{h\to 0 \\ k\to 0}} \frac{\Delta\sigma}{\Delta\sigma'} = |J(u,v)|$$

例 11.12　计算 $I = \iint\limits_{D} x^2 dxdy$, 其中 $D = \left\{ (x,y) \left| \dfrac{x^2}{4} + \dfrac{y^2}{9} \leqslant 1 \right. \right\}$.

解　积分区域 D 为椭圆,利用广义极坐标变换

$$\begin{cases} x = 2r\cos\theta \\ y = 3r\sin\theta \end{cases}$$

$$|J(r,\theta)| = \left|\frac{\partial(x,y)}{\partial(r,\theta)}\right| = \begin{vmatrix} 2\cos\theta & -2r\sin\theta \\ 3\sin\theta & 3r\cos\theta \end{vmatrix} = 6r$$

积分区域 $D_{xy}: \dfrac{x^2}{4} + \dfrac{y^2}{9} \leqslant 1$ 变换为 $D_{r\theta}: 0 \leqslant r \leqslant 1,\ 0 \leqslant \theta \leqslant 2\pi$，于是，

$$
\begin{aligned}
I &= \iint\limits_{D_{xy}} x^2 \mathrm{d}x\mathrm{d}y \\
&= \iint\limits_{D_{r\theta}} 4r^2\cos^2\theta \cdot 6r\mathrm{d}r\mathrm{d}\theta \\
&= 24 \int_0^{2\pi} \mathrm{d}\theta \int_0^1 r^3\cos^2\theta \mathrm{d}r \\
&= 6 \int_0^{2\pi} \cos^2\theta \mathrm{d}\theta \\
&= 6 \cdot 4 \cdot \frac{1}{2} \cdot \frac{\pi}{2} \\
&= 6\pi
\end{aligned}
$$

例 11.13　计算 $I = \iint\limits_{D} \sqrt{xy}\,\mathrm{d}x\mathrm{d}y$，其中 D 由曲线 $xy=1$，$xy=2$，以及 $y=x$，

$y=4x$ 围成.

解　进行变量替换 $u = xy$，$v = \dfrac{y}{x}$，从而区域 D 变换到 uOv 坐标系下区

域为

$$D_{uv} = \{(u,v) \mid 1 \leqslant u \leqslant 2, 1 \leqslant v \leqslant 4\}$$

即由曲边形区域（见图 11-19a）变为矩形区域（见图 11-19b）. 由于

$$
\begin{aligned}
\left|\frac{\partial(u,v)}{\partial(x,y)}\right| &= \begin{vmatrix} y & x \\ -\dfrac{y}{x^2} & \dfrac{1}{x} \end{vmatrix} \\
&= 2\frac{y}{x} \\
&= 2v
\end{aligned}
$$

所以，

$$
\begin{aligned}
|J(u,v)| &= \left|\frac{\partial(x,y)}{\partial(u,v)}\right| \\
&= \left[\left|\frac{\partial(u,v)}{\partial(x,y)}\right|\right]^{-1} \\
&= \frac{1}{2v}
\end{aligned}
$$

于是，

$$I = \iint\limits_{D_{xy}} \sqrt{xy}\,\mathrm{d}x\mathrm{d}y$$

$$= \iint\limits_{D_{uv}} \sqrt{u}\cdot\frac{1}{2v}\mathrm{d}u\mathrm{d}v$$

$$= \frac{1}{2}\int_1^4\frac{1}{v}\mathrm{d}v\cdot\int_1^2\sqrt{u}\,\mathrm{d}u$$

$$= \frac{2\ln 2}{3}(2\sqrt{2}-1)$$

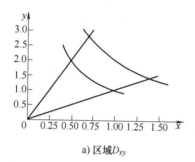
a) 区域D_{xy}

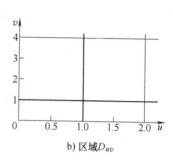
b) 区域D_{uv}

图　11-19

习题 11.2

A 组

1. 画出下列积分的区域，并按两种不同的次序，将二重积分 $\iint\limits_D f(x,y)\,\mathrm{d}\sigma$ 化为二次积分，其中积分区域 D：

（1）由抛物线 $y=x^2$ 与直线 $2x-y+3=0$ 所围成；

（2）由 y 轴和左半圆 $x^2+y^2=4$（$x\leqslant 0$）所围成；

（3）由直线 $y=2x$，$2y-x=0$ 及曲线 $xy=2$，$x>0$ 所围成.

2. 交换下列二次积分次序：

（1）$\int_0^1\mathrm{d}y\int_0^y f(x,y)\,\mathrm{d}x$ 　　　　　（2）$\int_0^2\mathrm{d}y\int_{y^2}^{2y} f(x,y)\,\mathrm{d}x$

（3）$\int_1^e\mathrm{d}x\int_0^{\ln x} f(x,y)\,\mathrm{d}y$ 　　　　（4）$\int_1^2\mathrm{d}x\int_{2-x}^{\sqrt{2x-x^2}} f(x,y)\,\mathrm{d}y$

（5）$\int_0^2\mathrm{d}y\int_{\frac{y}{2}}^{\sqrt{8-y^2}} f(x,y)\,\mathrm{d}x$ 　　　（6）$\int_0^e\mathrm{d}y\int_1^2 f(x,y)\,\mathrm{d}x + \int_e^{e^2}\mathrm{d}y\int_{\ln y}^2 f(x,y)\,\mathrm{d}x$

3. 利用被积函数的奇偶性及区域的对称性考察下列积分之间的关系：

(1) $I_1 = \iint\limits_{D_1} x^2 \mathrm{d}\sigma$ 与 $I_2 = \iint\limits_{D_2} x^2 \mathrm{d}\sigma$

其中 $D_1: x^2 + y^2 \leqslant a^2, D_2: x^2 + y^2 \leqslant a^2, x \geqslant 0$;

(2) $I_1 = \iint\limits_{D_1} (x^2 + y^2)^2 \cos x \mathrm{d}\sigma$ 与 $I_2 = \iint\limits_{D_2} (x^2 + y^2)^2 \cos x \mathrm{d}\sigma$

其中 $D_1: -1 \leqslant x \leqslant 1, -2 \leqslant x \leqslant 2, D_2: 0 \leqslant x \leqslant 1, 0 \leqslant x \leqslant 2$;

(3) $I_1 = \iint\limits_{D_1} (\sin x \sin y + 2y \cos x) \mathrm{d}\sigma$ 与 $I_1 = \iint\limits_{D_2} (\sin x \sin y + 2y \cos x) \mathrm{d}\sigma$, 其中 D_1 是以 $(1,1)$,
$(-1,1)$, $(-1,-1)$ 为顶点的三角形区域, D_2 是 D_1 在第一象限的部分.

4. 计算下列二重积分:

(1) $\iint\limits_{D} (x + 2y) \mathrm{d}\sigma$, 其中 D 由 $y = 2x^2$ 和 $y = 1 + x^2$ 所围成;

(2) $\iint\limits_{D} (1 - x - y) \mathrm{d}\sigma$, 其中 D 为 $x \geqslant 0$, $y \geqslant 0$, $x + y \leqslant 1$;

(3) $\iint\limits_{D} \mathrm{e}^{x+y} \mathrm{d}\sigma$, 其中 D 为 $|x| + |y| \leqslant 1$;

(4) $\iint\limits_{D} x \cos(x + y) \mathrm{d}\sigma$, 其中 D 是以 $A(0,0)$, $B(\pi,0)$, $C(\pi,\pi)$ 为顶点的三角形区域;

(5) $\iint\limits_{D} x \sqrt{y} \mathrm{d}\sigma$, 其中 D 由 $y = \sqrt{x}$ 和 $y = x^2$ 所围成;

(6) $\iint\limits_{D} xy^2 \mathrm{d}\sigma$, 其中 D 是由 $x^2 + y^2 = 4$ 和 y 轴所围成的右半闭区域;

(7) $\iint\limits_{D} (1 + y) \sin x \mathrm{d}\sigma$, 其中 D 是以 $A\left(0, -\dfrac{\pi}{2}\right)$, $B\left(\pi, -\dfrac{\pi}{2}\right)$, $C(\pi,\pi)$, $D(0,\pi)$ 为顶点
的矩形区域;

(8) $\iint\limits_{D} |x - y^2| \mathrm{d}\sigma$, 其中 $D = \{(x,y) \mid 0 \leqslant x \leqslant 1, 0 \leqslant y \leqslant 1\}$;

(9) $\iint\limits_{D} \dfrac{x}{(1 + y)} \mathrm{d}\sigma$, 其中 D 由 $y = 2x$, $x = 0$ 和 $y = 1 + x^2$ 所围成;

(10) $\iint\limits_{D} \mathrm{e}^{y^2} \mathrm{d}\sigma$, 其中 D 由直线 $y = x$, $y = 2x$ 及 $y = 1$ 所围成;

(11) $\iint\limits_{D} \sin y^2 \mathrm{d}\sigma$, 其中 D 由直线 $y = x$, $y = 1$ 及 $x = 0$ 所围成;

(12) $\iint\limits_{D} |xy| \mathrm{d}\sigma$, 其中 D 由 $x^2 + y^2 \leqslant 1$ 围成.

5. 画出下列二次积分区域的图形, 并化为极坐标形式的二次积分:

(1) $\displaystyle\int_0^2 \mathrm{d}x \int_x^{\sqrt{3}x} f\left(\dfrac{x}{y}\right) \mathrm{d}y$　　　　　(2) $\displaystyle\int_0^{2a} \mathrm{d}x \int_0^{\sqrt{2ax-x^2}} f(x^2 + y^2) \mathrm{d}y$

(3) $\displaystyle\int_0^1 \mathrm{d}x \int_0^1 f(x,y) \mathrm{d}y$　　　　　　　(4) $\displaystyle\int_0^1 \mathrm{d}x \int_{\frac{x}{2}}^{\sqrt{3}x} (x^2 + y^2) \mathrm{d}y$

(5) $\displaystyle\int_0^1 \mathrm{d}x \int_{1-x}^{\sqrt{1-x^2}} f(x,y) \mathrm{d}y$　　　　(6) $\displaystyle\int_0^1 \mathrm{d}x \int_0^{x^2} f(x,y) \mathrm{d}y$

6. 利用极坐标计算下列二重积分:

(1) $\displaystyle\int_0^{2a}\mathrm{d}x\int_0^{\sqrt{2ax-x^2}}(x^2+y^2)\,\mathrm{d}y$;

(2) $\displaystyle\iint\limits_D \mathrm{e}^{x^2+y^2}\mathrm{d}\sigma$, 其中 D 为 $1\leqslant x^2+y^2\leqslant 4$;

(3) $\displaystyle\iint\limits_D \ln(1+x^2+y^2)\,\mathrm{d}\sigma$, 其中 D 为 $x^2+y^2\leqslant 1$, $y\geqslant 0$;

(4) $\displaystyle\iint\limits_D \arctan\frac{y}{x}\mathrm{d}\sigma$, 其中 D 由 $x^2+y^2\leqslant 4$ 及 $y=0$, $y=x$ 所围.

7. 计算下列二重积分

(1) $\displaystyle\iint\limits_D (xy^2+1)\,\mathrm{d}\sigma$, 其中 D 是圆 $x^2+y^2=y$ 所围成的区域;

(2) $\displaystyle\iint\limits_D \frac{\sin\pi\sqrt{x^2+y^2}}{\sqrt{x^2+y^2}}\mathrm{d}\sigma$, 其中 D 为 $1\leqslant x^2+y^2\leqslant 4$;

(3) $\displaystyle\iint\limits_D \frac{x^2}{y^2}\mathrm{d}x\mathrm{d}y$, 其中 D 是由直线 $y=x$, $x=2$ 及曲线 $xy=1$ 所围成的区域;

(4) $\displaystyle\iint\limits_D y\left[1+x\mathrm{e}^{\frac{1}{2}(x^2+y^2)}\right]\mathrm{d}x\mathrm{d}y$, 其中 D 是由直线 $y=x$, $y=1$ 及 $x=-1$ 所围成的区域;

(5) $\displaystyle\iint\limits_D \sqrt{\frac{1-x^2-y^2}{1+x^2+y^2}}\mathrm{d}\sigma$, 其中 D 为圆周 $x^2+y^2=1$ 及坐标轴所围成的在第一象限内的闭区域;

(6) $\displaystyle\iint\limits_D (x^2+y^2)\mathrm{d}x\mathrm{d}y$, 其中 D 是由直线 $y=x$, $y=x+2$ 和直线 $y=2$, $y=6$ 所围成的区域.

8. 求由下列曲线所围成的图形的面积:

(1) 曲线 $y^2=2(1+x)$ 与 $y^2=2(1-x)$ 所围区域;

(2) 位于圆周 $r=3\cos\theta$ 的内部及心脏线 $r=1+\cos\theta$ 的外部所围区域.

9. 设函数 $f_1(x)$ 和 $f_2(y)$ 连续, 证明: $\displaystyle\iint\limits_D f_1(x)\cdot f_2(y)\mathrm{d}\sigma=\int_a^b f_1(x)\,\mathrm{d}x\cdot\int_c^d f_2(y)\,\mathrm{d}y$, 其中 D 为 $a\leqslant x\leqslant b$, $c\leqslant y\leqslant d$.

10. 设函数 $f(x)$ 连续, 证明: $\displaystyle\int_0^a\mathrm{d}y\int_0^y \mathrm{e}^{m(a-x)}f(x)\,\mathrm{d}x=\int_0^a(a-x)\mathrm{e}^{m(a-x)}f(x)\,\mathrm{d}x$.

B 组

1. 设 $f(x)\geqslant 0$ 在 $[a,b]$ 上连续, 利用二重积分证明 $\displaystyle\left[\int_a^b f(x)\,\mathrm{d}x\right]^2\leqslant(b-a)\int_a^b f^2(x)\,\mathrm{d}x$.

2*. 利用二重积分的换元法计算下列二重积分

(1) $\displaystyle\iint\limits_D \sin(x+y)(x-y)^2\mathrm{d}x\mathrm{d}y$, 其中 D 是由直线 $x+y=1$, $x+y=2$ 和直线 $x-y=0$, $x-y=1$ 所围成的区域;

(2) $\displaystyle\iint\limits_D (x+y)\mathrm{d}x\mathrm{d}y$, 其中 D 是由 $x^2+y^2\leqslant x+y$ 所围成的区域.

11.3 三 重 积 分

三重积分的概念、性质和计算方法都和二重积分类似，因此，本节只是简要地介绍一下三重积分的概念，而将主要的注意力放到三重积分的计算上.

11.3.1 三重积分的概念

问题 11.2 求非均匀密度的物体的质量

设某物体占有空间区域 Ω，其体积记为 V，物体在点 (x,y,z) 处的密度为 $f(x,y,z)$，且 $f(x,y,z)$ 在区域 Ω 上连续，求该物体的质量 m.

由物理概念知，若物体的密度是均匀的，即 $f(x,y,z)=\rho$ 为常数，则物体的质量为 $m=\rho V$. 但是，当密度是非均匀时，即 $f(x,y,z)$ 不是常数时，我们仍然用积分的思想解决问题.

（1）划分

把空间区域 Ω 划分成 n 个小区域 $\Delta\Omega_1$，$\Delta\Omega_2$，$\cdots$，$\Delta\Omega_n$，记 $\Delta\Omega_i$ 的体积为 ΔV_i，质量为 Δm_i，如图 11-20 所示.

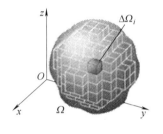

（2）近似

在每个 $\Delta\Omega_i$ 中任取一点 (ξ_i,η_i,ζ_i)，则

$$\Delta m_i \approx f(\xi_i,\eta_i,\zeta_i)\Delta V_i \qquad (i=1,2,\cdots,n)$$

（3）求和

将所有的 Δm_i 的近似值累加起来，便得到该物体的质量 m 的近似值

$$m = \sum_{i=1}^{n} \Delta m_i \approx \sum_{i=1}^{n} f(\xi_i,\eta_i,\zeta_i)\Delta V_i$$

图 11-20

（4）取极限

令 $\lambda = \max_{1\leqslant i\leqslant n}\{d(\Delta\Omega_i)\}$，则当 $\lambda\to 0$ 时，和式 $\sum_{i=1}^{n} f(\xi_i,\eta_i,\zeta_i)\Delta V_i$ 的极限值即为所求物体的质量，即

$$m = \lim_{\lambda\to 0}\sum_{i=1}^{n} f(\xi_i,\eta_i\zeta_i)\Delta V_i$$

抽去问题的物理意义就得到了三重积分的定义.

定义 11.2 设 $f(x,y,z)$ 在空间有界闭区域 Ω 上有界. 将 Ω 任意分成 n 个小区域 $\Delta\Omega_1$，$\Delta\Omega_2$，$\cdots$，$\Delta\Omega_n$，记 $\Delta\Omega_i$ 的体积为 ΔV_i，令 $\lambda = \max_{1\leqslant i\leqslant n}\{d(\Delta\Omega_i)\}$，在每个 $\Delta\Omega_i$ 中任取一点 (ξ_i,η_i,ζ_i). 如果

$$\lim_{\lambda \to 0} \sum_{i=1}^{n} f(\xi_i, \eta_i \zeta_i) \Delta V_i$$

存在，就称 $f(x,y,z)$ 在 Ω 上**可积**，记为

$$\iiint\limits_{\Omega} f(x,y,z)\,\mathrm{d}V = \lim_{\lambda \to 0} \sum_{i=1}^{n} f(\xi_i, \eta_i \zeta_i) \Delta V_i$$

称为 $f(x,y,z)$ 在 Ω 上的**三重积分**，其中，$f(x,y,z)$ 称为被积函数，$\mathrm{d}V$ 称为体积微元，x、y 和 z 称为积分变量，Ω 称为积分区域.

利用三重积分符号，非均匀密度物体的质量可以表示为 $M = \iiint\limits_{\Omega} f(x,y,z)\,\mathrm{d}V$.

三重积分的存在性和性质与二重积分完全类似，这里不再一一赘述，请读者自行总结.

11.3.2　空间直角坐标系下三重积分的计算

在空间直角坐标系下，用分别平行于三个坐标面的平面族来划分积分区域 Ω，得到的小闭区域为长方体，相应的体积微元为

$$\mathrm{d}V = \mathrm{d}x\mathrm{d}y\mathrm{d}z$$

于是，通常把三重积分记为

$$\iiint\limits_{\Omega} f(x,y,z)\,\mathrm{d}V = \iiint\limits_{\Omega} f(x,y,z)\,\mathrm{d}x\mathrm{d}y\mathrm{d}z$$

我们首先考虑问题 11.2 的一种特殊情况，即空间区域 $\Omega = [a_1, a_2] \times [b_1, b_2] \times [c_1, c_2]$ 为长方体. Ω 在 xOy 面上的投影 $D = [a_1, a_2] \times [b_1, b_2]$ 是矩形. 考虑 D 中的面积微元 $[x, x+\mathrm{d}x] \times [y, y+\mathrm{d}y]$，如图 11-21 所示.

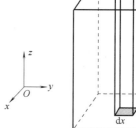

该微元上的细长方体质量为

$$\left(\int_{c_1}^{c_2} f(x,y,z)\,\mathrm{d}z \right)\mathrm{d}x\mathrm{d}y$$

因此，整个长方体的质量为

图　11-21

$$\iiint\limits_{\Omega} f(x,y,z)\,\mathrm{d}x\mathrm{d}y\mathrm{d}z = \iint\limits_{D} \left(\int_{c_1}^{c_2} f(x,y,z)\,\mathrm{d}z \right)\mathrm{d}x\mathrm{d}y$$

这样我们先做一次定积分，再做一次二重积分，就计算出了三重积分. 这种方法简称"先一后二"，也称投影法.

考虑 z 轴上的区间微元 $[z, z+\mathrm{d}z] \subset [c_1, c_2]$，对应 Ω 中厚度为 $\mathrm{d}z$ 的薄片，质量为

$$\left(\iint\limits_{D}f(x,y,x)\,\mathrm{d}x\mathrm{d}y\right)\mathrm{d}z$$

因此，整个长方体的质量为

$$\iiint\limits_{\Omega}f(x,y,z)\,\mathrm{d}x\mathrm{d}y\mathrm{d}z = \int_{c_1}^{c_2}\left(\iint\limits_{D}f(x,y,x)\,\mathrm{d}x\mathrm{d}y\right)\mathrm{d}z$$

这种方法先做一次二重积分，再做一次定积分，简称"先二后一"，也称截面法．

不难发现，无论是"先一后二"还是"先二后一"，都有多种积分次序可供选择，读者可以一一讨论列出．

一般而言，如果积分区域的几何形状过于复杂，则三重积分很难计算．简单起见，下面只讨论先"对 z 积分"和"后对 z 积分"两种情况．

1. 先对 z 积分（投影法）

如果积分区域 $\Omega\subset\mathbf{R}^3$ 是在 xOy 平面上的投影为 D_{xy} 的平面区域，柱体的上、下底面的方程分别是 $z = z_2(x,y)$ 和 $z = z_1(x,y)$，我们就先对 z 积分再对 x、y 积分，即

$$\iiint\limits_{\Omega}f(x,y,z)\,\mathrm{d}x\mathrm{d}y\mathrm{d}z = \iint\limits_{D_{xy}}\left(\int_{z_1(x,y)}^{z_2(x,y)}f(x,yz)\,\mathrm{d}z\right)\mathrm{d}x\mathrm{d}y$$

简记为

$$\iiint\limits_{\Omega}f(x,y,z)\,\mathrm{d}x\mathrm{d}y\mathrm{d}z = \iint\limits_{D_{xy}}\mathrm{d}x\mathrm{d}y\int_{z_1(x,y)}^{z_2(x,y)}f(x,y,z)\,\mathrm{d}z$$

这样的积分区域称为**竖向区域**或 **Z—区域**．

注　类似地，读者也可以分析**横向区域**和**纵向区域**，可以分别先对 x 积分和先对 y 积分．

例 11.14　计算 $I = \iiint\limits_{\Omega}y\mathrm{d}x\mathrm{d}y\mathrm{d}z$，其中 Ω 是由坐标面 $x=0$，$y=0$，$z=0$ 及平面 $x+y+z=1$ 所围成的四面体．

解　积分区域 Ω 如图 11-22a 所示，将其看作竖向区域、横向区域或纵向区域都可以．我们考虑先对 z 积分．

将积分区域向 xOy 面作投影，投影域为 D_{xy}，如图 11-22b 所示，则

$$\Omega = \{(x,y,z)\,|\,0\leqslant z\leqslant 1-x-y,(x,y)\in D_{xy}\}$$

其中 $D_{xy} = \{(x,y)\,|\,x\geqslant 0,y\geqslant 0,x+y\leqslant 1\}$．

于是，

$$I = \iiint\limits_{\Omega}y\mathrm{d}x\mathrm{d}y\mathrm{d}z$$

$$= \iint\limits_{D_{xy}}\mathrm{d}x\mathrm{d}y\int_{0}^{1-x-y}y\mathrm{d}z$$

$$= \int_0^1 dx \int_0^{1-x} y dy \int_0^{1-x-y} dz$$

$$= \int_0^1 dx \int_0^{1-x} y(1-x-y) dy$$

$$= \frac{1}{6} \int_0^1 (1-x)^3 dx$$

$$= \frac{1}{24}$$

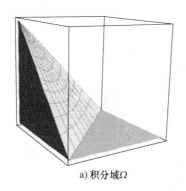

a) 积分域 Ω

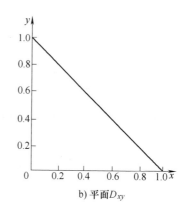

b) 平面 D_{xy}

图　11-22

例 11.15　计算 $I = \iiint\limits_{\Omega} dxdydz$，其中 Ω 由坐标面 $z=0$ 和柱面 $|x|+|y|=1$ 以及抛物面 $z=x^2+y^2+1$ 围成.

解　积分区域 Ω 在 xOy 平面上的投影为

$$D_{xy}: |x|+|y| \leqslant 1$$

$$\iiint\limits_{\Omega} dxdydz = \iint\limits_{D_{xy}} dxdy \int_0^{x^2+y^2+1} dz$$

$$= \iint\limits_{D_{xy}} (x^2+y^2+1) dxdy$$

由对称性，有

$$\iiint\limits_{\Omega} dxdydz = 4\int_0^1 dx \int_0^{1-x} (x^2+y^2+1) dy$$

$$= 4\int_0^1 \left[(x^2+1)(1-x) + \frac{1}{3}(1-x)^3 \right] dx$$

$$= \frac{2}{3}$$

例 11.16　　计算三重积分 $\iiint\limits_{\Omega} z \mathrm{d}x\mathrm{d}y\mathrm{d}z$ ，

其中， Ω 是由上半球面 $z = \sqrt{2 - x^2 - y^2}$ 及抛物

面 $x^2 + y^2 = z$ 所围成.

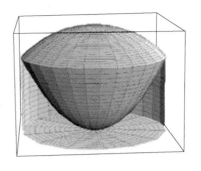

图 11-23

解　　积分区域 Ω 如图 11-23 所示. 先

求两个曲面的交线，由

$$\begin{cases} z = \sqrt{2 - x^2 - y^2} \\ z = x^2 + y^2 \end{cases}$$

解得 $z = 1$.

故 Ω 在 xOy 面上的投影域为

$$D_{xy} : x^2 + y^2 \le 1$$

$$\iiint\limits_{\Omega} \mathrm{d}x\mathrm{d}y\mathrm{d}z = \iint\limits_{D_{xy}} \mathrm{d}x\mathrm{d}y \int_{x^2+y^2}^{\sqrt{2-x^2-y^2}} z\mathrm{d}z$$

$$= \frac{1}{2} \iint\limits_{D_{xy}} \left[(2 - x^2 - y^2) - (x^2 + y^2)^2 \right] \mathrm{d}x\mathrm{d}y$$

注意，此二重积分中，积分区域是圆，被积函数是 $x^2 + y^2$ 的函数，故考虑使

用极坐标进行计算.

令 $\begin{cases} x = r\cos\theta \\ y = r\sin\theta \end{cases}$ ，则

$$\iiint\limits_{\Omega} \mathrm{d}x\mathrm{d}y\mathrm{d}z = \frac{1}{2} \iint\limits_{D_{xy}} \left[(2 - x^2 - y^2) - (x^2 + y^2)^2 \right] \mathrm{d}x\mathrm{d}y$$

$$= \frac{1}{2} \int_0^{2\pi} \mathrm{d}\theta \int_0^1 r(2 - r^2 - r^4) \mathrm{d}r$$

$$= \pi \int_0^1 r(2 - r^2 - r^4) \mathrm{d}r$$

$$= \frac{7}{12}\pi$$

注　　设 $M(x, y, z)$ 为空间直角坐标系内的一点，它在 xOy 面上的投影

点 P 的极坐标为 (r, θ) ，则由 r 、 θ 、 z 三个数构成的三元数组 (r, θ, z) 称为点

M 的柱坐标，其中

$$\begin{cases} x = r\cos\theta \\ y = r\sin\theta \\ z = z \end{cases}$$

柱坐标下的三重积分可表示为

$$\iiint\limits_{\Omega} f(x,y,z)\,dxdydz = \iiint\limits_{\Omega} f(r\cos\theta,r\sin\theta,z)\,rdrd\theta dz$$

2. 后对 z 积分（截面法）

后对 z 积分也就是先对 x 和 y 积分，属于"先二后一"。

如图 11-24 所示，设积分区域 Ω 在 z 轴的投影为区间 $[c,d]$。如果任意固定 $z\in[c,d]$，相应得到积分区域 Ω 的截面 D_z 都容易计算，就可以后对 z 积分。

把积分区域 Ω 表示为

$$\Omega = \{(x,y,z)\mid (x,y)\in D_z, c\leqslant z\leqslant d\}$$

则

$$\iiint\limits_{\Omega} f(x,y,z)\,dxdydz = \int_c^d\left(\iint\limits_{D_z} f(x,y,z)\,dxdy\right)dz$$

简记为

$$\iiint\limits_{\Omega} f(x,y,z)\,dxdydz = \int_c^d dz\iint\limits_{D_z} f(x,y,z)\,dxdy$$

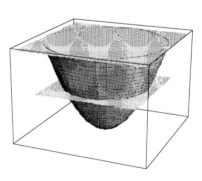

图　11-24

例 11.17　计算 $I = \iiint\limits_{\Omega}(z+1)\,dxdydz$，其中 Ω 是由旋转抛物面 $z = x^2+y^2$、平面 $z=1$ 和 $z=2$ 所围成。

解　积分区域 Ω 如图 11-25 所示。显然，$1\leqslant z\leqslant 2$。在区间 $[1,2]$ 上任取一点 z，过 z 点作平行于 xOy 面的平面截 Ω，得到平面区域 D_z，即

$$D_z = \{(x,y)\mid x^2+y^2\leqslant z\}$$

D_z 是以原点为圆心，$\sqrt{z}$ 为半径的圆，面积为 πz。所以，

$$I = \iiint\limits_{\Omega}(z+1)\,dxdydz$$

$$= \int_1^2(z+1)\,dz\iint\limits_{D_z} dxdy$$

$$= \int_1^2(z+1)\pi z\,dz$$

$$= \frac{23}{6}\pi$$

图　11-25　积分区域 Ω

注　此题也可以先对 z 积分，读者可将其留作练习并将两种方法进行比较。

*11.3.3　利用球坐标系计算三重积分

设 $M(x,y,z)$ 为空间直角坐标系中的一点，点 M 的位置也可以用三元数组 (ρ,φ,θ) 表示，其中 ρ 为点 M 到原点 O 的距离，φ 为向量 $\overrightarrow{OM}$ 与 z 轴的正向所夹的角，θ 为 $\overrightarrow{OM}$ 在 xOy 面上投影 $\overrightarrow{OP}$ 与 x 轴正向的夹角（如图 11-26 所示），一般称该三元有序数组 (ρ,φ,θ) 为点 M 的球坐标，其取值范围是

$$0 \leqslant \rho < +\infty \ , \quad 0 \leqslant \varphi \leqslant \pi, \quad 0 \leqslant \theta \leqslant 2\pi$$

球坐标与直角坐标的关系为

$$\begin{cases} x = \rho\sin\varphi\cos\theta \\ y = \rho\sin\varphi\sin\theta \\ z = \rho\cos\varphi \end{cases}$$

球坐标系下的三组坐标面分别为

$\rho = \rho_0$（常数）是以原点为中心的一个球面

$\varphi = \varphi_0$（常数）是以原点为顶点，z 轴为旋转轴，半顶角为 φ 的一个锥面

$\theta = \theta_0$（常数）为过 z 轴的一个半平面

下面分析在球坐标下体积微元 $\mathrm{d}V$ 的表达式.

用球坐标的三组坐标面 $\rho =$ 常数，$\varphi =$ 常数，$\theta =$ 常数，将积分区域 Ω 分成若干个子区域，考虑由 ρ，φ，θ 各取微小增量 $\mathrm{d}\rho$，$\mathrm{d}\varphi$，$\mathrm{d}\theta$ 时所形成的六面体，如图 11-27 所示. 当 $\mathrm{d}\rho$，$\mathrm{d}\varphi$，$\mathrm{d}\theta$ 都充分小时，可将它近似地看作长方体. 其三棱长分别为 $\rho\mathrm{d}\varphi$，$\rho\sin\varphi\mathrm{d}\theta$，$\mathrm{d}\rho$，由此得到球坐标系下的体积微元

$$\mathrm{d}V = \rho^2\sin\varphi\mathrm{d}\rho\mathrm{d}\varphi\mathrm{d}\theta$$

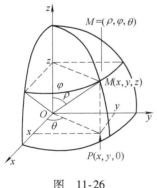

图　11-26

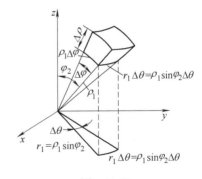

图　11-27

再利用直角坐标与球坐标之间的关系，便得到球坐标系下三重积分的计算公式

$$\iiint\limits_{\Omega} f(x,y,z)\mathrm{d}V = \iiint\limits_{\Omega} f(\rho\sin\varphi\cos\theta,\rho\sin\varphi\sin\theta,\rho\cos\varphi)\rho^2\sin\varphi\mathrm{d}\rho\mathrm{d}\varphi\mathrm{d}\theta$$

通常积分次序为 ρ，φ，θ.

例 11.18 计算 $\iiint\limits_{\Omega} \sqrt{x^2 + y^2 + z^2}\,\mathrm{d}x\mathrm{d}y\mathrm{d}z$，其中 Ω 由 $z = x^2 + y^2 + z^2$ 所围成.

解 首先将积分区域的边界曲面的直角坐标方程转化为球坐标方程的形式，即由

$$z = x^2 + y^2 + z^2$$

得到 $\rho = \cos\varphi$

如图 11-28 所示，积分区域 Ω 在球坐标系下可表示为

$$\Omega = \left\{ (\rho, \varphi, \theta) \,\middle|\, 0 \leqslant \rho \leqslant \cos\varphi, \quad 0 \leqslant \varphi \leqslant \frac{\pi}{2}, 0 \leqslant \theta \leqslant 2\pi \right\}$$

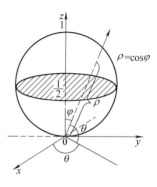

图 11-28

所以

$$\iiint\limits_{\Omega} \sqrt{x^2 + y^2 + z^2}\,\mathrm{d}x\mathrm{d}y\mathrm{d}z = \iiint\limits_{\Omega} \rho \cdot \rho^2 \sin\varphi\,\mathrm{d}\rho\mathrm{d}\varphi\mathrm{d}\theta$$

$$= \int_0^{2\pi} \mathrm{d}\theta \int_0^{\frac{\pi}{2}} \mathrm{d}\varphi \int_0^{\cos\varphi} \rho^3 \sin\varphi\,\mathrm{d}\rho$$

$$= \int_0^{2\pi} \mathrm{d}\theta \int_0^{\frac{\pi}{2}} \left(\frac{1}{4}\rho^4 \,\middle|_0^{\cos\varphi} \right) \sin\varphi\,\mathrm{d}\varphi$$

$$= 2\pi \cdot \frac{1}{4} \int_0^{\frac{\pi}{2}} \cos^4\varphi \cdot \sin\varphi\,\mathrm{d}\varphi$$

$$= -\frac{\pi}{10}\cos^5\varphi \,\middle|_0^{\frac{\pi}{2}}$$

$$= \frac{\pi}{10}$$

与定积分和二重积分一样，在一定条件下，我们同样可以利用积分区域和被积函数的对称性来简化三重积分的计算.

例 11.19 求 $I = \iiint\limits_{\Omega} (x^3 + y^3 + z^3)\,\mathrm{d}V$，其中 Ω 由半球面 $x^2 + y^2 + z^2 = 2z$（$z \geqslant 1$）与锥面 $z = \sqrt{x^2 + y^2}$ 所围成.

解 积分区域如图 11-29 所示，

Ω 关于 yOz 平面对称，而 x^3 是关于 x 的奇函

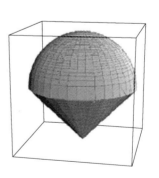

图 11-29

数，从而 $\iiint\limits_{\Omega} x^3 \mathrm{d}V = 0$. 同理，Ω 关于 xOz 平面对称，而 y^3 是关于 y 的奇函数，因此 $\iiint\limits_{\Omega} y^3 \mathrm{d}V = 0$. 于是，

$$I = \iiint\limits_{\Omega} (x^3 + y^3 + z^3) \mathrm{d}V$$

$$= \iiint\limits_{\Omega} z^3 \mathrm{d}V$$

则在球坐标系下

$$I = \iiint\limits_{\Omega} z^3 \mathrm{d}V$$

$$= \int_0^{2\pi} \mathrm{d}\theta \int_0^{\frac{\pi}{4}} \mathrm{d}\varphi \int_0^{2\cos\varphi} \rho^3 \cos^3\varphi \cdot \rho^2 \sin\varphi \mathrm{d}\rho$$

$$= 2\pi \int_0^{\frac{\pi}{4}} \cos^3\varphi \sin\varphi \left(\frac{1}{6}\rho^6 \Big|_0^{2\cos\varphi} \right) \mathrm{d}\varphi$$

$$= \frac{\pi}{3} \cdot 2^6 \int_0^{\frac{\pi}{4}} (-\cos^9\varphi) \mathrm{d}(\cos\varphi)$$

$$= \frac{31}{15}\pi$$

习题 11.3

A 组

1. 将三重积分 $\iiint\limits_{\Omega} f(x,y,z) \mathrm{d}V$ 化为直角坐标系下的三次积分，其中积分域 Ω 分别是：

(1) 由锥面 $z = \sqrt{x^2 + y^2}$ 与平面 $x + y = 1$ 及三个坐标面围成的区域；

(2) 由柱面 $y = \sqrt{1 - x^2}$ 及平面 $z = y$ 和 $z = 0$ 所围成的区域；

(3) 由旋转抛物面 $z = x^2 + y^2$ 与抛物柱面 $y = x^2$ 及平面 $y = 1$，$z = 0$ 所围成的区域；

(4) 由曲面 $z = x^2 + 2y^2$ 与 $z = 2 - x^2$ 所围成的区域.

2. 设有一物体，占有空间闭区域 $\Omega = \{(x,y,z) \mid 0 \leqslant x \leqslant 1, 0 \leqslant y \leqslant 1, 0 \leqslant z \leqslant 1\}$，该物体在点 (x,y,z) 的密度为 $\rho(x,y,z) = x + y + z$，试计算该物体的质量.

3. 在直角坐标系下计算下列三重积分

(1) $\iiint\limits_{\Omega} xy^2 \mathrm{d}V$，其中 $\Omega = \left\{(x, y, z) \mid 1 \leqslant x \leqslant 2, -2 \leqslant y \leqslant 1, 0 \leqslant z \leqslant \frac{1}{2}\right\}$；

(2) $\iiint\limits_{\Omega} xy^2z^3 dV$，其中 Ω 是由曲面 $z = xy$ 及平面 $y = x$，$x = 1$ 和 $z = 0$ 所围成的区域；

(3) $\iiint\limits_{\Omega} xyz dV$，其中 Ω 是由球面 $x^2 + y^2 + z^2 = 1$ 及三个坐标面所围成的在第一象限内的区域；

(4) $\iiint\limits_{\Omega} \dfrac{1}{(1 + x + y + z)^2} dV$，其中 Ω 是由平面 $x = 0$，$y = 0$，$z = 0$ 和 $x + y + z = 1$ 所围成的四面体；

(5) $\iiint\limits_{\Omega} y\cos(x + z) dV$，其中 Ω 是由抛物柱面 $y = \sqrt{x}$ 及平面 $y = 0$，$z = 0$，$x + z = \dfrac{\pi}{2}$ 所围成的区域；

(6) $\iiint\limits_{\Omega} (x^2 + y^2) dV$，其中 Ω 是由曲面 $x^2 + y^2 = 2z$ 及平面 $z = 2$ 所围成的区域；

(7) $\iiint\limits_{\Omega} z dV$，其中 Ω 是由锥面 $z = \dfrac{h}{R}\sqrt{x^2 + y^2}$，$h > 0$，$R > 0$ 及平面 $y = h$ 所围成的区域；

(8) $\iiint\limits_{\Omega} y^2 dV$，其中 Ω 是由锥面 $y = \sqrt{x^2 + z^2}$ 及平面 $y = 2$ 所围成的区域.

4. 利用柱坐标计算下列三重积分

(1) $\iiint\limits_{\Omega} xy dV$，其中 Ω 是由柱面 $x^2 + y^2 = 1$ 及平面 $x = 0$，$y = 0$，$z = 0$，$z = 1$ 所围成的第二卦限内的区域；

(2) $\iiint\limits_{\Omega} z dV$，其中 Ω 是由 $z = \sqrt{2 - x^2 - y^2}$ 与 $z = x^2 + y^2$ 所围成的区域；

(3) $\iiint\limits_{\Omega} z\sqrt{x^2 + y^2} dV$，其中 Ω 是由 $y = \sqrt{2x - x^2}$ 与 $y = 0$，$z = 0$，$z = 3$ 所围成的区域；

(4) $\iiint\limits_{\Omega} (x^2 + y^2) dV$，其中 Ω 是由曲线 $\begin{cases} y^2 = 2z \\ x = 0 \end{cases}$ 绕 z 轴旋转一周形成的曲面与 $z = 8$ 所围成的区域.

5. 已知积分区域 Ω 是由 $z \leqslant \sqrt{4 - x^2 - y^2}$，$z \geqslant \sqrt{x^2 + y^2}$，$x \geqslant 0$，$y \geqslant 0$ 所确定，试将三重积分 $\iiint\limits_{\Omega} f(x^2 + y^2 + z^2) dV$ 分别表示为直角坐标、柱坐标和球坐标系中的累次积分.

B 组

1*. 利用球坐标计算下列三重积分

(1) $\iiint\limits_{\Omega} (x^2 + y^2 + z^2) dV$，其中 Ω 是由球面 $x^2 + y^2 + z^2 = 1$ 所围成的区域；

(2) $\iiint\limits_{\Omega} \dfrac{\sin\sqrt{x^2 + y^2 + z^2}}{x^2 + y^2 + z^2} dV$，其中 Ω 是球面 $x^2 + y^2 + z^2 = 1$ 在第一卦限内所围成的区域；

(3) $\iiint\limits_{\Omega} z dV$，其中 Ω 是由 $x^2 + y^2 + (z - a)^2 \leqslant a^2$ 及 $z^2 \geqslant \sqrt{x^2 + y^2}$ 所确定；

(4) $\iiint\limits_{\Omega} (x^2 + y^2) dV$，其中 Ω 是由 $1 \leqslant x^2 + y^2 + z^2 \leqslant 2$，$x \geqslant 0$，$y \geqslant 0$ 所确定.

2. 设函数 $f(z)$ 在 $[0,2]$ 上连续，试证明 $\iiint\limits_{\Omega} f(z)\,\mathrm{d}V = \pi \int_0^2 zf(z)(2-z)\,\mathrm{d}z$，其中，$\Omega$ 为球体 $x^2 + y^2 + z^2 \leqslant 2z$.

3. 设 $\Omega = \{(x,y,z) \mid a \leqslant x \leqslant b, c \leqslant y \leqslant d, e \leqslant z \leqslant f\}$，且函数 $f(x)$，$g(y)$，$h(z)$ 连续，则 $\iiint\limits_{\Omega} f(x)g(y)h(z)\,\mathrm{d}v = \int_a^b f(x)\,\mathrm{d}x \int_c^d g(y)\,\mathrm{d}y \int_e^f h(z)\,\mathrm{d}z$.

11.4　重积分的应用

重积分在几何、物理等方面有广泛的应用，例如用二重积分可求曲顶柱体的体积，用三重积分可求空间几何体的质量. 能用重积分解决的实际问题的特点是，所求的量是分布在有界闭区域上的整体量，并对区域具有可加性. 用重积分解决实际问题的指导思想是"微元法"，即首先在微小的局部（即微元）取得近似，然后积分求得整体量. 下面我们通过具体的例子来讨论重积分的应用问题.

11.4.1　几何应用

1. 求体积

根据二重积分的几何意义，以连续曲面 $z = f(x, y)$，$(f(x, y) \geqslant 0)$ 为顶，xOy 平面区域 D 为底的曲顶柱体的体积为

$$V = \iint\limits_{D} f(x, y) \, \mathrm{d}x \mathrm{d}y$$

同时，由三重积分的性质知，占有空间区域 Ω 的立体的体积为

$$V = \iiint\limits_{\Omega} 1 \mathrm{d}V = \iiint\limits_{\Omega} \mathrm{d}V$$

例 11. 20　求由旋转抛物面 $z = x^2 + y^2$，三个坐标面和平面 $x + y = 1$ 所围成的立体的体积.

解　所求体积是以

$$D = \{(x, y) \mid 0 \leqslant x \leqslant 1, 0 \leqslant y \leqslant 1 - x\}$$

为底，以 $z = x^2 + y^2$ 为顶的曲顶柱体，如图 11-30 所示.

$$
\begin{aligned}
V &= \iint\limits_{D} (x^2 + y^2) \, \mathrm{d}x \mathrm{d}y \\
&= \int_0^1 \mathrm{d}x \int_0^{1-x} (x^2 + y^2) \, \mathrm{d}y \\
&= \int_0^1 \left[x^2 (1 - x) + \frac{1}{3} (1 - x)^3 \right] \mathrm{d}x \\
&= \frac{1}{6}
\end{aligned}
$$

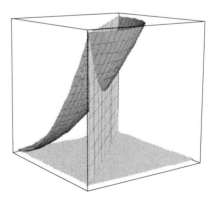

图　11-30

例 11. 21　求由平面 $z = \dfrac{1}{2}$，曲面

$x^2 + y^2 = 2z$ 及 $z = 4 - \sqrt{x^2+y^2}$ 所围成的立体的体积.

解 所求立体如图 11-31 所示. 我们用三重积分计算其体积. 由于两曲面 $x^2 + y^2 = 2z$ 及 $z = 4 - \sqrt{x^2+y^2}$ 相交于平面 $z = 2$, 因此, 该平面将所求体积分成上、下两部分, 用 $z =$ 常数去截该立体.

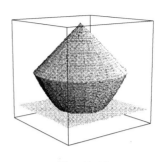

图 11-31

当 $z \in \left[\dfrac{1}{2}, 2\right]$ 时, 其截面所在区域为

$$D_{z_1} = \{(x,y) \mid x^2 + y^2 \le 2z\}$$

当 $z \in [2,4]$ 时, 其截面所在区域为

$$D_{z_2} = \{(x,y) \mid x^2 + y^2 \le (4-z)^2\}$$

于是体积

$$
\begin{aligned}
V &= \iiint\limits_{\Omega} \mathrm{d}V \\
&= \int_{\frac{1}{2}}^{2} \mathrm{d}z \iint\limits_{D_{z_1}} \mathrm{d}x\mathrm{d}y + \int_{2}^{4} \mathrm{d}z \iint\limits_{D_{z_2}} \mathrm{d}x\mathrm{d}y \\
&= \int_{\frac{1}{2}}^{2} \pi \cdot 2z \mathrm{d}z + \int_{2}^{4} \pi \cdot (4-z)^2 \mathrm{d}z \\
&= \frac{77}{12}\pi
\end{aligned}
$$

2. 求曲面的面积

由二重积分的性质可知, 平面区域 D 的面积可以等于 $S_D = \iint\limits_{D} \mathrm{d}x\mathrm{d}y$. 事实上, 空间中有限的光滑曲面 Σ 的面积也可以通过二重积分来计算. 以下用 "微元法" 推导计算曲面面积的公式.

设光滑曲面 Σ 的方程为 $z = f(x,y)$, D_{xy} 表示曲面 Σ 在 xOy 平面上的投影区域, 函数 $z = f(x,y)$ 在 D 上具有连续的偏导数 $\dfrac{\partial z}{\partial x}$ 和 $\dfrac{\partial z}{\partial y}$ (即曲面是光滑的). 考虑 D_{xy} 内的矩形微元 $[x, x+\mathrm{d}x] \times [y, y+\mathrm{d}y]$, 面积为 $\mathrm{d}x\mathrm{d}y$. 对应空间直柱体为

$$[x, x+\mathrm{d}x] \times [y, y+\mathrm{d}y] \times (-\infty, +\infty)$$

曲面 Σ 包含在该柱体内部的小块曲面可以用 Σ 在点 $M(x, y, f(x, y))$ 处的切平面代替（"以直代曲"，如图 11-32 所示），我们先计算其面积 $\mathrm{d}S$.

设曲面在点 $M(x, y, f(x, y))$ 处的法向

量 $\boldsymbol{n} = \left(-\dfrac{\partial z}{\partial x}, -\dfrac{\partial z}{\partial y}, 1\right)$ 与 z 轴正向的夹角为

$\gamma\left(0 \leqslant \gamma \leqslant \dfrac{\pi}{2}\right)$，则

$$\cos\gamma = \frac{1}{\sqrt{1 + \left(\dfrac{\partial z}{\partial x}\right)^2 + \left(\dfrac{\partial z}{\partial y}\right)^2}}$$

因此

$$\cos\gamma \mathrm{d}S = \mathrm{d}x\mathrm{d}y$$

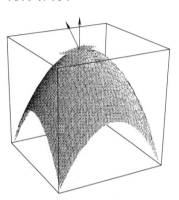

图　11-32

即曲面的面积微元为

$$\mathrm{d}S = \frac{1}{\cos\gamma}\mathrm{d}x\mathrm{d}y = \sqrt{1 + \left(\frac{\partial z}{\partial x}\right)^2 + \left(\frac{\partial z}{\partial y}\right)^2}\,\mathrm{d}x\mathrm{d}y$$

曲面 Σ 的面积 S 为

$$S = \iint\limits_{D_{xy}} \sqrt{1 + \left(\frac{\partial z}{\partial x}\right)^2 + \left(\frac{\partial z}{\partial y}\right)^2}\,\mathrm{d}x\mathrm{d}y$$

同理，若曲面方程表示为 $x = x(y, z)$ 或 $y = y(x, z)$，则面积为

$$S = \iint\limits_{D_{yz}} \sqrt{1 + \left(\frac{\partial x}{\partial y}\right)^2 + \left(\frac{\partial x}{\partial z}\right)^2}\,\mathrm{d}y\mathrm{d}z$$

或

$$S = \iint\limits_{D_{xz}} \sqrt{1 + \left(\frac{\partial y}{\partial z}\right)^2 + \left(\frac{\partial y}{\partial x}\right)^2}\,\mathrm{d}z\mathrm{d}x$$

例 11.22　　求球面 $x^2 + y^2 + z^2 = R^2$ 被柱面 $x^2 + y^2 = Rx$ 所截去的部分的面积.

解　　由对称性知，只需要求出在第一卦限内球面被柱面截去的面积（见图 11-33），再乘以 4 就得到要求的面积. 在第一卦限的球面方程为

$$z = \sqrt{R^2 - x^2 - y^2}$$

因此

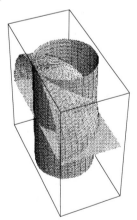

图　11-33

$$\frac{\partial z}{\partial x} = -\frac{x}{\sqrt{R^2 - x^2 - y^2}}, \frac{\partial z}{\partial y} = -\frac{y}{\sqrt{R^2 - x^2 - y^2}}$$

于是

$$dS = \sqrt{1 + \left(\frac{\partial z}{\partial x}\right)^2 + \left(\frac{\partial z}{\partial y}\right)^2} \, dxdy$$

$$= \frac{R}{\sqrt{R^2 - x^2 - y^2}} dxdy$$

则

$$S = 4\iint_{D_{xy}} \sqrt{1 + \left(\frac{\partial z}{\partial x}\right)^2 + \left(\frac{\partial z}{\partial y}\right)^2} \, dxdy$$

$$= 4\iint_{D_{xy}} \frac{R}{\sqrt{R^2 - x^2 - y^2}} dxdy$$

其中，D_{xy} 为半圆 $y = \sqrt{Rx - x^2}$ 及 x 轴所围成的区域. 利用极坐标计算可得

$$S = 4\iint_{D_{xy}} \frac{R}{\sqrt{R^2 - x^2 - y^2}} dxdy$$

$$= 4R \int_0^{\frac{\pi}{2}} d\theta \int_0^{R\cos\theta} \frac{r}{\sqrt{R^2 - r^2}} dr$$

$$= 2\pi R^2 - 4R^2$$

11.4.2　物理应用

1. 重心（质心）

在静力学中，力矩等于力与力臂的乘积，其中力的方向与力臂垂直，而系统平衡的条件是各向合力矩都为零. 一个系统中各向合力矩都为零的点称为系统的平衡点或重心. 我们首先考虑质点系的重心.

设有 n 个质点组成一个平面质点系，它们的质量分别为 m_1，m_2，$\cdots$，m_n，并且质点坐标分别为 (x_1, y_1)，(x_2, y_2)，$\cdots$，(x_n, y_n). 设 $(\bar{x}, \bar{y})$ 为质点系重心，由系统平衡条件有

$$\sum_{i=1}^n m_i g(x_i - \bar{x}) = 0, \sum_{i=1}^n m_i g(y_i - \bar{y}) = 0$$

其中 g 为重力加速度，即

$$\bar{x} = \frac{\sum_{i=1}^n m_i x_i}{\sum_{i=1}^n m_i}, \bar{y} = \frac{\sum_{i=1}^n m_i y_i}{\sum_{i=1}^n m_i}$$

其中 $m = \sum\limits_{i=1}^{n} m_i$ 为质点系的总质量.

类似地，得到空间质点系的重心坐标公式为

$$\bar{x} = \frac{\sum\limits_{i=1}^{n} m_i x_i}{\sum\limits_{i=1}^{n} m_i}, \quad \bar{y} = \frac{\sum\limits_{i=1}^{n} m_i y_i}{\sum\limits_{i=1}^{n} m_i}, \quad \bar{z} = \frac{\sum\limits_{i=1}^{n} m_i z_i}{\sum\limits_{i=1}^{n} m_i}$$

仿照上述公式，我们利用"微元法"的思想，求平面中任意薄片和空间中任意几何体的重心.

设有一平面薄片，为 xOy 面上的闭区域 D，在点 (x,y) 处的面密度为 $\rho(x,y)$，且 $\rho(x,y)$ 在区域 D 上连续. 设 $(\bar{x},\bar{y})$ 为平面薄片的重心. 考虑 D 内的矩形微元 $[x, x+\mathrm{d}x] \times [y, y+\mathrm{d}y]$，面积为 $\mathrm{d}x\mathrm{d}y$. 其质量近似为 $\rho(x,y)\mathrm{d}x\mathrm{d}y$，该质量可近似看作集中在点 (x,y) 上，则它关于重心的静力矩分别为

$$(x - \bar{x})g\rho(x,y)\mathrm{d}x\mathrm{d}y, (y - \bar{y})g\rho(x,y)\mathrm{d}x\mathrm{d}y$$

合力矩为

$$\iint\limits_{D}(x - \bar{x})g\rho(x,y)\mathrm{d}x\mathrm{d}y = 0, \quad \iint\limits_{D}(y - \bar{y})g\rho(x,y)\mathrm{d}x\mathrm{d}y = 0$$

即薄片的重心坐标为

$$\bar{x} = \frac{\iint\limits_{D} x\rho(x,y)\mathrm{d}x\mathrm{d}y}{\iint\limits_{D}\rho(x,y)\mathrm{d}x\mathrm{d}y}, \quad \bar{y} = \frac{\iint\limits_{D} y\rho(x,y)\mathrm{d}x\mathrm{d}y}{\iint\limits_{D}\rho(x,y)\mathrm{d}x\mathrm{d}y}$$

其中 $\iint\limits_{D}\rho(x,y)\mathrm{d}x\mathrm{d}y$ 是薄片的总质量.

当 $\rho(x,y) = \rho_0$（常数）时，即薄片质量分布均匀时

$$\bar{x} = \frac{1}{S}\iint\limits_{D} x\mathrm{d}x\mathrm{d}y, \quad \bar{y} = \frac{1}{S}\iint\limits_{D} y\mathrm{d}x\mathrm{d}y$$

其中 $S = \iint\limits_{D}\mathrm{d}x\mathrm{d}y$ 是闭区域 D 的面积. 此时的重心又称为 D 的形心.

类似地，若 Ω 是空间几何体，其体质量密度为 $\rho(x,y,z)$，Ω 的体积为 V，则 Ω 的重心坐标为

$$\bar{x} = \frac{\iiint\limits_{\Omega} x\rho(x,y,z)\mathrm{d}V}{\iiint\limits_{\Omega}\rho(x,y,z)\mathrm{d}V}$$

$$\bar{y} = \frac{\iiint\limits_{\Omega} y\rho(x,y,z)\,\mathrm{d}V}{\iiint\limits_{\Omega} \rho(x,y,z)\,\mathrm{d}V}$$

$$\bar{z} = \frac{\iiint\limits_{\Omega} z\rho(x,y,z)\,\mathrm{d}V}{\iiint\limits_{\Omega} \rho(x,y,z)\,\mathrm{d}V}$$

Ω 的形心坐标为

$$\bar{x} = \frac{1}{V}\iiint\limits_{\Omega} x\,\mathrm{d}V, \quad \bar{y} = \frac{1}{V}\iiint\limits_{\Omega} y\,\mathrm{d}V, \quad \bar{z} = \frac{1}{V}\iiint\limits_{\Omega} z\,\mathrm{d}V$$

例 11.23 设一均匀薄片为闭区域 D，而 D 是圆 $x^2 + y^2 = 4$ 和圆 $x^2 + (y-1)^2 = 1$ 之间的部分，求薄片的重心.

解 如图 11-34 所示，设均匀薄片的重心为 $(\bar{x}, \bar{y})$. 由系统平衡条件有

$$\iint\limits_{D} (x - \bar{x})g\rho\,\mathrm{d}x\mathrm{d}y = 0$$

$$\iint\limits_{D} (y - \bar{y})g\rho\,\mathrm{d}x\mathrm{d}y = 0$$

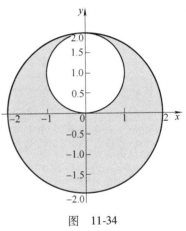

图 11-34

其中 g 为重力加速度；ρ 为薄片面密度，即

$$\bar{x} = \frac{\iint\limits_{D} x\,\mathrm{d}x\mathrm{d}y}{\iint\limits_{D} \mathrm{d}x\mathrm{d}y}, \quad \bar{y} = \frac{\iint\limits_{D} y\,\mathrm{d}x\mathrm{d}y}{\iint\limits_{D} \mathrm{d}x\mathrm{d}y}$$

由对称性，$\bar{x} = 0$.

$$\iint\limits_{D} \mathrm{d}x\mathrm{d}y = 4\pi - \pi = 3\pi$$

$$\iint\limits_{D} y\,\mathrm{d}x\mathrm{d}y = \int_0^\pi \mathrm{d}\theta \int_{2\sin\theta}^2 r^2\sin\theta\,\mathrm{d}r + \int_{-2}^2 \mathrm{d}x \int_{-\sqrt{4-x^2}}^0 y\,\mathrm{d}y$$

$$= \int_0^\pi \frac{1}{3}(8\sin\theta - 8\sin^4\theta)\,\mathrm{d}\theta - \int_{-2}^2 (4 - x^2)\,\mathrm{d}x = -\pi$$

即重心坐标为 $\left(0, -\dfrac{1}{3}\right)$.

例 11.24 若球体 $\Omega: x^2 + y^2 + z^2 \leqslant 2az$ （$a > 0$）中各点的密度与坐标原

点到该点距离的平方成反比，即 $\rho = \dfrac{k}{x^2 + y^2 + z^2}$ $(k > 0)$，试求该物体的质量，并确定重心的位置.

解　如图 11-35 所示，由对称性知 $\bar{x} = \bar{y} = 0$.

$$\bar{z} = \frac{\iiint\limits_{\Omega} z\rho(x,y,z)\,\mathrm{d}V}{\iiint\limits_{\Omega} \rho(x,y,z)\,\mathrm{d}V}$$

利用球坐标系

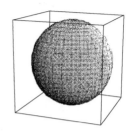

图　11-35

$$
\begin{aligned}
m &= \iiint\limits_{\Omega} \rho\,\mathrm{d}V = \iiint\limits_{\Omega} \frac{k}{x^2 + y^2 + z^2}\,\mathrm{d}V \\
&= \int_0^{2\pi} \mathrm{d}\theta \int_0^{\frac{\pi}{2}} \sin\varphi\,\mathrm{d}\varphi \int_0^{2a\cos\varphi} \frac{k}{r^2} \cdot r^2\,\mathrm{d}r \\
&= 4k\pi a \int_0^{\frac{\pi}{2}} \sin\varphi\cos\varphi\,\mathrm{d}\varphi \\
&= 2k\pi a
\end{aligned}
$$

再求该物体的重心. 故

$$
\begin{aligned}
\bar{z} &= \frac{1}{m}\iiint\limits_{\Omega} z\rho\,\mathrm{d}V = \frac{1}{2k\pi a}\iiint\limits_{\Omega} \frac{kz}{x^2 + y^2 + z^2}\,\mathrm{d}V \\
&= \frac{1}{2\pi a}\int_0^{2\pi}\mathrm{d}\theta \int_0^{\frac{\pi}{2}}\sin\varphi\,\mathrm{d}\varphi \int_0^{2a\cos\varphi} \frac{r\cos\varphi}{r^2}\cdot r^2\,\mathrm{d}r \\
&= 2a\int_0^{\frac{\pi}{2}}\sin\varphi\cos^3\varphi\,\mathrm{d}\varphi = \frac{a}{2}
\end{aligned}
$$

则所求物体的质量为 $2k\pi a$，重心为 $\left(0, 0, \dfrac{a}{2}\right)$.

2. 转动惯量

转动惯量是度量物体转动惯性的物理量. 在力学上把质量为 m 的质点与它到转动轴 l 的距离 r 的平方之积称为质点对轴 l 的转动惯量. 即 $I_l = mr^2$. 对于质点系，设质量分别为 m_1，m_2，$\cdots$，m_n 的质点到轴 l 的距离分别为 r_1，r_2，$\cdots$，r_n，则该质点系对轴 l 的转动惯量

$$I_l = m_1 r_1^2 + m_2 r_2^2 + \cdots + m_n r_n^2 = \sum_{i=1}^{n} m_i r_i^2$$

下面进一步讨论平面薄片和 $\mathbf{R}^3$ 空间的几何形体对于坐标轴的转动惯量.

设有一薄片，为 xOy 面上的闭区域 D，在点 (x,y) 处的面密度为 $\rho(x,y)$，且 $\rho(x,y)$ 在 D 上连续. 考虑 D 内的矩形微元 $[x, x+dx] \times [y, y+dy]$，面积为 $dxdy$，质量微元 $dm \approx \rho(x,y)dxdy$ 且将其近似看作集中在点 (x,y) 上. 点 (x,y) 到 x 轴和 y 轴的距离分别为 $|y|$ 和 $|x|$. 所以，对于 x 轴和 y 轴的转动惯量的微元分别为

$$dI_x = y^2 \rho(x,y)dxdy, \quad dI_y = x^2 \rho(x,y)dxdy$$

于是，整个薄片绕 x 轴和 y 轴转动时的转动惯量分别为

$$I_x = \iint_D y^2 \rho(x,y)dxdy, \quad I_y = \iint_D x^2 \rho(x,y)dxdy$$

类似地，如果物体占有空间有界闭区域 Ω，其体密度为 $\rho(x,y,z)$，由点 (x,y,z) 到 x 轴、y 轴和 z 轴的距离分别为

$$\sqrt{y^2 + z^2}, \sqrt{z^2 + x^2}, \sqrt{x^2 + y^2}$$

则物体绕 x 轴、y 轴和 z 轴转动时的转动惯量分别为

$$I_x = \iiint_\Omega (y^2 + z^2)\rho(x,y,z)dV,$$

$$I_y = \iiint_\Omega (z^2 + x^2)\rho(x,y,z)dV,$$

$$I_z = \iiint_\Omega (x^2 + y^2)\rho(x,y,z)dV.$$

例 11.25 求均匀长方体关于它的一条棱的转动惯量.

解 设长方体的一个顶点在坐标原点，与 x 轴、y 轴、z 轴平行的棱长分别为 a、b、c，密度 ρ 为常数，则对长为 c 的一条棱的转动惯量为

$$I_c = \iiint_\Omega (x^2 + y^2)\rho dV$$

$$= \rho \int_0^a dx \int_0^b dy \int_0^c (x^2 + y^2)dz$$

$$= \rho c \int_0^a dx \int_0^b (x^2 + y^2)dy$$

$$= \rho c \int_0^a \left(x^2 b + \frac{1}{3}b^3 \right)dx$$

$$= \frac{1}{3}\rho abc(a^2 + b^2)$$

$$= \frac{1}{3}m(a^2 + b^2)$$

其中 m 为长方体的质量.

3. 引力

根据牛顿万有引力定律，空间中质量分别为 m_1 和 m_2 的两个质点之间的引力

$$F = k\frac{m_1 m_2}{r^2}$$

其中 r 为两质点之间的距离；k 为引力常数；力的方向沿着两点间的连线.

对于引力问题，同样可以用"微元法"的思想来分析. 如求质量连续分布的物体对其体外一质点的引力. 设一物体所占空间为有界闭区域 Ω，在点 (x,y,z) 处的体密度为 $\rho(x,y,z)$，且 $\rho(x,y,z)$ 在 Ω 上连续，求该物体对其体外一质量为 m 的质点 $P(x_0,y_0,z_0)$ 的引力.

取 Ω 内长方体微元

$$[x,x+\mathrm{d}x]\times[y,y+\mathrm{d}y]\times[z,z+\mathrm{d}z]$$

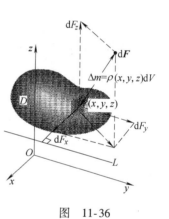

图　11-36

体积 $\mathrm{d}V=\mathrm{d}x\mathrm{d}y\mathrm{d}z$，如图 11-36 所示，则该物体的质量近似地等于 $\rho(x,y,z)\mathrm{d}V$，将其视为质点则可以看作质量都集中在点 $M(x,y,z)$ 处，则质点对点 P 的引力微元的模为

$$|\mathrm{d}\boldsymbol{F}| = k\frac{m\rho(x,y,z)\mathrm{d}V}{r^2}$$

其中，

$$r^2 = |\overrightarrow{MP}|^2 = (x-x_0)^2 + (y-y_0)^2 + (z-z_0)^2$$

引力 $\mathrm{d}\boldsymbol{F}$ 的方向与向量 $\overrightarrow{PM}$ 的方向相同，且

$$\overrightarrow{PM} = (x-x_0, y-y_0, z-z_0)$$

于是，引力 $\mathrm{d}\boldsymbol{F}$ 在三个坐标轴上的投影微元为

$$\mathrm{d}F_x = \mathrm{d}F\cos\alpha = k\frac{m\rho(x,y,z)(x-x_0)}{r^3}\mathrm{d}V$$

$$\mathrm{d}F_y = \mathrm{d}F\cos\beta = k\frac{m\rho(x,y,z)(y-y_0)}{r^3}\mathrm{d}V$$

$$\mathrm{d}F_z = \mathrm{d}F\cos\gamma = k\frac{m\rho(x,y,z)(z-z_0)}{r^3}\mathrm{d}V$$

其中，

$$(\cos\alpha,\cos\beta,\cos\gamma) = \left(\frac{x-x_0}{r}, \frac{y-y_0}{r}, \frac{z-z_0}{r}\right)$$

是向量 $\overrightarrow{PM}$ 的方向余弦. 于是，整个物体对质点 P 的引力 $\boldsymbol{F}$ 在三个坐标轴上的三

个分力分别为

$$F_x = \iiint\limits_{\Omega} \mathrm{d}F_x = \iiint\limits_{\Omega} k \frac{m\rho(x,y,z)(x-x_0)}{r^3}\mathrm{d}V$$

$$F_y = \iiint\limits_{\Omega} \mathrm{d}F_y = \iiint\limits_{\Omega} k \frac{m\rho(x,y,z)(y-y_0)}{r^3}\mathrm{d}V$$

$$F_z = \iiint\limits_{\Omega} \mathrm{d}F_z = \iiint\limits_{\Omega} k \frac{m\rho(x,y,z)(z-z_0)}{r^3}\mathrm{d}V$$

作为练习，请读者用同样的方法推导平面一薄片对其外一质点的引力计算公式.

例 11.26 在计算导弹或卫星的轨道时需要了解飞行体在地球上空不同高度所受到的地球的引力. 设地球半径为 R，体密度为常数 ρ，飞行体的质量为 m，且距地面高度为 h，求地球对飞行体的引力.

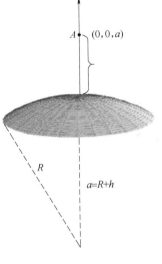

图 11-37

解 先建立直角坐标系. 以地球的中心为坐标原点，飞行体可视为质点位于 z 轴 A 处，于是地球所占的区域 Ω 为 $x^2 + y^2 + z^2 \le R^2$，质点的坐标为 $(0,0,a)$ 且 $a = R + h$，如图 11-37 所示. 假设地球对称且均匀，则

$$F_x = \iiint\limits_{\Omega} k \frac{m\rho x}{r^3}\mathrm{d}V = 0$$

$$F_y = \iiint\limits_{\Omega} k \frac{m\rho y}{r^3}\mathrm{d}V = 0$$

$$F_z = \iiint\limits_{\Omega} k \frac{m\rho(z-a)}{r^3}\mathrm{d}V = km\rho \iiint\limits_{\Omega} \frac{z-a}{[x^2+y^2+(z-a)^2]^{\frac{3}{2}}}\mathrm{d}V$$

$$= km\rho \int_{-R}^{R}(z-a)\mathrm{d}z \int_0^{2\pi}\mathrm{d}\theta \int_0^{\sqrt{R^2-z^2}} \frac{r}{[r^2+(z-a)^2]^{\frac{3}{2}}}\mathrm{d}r$$

$$= 2\pi km\rho \int_{-R}^{R}(z-a) \frac{-1}{\sqrt{r^2+(z-a)^2}}\Bigg|_{r=0}^{r=\sqrt{R^2-z^2}}\mathrm{d}z$$

$$= 2\pi km\rho \int_{-R}^{R}(z-a)\left(\frac{1}{a-z} - \frac{1}{\sqrt{R^2-2az+a^2}}\right)\mathrm{d}z$$

$$= 2\pi km\rho\left[-2R + \frac{1}{a}\int_{-R}^{R}(z-a)\mathrm{d}\sqrt{R^2+a^2-2az}\right]$$

$$= 2\pi km\rho \left[-2R + 4R + \frac{1}{3a^2}(R^2 + a^2 - 2az)^{\frac{3}{2}} \Big|_{-R}^{R} \right]$$

$$= 2\pi km\rho \left(2R - 2R - \frac{2R^3}{3a^2} \right) = -\frac{4\pi km\rho R^3}{3a^2}$$

$$= -k\frac{4\pi R^3}{3}\rho\frac{m}{a^2} = -k\frac{mm_{地}}{a^2}$$

其中，$m_{地} = \dfrac{4\pi R^3}{3}\rho$ 为地球的质量.

此题的结果表明，均匀球体对球外一质点的引力与将球的质量完全集中于球心作为质点时两个质点间的引力相等.

习题 11.4

A 组

1. 求由下列曲面所围成的立体的体积.

（1）$x = 0$，$y = 0$，$x = 1$，$y = 1$，$z = 0$，$2x + 3y + z = 6$；

（2）$x = 0$，$y = 0$，$x + y = 1$，$z = 0$，$x^2 + y^2 = 6 - z$；

（3）$z = x^2 + 2y^2$，$z = 6 - 2x^2 - y^2$；

（4）$y^2 = 2x + 4$，$x + z = 1$，$z = 0$.

2. 求两个底半径相等的正交圆柱体的公共部分的体积.

3. 求平面 $x + \dfrac{y}{2} + \dfrac{z}{3} = 1$ 被三个坐标面所割出部分的面积.

4. 求圆锥面 $z = \sqrt{x^2 + y^2}$ 被圆柱面 $x^2 + y^2 = 2y$ 所截下部分的面积.

5. 求圆柱面 $y^2 + z^2 = 4$ 在第一卦限中被平面 $x = 0$，$x = 2y$，$y = 1$ 所截下部分的曲面面积.

6. 求直线 $y = x$ 由 $x = 0$ 至 $x = 4$ 的一段绕 x 轴旋转所得的旋转曲面的面积.

7. 设密度函数为 $\rho = x^2 + y^2$，求由 $x = 1$，$y = x$，$y = 0$ 所围成的三角形薄片的质量.

8. （1）求由曲线 $y = \sqrt{2x}$ 和 $x = 1$ 所围成的均匀薄片的重心.

（2）求由曲面 $z = x^2 + y^2$ 及平面 $z = 1$ 所围成的均匀物体的重心.

9. 若球体 Ω：$x^2 + y^2 + z^2 \leqslant 2az\ (a > 0)$ 中各点的密度与坐标原点的距离平方成反比，求：

（1）该球体的质量；

（2）该物体的重心位置.

10. 一个均匀薄片（$\rho = 1$）由抛物线 $y^2 = 2x$ 与 $x = 2$ 围成，求它对 x 轴和 y 轴的转动惯量.

11. 设有一均匀物体（密度 ρ 为常数）占有空间区域 Ω 是由曲面 $z = x^2 + y^2$ 和平面 $z = 0$，$|x| = a$，$|y| = a$ 所围成的，求：

（1）该物体的体积；

（2）该物体的重心；

（3）该物体关于 z 轴的转动惯量.

12. 求由曲面 $z = \sqrt{a^2 - x^2 - y^2}$ 与 $z = \sqrt{x^2 + y^2}$ 所围成的密度为 μ 的均匀球锥体对位于其顶点的单位质点的引力.

B 组

1. 求抛物面 $z = x^2 + y^2 + 1$ 上任意一点 $P_0(x_0, y_0)$ 处的切平面与抛物面 $z = x^2 + y^2$ 所围立体的体积.

2. 设有一半径为 R 的球形物体，其内任意一点 P 处的体密度 $\rho = 1/|PP_0|$，其中 P_0 为一定点，且 P_0 到球心的距离 r_0 大于 R，求该物体的质量.

综合习题 11

A 组

1. 计算下列各题：

（1）设区域 $D = \{(x, y) \mid 0 \leqslant x \leqslant \pi, 0 \leqslant y \leqslant x\}$，求 $\iint\limits_{D} \sqrt{1 - \sin^2 x} \, dx dy$；

（2）设 $f(x, y)$ 是有界闭区域 $D: x^2 + y^2 \leqslant r^2$ 上的连续函数，求 $\lim\limits_{r \to 0} \dfrac{1}{\pi r^2} \iint\limits_{D} f(x, y) \, dx dy$；

（3）设 $f(x)$ 为连续函数，$F(t) = \int_{1}^{t} dy \int_{y}^{t} f(x) \, dx$，求 $F'(2)$；

（4）设 $f(x)$ 为连续函数 $F(t) = \iiint\limits_{\Omega} [z^2 + f(x^2 + y^2)] \, dV$，其中 Ω 是由 $x^2 + y^2 \leqslant t^2$，$0 \leqslant z \leqslant h$ 所围成，求 $F'(t)$.

2. 将 $\int_{0}^{1} r dr \int_{0}^{\frac{\pi}{4}} f(r\cos\theta, r\sin\theta) \, d\theta$ 化为直角坐标系下的二重积分.

3. 计算下列各题

（1）$\iint\limits_{D} \dfrac{y\sin(x-1)}{x-1} dx dy$，其中 D 是由 $y = x - 2$，$y^2 = x$ 所围成的区域；

（2）$\int_{0}^{1} dx \int_{0}^{1-x} dz \int_{0}^{1-x-z} (1-y) e^{-(1-y-z)^2} dy$；

（3）$\iint\limits_{D} e^{\max\{x^2, y^2\}} dx dy$，其中 $D = \{(x, y) \mid 0 \leqslant x \leqslant 1, 0 \leqslant y \leqslant 1\}$；

（4）$\iint\limits_{D} \sqrt{|y - x^2|} \, dx dy$，其中 $D = \{(x, y) \mid |x| \leqslant 1, 0 \leqslant y \leqslant 2\}$；

（5）计算 $I = \iint\limits_{D} y dx dy$，其中 D 是由直线 $x = -2$，$y = 0$，$y = 2$ 及曲线 $x = -\sqrt{2y - y^2}$ 所围成的平面区域；

（6）计算二重积分 $I = \iint\limits_{D} e^{-(x^2 + y^2 - \pi)} \sin(x^2 + y^2) dx dy$，其中积分区域 $D = \{(x, y) \mid x^2 + y^2 \leqslant \pi\}$；

（7）$\iiint\limits_{\Omega} \dfrac{e^z}{\sqrt{x^2 + y^2}} dV$，其中 Ω 是由 $z = \sqrt{x^2 + y^2}$，$z = 1$ 及 $z = 2$ 所围成的区域；

(8) $\iiint\limits_{\Omega} z^2 dV$，其中 Ω: $x^2 + \dfrac{y^2}{4} + \dfrac{z^2}{9} \le 1$，$0 \le z \le 1$；

(9) $\iiint\limits_{\Omega} \left(\dfrac{y\sin z}{1 + x^2} - 1 \right) dV$，其中 Ω: $-1 \le x \le 1$，$0 \le y \le 2$，$0 \le z \le \pi$；

(10) $\iiint\limits_{\Omega} z \sqrt{x^2 + y^2 + z^2} dV$，其中 Ω 是由球面 $z = \sqrt{4 - x^2 - y^2}$ 与锥面 $z = \sqrt{3 \ (x^2 + y^2)}$ 所围成的空间区域.

4. 若 $f(x,y)$ 在区域 D：$0 \le x \le 1$，$0 \le y \le 1$ 上连续，且

$$xy \left[\iint\limits_{D} f(x,y) dx dy \right]^2 = f(x,y) - 1$$

求函数 $f(x,y)$.

5. 求平面 $\dfrac{x}{a} + \dfrac{y}{b} + \dfrac{z}{c} = 1$ 被三个坐标面所割出的有限部分的面积.

B 组

1. 证明：$\displaystyle\int_0^a dx \int_0^x \dfrac{f'(y)}{\sqrt{(a - x)(x - y)}} dy = \pi [f(a) - f(0)] \ (a > 0)$.

2*. 设 $f(x)$ 为连续函数且恒大于零，$F(t) = \dfrac{\iiint\limits_{\Omega(t)} f(x^2 + y^2 + z^2) dV}{\iint\limits_{D(t)} f(x^2 + y^2) d\sigma}$，其中

$$\Omega(t): x^2 + y^2 + z^2 \le t^2, D(t): x^2 + y^2 \le t^2$$

证明：$F(x)$ 在 $(0, +\infty)$ 内单调增加.

第12章

曲线积分与曲面积分

重积分是把定积分中的一元函数推广为多元函数，同时把积分范围从数轴上的一个区间推广到了平面或空间中的一个闭区域. 本章我们将讨论曲线积分与曲面积分，即函数在曲线上和曲面上的积分.

12.1 第一型曲线积分

12.1.1 第一型曲线积分的概念和性质

问题 12.1 曲线形构件的质量

设一曲线形构件形如 xOy 面内的一段曲线弧 L，如图 12-1 所示. L 的端点分别为 A 和 B，在 L 上任一点 (x,y) 处的线密度为 $\rho(x,y)$，且 $\rho(x,y)$ 在曲线 L 上连续，求曲线形构件的质量.

如果曲线构件是均匀分布的（即线密度为常量），则其质量等于线密度与曲线长度的乘积. 当构件的线密度 $\rho(x,y)$ 不是常量时，我们用积分的思想求构件的质量.

首先，在曲线 L 上任取分点
$$A = M_0, M_1, M_2, \cdots, M_{n-1}, M_n = B$$

将 L 划分成 n 个小弧段 $\overset{\frown}{AM_1}$，$\overset{\frown}{M_1 M_2}$，$\cdots$，$\overset{\frown}{M_{n-1}B}$（见图 12-1），每小段的曲线弧长记为 $\Delta s_k (k=1,2,\cdots,n)$. 对于每小段弧来说，密度虽然是变化的，但当 Δs_k 很小时，密度变化很小，可近似视为常量，即任取点 $(\xi_k,\eta_k)\in\overset{\frown}{M_{k-1}M_k}$，小段弧 Δs_k 上的线密度都近似于 $\rho(\xi_k,\eta_k)$，从而小段曲线弧 $\overset{\frown}{M_{k-1}M_k}$ 的质量

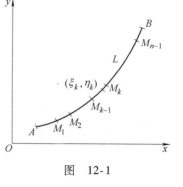

图　12-1

$$\Delta m_k \approx \rho(\xi_k,\eta_k)\Delta s_k \qquad (k=1,2,\cdots,n)$$

整段曲线构件 L 的质量的近似值

$$m = \sum_{k=1}^{n}\Delta m_k \approx \sum_{k=1}^{n}\rho(\xi_k,\eta_k)\Delta s_k$$

当 $\lambda = \max\limits_{1\leqslant k\leqslant n}\{\Delta s_k\}$ 趋于 0 时，此和式极限值就是所求曲线形构件的质量，即

$$m = \lim_{\lambda\to 0}\sum_{k=1}^{n}\rho(\xi_k,\eta_k)\Delta s_k$$

对于空间曲线形的构件，当线密度 $\rho(x,y,z)$ 不是常数时，类似地可得到其质量为

$$m = \lim_{\lambda\to 0}\sum_{k=1}^{n}\rho(\xi_k,\eta_k,\zeta_k)\Delta s_k$$

抽去上述问题的具体意义，就得到了曲线积分的定义.

定义 12.1　设 L 为平面上一条长度有限的曲线，函数 $f(x,y)$ 在 L 上有界. 在 L 上任意插入分点 M_1，M_2，$\cdots$，M_{n-1}，将曲线 L 分成 n 个小弧段，设第 k 个小弧段 $\overset{\frown}{M_{k-1}M_k}$ 的长度为 Δs_k，记 $\lambda = \max\limits_{1\leqslant k\leqslant n}\{\Delta s_k\}$，在 $\overset{\frown}{M_{k-1}M_k}$ 上任取一点 (ξ_k,η_k) $(k=1,2,\cdots,n)$，作和式 $\sum\limits_{k=1}^{n}f(\xi_k,\eta_k)\Delta s_k$. 如果当 $\lambda\to 0$ 时，这个和式的极限存在，则称此极限值为函数 $f(x,y)$ 在曲线 L 上的**第一型曲线积分**，记作 $\int_L f(x,y)\mathrm{d}s$，即

$$\int_L f(x,y)\mathrm{d}s = \lim_{\lambda\to 0}\sum_{k=1}^{n}f(\xi_k,\eta_k)\Delta s_k$$

其中，称 $f(x,y)$ 为被积函数；L 为积分曲线；$\mathrm{d}s$ 为弧微分.

如果 L 为空间曲线，则

$$\int_L f(x,y,z)\mathrm{d}s = \lim_{\lambda\to 0}\sum_{k=1}^{n}f(\xi_k,\eta_k,\zeta_k)\Delta s_k$$

如果 L 是闭曲线，则曲线积分记为 $\oint_L f(x,y)\,\mathrm{d}s$ 或 $\oint_L f(x,y,z)\,\mathrm{d}s$.

例如，问题 12.1 中曲线形构件的质量为 $m = \int_L \rho(x,y)\,\mathrm{d}s$. 特别地，如果构件的线密度用曲线上点到 A 的弧长 s 表示，即 $\rho = \rho(s)$，l 为曲线的总长度，则按照同样的定义，有 $m = \int_0^l \rho(s)\,\mathrm{d}s$. 这清楚地表明，第一型曲线积分是定积分的推广.

第一型曲线积分又称对弧长的曲线积分，由第一型曲线积分的定义，容易验证以下性质成立：

（1）线性性质：

设 $\alpha, \beta \in \mathbf{R}$ 为常数，则

$$\int_L \big[\alpha f(x,y) \pm \beta g(x,y)\big]\,\mathrm{d}s = \alpha\int_L f(x,y)\,\mathrm{d}s \pm \beta\int_L g(x,y)\,\mathrm{d}s$$

（2）可加性：

若 L 可分成两段曲线弧 L_1 和 L_2（记作 $L = L_1 + L_2$），则

$$\int_L f(x,y)\,\mathrm{d}s = \int_{L_1} f(x,y)\,\mathrm{d}s + \int_{L_2} f(x,y)\,\mathrm{d}s$$

（3）保序性：

设在 L 上 $f(x,y) \leqslant g(x,y)$，则

$$\int_L f(x,y)\,\mathrm{d}s \leqslant \int_L g(x,y)\,\mathrm{d}s$$

特别地，有

$$\left|\int_L f(x,y)\,\mathrm{d}s\right| \leqslant \int_L |f(x,y)|\,\mathrm{d}s$$

（4）$\int_L 1\,\mathrm{d}s = s$，其中 s 是曲线 L 的弧长.

12.1.2　第一型曲线积分的计算

根据第一型曲线积分的定义，如果曲线形构件 L 的线密度为 $f(x,y)$，则曲线形构件 L 的质量为

$$\int_L f(x,y)\,\mathrm{d}s$$

另一方面，若曲线 L 的参数方程为

$$\begin{cases} x = \varphi(t) \\ y = \psi(t) \end{cases} \qquad (\alpha \leqslant t \leqslant \beta)$$

则质量元素为

$$f(x,y)\,\mathrm{d}s = f(\varphi(t),\psi(t))\sqrt{\varphi'^2(t) + \psi'^2(t)}\,\mathrm{d}t$$

曲线的质量为

$$\int_{\alpha}^{\beta} f(\varphi(t),\psi(t))\ \sqrt{\varphi'^2(t)+\psi'^2(t)}\mathrm{d}t$$

即

$$\int_L f(x,y)\mathrm{d}s = \int_{\alpha}^{\beta} f(\varphi(t),\psi(t))\ \sqrt{\varphi'^2(t)+\psi'^2(t)}\mathrm{d}t$$

一般地，我们有如下定理.

定理 12.1　　设 $f(x,y)$ 在曲线弧 L 上连续，L 的参数方程为

$$\begin{cases} x=\varphi(t) \\ y=\psi(t) \end{cases} \qquad (\alpha \leqslant t \leqslant \beta)$$

其中 $\varphi(t)$，$\psi(t)$ 在 $[\alpha,\beta]$ 上具有一阶连续导数，则曲线积分 $\int_L f(x,y)\mathrm{d}s$ 存在，且

$$\int_L f(x,y)\mathrm{d}s = \int_{\alpha}^{\beta} f(\varphi(t),\psi(t))\ \sqrt{\varphi'^2(t)+\psi'^2(t)}\mathrm{d}t$$

其中 $\alpha<\beta$.

证明略.

类似地，若 L 为空间曲线，其参数方程为 $x=\varphi(t)$，$y=\psi(t)$，$z=\omega(t)$，则有

$$\int_L f(x,y,z)\mathrm{d}s = \int_{\alpha}^{\beta} f(\varphi(t),\psi(t),\omega(t))\ \sqrt{\varphi'^2(t)+\psi'^2(t)+\omega'^2(t)}\mathrm{d}t$$

这里必须注意，由于 $\mathrm{d}s$ 为弧微元（弧长元素），因此 $\mathrm{d}s>0$，从而 $\mathrm{d}t>0$.
所以，当 α 和 β 是对应曲线端点的参数值时，要求 $\alpha<\beta$.

尽管曲线 L 的方程可以有不同的表示形式，但在计算曲线积分时，通常都化为参数方程. 例如，

（1）当曲线 L 为平面曲线，且方程为 $y=y(x)(a\leqslant x\leqslant b)$ 时，可将 x 视为参数，则

$$\int_L f(x,y)\mathrm{d}s = \int_a^b f(x,y(x))\ \sqrt{1+y'^2(x)}\mathrm{d}x$$

（2）当曲线 L 为平面曲线，且方程为 $x=x(y)\quad(c\leqslant y\leqslant d)$ 时，可将 y 视为参数，则

$$\int_L f(x,y)\mathrm{d}s = \int_c^d f(x(y),y)\ \sqrt{1+x'^2(y)}\mathrm{d}y$$

（3）当曲线 L 为平面曲线，且方程为极坐标方程 $r=r(\theta)(\alpha\leqslant\theta\leqslant\beta)$ 时，

利用极坐标和直角坐标的关系 $\begin{cases} x = r(\theta)\cos\theta \\ y = r(\theta)\sin\theta \end{cases}$ ，可将 θ 视为参数，则

$$\int_L f(x,y)\mathrm{d}s = \int_\alpha^\beta f(r(\theta)\cos\theta, r(\theta)\sin\theta)\ \sqrt{r^2(\theta) + r'^2(\theta)}\mathrm{d}\theta$$

例 12.1　计算 $\oint_L xy\mathrm{d}s$ ，其中 L 是由 $y = x^2$ ，$x = 1$ 及 x 轴所组成的封闭曲线.

解　L 如图 12-2 所示.

$$\oint_L xy\mathrm{d}s = \int_{OA} xy\mathrm{d}s + \int_{AB} xy\mathrm{d}s + \int_{\overset{\frown}{OB}} xy\mathrm{d}s$$

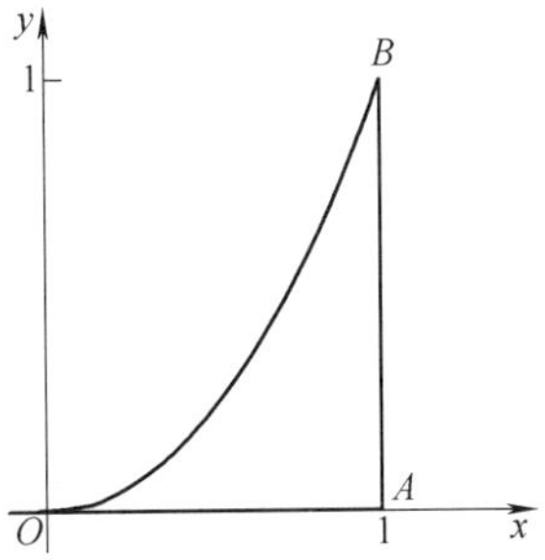

在 OA 上，$y = 0$　$(0 \leqslant x \leqslant 1)$ ，

$$\int_{OA} xy\mathrm{d}s = \int_0^1 0\mathrm{d}s = 0$$

在 AB 上，$x = 1$　$(0 \leqslant y \leqslant 1)$ ，

$$\mathrm{d}s = \sqrt{1 + x_y'^2}\mathrm{d}y = \mathrm{d}y, \int_{AB} xy\mathrm{d}s = \int_0^1 y\mathrm{d}y = \frac{1}{2}$$

在 $\overset{\frown}{OB}$ 上，$y = x^2$　$(0 \leqslant x \leqslant 1)$ ，

$$\mathrm{d}s = \sqrt{1 + y_x'^2}\mathrm{d}x = \sqrt{1 + 4x^2}\mathrm{d}x$$

$$\int_{\overset{\frown}{OB}} xy\mathrm{d}s = \int_0^1 x^3 \sqrt{1 + 4x^2}\mathrm{d}x$$

$$= \frac{25\sqrt{5} + 1}{120}$$

于是，

$$\oint_L xy\mathrm{d}s = \int_{OA} xy\mathrm{d}s + \int_{AB} xy\mathrm{d}s + \int_{\overset{\frown}{OB}} xy\mathrm{d}s$$

$$= \frac{1}{2} + \frac{25\sqrt{5} + 1}{120}$$

$$= \frac{25\sqrt{5} + 61}{120}$$

例 12.2　计算圆周曲线 $L:x^2 + y^2 = -2y$ 的质量，其中线密度

$$\rho(x,y) = \sqrt{x^2 + y^2}$$

解　因为曲线 L 的质量就是线密度函数 $\sqrt{x^2 + y^2}$ 在曲线 L 上的曲线积分. 所以

$$m = \int_L \sqrt{x^2 + y^2}\mathrm{d}s$$

图　12-2

圆周 $x^2 + y^2 = -2y$ 的极坐标方程为

$$r = -2\sin\theta \quad (\pi \leqslant \theta \leqslant 2\pi)$$

化为参数方程为

$$x = -2\sin\theta\cos\theta, y = -2\sin^2\theta \quad (\pi \leqslant \theta \leqslant 2\pi)$$

且

$$ds = \sqrt{r^2(\theta) + r'^2(\theta)}d\theta = \sqrt{4\sin^2\theta + 4\cos^2\theta}d\theta = 2d\theta$$

曲线的质量为

$$m = \int_L \sqrt{x^2 + y^2}ds = \int_L \sqrt{-2y}ds = \int_\pi^{2\pi} \sqrt{4\sin^2\theta}\, 2d\theta$$

$$= 4\int_\pi^{2\pi} (-\sin\theta)d\theta = 8$$

例 12.3 计算曲线积分 $\int_\Gamma (x^2 + y^2 + z^2)ds$，其中 Γ 为螺旋线 $\begin{cases} x = a\cos t \\ y = a\sin t \\ z = kt \end{cases}$ 上

相应于 t 从 0 到 2π 的一段弧.

解

$$\int_\Gamma (x^2 + y^2 + z^2)ds = \int_0^{2\pi} \left[(a\cos t)^2 + (a\sin t)^2 + (kt)^2 \right] \cdot$$

$$\sqrt{(-a\sin t)^2 + (a\cos t)^2 + (k)^2}dt$$

$$= \int_0^{2\pi} (a^2 + k^2t^2) \sqrt{a^2 + k^2}dt$$

$$= \sqrt{a^2 + k^2} \left[a^2 t + \frac{k^2}{3}t^3 \right]\Big|_0^{2\pi}$$

$$= \frac{2}{3}\pi \sqrt{a^2 + k^2}(3a^2 + 4\pi^2 k^2)$$

例 12.4 计算曲线积分 $\int_\Gamma x^2 ds$，其中 Γ 为 $x^2 + y^2 + z^2 = a^2$ 与 $x + y + z = 0$ 的交线.

解 注意到交线 Γ 是空间中以原点为圆心，半径为 a 的圆，且关于 x 轴、y 轴、z 轴都对称，有

$$\int_\Gamma x^2 ds = \int_\Gamma y^2 ds = \int_\Gamma z^2 ds$$

于是有

$$\int_\Gamma x^2 ds = \frac{1}{3}\int_\Gamma (x^2 + y^2 + z^2)ds$$

由 Γ 在圆上，即 $x^2 + y^2 + z^2 = a^2$，有

$$\int_\Gamma x^2 \mathrm{d}s = \frac{1}{3}\int_\Gamma a^2 \mathrm{d}s = \frac{1}{3}a^2\int_\Gamma \mathrm{d}s$$

$$= \frac{1}{3}a^2 \cdot 2\pi a = \frac{2}{3}\pi a^3$$

其中 $2\pi a$ 为曲线圆 Γ 的周长.

在几何上，第一型曲线积分 $\int_L f(x,y)\mathrm{d}s$ 表示以 xOy 面上的曲线 L 为准线、母线平行于 z 轴，高为 $z = f(x,y)$（$(x,y)\in L$）的柱面的面积，如图 12-3 所示. 这就是**第一型曲线积分的几何意义**.

例 12.5　设椭圆柱面 $\dfrac{x^2}{5} + \dfrac{y^2}{9} = 1$ 被 $z = y$ 与 $z = 0$ 所截，求位于第一、二卦限内所截下部分的柱面的侧面积 A.

解　所求柱面的侧面可看成是以 L：$\dfrac{x^2}{5} + \dfrac{y^2}{9} = 1$（$y \geq 0$）为准线，母线平行于 z 轴，其高为 $z(z = y)$ 的柱面（见图 12-4）. 由曲线积分的几何意义

$$A = \int_L z\mathrm{d}s = \int_L y\mathrm{d}s$$

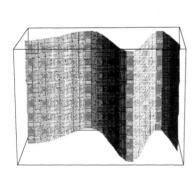

图　12-3

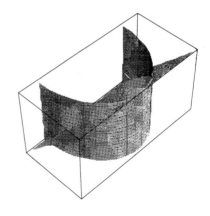

图　12-4

将 L 用参数方程表示，即

$$L:\begin{cases} x = \sqrt{5}\cos t \\ y = 3\sin t \end{cases} \quad (0 \leq t \leq \pi)$$

则

$$\mathrm{d}s = \sqrt{(-\sqrt{5}\sin t)^2 + (3\cos t)^2}\,\mathrm{d}t = \sqrt{5 + 4\cos^2 t}\,\mathrm{d}t$$

于是

$$A = \int_L z\mathrm{d}s = \int_{L'} y\mathrm{d}s = \int_0^\pi 3\sin t\sqrt{5 + 4\cos^2 t}\mathrm{d}t$$

$$= -3\int_0^\pi \sqrt{5 + 4\cos^2 t}\mathrm{d}(\cos t) \qquad (\diamondsuit\ u = 2\cos t)$$

$$= \frac{3}{2}\int_{-2}^2 \sqrt{5 + u^2}\mathrm{d}u = \frac{3}{2}\Big[\frac{u}{2}\sqrt{5 + u^2} + \frac{5}{2}\ln\big|u + \sqrt{5 + u^2}\big|\Big]\Big|_{-2}^2$$

$$= 9 + \frac{15}{4}\ln 5$$

习题 12. 1

A 组

1. 计算下列第一类曲线积分:

(1) $\int_L (x + y)\mathrm{d}s$, 其中 L 为连接 $A(1,0)$ 和 $B(0,1)$ 的直线段;

(2) $\oint_L (x^2 + y^2)^2\mathrm{d}s$, 其中 L 是圆周 $x^2 + y^2 = a^2$;

(3) $\int_L (2x + y)\mathrm{d}s$, 其中 L 为从点 $O(0,0)$ 到点 $A(1,0)$ 然后再到点 $B(0,1)$ 的折线段;

(4) $\int_L y\mathrm{d}s$, 其中 L 是抛物线 $y^2 = 4x$ 上自点 $O(0,0)$ 到点 $A(1,2)$ 的一段弧;

(5) $\int_L y^2\mathrm{d}s$, 其中 L 是摆线 $\begin{cases} x = a(t - \sin t) \\ y = a(1 - \cos t) \end{cases}$, $(0 \leqslant t \leqslant 2\pi)$ 的第一拱;

(6) $\oint_L \sqrt{x^2 + y^2}\mathrm{d}s$, 其中 L 是圆周 $x^2 + y^2 = 4x$;

(7) $\int_L \sqrt{y}\mathrm{d}s$, 其中 L 是抛物线 $y = x^2$ 上点 $O(0,0)$ 与点 $B(1,1)$ 之间的一段弧;

(8) $\int_L y\mathrm{e}^x\mathrm{d}s$, 其中 L 是曲线 $\begin{cases} x = \ln(1 + t^2) \\ y = 2\arctan t - t \end{cases}$, $(0 \leqslant t \leqslant 1)$ 的一段弧;

(9) $\oint_L |y|\mathrm{d}s$, 其中 L 是双扭线 $(x^2 + y^2)^2 = a^2(x^2 - y^2)$, $a > 0$;

(10) $\oint_L (2x^2 + 3y^2)\mathrm{d}s$, 其中 L 是圆周 $x^2 + y^2 = 2(x + y)$.

2. 计算 $\int_L \dfrac{z^2}{y^2 + x^2}\mathrm{d}s$, 其中 L 是螺旋线 $\begin{cases} x = a\cos t \\ y = a\sin t, \ 0 \leqslant t \leqslant \pi. \\ z = at \end{cases}$

3. 求 $\int_\Gamma x^2 yz\mathrm{d}s$, 其中 Γ 为折线 $A(0,0,0) \to B(0,0,2) \to C(1,0,2) \to D(1,3,2)$.

4. 计算 $\int_L (y^2 + z^2)\mathrm{d}s$, 其中 L 是圆周 $\begin{cases} x^2 + y^2 + z^2 = a^2 \\ x + y + z = 0 \end{cases}$.

5. 设曲线 L 为圆周 $x^2 + y^2 = 16$ 与直线 $y = x$ 及 x 轴在第一象限内所围成的扇形的整个边

界，其线密度 $\rho(x,y) = e^{\sqrt{x^2+y^2}}$，试计算曲线 L 的质量.

B 组

1. 设圆柱面 $x^2 + y^2 = 1$ 被 $z = x$ 与 $z = 0$ 所截，求圆柱面位于第一、四卦限内所截下部分的柱面的侧面积 A.

2. 设在 xOy 平面内有一曲线形物体，在点 (x,y) 处的线密度为 $\mu(x,y)$. 试用对弧长的曲线积分分别表达：(1) 该曲线对 x 轴和 y 轴的转动惯量 I_x，I_y；(2) 该曲线弧的质心坐标 $\bar{x}$，$\bar{y}$；(3) 求半径为 a，中心角为 2φ 的均匀圆弧（线密度 $\mu = 1$）的质心.

12.2 第二型曲线积分

上一节我们学习了第一型曲线积分,它可以看作积分学在数量场中的应用.这一节我们学习第二型曲线积分,它可以看作积分学在向量场中的应用.

12.2.1 第二型曲线积分的概念与性质

问题 12.2 变力沿曲线做功问题

若一质点在力 $\boldsymbol{F} = P(x,y)\boldsymbol{i} + Q(x,y)\boldsymbol{j}$ 的作用下,沿 xOy 平面的一条曲线 L 由点 A 移动到点 B, $P(x,y)$ 和 $Q(x,y)$ 在 L 上连续,计算变力 $\boldsymbol{F}$ 所做的功.

由物理概念知,如果质点在常力 $\boldsymbol{F}$(大小和方向都不变)的作用下,沿直线从点 A 移动到点 B,则力 $\boldsymbol{F}$ 所做的功 W 等于力向量 $\boldsymbol{F}$ 与位移向量 $\overrightarrow{AB}$ 的**数量积**,即

$$W = \boldsymbol{F} \cdot \overrightarrow{AB} = |F||\overrightarrow{AB}|\cos\theta$$

其中 θ 为力与位移的夹角. 当 $\boldsymbol{F}$ 是变力,其大小和方向都随着点的位置的变化而变化,而质点沿曲线运动的位移方向也在不断变化时,我们用积分的思想来解决变力沿曲线做功的问题.

首先,将曲线 L 用分点 $A = M_0$, M_1, M_2, $\cdots$, M_{k-1}, $M_n = B$ 分为 n 个小段曲线弧 $\overparen{M_{k-1}M_k}(k = 1, 2, \cdots, n)$,如图 12-5 所示. 记 $\overparen{M_{k-1}M_k}$ 的长度为 Δs_k,当 Δs_k 很小时,可近似地用有向线段 $\overrightarrow{M_{k-1}M_k}$ 来代替曲线弧 $\overparen{M_{k-1}M_k}$,即

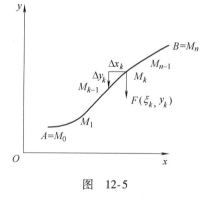

图 12-5

$$\overparen{M_{k-1}M_k} \approx \overrightarrow{M_{k-1}M_k} = \Delta x_k\boldsymbol{i} + \Delta y_k\boldsymbol{j}$$

其中 $\Delta x_k = x_k - x_{k-1}$, $\Delta y_k = y_k - y_{k-1}$ 分别为有向线段 $\overrightarrow{M_{k-1}M_k}$ 在 x 轴和 y 轴上的投影.

又因为函数 $P(x,y)$ 和 $Q(x,y)$ 在 L 上连续,所以可用 $\overparen{M_{k-1}M_k}$ 上的任一点 (ξ_k, η_k) 处的力

$$\boldsymbol{F}(\xi_k, \eta_k) = P(\xi_k, \eta_k)\boldsymbol{i} + Q(\xi_k, \eta_k)\boldsymbol{j}$$

来近似代替这个小段弧上各点处的力. 从而力 $\boldsymbol{F}$ 在弧 $\overparen{M_{k-1}M_k}$ 上所做的功 ΔW_k 近似为

$$\Delta W_k \approx \boldsymbol{F}(\xi_k, \eta_k) \cdot \overrightarrow{M_{k-1}M_k} = P(\xi_k, \eta_k)\Delta x_k + Q(\xi_k, \eta_k)\Delta y_k$$

于是, 变力 $\boldsymbol{F}$ 沿曲线 L 上所做的功的近似值为

$$W = \sum_{k=1}^{n} \Delta W_k \approx \sum_{k=1}^{n} \left[P(\xi_k, \eta_k)\Delta x_k + Q(\xi_k, \eta_k)\Delta y_k \right]$$

记 $\lambda = \max\limits_{1 \leqslant k \leqslant n} \{\Delta s_k\}$, 当 $\lambda \to 0$ 时, 上述和式的极限值即为变力 $\boldsymbol{F}$ 所做的功, 即

$$W = \lim_{\lambda \to 0} \sum_{k=1}^{n} \left[P(\xi_k, \eta_k)\Delta x_k + Q(\xi_k, \eta_k)\Delta y_k \right]$$

或

$$W = \lim_{\lambda \to 0} \sum_{k=1}^{n} P(\xi_k, \eta_k)\Delta x_k + \lim_{\lambda \to 0} \sum_{i=1}^{n} Q(\xi_k, \eta_k)\Delta y_k$$

至此, 我们把变力沿直线所做的功写成了两个特殊和式的极限之和. 为了在数学上统一研究这种和式的极限, 我们引入第二型曲线积分的概念.

定义 12.2 设 L 是 xOy 平面上一条由点 A 到点 B 的有向曲线弧, 函数 $f(x,y)$ 在 L 上有界. 用 L 上的任意分点 $A = M_0$, M_1, M_2, $\cdots$, M_{k-1}, $M_n = B$ 将 L 分为 n 个小段曲线弧 $\overparen{M_{k-1}M_k}$ $(k = 1, 2, \cdots, n)$. 设 $\overparen{M_{k-1}M_k}$ 的长度为 Δs_k, $\Delta x_k = x_k - x_{k-1}$, $\Delta y_k = y_k - y_{k-1}$ 分别为有向线段 $\overrightarrow{M_{k-1}M_k}$ 在 x 轴和 y 轴上的投影, (ξ_k, η_k) 为 $\overparen{M_{k-1}M_k}$ 上任意一点. 如果极限

$$\lim_{\lambda \to 0} \sum_{k=1}^{n} f(\xi_k, \eta_k)\Delta x_k$$

存在, 则称该极限值为 $f(x,y)$ 对坐标 x 的曲线积分, 记为 $\int_L f(x,y)\mathrm{d}x$, 即

$$\int_L f(x,y)\mathrm{d}x = \lim_{\lambda \to 0} \sum_{k=1}^{n} f(\xi_k, \eta_k)\Delta x_k$$

如果极限

$$\lim_{\lambda \to 0} \sum_{k=1}^{n} f(\xi_k, \eta_k)\Delta y_k$$

存在, 则称该极限值为 $f(x,y)$ 对坐标 y 的曲线积分, 记为 $\int_L f(x,y)\mathrm{d}y$, 即

$$\int_L f(x,y)\mathrm{d}y = \lim_{\lambda \to 0} \sum_{k=1}^{n} f(\xi_k, \eta_k)\Delta y_k$$

其中 $f(x,y)$ 称为被积函数; L 称为积分弧段.

对坐标 x 的曲线积分和对坐标 y 的曲线积分统称为第二型曲线积分, 也称第二类曲线积分.

在应用中, 对坐标 x 和对坐标 y 的曲线积分常常同时出现, 所以第二型曲线积分常写成

$$\int_L P(x,y)\,\mathrm{d}x + \int_L Q(x,y)\,\mathrm{d}y$$

简记为

$$\int_L P(x,y)\,\mathrm{d}x + Q(x,y)\,\mathrm{d}y$$

用向量形式表示为

$$\int_L P(x,y)\,\mathrm{d}x + Q(x,y)\,\mathrm{d}y = \int_L \boldsymbol{A} \cdot \mathrm{d}\boldsymbol{s}$$

其中

$$\boldsymbol{A} = P(x,y)\boldsymbol{i} + Q(x,y)\boldsymbol{j} = (P(x,y),Q(x,y))$$
$$\mathrm{d}\boldsymbol{s} = \mathrm{d}x\boldsymbol{i} + \mathrm{d}y\boldsymbol{j} = (\mathrm{d}x,\mathrm{d}y)$$

由以上定义知，变力 $\boldsymbol{F} = P(x,y)\boldsymbol{i} + Q(x,y)\boldsymbol{j}$ 沿平面曲线 L 所做的功 W 为

$$W = \int_L P(x,y)\,\mathrm{d}x + Q(x,y)\,\mathrm{d}y = \int_L \boldsymbol{F} \cdot \mathrm{d}\boldsymbol{s}$$

若 L 是平面上的有向闭曲线，则第二型曲线积分记作

$$\oint_L P(x,y)\,\mathrm{d}x + Q(x,y)\,\mathrm{d}y = \oint_L \boldsymbol{A} \cdot \mathrm{d}\boldsymbol{s}$$

类似地，可定义空间向量函数

$$\boldsymbol{A}(x,y,z) = (P(x,y,z),Q(x,y,z),R(x,y,z))$$

在有向空间曲线 L 的第二型曲线积分为

$$\int_L P(x,y,z)\,\mathrm{d}x + Q(x,y,z)\,\mathrm{d}y + R(x,y,z)\,\mathrm{d}z = \int_L \boldsymbol{A} \cdot \mathrm{d}\boldsymbol{s}$$

其中

$$\mathrm{d}\boldsymbol{s} = \mathrm{d}x\boldsymbol{i} + \mathrm{d}y\boldsymbol{j} + \mathrm{d}z\boldsymbol{k} = (\mathrm{d}x,\mathrm{d}y,\mathrm{d}z)$$

下面我们不加证明地给出**第二型曲线积分的性质**.

假设
$$\boldsymbol{A} = (P(x,y,z),Q(x,y,z),R(x,y,z))$$
$$\boldsymbol{B} = (P_1(x,y,z),Q_1(x,y,z),R_1(x,y,z))$$

在曲线 L 的第二型曲线积分存在，则有

（1）线性性质：

$k_1\boldsymbol{A} + k_2\boldsymbol{B}$ 在曲线 L 的第二型曲线积分也存在，且

$$\int_L (k_1\boldsymbol{A} + k_2\boldsymbol{B}) \cdot \mathrm{d}\boldsymbol{s} = k_1\int_L \boldsymbol{A} \cdot \mathrm{d}\boldsymbol{s} + k_2\int_L \boldsymbol{B} \cdot \mathrm{d}\boldsymbol{s}$$

其中 k_1、k_2 为任意常数.

（2）可加性：

如果 L 由有向曲线段 L_1 和 L_2 组成，且它们的方向相应地一致，则

$$\int_L \boldsymbol{A} \cdot \mathrm{d}\boldsymbol{s} = \int_{L_1} \boldsymbol{A} \cdot \mathrm{d}\boldsymbol{s} + \int_{L_2} \boldsymbol{A} \cdot \mathrm{d}\boldsymbol{s}$$

（3）有向性：

设 L 是有向曲线, L^- 是与 L 反向的有向曲线, 则

$$\int_{L^-} \boldsymbol{A} \cdot \mathrm{d}\boldsymbol{s} = -\int_L \boldsymbol{A} \cdot \mathrm{d}\boldsymbol{s}$$

有向性是第二型曲线积分与第一型曲线积分的重要区别. 在第一型曲线积分的和式中, Δs_k 是弧段 $\overparen{M_{k-1}M_k}$ 的长度, 是非负数值. 无论曲线方向如何, 总有 $\mathrm{d}s > 0$, 即积分下限小于积分上限. 而在第二型曲线积分的和式中, Δx_k 与 Δy_k 分别是 $\overrightarrow{M_{k-1}M_k}$ 在 x 轴和 y 轴上的投影值, 随向量 $\overrightarrow{M_{k-1}M_k}$ 不同可正可负. $\overrightarrow{M_{k-1}M_k}$ 与 $\overrightarrow{M_k M_{k-1}}$ 的投影互为相反数, 因此, 当曲线的方向相反时积分值变号.

12.2.2　第二型曲线积分的计算

定理 12.2　设 $P(x,y)$ 和 $Q(x,y)$ 在平面上的有向曲线弧 L 上连续, 曲线 L 的参数方程为

$$\begin{cases} x = \varphi(t) \\ y = \psi(t) \end{cases}$$

当参数 t 由 α 改变到 β 时, 点 $M(x,y)$ 从 L 的起点 A 沿 L 运动到 L 的终点 B, $\varphi(t)$ 与 $\psi(t)$ 在以 α 和 β 为端点的闭区间上具有一阶连续导数, 则曲线积分 $\int_L P(x,y)\mathrm{d}x + Q(x,y)\mathrm{d}y$ 存在, 且

$$\int_L P(x,y)\mathrm{d}x + Q(x,y)\mathrm{d}y = \int_\alpha^\beta \left[P(\varphi(t),\psi(t))\varphi'(t) + Q(\varphi(t),\psi(t))\psi'(t) \right]\mathrm{d}t$$

定理的严格证明稍显烦琐, 我们将之省略. 在形式上, 注意到当 $\begin{cases} x = \varphi(t) \\ y = \psi(t) \end{cases}$ 时, 有

$$\begin{cases} \mathrm{d}x = \varphi'(t)\mathrm{d}t \\ \mathrm{d}y = \psi'(t)\mathrm{d}t \end{cases}$$

于是, 不难理解公式成立.

计算公式把第二型曲线积分化为参数 t 的定积分, 即把被积表达式中的 x, y, $\mathrm{d}x$, $\mathrm{d}y$ 依次换成 $\varphi(t), \psi(t), \varphi'(t)\mathrm{d}t, \psi'(t)\mathrm{d}t$, 积分下限 α 是曲线的起点参数, 积分上限 β 是曲线的终点参数. 应该注意的是, 不要求 $\alpha < \beta$.

如果曲线 L 的方程是由其他形式给出的, 则在计算时仍然需要化成参数方程. 例如, 如果曲线 L 的方程是由 $y = y(x)$ 所确定, 可将 x 视为参数, 若 $x = a$ 对应曲线 L 的起点, $x = b$ 对应曲线 L 的终点, 则

$$\int_L P(x,y)\mathrm{d}x + Q(x,y)\mathrm{d}y = \int_a^b \left[P(x,y(x)) + Q(x,y(x))y'(x) \right]\mathrm{d}x$$

另外，如果 L 为空间曲线，其参数方程为 $x = \varphi(t)$，$y = \psi(t)$，$z = \omega(t)$，则有类似的计算公式

$$\int_L P(x,y,z)\,dx + Q(x,y,z)\,dy + R(x,y,z)\,dz$$

$$= \int_\alpha^\beta \big[P(\varphi(t),\psi(t),\omega(t))\varphi'(t) + Q(\varphi(t),\psi(t),\omega(t))\psi'(t) +$$

$$R(\varphi(t),\psi(t),\omega(t))\omega'(t) \big]\,dt$$

其中，参数 $t = \alpha$ 对应曲线 L 的起点，$t = \beta$ 对应曲线 L 的终点.

例 12.6 计算曲线积分 $I = \int_L xy\,dx + (y-x)\,dy$，其中

(1) L 为折线段 $y = 1 - |1 - x|$（$0 \leqslant x \leqslant 2$），从点 $A(2,0)$ 到点 $B(1,1)$ 至点 $O(0,0)$；

(2) L 为直线，沿 x 轴由点 $A(2,0)$ 到点 $O(0,0)$.

解 （1）如图 12-6 所示，L 由有向线段 $\overline{AB}$ 和 $\overline{BO}$ 组成.

$\overline{AB}$ 的参数方程为

$$\begin{cases} y = 2 - x \\ x = x \end{cases}$$

其中 x 为参变量，起点 $x = 2$，终点 $x = 1$，$dy = -dx$.

$\overline{BO}$ 的参数方程为

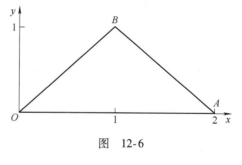

图 12-6

$$\begin{cases} y = x \\ x = x \end{cases}$$

其中 x 为参变量，起点 $x = 1$，终点 $x = 0$，$dy = dx$.

$$I = \int_L xy\,dx + (y-x)\,dy$$

$$= \int_{\overline{AB}} xy\,dx + (y-x)\,dy + \int_{\overline{BO}} xy\,dx + (y-x)\,dy$$

$$= \int_2^1 \big[x(2-x) + (2-x-x)(-1) \big]\,dx + \int_1^0 \big[x \cdot x + (x-x) \big]\,dx$$

$$= \int_2^1 (-x^2 + 4x - 2)\,dx + \int_1^0 x^2\,dx = -2$$

（2）$\overline{AO}$ 的参数方程为 $\quad\begin{cases} y = 0 \\ x = x \end{cases}$

其中 x 为参变量，起点 $x = 2$，终点 $x = 0$，$dy = 0$，

$$I = \int_L xy\,dx + (y-x)\,dy = \int_2^0 x \cdot 0\,dx + 0 = 0$$

例 12.7　计算曲线积分 $I = \int_L (x+y)\mathrm{d}x + (x-y)\mathrm{d}y$，其中，

（1）L 为从点 $A(1,0)$ 沿上半个单位圆至点 $B(0,1)$；

（2）L 为折线 $\overline{AOB}$ 从点 $A(1,0)$ 到点 $O(0,0)$ 至点 $B(0,1)$；

（3）L 是由直线段 $\overline{AO}$，$\overline{OB}$ 及弧 $\overparen{BA}$ 所围成的闭曲线，方向沿逆时针方向.

解　（1）如图 12-7 所示，$\overparen{AB}$ 的参数方程为

$$\begin{cases} x = \cos t \\ y = \sin t \end{cases} \left(0 \leqslant t \leqslant \frac{\pi}{2} \right)$$

于是，

$$\begin{cases} \mathrm{d}x = -\sin t \, \mathrm{d}t \\ \mathrm{d}y = \cos t \, \mathrm{d}t \end{cases}$$

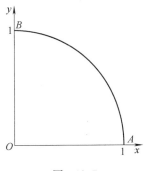

图　12-7

$$I = \int_L (x+y)\mathrm{d}x + (x-y)\mathrm{d}y$$

$$= \int_{\overparen{AB}} (x+y)\mathrm{d}x + (x-y)\mathrm{d}y$$

$$= \int_0^{\frac{\pi}{2}} (\cos 2t - \sin 2t)\mathrm{d}t = -1$$

（2）$\overline{AO}$ 的参数方程为

$$\begin{cases} y = 0 \\ x = x \end{cases}$$

其中 x 为参变量，起点 $x=1$，终点 $x=0$，$\mathrm{d}y=0$.

$\overline{OB}$ 的参数方程为 $\quad\begin{cases} x = 0 \\ y = y \end{cases}$

其中 y 为参变量，起点 $y=0$，终点 $y=1$，$\mathrm{d}x=0$.

$$I = \int_L (x+y)\mathrm{d}x + (x-y)\mathrm{d}y$$

$$= \int_{\overline{AO}} (x+y)\mathrm{d}x + (x-y)\mathrm{d}y + \int_{\overline{OB}} (x+y)\mathrm{d}x + (x-y)\mathrm{d}y$$

$$= \int_1^0 (x+0)\mathrm{d}x + 0 + \int_0^1 \left[0 + (0-y) \right]\mathrm{d}y$$

$$= -1$$

（3）由（1）知

$$\int_{\overparen{BA}} (x+y)\mathrm{d}x + (x-y)\mathrm{d}y = -\int_{\overparen{AB}} (x+y)\mathrm{d}x + (x-y)\mathrm{d}y$$

$$= -(-1)$$

$$= 1$$

于是

$$I = \oint_L (x + y)\,dx + (x - y)\,dy$$

$$= \int_{\overline{AO}} (x + y)\,dx + (x - y)\,dy + \int_{\overline{OB}} (x + y)\,dx + (x - y)\,dy +$$

$$\int_{\overline{BA}} (x + y)\,dx + (x - y)\,dy$$

$$= -1 + 1 = 0$$

例 12.8　计算 $I = \oint_L \dfrac{(x + y)\,dx - (x - y)\,dy}{x^2 + y^2}$，其中 L 为圆周曲线 $x^2 + y^2 = a^2$ 沿逆时针方向绕行一周.

解　L 的参数方程为 $\begin{cases} x = a\cos t \\ y = a\sin t \end{cases}$ $(0 \leqslant t \leqslant 2\pi)$，代入积分式得

$$I = \oint_L \frac{(x + y)\,dx - (x - y)\,dy}{x^2 + y^2}$$

$$= \int_0^{2\pi} \frac{(a\cos t + a\sin t)(-a\sin t) - (a\cos t - a\sin t)(a\cos t)}{a^2}\,dt$$

$$= -\int_0^{2\pi} (\sin^2 t + \cos^2 t)\,dt$$

$$= -2\pi$$

例 12.9　设有力场 $\boldsymbol{F} = y\boldsymbol{i} - x\boldsymbol{j} + (x + y + z)\boldsymbol{k}$，求在力场 $\boldsymbol{F}$ 的作用下，质点由点 $A(a, 0, 0)$ 沿螺旋线 Γ 移动到点 $B(a, 0, c)$ 所做的功，其中 Γ 的方程为

$$x = a\cos t, \quad y = a\sin t, \quad z = \frac{k}{2\pi}t \quad (0 \leqslant t \leqslant 2\pi)$$

解

$$W = \int_\Gamma \boldsymbol{F} \cdot d\boldsymbol{s} = \int_\Gamma y\,dx - x\,dy + (x + y + z)\,dz$$

$$= \int_0^{2\pi} \left[a\sin t(-a\sin t) - a\cos t(a\cos t) + \left(a\cos t + a\sin t + \frac{k}{2\pi}t \right) \frac{k}{2\pi} \right]dt$$

$$= \int_0^{2\pi} \left[-a^2 + \frac{k}{2\pi}\left(a\cos t + a\sin t + \frac{k}{2\pi}t \right) \right]dt$$

$$= -2\pi a^2 + \frac{1}{2}k^2$$

246

12.2.3　两类曲线积分的关系

如前所述，第一型曲线积分和第二型曲线积分都可化成定积分来计算，当曲线光滑时，我们考察这两类积分之间的联系.

设 A 和 B 分别是有限长度的曲线 L 的起点和终点，L 的长度为 l. M 是曲线 L 上的动点，记 s 为 $\overset{\frown}{AM}$ 的弧长. 当 L 是光滑曲线时，可以把 L 表示为以 s 为参数的参数方程

$$\begin{cases} x = x(s) \\ y = y(s) \end{cases} \quad (0 \leqslant s \leqslant l)$$

于是

$$\int_{L:A \to B} P(x,y)\,\mathrm{d}x + Q(x,y)\,\mathrm{d}y$$

$$= \int_0^l \left[P(x(s),y(s))\,\frac{\mathrm{d}x}{\mathrm{d}s} + Q(x(s),y(s))\,\frac{\mathrm{d}y}{\mathrm{d}s} \right]\mathrm{d}s$$

$$= \int_0^l \left[P(x(s),y(s))\cos\alpha + Q(x(s),y(s))\cos\beta \right]\mathrm{d}s$$

其中 $\dfrac{\mathrm{d}x}{\mathrm{d}s} = \cos\alpha$，$\dfrac{\mathrm{d}y}{\mathrm{d}s} = \cos\beta$ 是曲线 $L_{A \to B}$ 上在点 (x,y) 处的切向量的方向余弦，即

$$\int_{L:A \to B} P(x,y)\,\mathrm{d}x + Q(x,y)\,\mathrm{d}y = \int_{L:A \to B} \left[P(x,y)\cos\alpha + Q(x,y)\cos\beta \right]\mathrm{d}s$$

这就是平面上第一型曲线积分与第二型曲线积分之间的关系式.

类似地，空间曲线 $\varGamma$ 上的两类曲线积分也有如下关系式

$$\int_{\varGamma:A \to B} P\mathrm{d}x + Q\mathrm{d}y + R\mathrm{d}z = \int_{\varGamma:A \to B} (P\cos\alpha + Q\cos\beta + R\cos\gamma)\,\mathrm{d}s$$

其中 $(\cos\alpha, \cos\beta, \cos\gamma)$ 为空间曲线 $\varGamma(A \to B)$ 上点 (x,y,z) 处切向量的方向余弦.

例 12.10　设 L 为沿抛物线 $y = x^2$ 上从点 $O(0,0)$ 到点 $A(1,1)$ 的一段曲线弧，将第二型曲线积分 $\displaystyle\int_L P(x,y)\,\mathrm{d}x + Q(x,y)\,\mathrm{d}y$ 化为对弧长的曲线积分.

解　由 $y = x^2$ 得

$$y' = 2x, \mathrm{d}s = \sqrt{1 + y'^2}\,\mathrm{d}x = \sqrt{1 + 4x^2}\,\mathrm{d}x$$

曲线在点 (x,y) 处切向量的方向余弦为

$$\cos\alpha = \frac{dx}{ds} = \frac{dx}{\sqrt{1+4x^2}dx} = \frac{1}{\sqrt{1+4x^2}}$$

$$\cos\beta = \frac{dy}{ds} = \frac{2xdx}{\sqrt{1+4x^2}dx} = \frac{2x}{\sqrt{1+4x^2}}$$

于是

$$\int_L P(x,y)\,dx + Q(x,y)\,dy = \int_L \left[P(x,y)\frac{1}{\sqrt{1+4x^2}} + Q(x,y)\frac{2x}{\sqrt{1+4x^2}} \right]ds$$

$$= \int_L \frac{P(x,y)+2xQ(x,y)}{\sqrt{1+4x^2}}ds$$

习题 12.2

A 组

1. 计算下列第二型曲线积分：

(1) $\int_L y\,dx + x\,dy$，其中 L 为圆周 $x^2+y^2=a^2$ 在第一象限沿顺时针方向的一段弧；

(2) $\int_L y^2\,dx - x^2\,dy$，其中 L 为抛物线 $y=x^2$ 自 $x=-1$ 到 $x=1$ 的一段；

(3) $\int_{AB} \sin y\,dx + \sin x\,dy$，其中 AB 为由点 $A(0,\pi)$ 到点 $B(\pi,0)$ 的直线段；

(4) $\oint_L \frac{x\,dy - y\,dx}{x^2+y^2}$，其中 L 为圆周 $x^2+y^2=a^2$ 沿顺时针方向；

(5) $\int_L (x^2-2xy)\,dx + (y^2-2xy)\,dy$，其中 L 为抛物线 $y=x^2$ 上从点 $(-1,1)$ 到点 $(1,1)$ 的一段弧；

(6) $\int_L (2a-y)\,dx + x\,dy$，其中 L 是摆线 $\begin{cases} x=a(t-\sin t) \\ y=a(1-\cos t) \end{cases}$ 上由 $t=0$ 到 $t=2\pi$ 的一段弧；

(7) $\int_\Gamma x^3\,dx + 3zy^2\,dy - x^2y\,dz$，其中 Γ 是从点 $A(3,2,1)$ 到点 $B(0,0,0)$ 的直线段 AB；

(8) $\oint_\Gamma xyz\,dz$，其中 Γ 为曲线 $\begin{cases} x^2+y^2+z^2=a^2 \\ z=y \end{cases}$，方向是顺 z 轴的正向看为逆时针方向.

2. $\int_L (x+y)\,dx - (x-y)\,dy$，其中 L 为

(1) 从点 $(1,1)$ 到点 $(4,2)$ 的直线段；

(2) 抛物线 $y^2=x$ 上从点 $(1,1)$ 到点 $(4,2)$ 的一段弧；

(3) 从点 $(1,1)$ 到点 $(1,2)$ 再到点 $(4,2)$ 的折线段；

(4) 椭圆 $\frac{x^2}{4} + \frac{y^2}{3} = 1$ 的上半圆，逆时针方向.

3. 设 L 是闭曲线 $|x|+|y|=2$，取其逆时针方向，计算曲线积分 $\int_L \dfrac{-y\mathrm{d}x+2x\mathrm{d}y}{|x|+|y|}$.

4. 将第二型曲线积分 $\int_L P(x,y)\mathrm{d}x + Q(x,y)\mathrm{d}y$ 化成对弧长的第一型曲线积分，其中 L 为

（1）沿抛物线 $y=x^2$ 从点 $(0,0)$ 到点 $(1,1)$；

（2）沿上半圆周 $x^2+y^2=2x$ 从点 $(0,0)$ 到点 $(1,1)$.

B 组

1. 设一个质点在椭圆 $\dfrac{x^2}{a^2}+\dfrac{y^2}{b^2}=1$ 上每一点 $M(x,y)$ 处受到力 $\boldsymbol{F}$ 的作用，其大小与 M 到原点 O 的距离成正比，方向指向原点.

（1）计算质点沿椭圆由点 $A(a,0)$ 沿逆时针方向移动到点 $B(0,b)$ 时力 $\boldsymbol{F}$ 所做的功；

（2）计算质点按逆时针方向沿椭圆绕一周时力 $\boldsymbol{F}$ 所做的功.

2. 设 Γ 为曲线 $x=t$，$y=t^2$，$z=t^3$ 上相应于 $t=0$ 到 $t=1$ 的曲线弧，试将对坐标的曲线积分 $\int_\Gamma P\mathrm{d}x + Q\mathrm{d}y + R\mathrm{d}z$ 化成对弧长的曲线积分.

12.3　格林公式及其应用

本节我们将介绍格林（Green）公式. 格林公式把平面上的第二型曲线积分问题转化为二重积分问题，本质上可以看作一元定积分中的牛顿-莱布尼兹公式的推广. 另外，格林公式在平面场的研究中也有重要应用.

12.3.1　格林公式

格林公式给出平面有界区域上的二重积分与该区域边界上的第二型曲线积分之间的联系. 我们首先介绍平面区域的连通性及区域边界曲线的正方向.

设 D 为连通的平面区域. 如果 D 内的任意一条闭曲线所围区域都包含于 D 内，就称 D 为平面**单连通区域**，否则称 D 为**复连通区域**，如图 12-8 所示.

通俗地讲，单连通区域就是不含有"洞"的平面区域，而复连通区域则是区域内含有"洞"的平面

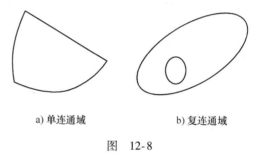

a) 单连通域　　　　b) 复连通域

图　12-8

区域. 例如，右半个平面 $\{(x,y) \mid x>0\}$ 及椭圆区域 $\left\{(x,y)\ \middle|\ \dfrac{x^2}{a^2}+\dfrac{y^2}{b^2}\leqslant 1\right\}$ 都是单连通区域，而 $\{(x,y)\mid 0<x^2+y^2<1\}$ 和环形区域 $\{(x,y)\mid 1<x^2+y^2\leqslant 4\}$ 均是复连通区域.

设有界的连通区域 D 的边界曲线为 L，我们规定 L 的正方向如下：当观察者沿曲线 L 的这个方向前进时，区域 D 总位于它的左侧. 如图 12-9 所示，边界曲线的正向由箭头表示.

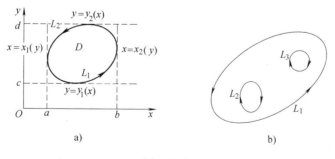

a)　　　　　　　　　　b)

图　12-9

其中图 12-9b 所示的区域 D 是复连通区域，区域 D 的边界曲线 $L=L_1+L_2+L_3$

的正向是：L_1 为逆时针方向，L_2 和 L_3 为顺时针方向.

定理 12.3　（格林公式）

设平面闭区域 D 由分段光滑的曲线 L 围成，函数 $P(x,y)$ 及 $Q(x,y)$ 在 D 上有一阶连续偏导数，则

$$\iint\limits_{D}\left(\frac{\partial Q}{\partial x}-\frac{\partial P}{\partial y}\right)\mathrm{d}x\mathrm{d}y = \oint_{L}P(x,y)\mathrm{d}x + Q(x,y)\mathrm{d}y$$

其中 L 为 D 的取正向的边界曲线.

证明　对于格林公式我们只需证明以下两式成立即可

$$-\iint\limits_{D}\frac{\partial P}{\partial y}\mathrm{d}x\mathrm{d}y = \oint_{L}P\mathrm{d}x, \quad \iint\limits_{D}\frac{\partial Q}{\partial x}\mathrm{d}x\mathrm{d}y = \oint_{L}Q\mathrm{d}y$$

分三种情况讨论：

（1）区域 D 既是 Y—区域又是 X—区域的单连通区域.

如图 12-9a 所示，由 D 为 Y—区域，不妨设

$$D = \{(x,y)\mid a\leqslant x\leqslant b, y_1(x)\leqslant y\leqslant y_2(x)\}$$

由 $\dfrac{\partial P}{\partial y}$ 连续，有

$$\iint\limits_{D}\frac{\partial P}{\partial y}\mathrm{d}x\mathrm{d}y = \int_{a}^{b}\mathrm{d}x\int_{y_1(x)}^{y_2(x)}\frac{\partial P}{\partial y}\mathrm{d}y$$

$$= \int_{a}^{b}\left[P(x,y_2(x)) - P(x,y_1(x))\right]\mathrm{d}x$$

另一方面，

$$\oint_{L}P\mathrm{d}x = \int_{L_1}P\mathrm{d}x + \int_{L_2}P\mathrm{d}x = \int_{a}^{b}P(x,y_1(x))\mathrm{d}x + \int_{b}^{a}P(x,y_2(x))\mathrm{d}x$$

$$= \int_{a}^{b}\left[P(x,y_1(x)) - P(x,y_2(x))\right]\mathrm{d}x$$

于是有

$$-\iint\limits_{D}\frac{\partial P}{\partial y}\mathrm{d}x\mathrm{d}y = \oint_{L}P\mathrm{d}x$$

由 D 为 X—区域，不妨设

$$D = \{(x,y)\mid x_1(y)\leqslant x\leqslant x_2(y), c\leqslant y\leqslant d\}$$

类似地，有

$$\iint\limits_{D}\frac{\partial Q}{\partial x}\mathrm{d}x\mathrm{d}y = \oint_{L}Q\mathrm{d}y$$

综合上述结果, 有

$$\iint\limits_{D}\left(\frac{\partial Q}{\partial x}-\frac{\partial P}{\partial y}\right)\mathrm{d}x\mathrm{d}y=\oint_{L}P(x,y)\,\mathrm{d}x+Q(x,y)\,\mathrm{d}y$$

（2）区域 D 是一般单连通域.

如图 12-10 所示, 添加辅助线 AB 将区域 D 分成三个小的单连通区域 σ_1, σ_2, σ_3, 使得 σ_1, σ_2, σ_3 既是 Y—区域又是 X—区域, 其边界曲线 L_1, L_2, L_3 的方向如图 12-10 中箭头所示. 于是,

$$\iint\limits_{\sigma_i}\left(\frac{\partial Q}{\partial x}-\frac{\partial P}{\partial y}\right)\mathrm{d}x\mathrm{d}y=\oint_{L_i}P(x,y)\,\mathrm{d}x+Q(x,y)\,\mathrm{d}y$$

其中 $i=1$, 2, 3. 由积分的可加性得

$$\iint\limits_{D}\left(\frac{\partial Q}{\partial x}-\frac{\partial P}{\partial y}\right)\mathrm{d}x\mathrm{d}y=\iint\limits_{\sigma_1\cup\sigma_2\cup\sigma_3}\left(\frac{\partial Q}{\partial x}-\frac{\partial P}{\partial y}\right)\mathrm{d}x\mathrm{d}y$$

$$=\sum_{k=1}^{3}\left(\oint_{L_k}P\mathrm{d}x+Q\mathrm{d}y\right)=\oint_{L_1+L_2+L_3}P\mathrm{d}x+Q\mathrm{d}y$$

注意到 $L_1+L_2+L_3$ 中有向线段 $\overrightarrow{AC}$, $\overrightarrow{CA}$, $\overrightarrow{AB}$, $\overrightarrow{BA}$ 上的积分相加为零, 于是,

$$\iint\limits_{D}\left(\frac{\partial Q}{\partial x}-\frac{\partial P}{\partial y}\right)\mathrm{d}x\mathrm{d}y=\oint_{L}P(x,y)\,\mathrm{d}x+Q(x,y)\,\mathrm{d}y$$

（3）区域 D 是复连通区域.

如图 12-11 所示. 可以仿照（2）适当地添加辅助线, 使其变为单连通区域. 同样在每条辅助线上有两次方向相反的积分, 相互抵消, 从而格林公式成立.

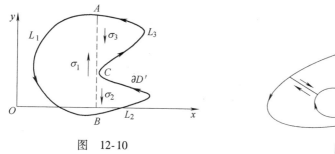

图　12-10

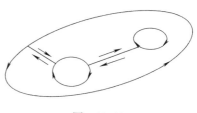

图　12-11

为了便于记忆, 格林公式可记作如下形式

$$\iint\limits_{D}\begin{vmatrix}\dfrac{\partial}{\partial x}&\dfrac{\partial}{\partial y}\\ P&Q\end{vmatrix}\mathrm{d}x\mathrm{d}y=\oint_{L}P\mathrm{d}x+Q\mathrm{d}y$$

其中 L 为 D 的取正向的边界曲线, $\dfrac{\partial}{\partial x}$ 与 Q 的 “乘积” 表示 $\dfrac{\partial Q}{\partial x}$, $\dfrac{\partial}{\partial y}$ 与 P 的 “乘

积"表示 $\dfrac{\partial P}{\partial y}$.

设区域 D 的面积记为 S，L 为 D 的正向边界，则由格林公式得

$$S = \iint\limits_{D} \mathrm{d}x\mathrm{d}y = \frac{1}{2}\oint_{L} x\mathrm{d}y - y\mathrm{d}x = \oint_{L} x\mathrm{d}y = -\oint_{L} y\mathrm{d}x$$

格林

（Green，1793—1841）

英国数学家、物理学家

例 12.11　计算曲线积分 $\oint_{L}(4y - \sqrt{x^3 + 1})\,\mathrm{d}x +$ $(7x - \mathrm{e}^{\sin y})\,\mathrm{d}y$，其中 L 是圆周 $x^2 + y^2 = 2$，方向为逆时针方向.

解　令 $P = 4y - \sqrt{x^3 + 1}$，$Q = 7x - \mathrm{e}^{\sin y}$，则

$$\frac{\partial P}{\partial y} = 4, \quad \frac{\partial Q}{\partial x} = 7$$

由格林公式得

$$\oint_{L}(4y - \sqrt{x^3 + 1})\,\mathrm{d}x + (7x - \mathrm{e}^{\sin y})\,\mathrm{d}y = \iint\limits_{D}\left(\frac{\partial Q}{\partial x} - \frac{\partial P}{\partial y}\right)\mathrm{d}x\mathrm{d}y$$

$$= \iint\limits_{D}(7 - 4)\,\mathrm{d}x\mathrm{d}y = 3\iint\limits_{D}\mathrm{d}x\mathrm{d}y = 6\pi$$

其中 D 为 $x^2 + y^2 \leqslant 2$.

格林公式建立了封闭曲线上的第二型曲线积分与该曲线所围区域上的二重积分之间的联系，我们可以像上例那样用二重积分计算曲线积分，也可以反过来使用. 请看下一个例子.

例 12.12　计算 $\iint\limits_{D}\sin y^2\,\mathrm{d}x\mathrm{d}y$，其中区域 D 是由直线 $y = x$，$y = 1$ 及 $x = 0$ 所围成.

解　此题若直接将二重积分化为累次积分，应选择先对 x 积分，后对 y 积分. 这里我们利用格林公式将其转化为第二类型曲线积分计算.

如图 12-12 所示，D 的边界 $\overline{OA} + \overline{AB} + \overline{BO}$. 令 $Q(x,y) = x\sin y^2$，则

$$\frac{\partial Q}{\partial x} = \sin y^2$$

图 12-12

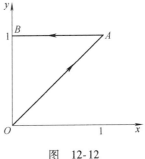

$$\iint\limits_{D} \sin y^2 \,\mathrm{d}x\mathrm{d}y = \oint_{\overline{OA}+\overline{AB}+\overline{BO}} x\sin y^2 \,\mathrm{d}y$$

$$= \int_{\overline{OA}} x\sin y^2 \,\mathrm{d}y + \int_{\overline{AB}} x\sin y^2 \,\mathrm{d}y + \int_{\overline{BO}} x\sin y^2 \,\mathrm{d}y$$

$$= \int_0^1 y\sin y^2 \,\mathrm{d}y + 0 + 0 = \frac{1}{2}(1 - \cos 1)$$

另外，当格林公式的条件不满足时，例如，曲线不是封闭曲线，或者曲线积分中被积函数的偏导数在某些点不连续时，可以考虑添加辅助线使之满足格林公式条件，然后再使用格林公式. 通常来说，在添加的辅助线上，曲线积分应该容易计算，例如，与坐标轴平行的线段、圆周等，它们的参数方程都比较简单.

例 12.13 计算曲线积分 $I = \int_L 3x^2\ln(1 + y^2)\,\mathrm{d}x + \left(\dfrac{2x^3 y}{1 + y^2} + xy\right)\mathrm{d}y$，其中 L 为曲线 $y = 2 - x^2$ 上从点 $A(1,1)$ 到点 $B(0,2)$ 的一段弧.

解 该题直接计算曲线积分比较困难，考虑添加辅助线，构造一条封闭曲线，然后利用格林公式简化计算. 如图 12-13 所示，添加平行于坐标轴的有向线段 $\overline{BC}$ 和 $\overline{CA}$，使其与 L 围成闭区域 D，令

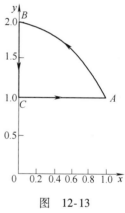

$$P = 3x^2\ln(1 + y^2), \quad Q = \frac{2x^3 y}{1 + y^2} + xy$$

则

$$I = \int_L 3x^2\ln(1 + y^2)\,\mathrm{d}x + \left(\frac{2x^3 y}{1 + y^2} + xy\right)\mathrm{d}y$$

$$= \oint_{L+\overline{BC}+\overline{CA}} P\mathrm{d}x + Q\mathrm{d}y - \int_{\overline{BC}} P\mathrm{d}x + Q\mathrm{d}y - \int_{\overline{CA}} P\mathrm{d}x + Q\mathrm{d}y$$

图 12-13

又因为

$$\frac{\partial P}{\partial y} = \frac{6x^2 y}{1 + y^2}, \quad \frac{\partial Q}{\partial x} = \frac{6x^2 y}{1 + y^2} + y$$

由格林公式

$$\oint_{L+\overline{BC}+\overline{CA}} P\mathrm{d}x + Q\mathrm{d}y = \iint\limits_{D}\left(\frac{\partial Q}{\partial x} - \frac{\partial P}{\partial y}\right)\mathrm{d}x\mathrm{d}y$$

$$= \iint\limits_{D} y\mathrm{d}x\mathrm{d}y = \int_0^1 \mathrm{d}x\int_1^{2-x^2} y\mathrm{d}y = \frac{14}{15}$$

直线 $\overline{BC}$ 和 $\overline{CA}$ 的方程分别为 $x = 0$ 和 $y = 1$，有

$$\int_{\overline{BC}} P\mathrm{d}x + Q\mathrm{d}y = \int_{\overline{BC}} 3x^2\ln(1 + y^2)\,\mathrm{d}x + \left(\frac{2x^3y}{1 + y^2} + xy\right)\mathrm{d}y = 0$$

$$\int_{\overline{CA}} P\mathrm{d}x + Q\mathrm{d}y = \int_{\overline{CA}} 3x^2\ln(1 + y^2)\,\mathrm{d}x + \left(\frac{2x^3y}{1 + y^2} + xy\right)\mathrm{d}y$$

$$= \ln 2\int_0^1 3x^2\,\mathrm{d}x = \ln 2$$

所以

$$I = \int_L 3x^2\ln(1 + y^2)\,\mathrm{d}x + \left(\frac{2x^3}{1 + y^2} + xy\right)\mathrm{d}y = \frac{14}{15} - \ln 2$$

例 12.14　计算 $\oint_L \dfrac{x\mathrm{d}y - y\mathrm{d}x}{x^2 + y^2}$，其中 L 为椭圆形区域 $D = \{(x,y) \mid x^2 + 2y^2 \leqslant 1\}$

的正向边界.

解　令 $P = \dfrac{-y}{x^2 + y^2}$，$Q = \dfrac{x}{x^2 + y^2}$，则当 $x^2 + y^2 \neq 0$ 时，

$$\frac{\partial P}{\partial y} = \frac{y^2 - x^2}{(x^2 + y^2)^2} = \frac{\partial Q}{\partial x}$$

而在 D 内 $\dfrac{\partial P}{\partial y}$ 和 $\dfrac{\partial Q}{\partial x}$ 在点（0,0）处不连续，故不能直接应用格林公式.

作辅助线 l 为以（0,0）为圆心、$a < \dfrac{1}{2}$ 为半径的圆周，方向为顺时针方向. 于是，由 L 和 l 所围成的复连通区域 D_1 不包含原点，D_1 的边界是有向闭曲线 $L + l$，如图 12-14 所示. 显然，P 和 Q 在 D_1 上具有一阶连续偏导数，因此，在 D_1 上应用格林公式，得

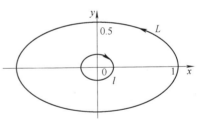

图　12-14

$$\oint_{L+l} P\mathrm{d}x + Q\mathrm{d}y = \oint_L P\mathrm{d}x + Q\mathrm{d}y + \oint_l P\mathrm{d}x + Q\mathrm{d}y$$

$$= \iint_D \left(\frac{\partial Q}{\partial x} - \frac{\partial P}{\partial y}\right)\mathrm{d}x\mathrm{d}y = 0$$

于是，

$$\oint_L P\mathrm{d}x + Q\mathrm{d}y = -\oint_l P\mathrm{d}x + Q\mathrm{d}y = \oint_{l^-} P\mathrm{d}x + Q\mathrm{d}y$$

其中 l^- 与 l 曲线相同，方向相反，即逆时针方向. l^- 的参数方程为

$$\begin{cases} x = a\cos t \\ y = a\sin t \end{cases} \quad (0 \leq t \leq 2\pi)$$

于是，

$$\oint_L \frac{x\mathrm{d}y - y\mathrm{d}x}{x^2 + y^2} = \oint_{l^-} \frac{x\mathrm{d}y - y\mathrm{d}x}{x^2 + y^2} = \int_0^{2\pi} \frac{a^2\cos^2 t + a^2\sin^2 t}{a^2}\mathrm{d}t = 2\pi$$

12.3.2　平面上的曲线积分与路径无关的条件

对坐标的曲线积分的物理意义之一是变力沿曲线所做的功. 在某些情况下，例如在重力场中，重力所做的功只与物体位移的起点和终点有关，而与位移的路径无关. 在数学上表述为"积分和路径无关的问题". 下面给出对坐标的曲线积分与路径无关的定义.

定义 12.3　设 G 是一个开区域，$P(x,y)$ 和 $Q(x,y)$ 在区域 G 内具有一阶连续的偏导数. 如果对于 G 内任意给定的两个点 A、B，以及从点 A 到点 B 的任意两条曲线 L_1、L_2（见图 12-15），等式

$$\int_{L_1} P\mathrm{d}x + Q\mathrm{d}y = \int_{L_2} P\mathrm{d}x + Q\mathrm{d}y$$

恒成立，则称曲线积分 $\int_L P\mathrm{d}x + Q\mathrm{d}y$ 在 G 内与路径无关.

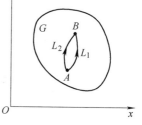

图　12-15

下面的定理给出了曲线积分与路径无关的几个等价条件.

定理 12.4　设 G 为平面上的单连通区域，函数 $P(x,y)$ 和 $Q(x,y)$ 在 G 内具有一阶连续的偏导数，则下列四个命题等价：

（1）$\dfrac{\partial Q}{\partial x} = \dfrac{\partial P}{\partial y}$ 在 G 内恒成立；

（2）对 G 内任一闭曲线 C，$\oint_C P\mathrm{d}x + Q\mathrm{d}y = 0$；

（3）在 G 内，曲线积分 $\int_L P\mathrm{d}x + Q\mathrm{d}y$ 与路径无关；

（4）存在二元可微函数 $u(x,y)$，使 $\mathrm{d}u = P\mathrm{d}x + Q\mathrm{d}y$，即 $P\mathrm{d}x + Q\mathrm{d}y$ 是某一个二元函数 $u(x,y)$ 的全微分.

证明　为了证明这四个命题等价，我们由命题（1）出发，依次证明（2），（3），（4），最后再由命题（4）回证到命题（1）.

（1）$\Rightarrow$（2）因为 $\dfrac{\partial Q}{\partial x} = \dfrac{\partial P}{\partial y}$，取 C 为 G 内任一闭曲线，D 是以 C 为边界的区域，由格林公式，有

$$\oint_C P(x,y)\,\mathrm{d}x + Q(x,y)\,\mathrm{d}y = \iint_D \left(\frac{\partial Q}{\partial x} - \frac{\partial P}{\partial y} \right)\mathrm{d}x\mathrm{d}y = 0$$

故（2）成立.

（2）$\Rightarrow$（3）因为 $\oint_C P\mathrm{d}x + Q\mathrm{d}y = 0$，设 C 为 G 内任一闭曲线，在 G 中任取两点 A、B 用不同的路线 L_1、L_2 连接（见图 12-15），则

$$\int_{L_1} P\mathrm{d}x + Q\mathrm{d}y - \int_{L_2} P\mathrm{d}x + Q\mathrm{d}y = \int_{L_1} P\mathrm{d}x + Q\mathrm{d}y + \int_{L_2^-} P\mathrm{d}x + Q\mathrm{d}y$$

$$= \int_{L_1+L_2^-} P\mathrm{d}x + Q\mathrm{d}y = \oint_C P\mathrm{d}x + Q\mathrm{d}y = 0$$

其中 $C = L_1 + L_2^-$，即

$$\int_{L_1} P\mathrm{d}x + Q\mathrm{d}y = \int_{L_2} P\mathrm{d}x + Q\mathrm{d}y$$

故（3）成立.

（3）$\Rightarrow$（4）设 $M_0(x_0,y_0)$ 和 $M(x,y)$ 为 G 内任意两点，在（3）的条件下，曲线积分 $\int_{\overparen{M_0 M}} P\mathrm{d}x + Q\mathrm{d}y$ 与路径无关，而仅仅依赖于起点 $M_0(x_0,y_0)$ 与终点 $M(x,y)$ 的位置. 所以当起点 $M_0(x_0,y_0)$ 固定时，上述积分的值将取决于终点 $M(x,y)$，可将其看作 x 和 y 的函数，记作

$$u(x,y) = \int_{(x_0,y_0)}^{(x,y)} P\mathrm{d}x + Q\mathrm{d}y$$

下面证明 $\mathrm{d}u = P\mathrm{d}x + Q\mathrm{d}y$，为此只需证明

$$\frac{\partial u}{\partial x} = P(x,y), \qquad \frac{\partial u}{\partial y} = Q(x,y)$$

由偏导数定义可知

$$\frac{\partial u}{\partial x} = \lim_{\Delta x \to 0} \frac{u(x + \Delta x, y) - u(x,y)}{\Delta x}$$

而

$$u(x + \Delta x, y) - u(x,y) = \int_{(x_0,y_0)}^{(x+\Delta x,y)} P\mathrm{d}x + Q\mathrm{d}y - \int_{(x_0,y_0)}^{(x,y)} P\mathrm{d}x + Q\mathrm{d}y$$

由于积分与路径无关，故

$$u(x + \Delta x, y) - u(x,y) = \int_{(x,y)}^{(x+\Delta x,y)} P\mathrm{d}x + Q\mathrm{d}y$$

当 Δx 充分小时，取 NM 为积分路径，如图 12-16 所示. 于是，

$$\int_{(x,y)}^{(x+\Delta x,y)} P\mathrm{d}x + Q\mathrm{d}y = \int_x^{x+\Delta x} P(x,y)\,\mathrm{d}x$$

由 $P(x,y)$ 的连续性和积分中值定理，有

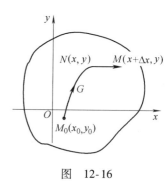

图　12-16

$$\begin{aligned}
\frac{\partial u}{\partial x} &= \lim_{\Delta x \to 0} \frac{u(x+\Delta x,y) - u(x,y)}{\Delta x} \\
&= \lim_{\Delta x \to 0} \frac{\int_x^{x+\Delta x} P(x,y)\,\mathrm{d}x}{\Delta x} \\
&= \lim_{\Delta x \to 0} \frac{P(x+\theta\Delta x,y)\Delta x}{\Delta x} \\
&= \lim_{\Delta x \to 0} P(x+\theta\Delta x,y) \\
&= P(x,y)
\end{aligned}$$

其中 $0 \leqslant \theta \leqslant 1$.

同理可证 $\dfrac{\partial u}{\partial y} = Q(x,y)$. 于是得

$$\mathrm{d}u(x,y) = \frac{\partial u}{\partial x}\mathrm{d}x + \frac{\partial u}{\partial y}\mathrm{d}y = P(x,y)\,\mathrm{d}x + Q(x,y)\,\mathrm{d}y$$

故（4）成立.

（4）$\Rightarrow$（1）设 $P(x,y)\,\mathrm{d}x + Q(x,y)\,\mathrm{d}y$ 是二元函数 $u(x,y)$ 的全微分，则有

$$\frac{\partial u}{\partial x} = P(x,y), \quad \frac{\partial u}{\partial y} = Q(x,y)$$

由于 $P(x,y)$ 和 $Q(x,y)$ 具有连续的偏导数，即

$$\frac{\partial Q}{\partial x} = \frac{\partial}{\partial x}\left(\frac{\partial u}{\partial y}\right) = \frac{\partial^2 u}{\partial y \partial x}, \quad \frac{\partial P}{\partial y} = \frac{\partial}{\partial y}\left(\frac{\partial u}{\partial x}\right) = \frac{\partial^2 u}{\partial x \partial y}$$

均连续，故两个混合偏导数连续，且 $\dfrac{\partial^2 u}{\partial y \partial x} = \dfrac{\partial^2 u}{\partial x \partial y}$，所以 $\dfrac{\partial Q}{\partial x} = \dfrac{\partial P}{\partial y}$. 故（1）成立.

注　定理 12.4 的证明依据的是格林公式，因此，G 为单连通区域及 $P(x,y),Q(x,y)$ 在 G 内具有一阶连续的偏导数的条件缺一不可.

当曲线积分与路径无关时，通常选取参数方程比较简单的路径进行积分，例如，沿平行于坐标轴的直线段、圆周等.

例 12.15　计算积分 $I = \displaystyle\int_L \frac{(x-y)\mathrm{d}x + (x+y)\mathrm{d}y}{x^2 + y^2}$，其中 L 为 $y = 2 - 2x^2$

上从点 $A(-1,0)$ 到点 $B(1,0)$ 的一段弧.

解　积分路径如图 12-17 所示.

令 $P = \dfrac{x-y}{x^2+y^2}$, $Q = \dfrac{x+y}{x^2+y^2}$, 则

$$\frac{\partial Q}{\partial x} = \frac{-x^2+y^2-2xy}{(x^2+y^2)^2}$$

$$\frac{\partial P}{\partial y} = \frac{-x^2+y^2-2xy}{(x^2+y^2)^2}$$

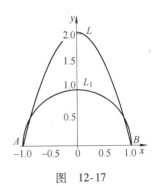

图　12-17

所以

$$\frac{\partial Q}{\partial x} = \frac{\partial P}{\partial y} \quad (x^2+y^2 \neq 0)$$

故该曲线积分在任意不含原点的单连通区域中与路径无关. 选取新的路径 L_1 为从点 $A(-1,0)$ 到点 $B(1,0)$ 的一个上半单位圆, 即 $x = \cos t$, $y = \sin t$, t 从 π 变到 0, 于是

$$I = \int_{L_1} \frac{(x-y)\mathrm{d}x + (x+y)\mathrm{d}y}{x^2+y^2}$$

$$= \int_{\pi}^{0} \left[(\cos t - \sin t)(-\sin t) + (\cos t + \sin t)\cos t \right] \mathrm{d}t$$

$$= \int_{\pi}^{0} \mathrm{d}t = -\pi$$

注　此例中直线段 AB 过原点, 不能作为积分路径.

12.3.3　全微分方程

设 $P(x,y)$ 和 $Q(x,y)$ 的一阶偏导数在平面区域 D 内连续, 且存在某个二元函数 $u(x,y)$ 使

$$\mathrm{d}u(x,y) = P(x,y)\mathrm{d}x + Q(x,y)\mathrm{d}y$$

则称微分方程

$$P(x,y)\mathrm{d}x + Q(x,y)\mathrm{d}y = 0$$

为全微分方程或**恰当方程**. 方程的通解为

$$u(x,y) = C$$

其中 C 为任意常数. 因此, 求全微分方程的通解就归结为求全微分函数 $u(x,y)$. 下面我们通过具体的例子来学习全微分方程的解法.

例 12.16　验证 $\dfrac{2xy+1}{y}\mathrm{d}x + \dfrac{y-x}{y^2}\mathrm{d}y = 0$ 在上半平面 ($y>0$) 内是全微分方

程，并求一个二元函数 $u(x,y)$，使得 $\mathrm{d}u(x,y) = \dfrac{2xy+1}{y}\mathrm{d}x + \dfrac{y-x}{y^2}\mathrm{d}y$.

解　令 $P = \dfrac{2xy+1}{y}$，$Q = \dfrac{y-x}{y^2}$，则

$$\frac{\partial Q}{\partial x} = -\frac{1}{y^2} = \frac{\partial P}{\partial y}$$

在上半平面（$y>0$）内成立. 由定理 12.4，存在二元函数 $u(x,y)$ 使得

$$\mathrm{d}u(x,y) = \frac{2xy+1}{y}\mathrm{d}x + \frac{y-x}{y^2}\mathrm{d}y$$

即

$$\frac{2xy+1}{y}\mathrm{d}x + \frac{y-x}{y^2}\mathrm{d}y = 0$$

在上半平面（$y>0$）内是全微分方程. 特别地

$$u(x,y) = \int_{(0,1)}^{(x,y)} \frac{2xy+1}{y}\mathrm{d}x + \frac{y-x}{y^2}\mathrm{d}y$$

满足方程，其中 (x,y) 为上半平面中的任一点.
取积分路径如图 12-18 所示，则

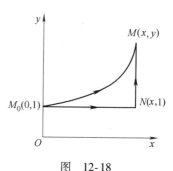

图　12-18

$$u(x,y) = \int_{(0,1)}^{(x,y)} \left(\frac{2xy+1}{y}\mathrm{d}x + \frac{y-x}{y^2}\mathrm{d}y \right)$$

$$= \int_{\overline{M_0 N}} \frac{2xy+1}{y}\mathrm{d}x + \frac{y-x}{y^2}\mathrm{d}y + \int_{\overline{NM}} \frac{2xy+1}{y}\mathrm{d}x + \frac{y-x}{y^2}\mathrm{d}y$$

$$= \int_0^x (2x+1)\mathrm{d}x + \int_1^y \frac{y-x}{y^2}\mathrm{d}y$$

$$= \left[x^2 + x \right] \Big|_0^x + \left[\ln y + \frac{x}{y} \right] \Big|_1^y$$

$$= x^2 + \frac{x}{y} + \ln y$$

即

$$u(x,y) = x^2 + \frac{x}{y} + \ln y$$

注　积分的起点取在上半平面即可，点 $(0,1)$ 只是满足条件的一个.
取其他点时，与例子中所求出的 $u(x,y)$ 会差一个常数.

例 12.17　求 $(3x^2 + 6xy^2)\mathrm{d}x + (6x^2 y + 4y^3)\mathrm{d}y = 0$ 的通解.

解　令 $P(x,y) = 3x^2 + 6xy^2, Q(x,y) = 6x^2y + 4y^3$，则

$$\frac{\partial P}{\partial y} = 12xy = \frac{\partial Q}{\partial x}$$

在全平面成立，所以原方程是全微分方程.

解法一　（曲线积分法）　选取 $(x_0, y_0) = (0,0)$，令

$$u(x,y) = \int_0^x P(x,0)\,\mathrm{d}x + \int_0^y Q(x,y)\,\mathrm{d}y$$

$$= \int_0^x 3x^2\,\mathrm{d}x + \int_0^y (6x^2y + 4y^3)\,\mathrm{d}y$$

$$= x^3 + 3x^2y^2 + y^4$$

原方程的通解为

$$x^3 + 3x^2y^2 + y^4 = C$$

其中 C 为任意常数.

解法二　（用直接凑全微分或分项组合的方法）　由

$$(3x^2 + 6xy^2)\,\mathrm{d}x + (6x^2y + 4y^3)\,\mathrm{d}y = 0$$

重新分项组合，得

$$3x^2\,\mathrm{d}x + (6xy^2\,\mathrm{d}x + 6x^2y\,\mathrm{d}y) + 4y^3\,\mathrm{d}y = 0$$

即

$$\mathrm{d}x^3 + \mathrm{d}(3x^2y^2) + \mathrm{d}y^4 = \mathrm{d}(x^3 + 3x^2y^2 + y^4) = 0$$

所以，原方程的通解为

$$x^3 + 3x^2y^2 + y^4 = C$$

其中 C 为任意常数.

解法三　（偏积分法）　由

$$\mathrm{d}u(x,y) = P(x,y)\,\mathrm{d}x + Q(x,y)\,\mathrm{d}y$$

有

$$\frac{\partial u}{\partial x} = P, \qquad \frac{\partial u}{\partial y} = Q$$

先关于 x 作不定积分（偏积分）

$$u(x,y) = \int (3x^2 + 6xy^2)\,\mathrm{d}x = x^3 + 3x^2y^2 + \varphi(y)$$

其中 $\varphi(y)$ 待定. 此式两边关于 y 求偏导

$$\frac{\partial u}{\partial y} = 6x^2y + \varphi'(y) = Q = 6x^2y + 4y^3$$

即 $\varphi'(y) = 4y^3$，取 $\varphi(y) = y^4$（此处只需一个特解），可得

$$u(x,y) = x^3 + 3x^2y^2 + y^4$$

故原方程的通解为

$$x^3 + 3x^2 y^2 + y^4 = C$$

其中 C 为任意常数.

习题 12.3

A 组

1. 利用格林公式计算下列曲线积分:

（1）$\oint_L (3x + y)\mathrm{d}y - (x - y)\mathrm{d}x$, 其中 L 为圆周 $(x-1)^2 + (y-4)^2 = 9$ 逆时针方向;

（2）$\oint_L (x^2 + xy - y)\mathrm{d}x + (x - y^2 + 2xy)\mathrm{d}y$, 其中 L 是由 $y = x^2$ 与 $y = x$ 所围成区域的正向边界曲线;

（3）$\int_L (y - \ln x)\mathrm{d}x + (x^2 + y^2 - \arctan y)\mathrm{d}y$, 其中 L 是由点 $A(1, -1)$ 沿抛物线 $x = y^2$ 到点 $B(1,1)$ 的一段弧;

（4）$\int_L (x^2 - y)\mathrm{d}x - (x + \sin^2 y)\mathrm{d}y$, L 是在圆周 $y = \sqrt{2x - x^2}$ 上由点 $(0,0)$ 到 $(1,1)$ 的一段.

2. 利用曲线积分计算由下列曲线所围成的平面图形的面积:

（1）椭圆 $9x^2 + 16y^2 = 144$;

（2）星形线 $x = a\cos^3 t,\ y = a\sin^3 t$.

3. 计算 $I = \oint_L \dfrac{(x+y)\mathrm{d}x - (x-y)\mathrm{d}y}{x^2 + y^2}$, 而 L 为

（1）$D = \{(x,y)\,|\,r^2 \leqslant x^2 + y^2 \leqslant R^2\}$ $(0 < r < R)$ 的正向边界;

（2）$D = \left\{(x,y)\,\left|\,\dfrac{x^2}{a^2} + \dfrac{y^2}{b^2} \leqslant 1\right.\right\}$ 的正向边界.

4. 验证下列 $P(x,y)\mathrm{d}x + Q(x,y)\mathrm{d}y$ 在整个 xOy 平面内是某一个函数 $u(x,y)$ 的全微分, 并求一个这样的函数.

（1）$(12x^3 + 6xy^2)\mathrm{d}x + (6x^2 y + 4y^2)\mathrm{d}y$;

（2）$(2x\cos y + y^2 \cos x)\mathrm{d}x + (2y\sin x - x^2 \sin y)\mathrm{d}y$.

5. 求下列微分方程的通解:

（1）$(3x^2 + 2x\mathrm{e}^{-y})\mathrm{d}x + (3y^2 - x^2\mathrm{e}^{-y})\mathrm{d}y$;

（2）$[\sin(xy) + xy\cos(xy)]\mathrm{d}x + x^2\cos(xy)\mathrm{d}y$.

6. 计算 $I = \int_L [\mathrm{e}^x \sin y - b(x + y) + \ln x^2]\mathrm{d}x + [\mathrm{e}^x \cos y - ax + \ln y^2]\,\mathrm{d}y$, 其中 a、b 为正常数, L 是在圆周 $y = \sqrt{2ax - x^2}$ 上由点 $(2a,0)$ 到点 $(0,0)$ 的一段弧.

7. 确定常数 k, 使 $2xy(x^4 + y^2)^k\mathrm{d}x - x^2(x^4 + y^2)^k\mathrm{d}y$ 在右半平面 $x > 0$ 上为某个二元函数 $u(x,y)$ 的全微分, 并求出一个 $u(x,y)$.

B 组

1. 设有一变力在坐标轴上的投影为 $X = x + y^2$，$Y = 2xy - 8$，这个变力确定了一个力场，试证明质点在该场内移动时，场力所做的功与路径无关.

2. 设 $f(x)$ 在 $(-\infty, +\infty)$ 内有连续的导函数，证明当 $y \neq 0$ 时，曲线积分

$$\int_L \frac{1 + y^2 f(xy)}{y} \mathrm{d}x + \frac{x}{y^2} \left[y^2 f(xy) - 1 \right] \mathrm{d}y$$

与路径无关，并计算

$$\int_{\left(3, \frac{2}{3}\right)}^{(1, 2)} \frac{1 + y^2 f(xy)}{y} \mathrm{d}x + \frac{x}{y^2} \left[y^2 f(xy) - 1 \right] \mathrm{d}y .$$

3. 设 L 是不经过点 $(2, 0)$ 和 $(-2, 0)$ 的分段光滑的简单闭曲线，L 取正向，试就 L 的不同情形计算曲线积分

$$I = \oint_L \left[\frac{y}{(2-x)^2 + y^2} + \frac{y}{(2+x)^2 + y^2} \right] \mathrm{d}x + \left[\frac{2-x}{(2-x)^2 + y^2} - \frac{2+x}{(2+x)^2 + y^2} \right] \mathrm{d}y .$$

12.4　第一型曲面积分

第一型曲面积分是第一型曲线积分的推广，本质上仍然是二重积分的应用.

12.4.1　第一型曲面积分的概念与性质

问题 12.3　已知面积有限的曲面 Σ 的面密度为连续函数 $\rho(x,y,z)$，求曲面的质量.

当曲面面密度 $\rho(x,y,z) = \rho_0$ 为常数时，曲面的质量 $m = \rho_0 S$，其中 S 为曲面面积. 当曲面面密度 $\rho(x,y,z)$ 不是常数时，我们仍然用积分思想求曲面的质量.

将曲面任意划分成 n 个小曲面，如图 12-19 所示，其中第 k 小块曲面及其面积都记为 ΔS_k，(x_k, y_k, z_k) 为 ΔS_k 上任意一点 $(k = 1, 2, \cdots, n)$. 由面密度 $\rho(x,y,z)$ 在曲面 Σ 上连续，有

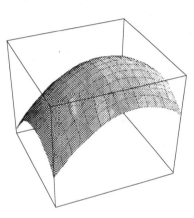

图　12-19

$$m \approx \sum_{k=1}^{n} \rho(x_k, y_k, z_k)\Delta S_k$$

令 λ 为 $\Delta S_k(k = 1, 2, \cdots, n)$ 的直径的最大值，则

$$m = \lim_{\lambda \to 0} \sum_{k=1}^{n} \rho(x_k, y_k, z_k)\Delta S_k$$

我们抽去该问题的具体意义，给出第一型曲面积分的概念.

定义 12.4　设 $f(x,y,z)$ 是定义在曲面 Σ 上的有界函数，把 Σ 任意分成 n 小块 ΔS_1，ΔS_2，$\cdots$，ΔS_n（ΔS_i 也代表曲面的面积），在 ΔS_i 上任取一点 (ξ_i, η_i, ζ_i)，如果当各小块曲面的直径的最大值 λ 趋于 0 时，极限 $\lim\limits_{\lambda \to 0} \sum\limits_{i=1}^{n} f(\xi_i, \eta_i, \zeta_i)\Delta S_i$ 存在，则称此极限值为函数在曲面 Σ 上的第一型曲面积分，记作 $\iint\limits_{\Sigma} f(x,y,z)\,\mathrm{d}S$，即

$$\iint\limits_{\Sigma} f(x,y,z)\,\mathrm{d}S = \lim_{\lambda \to 0} \sum_{i=1}^{n} f(\xi_i, \eta_i, \zeta_i)\Delta S_i$$

其中 $f(x,y,z)$ 为被积函数；Σ 为积分曲面；$\mathrm{d}S$ 为面积微元.

第一型曲面积分也称第一类曲面积分，或者称为对面积的曲面积分. 当 Σ 为封闭曲面时，曲面积分记作 $\oiint\limits_{\Sigma} f(x,y,z)\,\mathrm{d}S$.

问题 12.3 中曲面的质量可表示为 $m = \iint\limits_{\Sigma}\rho(x,y,z)\,\mathrm{d}S$.

第一型曲面积分的性质：

（1）线性性质

设 $\alpha,\ \beta\in\mathbf{R}$ 为常数，则

$$\iint\limits_{\Sigma}[\,\alpha f(x,y,z)\pm\beta g(x,y,z)\,]\,\mathrm{d}S = \alpha\iint\limits_{\Sigma}f(x,y,z)\,\mathrm{d}S\pm\beta\iint\limits_{\Sigma}g(x,y,z)\,\mathrm{d}S$$

（2）可加性

若曲面 Σ 可分成两片光滑曲面 Σ_1 及 Σ_2 ，则

$$\iint\limits_{\Sigma}f(x,y,z)\,\mathrm{d}S = \iint\limits_{\Sigma_1}f(x,y,z)\,\mathrm{d}S + \iint\limits_{\Sigma_2}f(x,y,z)\,\mathrm{d}S$$

（3）若 $f(x,y,z)=1$ ，则 $\iint\limits_{\Sigma}1\,\mathrm{d}S = S$ ，其中 S 是曲面 Σ 的面积；

（4）设在曲面 Σ 上 $f(x,y,z)\leqslant g(x,y,z)$ ，则

$$\iint\limits_{\Sigma}f(x,y,z)\,\mathrm{d}S \leqslant \iint\limits_{\Sigma}g(x,y,z)\,\mathrm{d}S$$

12.4.2　第一型曲面积分的计算

类似于重积分的计算方法，我们首先考虑简单曲面上的积分计算，复杂的曲面则可以划分成若干个简单曲面.

设曲面 Σ 的方程为 $z=z(x,y),(x,y)\in D_{xy}$ ，即 D_{xy} 是曲面 Σ 在 xOy 平面上的投影区域. 如果 $z=z(x,y)$ 的偏导数在 D_{xy} 上连续，函数 $f(x,y,z)$ 在 Σ 上连续，则曲面积分 $\iint\limits_{\Sigma}f(x,y,z)\,\mathrm{d}S$ 一定存在. 下面我们用微元法求此曲面积分.

设曲面 Σ 在 xOy 面上的投影为平面区域 D_{xy} ，考虑 D_{xy} 内小区域 $[\,x,x+\mathrm{d}x\,]\times[\,y,y+\mathrm{d}y\,]$ ，其面积为 $\mathrm{d}x\mathrm{d}y$. 记与之对应的小曲面面积为 $\mathrm{d}S$ ，则

$$\mathrm{d}S = \sqrt{1+\left(\frac{\partial z}{\partial x}\right)^2+\left(\frac{\partial z}{\partial y}\right)^2}\,\mathrm{d}x\mathrm{d}y = \frac{1}{\cos\gamma}\mathrm{d}x\mathrm{d}y$$

其中 $\cos\gamma$ 为曲面在点 $(x,y,z(x,y))$ 处切平面的法向量在 z 轴上的方向余弦.
于是，曲面的面积微元为

$$\mathrm{d}S = \sqrt{1+\left(\frac{\partial z}{\partial x}\right)^2+\left(\frac{\partial z}{\partial y}\right)^2}\,\mathrm{d}x\mathrm{d}y$$

由此得到第一型曲面积分化为二重积分的计算公式为

$$\iint\limits_{\Sigma} f(x,y,z)\,\mathrm{d}S = \iint\limits_{D_{xy}} f(x,y,z(x,y)) \sqrt{1 + \left(\frac{\partial z}{\partial x}\right)^2 + \left(\frac{\partial z}{\partial y}\right)^2}\,\mathrm{d}x\mathrm{d}y$$

类似地，如果曲面 Σ 的方程为 $x = x(y,z)$，$(y,z) \in D_{yz}$，即 D_{yz} 是曲面 Σ 在 yOz 平面上的投影区域，则

$$\iint\limits_{\Sigma} f(x,y,z)\,\mathrm{d}S = \iint\limits_{D_{yz}} f(x(y,z),y,z) \sqrt{1 + \left(\frac{\partial x}{\partial y}\right)^2 + \left(\frac{\partial x}{\partial z}\right)^2}\,\mathrm{d}y\mathrm{d}z$$

如果曲面 Σ 的方程为 $y = y(x,z)$，$(x,z) \in D_{xz}$，即 D_{xz} 是曲面 Σ 在 xOz 平面上的投影区域，则

$$\iint\limits_{\Sigma} f(x,y,z)\,\mathrm{d}S = \iint\limits_{D_{xz}} f(x,y(x,z),z) \sqrt{1 + \left(\frac{\partial y}{\partial x}\right)^2 + \left(\frac{\partial y}{\partial z}\right)^2}\,\mathrm{d}x\mathrm{d}z$$

下面我们看几个具体的例子.

例 12.18　计算 $\iint\limits_{\Sigma} z^3\,\mathrm{d}S$，其中 Σ 是半球面 $z = \sqrt{a^2 - x^2 - y^2}$ 在圆锥面 $z = \sqrt{x^2 + y^2}$ 内侧的部分，如图 12-20 所示，其中 $a > 0$.

解　Σ 的方程为 $z = \sqrt{a^2 - x^2 - y^2}$，有

$$\frac{\partial z}{\partial x} = \frac{-x}{\sqrt{a^2 - x^2 - y^2}}$$

$$\frac{\partial z}{\partial y} = \frac{-y}{\sqrt{a^2 - x^2 - y^2}}$$

于是

$$\mathrm{d}S = \sqrt{1 + \left(\frac{\partial z}{\partial x}\right)^2 + \left(\frac{\partial z}{\partial y}\right)^2}\,\mathrm{d}x\mathrm{d}y$$

$$= \frac{a}{\sqrt{a^2 - x^2 - y^2}}\,\mathrm{d}x\mathrm{d}y$$

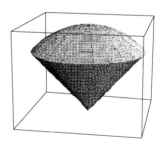

图　12-20

曲面 Σ 在 xOy 平面上的投影域为 $D_{xy} = \left\{ (x,y) \,\middle|\, x^2 + y^2 \leqslant \dfrac{a^2}{2} \right\}$.

$$\iint\limits_{\Sigma} z^3\,\mathrm{d}S = \iint\limits_{D_{xy}} (\sqrt{a^2 - x^2 - y^2})^3 \frac{a}{\sqrt{a^2 - x^2 - y^2}}\,\mathrm{d}x\mathrm{d}y$$

$$= a \iint\limits_{D_{xy}} (a^2 - x^2 - y^2)\,\mathrm{d}x\mathrm{d}y$$

$$= a \int_0^{2\pi} \mathrm{d}\theta \int_0^{\frac{a}{\sqrt{2}}} (a^2 - r^2) r \mathrm{d}r$$

$$= \frac{3}{8} \pi a^5$$

例 12. 19 计算 $I = \iint\limits_{\Sigma} (z+1) \mathrm{d}S$，其中 Σ 是圆柱面 $x^2 + y^2 = a^2$ 介于 $z = 0$ 与 $z = h$ 之间的部分，如图 12-21 所示，其中 $a > 0$.

解 由曲面积分的性质有

$$I = \iint\limits_{\Sigma} (z+1) \mathrm{d}S = \iint\limits_{\Sigma} z \mathrm{d}S + \iint\limits_{\Sigma} 1 \mathrm{d}S$$

其中 $\iint\limits_{\Sigma} 1 \mathrm{d}S = 2\pi a h$．下面考虑 $\iint\limits_{\Sigma} z \mathrm{d}S$ 的计算.

曲面 Σ 是母线平行于 z 轴的柱面，我们将其划分为 Σ_1 和 Σ_2，其中 Σ_1 位于 yOz 面之前，方程是 $x = \sqrt{a^2 - y^2}$，而 Σ_2 位于 yOz 面之后，方程是 $x = -\sqrt{a^2 - y^2}$．Σ_1 和 Σ_2 在 yOz 面上的投影区域相同，都是矩形区域

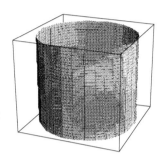

图 12-21

$$D_{yz} = \{ (y, z) \mid -a \leqslant y \leqslant a, 0 \leqslant z \leqslant h \}$$

曲面的面积微元为

$$\mathrm{d}S = \sqrt{1 + \left(\frac{\partial x}{\partial y} \right)^2 + \left(\frac{\partial x}{\partial z} \right)^2} \mathrm{d}y \mathrm{d}z = \frac{a}{\sqrt{a^2 - y^2}} \mathrm{d}y \mathrm{d}z$$

于是，

$$\iint\limits_{\Sigma} z \mathrm{d}S = \iint\limits_{\Sigma_1} z \mathrm{d}S + \iint\limits_{\Sigma_2} z \mathrm{d}S$$

$$= \iint\limits_{D_{yz}} z \cdot \frac{a}{\sqrt{a^2 - y^2}} \mathrm{d}y \mathrm{d}z + \iint\limits_{D_{yz}} z \cdot \frac{a}{\sqrt{a^2 - y^2}} \mathrm{d}y \mathrm{d}z$$

$$= 2a \int_{-a}^{a} \frac{1}{\sqrt{a^2 - y^2}} \mathrm{d}y \int_0^h z \mathrm{d}z$$

$$= 4a \int_0^a \frac{1}{\sqrt{a^2 - y^2}} \left(\frac{1}{2} [z^2] \Big|_0^h \right) \mathrm{d}y$$

$$= 2a h^2 \left[\arcsin \frac{y}{a} \right] \Big|_0^a$$

$$= a h^2 \pi$$

我们有

$$I = \iint\limits_{\Sigma}(z+1)\mathrm{d}S = \iint\limits_{\Sigma}z\mathrm{d}S + \iint\limits_{\Sigma}1\mathrm{d}S = ah^2\pi + 2a\pi h = ah\pi(h+2)$$

与重积分相同的是，第一型曲面积分在物理方面，如求重心、转动惯量、引力等问题中也有类似的应用. 我们这里只举一个简单的例子.

例 12.20 求均匀旋转抛物面 $z = \dfrac{1}{2}(x^2+y^2)$ $(0 \leqslant z \leqslant 1)$ 的重心.

解 设均匀旋转抛物面的重心为 $(\bar{x},\bar{y},\bar{z})$，由系统平衡条件有

$$\iint\limits_{\Sigma}(x-\bar{x})g\rho\mathrm{d}S = 0, \quad \iint\limits_{\Sigma}(y-\bar{y})g\rho\mathrm{d}S = 0, \quad \iint\limits_{\Sigma}(z-\bar{z})g\rho\mathrm{d}S = 0$$

其中 S 为旋转抛物面的面积；g 为重力加速度；ρ 为薄片面密度，即

$$\bar{x} = \frac{\iint\limits_{\Sigma}x\mathrm{d}S}{\iint\limits_{\Sigma}\mathrm{d}S}, \quad \bar{y} = \frac{\iint\limits_{\Sigma}y\mathrm{d}S}{\iint\limits_{\Sigma}\mathrm{d}S}, \quad \bar{z} = \frac{\iint\limits_{\Sigma}z\mathrm{d}S}{\iint\limits_{\Sigma}\mathrm{d}S}$$

由于曲面 Σ 是关于 yOz 面和 xOz 面对称的，故 $\bar{x} = \bar{y} = 0$.

$$\begin{aligned}
\iint\limits_{\Sigma}z\mathrm{d}S &= \iint\limits_{D_{xy}}\frac{1}{2}(x^2+y^2)\sqrt{1+x^2+y^2}\,\mathrm{d}x\mathrm{d}y \\
&= \frac{1}{2}\int_0^{2\pi}\mathrm{d}\theta\int_0^{\sqrt{2}}r^2\sqrt{1+r^2}\,r\mathrm{d}r \\
&= \frac{1}{2}\cdot 2\pi\int_0^{\sqrt{2}}\left[(1+r^2)^{\frac{3}{2}} - \sqrt{1+r^2}\right]\frac{1}{2}\mathrm{d}(1+r^2) \\
&= \frac{2\pi}{15}(6\sqrt{3}+1)
\end{aligned}$$

$$\iint\limits_{\Sigma}\mathrm{d}S = \iint\limits_{D_{xy}}\sqrt{1+x^2+y^2}\,\mathrm{d}x\mathrm{d}y = \int_0^{2\pi}\mathrm{d}\theta\int_0^{\sqrt{2}}\sqrt{1+r^2}\,r\mathrm{d}r = \frac{2}{3}\pi(3\sqrt{3}-1)$$

故

$$\bar{z} = \frac{\dfrac{2\pi}{15}(6\sqrt{3}+1)}{\dfrac{2}{3}\pi(3\sqrt{3}-1)} = \frac{6\sqrt{3}+1}{5(3\sqrt{3}-1)}$$

而所求旋转抛物面的重心为 $\left(0,0,\dfrac{6\sqrt{3}+1}{5(3\sqrt{3}-1)}\right)$.

习题 12.4

A 组

1. 计算下列第一类曲面积分：

（1）$\iint\limits_{\Sigma}(x+y+z)\mathrm{d}S$，其中 Σ 为上半球面 $z=\sqrt{a^2-x^2-y^2}$；

（2）$\oiint\limits_{\Sigma}(x^2+y^2)\mathrm{d}S$，其中 Σ 为锥面 $z=\sqrt{x^2+y^2}$ 与平面 $z=1$ 所围成区域的整个边界曲面；

（3）$\iint\limits_{\Sigma}\dfrac{1}{x^2+y^2+z^2}\mathrm{d}S$，其中 Σ 为圆柱面 $x^2+y^2=R^2$ 介于 $z=0$ 及 $z=H$ 之间的部分（$H>0$）；

（4）$\iint\limits_{\Sigma}\dfrac{1}{z}\mathrm{d}S$，其中 Σ 是球面 $x^2+y^2+z^2=a^2$ 被平面 $z=h(0<h<a)$ 截出的顶部；

（5）$\oiint\limits_{\Sigma}xyz\mathrm{d}S$，其中 Σ 是由平面 $x=0$，$y=0$，$z=0$ 及 $x+y+z=1$ 所围成的四面体的整个边界曲面；

（6）$\iint\limits_{\Sigma}(2xy-2x^2-x+z)\mathrm{d}S$，其中 Σ 为平面 $2x+2y+z=6$ 在第一卦限中的部分.

2. 求由半球面 $z=\sqrt{3a^2-x^2-y^2}$ 与旋转抛物面 $x^2+y^2=2az$ 所围成的立体的整个表面的面积.

3. 求球面 $x^2+y^2+z^2=1$ 被柱面 $x^2+y^2=x$ 截下部分的面积.

4. 设抛物面壳 $z=\dfrac{1}{2}(x^2+y^2)$，$0\leqslant z\leqslant 1$ 的壳密度为 $\rho=z$，试求该壳的质量.

5. 求均匀曲面 $z=\sqrt{a^2-x^2-y^2}$ 的重心坐标.

B 组

1. 当 Σ 是 xOy 面内的一个闭区域时，曲面积分 $\iint\limits_{\Sigma}f(x,y,z)\mathrm{d}S$ 与二重积分有什么关系？

2. 设有一分布着质量的曲面 Σ，在点 (x,y,z) 处的面密度为 $\mu(x,y,z)$，（1）用对面积的曲面积分来表示该曲面对 x 轴的转动惯量；（2）对原点的转动惯量；（3）求均匀圆锥面 $z=\sqrt{x^2+y^2}(\rho=1)$ 被平面 $z=1$ 截下的有限部分对各坐标轴及原点的转动惯量.

12.5　第二型曲面积分

第二型曲面积分在物理中有广泛应用，如流体通过某截面的流量，电场中通过某曲面的电通量等都是第二型曲面积分的物理模型.

第二型曲面积分与第二型曲线积分一样，是有方向的. 为了研究这类问题，我们首先介绍双侧曲面的相关概念.

12.5.1　双侧曲面及其法向量

一只蚂蚁掉进了酒杯里，如果它要爬到酒杯外面就必须经过酒杯口. 如果不考虑酒杯壁的厚度，就可以把酒杯想象成一张曲面，杯口就是曲面的边界. 蚂蚁从曲面的里侧爬到曲面的外侧必须经过曲面的边界. 这样的曲面称为双侧曲面. 可以把双侧曲面的一侧染成红色，而另一侧染成蓝色，两种颜色不会出现重叠.

封闭曲面都是双侧曲面，可以分为内侧和外侧. 例如，椭球面、六面体的表面，或者更一般地，空间立体（有界闭区域）的表面等都可以分为内侧和外侧.

许多无界曲面也是双侧曲面，如连续函数 $z = f(x, y)$ 表示的曲面可以分为上侧和下侧，$y = g(x, z)$ 表示的曲面可以分为左侧和右侧，而 $x = h(y, z)$ 表示的曲面可以分为前侧和后侧.

规定了侧（或称方向）的双侧曲面称为**有向曲面**.

设曲面 Σ 的方程为 $F(x, y, z) = 0$. 如果 $F(x, y, z)$ 的偏导数连续，且 $F_x'^2 + F_y'^2 + F_z'^2 \neq 0$，则称 Σ 为光滑曲面.

如果 $\Sigma : F(x, y, z) = 0$ 为光滑曲面，则在曲面 Σ 上任意一点 $M(x, y, z)$ 处，曲面都有方向相反的两个法向量 $\pm(F_x', F_y', F_z')$. 如果 Σ 为双侧曲面，则向量 (F_x', F_y', F_z') 指向曲面的一侧，而向量 $(-F_x', -F_y', -F_z')$ 指向曲面的另一侧. 因此，规定了光滑曲面的方向就等同于规定了曲面上任意点的法向量.

例如，椭球面 $\dfrac{x^2}{a^2} + \dfrac{y^2}{b^2} + \dfrac{z^2}{c^2} = 1$ 的外侧法向量为 $\left(\dfrac{2x}{a^2}, \dfrac{2y}{b^2}, \dfrac{2z}{c^2}\right)$，内侧法向量为 $\left(-\dfrac{2x}{a^2}, -\dfrac{2y}{b^2}, -\dfrac{2z}{c^2}\right)$.

为了更好地理解双侧曲面，作为对比，我们给出一个非双侧曲面的例子，即著名的默比乌斯（Möbius）带. 准备一个长方形的纸条 $abcd$，让 ad 端保持不动，而将 bc 端扭转 $180°$，再将 b 与 d，a 与 c 粘合起来，ad 和 bc 上的点也对应粘合起来，这样得到的一条带子称为默比乌斯带（如图 12-22 所示）. 从默比乌斯带上一点出发，不经过它的边界可以到达曲面上另外任意一点，这样的曲面就是单侧曲面.

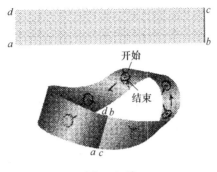

图　12-22

12.5.2　第二型曲面积分的概念

问题 12.4　　（**流量问题**）　设某流体的密度处处相同（不妨设密度为 1），液体中各点的速度只与该点的位置有关而与时间无关，即

$$\boldsymbol{v}(x,y,z) = (P(x,y,z), Q(x,y,z), R(x,y,z))$$

Σ 为有向光滑曲面，$\boldsymbol{n}(x,y,z) = (\cos\alpha, \cos\beta, \cos\gamma)$ 是 Σ 在点 (x,y,z) 处的单位法向量. 求流体在单位时间内通过曲面 Σ 流向 $\boldsymbol{n}(x,y,z)$ 指向一侧的流量 Φ.

我们先考虑一种最简单的情况，即 Σ 为平面上面积为 A 的一个闭区域，且流体在该闭区域上各点处的流速为（常向量）$\boldsymbol{v}$. 此时，Σ 的单位法向量 $\boldsymbol{n}(x, y,z)$ 也是常向量 $\boldsymbol{n}$. 那么在单位时间内通过曲面 Σ 流向 $\boldsymbol{n}$ 指向一侧的流体组成一个底面积为 A、斜高为 $|\boldsymbol{v}|$ 的斜柱体（如图 12-23 所示），其体积即为流量 Φ，即

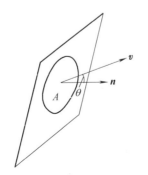
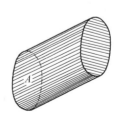

图　12-23

$$\Phi = |\boldsymbol{v}|A\cos\theta$$

其中 θ 是向量 $\boldsymbol{n}$ 和 $\boldsymbol{v}$ 的夹角.

当流速不是常向量, 或 Σ 不是平面闭区域时, 我们用划分、近似、求和、取极限的积分思想来研究流量问题.

将曲面 Σ 任意划分成 n 个小曲面 $\Delta\Sigma_1$, $\Delta\Sigma_2$, $\cdots$, $\Delta\Sigma_n$. 记第 k 小块曲面的面积为 ΔS_k, 流量为 $\Delta\Phi_k(k=1,2,\cdots,n)$. 设 (x_k, y_k, z_k) 为 $\Delta\Sigma_k$ 上任意一点, 我们从两方面近似:

(1) 把 $\Delta\Sigma_k$ 近似为平面, 方向为 $\boldsymbol{n}(x_k, y_k, z_k)$.

(2) 把 $\Delta\Sigma_k$ 上的流速近似为常向量 $\boldsymbol{v}(x_k, y_k, z_k)$, 则

$$\Delta\Phi_k \approx \boldsymbol{v}(x_k, y_k, z_k) \cdot \boldsymbol{n}(x_k, y_k, z_k)\Delta S_k$$

求和并取极限, 由对面积的曲面积分的定义, 有

$$\Phi = \iint_{\Sigma} \boldsymbol{v}(x,y,z) \cdot \boldsymbol{n}(x,y,z)\mathrm{d}S$$

即

$$\Phi = \iint_{\Sigma} [P(x,y,z)\cos\alpha + Q(x,y,z)\cos\beta + R(x,y,z)\cos\gamma]\mathrm{d}S$$

抽去上述问题的物理意义, 就得到了第二型曲面积分的定义.

定义 12.5 设 Σ 为光滑的有向曲面, $\boldsymbol{n}(x,y,z) = (\cos\alpha, \cos\beta, \cos\gamma)$ 是 Σ 在点 (x,y,z) 处的单位法向量, 向量函数 $\boldsymbol{v}(x,y,z) = (P(x,y,z), Q(x,y,z), R(x,y,z))$ 的各分量在 Σ 上连续, 则称 $\iint_{\Sigma} \boldsymbol{v}(x,y,z) \cdot \boldsymbol{n}(x,y,z)\mathrm{d}S$ 为**第二型曲面积分**.

特别地, $\iint_{\Sigma} P(x,y,z)\cos\alpha\mathrm{d}S$, $\iint_{\Sigma} Q(x,y,z)\cos\beta\mathrm{d}S$, $\iint_{\Sigma} R(x,y,z)\cos\gamma\mathrm{d}S$ 都称作第二型曲面积分, 或称对坐标的曲面积分, 分别记为

$$\iint_{\Sigma} P(x,y,z)\mathrm{d}y\mathrm{d}z = \iint_{\Sigma} P(x,y,z)\cos\alpha\mathrm{d}S$$

$$\iint_{\Sigma} Q(x,y,z)\mathrm{d}z\mathrm{d}x = \iint_{\Sigma} Q(x,y,z)\cos\beta\mathrm{d}S$$

$$\iint_{\Sigma} R(x,y,z)\mathrm{d}x\mathrm{d}y = \iint_{\Sigma} R(x,y,z)\cos\gamma\mathrm{d}S$$

$$\iint_{\Sigma} P(x,y,z)\mathrm{d}y\mathrm{d}z + Q(x,y,z)\mathrm{d}z\mathrm{d}x + R(x,y,z)\mathrm{d}x\mathrm{d}y$$

$$= \iint_{\Sigma} [P(x,y,z)\cos\alpha + Q(x,y,z)\cos\beta + R(x,y,z)\cos\gamma]\mathrm{d}S$$

第二型曲面积分与第一型曲面积分有类似的性质, 我们不再一一列出. 需

要注意的是，如果 Σ_1 与 Σ_2 方程相同但方向相反，即 Σ_1 与 Σ_2 是同一张曲面的两侧，则

$$\iint\limits_{\Sigma_1} \boldsymbol{v}(x,y,z) \cdot \boldsymbol{n}(x,y,z)\,\mathrm{d}S = -\iint\limits_{\Sigma_2} \boldsymbol{v}(x,y,z) \cdot \boldsymbol{n}(x,y,z)\,\mathrm{d}S$$

我们首先讨论如何把第二型曲面积分化为二重积分，并顺便解释其记号的由来.

（1）当有向曲面 Σ 的方程为 $z = z(x,y)$ 时，有

$$\iint\limits_{\Sigma} P\mathrm{d}y\mathrm{d}z + Q\mathrm{d}z\mathrm{d}x + R\mathrm{d}x\mathrm{d}y = \pm\iint\limits_{D_{xy}}\left(-P\frac{\partial z}{\partial x} - Q\frac{\partial z}{\partial y} + R\right)\mathrm{d}x\mathrm{d}y \qquad (12\text{-}1)$$

特别地，有

$$\iint\limits_{\Sigma} R(x,y,z)\,\mathrm{d}x\mathrm{d}y = \pm\iint\limits_{D_{xy}} R(x,y,z(x,y))\,\mathrm{d}x\mathrm{d}y \qquad (12\text{-}2)$$

其中上侧取正号，下侧取负号，D_{xy} 是 Σ 在 xOy 坐标平面上的投影.

证明如下：

由 $z = z(x,y)$，Σ 的法向量为 $\pm\left(-\dfrac{\partial z}{\partial x}, -\dfrac{\partial z}{\partial y}, 1\right)$，单位法向量为

$$(\cos\alpha,\cos\beta,\cos\gamma) = \frac{\pm 1}{\sqrt{1+\left(\dfrac{\partial z}{\partial x}\right)^2+\left(\dfrac{\partial z}{\partial y}\right)^2}}\left(-\frac{\partial z}{\partial x}, -\frac{\partial z}{\partial y}, 1\right)$$

其中 Σ 上侧取正号，Σ 下侧取负号. 代入

$$\iint\limits_{\Sigma} P\mathrm{d}y\mathrm{d}z + Q\mathrm{d}z\mathrm{d}x + R\mathrm{d}x\mathrm{d}y = \iint\limits_{\Sigma}(P\cos\alpha + Q\cos\beta + R\cos\gamma)\,\mathrm{d}S$$

得

$$\iint\limits_{\Sigma} P\mathrm{d}y\mathrm{d}z + Q\mathrm{d}z\mathrm{d}x + R\mathrm{d}x\mathrm{d}y = \iint\limits_{\Sigma}\left(-P\frac{\partial z}{\partial x} - Q\frac{\partial z}{\partial y} + R\right)\frac{\pm 1}{\sqrt{1+\left(\dfrac{\partial z}{\partial x}\right)^2+\left(\dfrac{\partial z}{\partial y}\right)^2}}\,\mathrm{d}S$$

注意到，$z = z(x,y)$，$\mathrm{d}S = \sqrt{1+\left(\dfrac{\partial z}{\partial x}\right)^2+\left(\dfrac{\partial z}{\partial y}\right)^2}\,\mathrm{d}x\mathrm{d}y$，有

$$\iint\limits_{\Sigma} P\mathrm{d}y\mathrm{d}z + Q\mathrm{d}z\mathrm{d}x + R\mathrm{d}x\mathrm{d}y = \pm\iint\limits_{D_{xy}}\left(-P\frac{\partial z}{\partial x} - Q\frac{\partial z}{\partial y} + R\right)\mathrm{d}x\mathrm{d}y$$

特别地，有

$$\iint\limits_{\Sigma} R(x,y,z)\,\mathrm{d}x\mathrm{d}y = \pm\iint\limits_{D_{xy}} R(x,y,z(x,y))\,\mathrm{d}x\mathrm{d}y$$

式（12-2）就是把 $\iint\limits_{\Sigma} R(x,y,z)\cos\gamma dS$ 记为 $\iint\limits_{\Sigma} R(x,y,z)dxdy$ 并称为对坐标 x、y 的曲面积分的出处.

下面是两种类似的情况.

（2）当有向曲面 Σ 的方程为 $y = y(x,z)$ 时，有

$$\iint\limits_{\Sigma} Pdydz + Qdzdx + Rdxdy = \pm\iint\limits_{D_{xz}}\left(-P\frac{\partial y}{\partial x} + Q - R\frac{\partial y}{\partial z}\right)dxdz \qquad (12\text{-}3)$$

特别地，有

$$\iint\limits_{\Sigma} Q(x,y,z)dzdx = \pm\iint\limits_{D_{xz}} Q(x,y(x,z),z)dzdx \qquad (12\text{-}4)$$

其中右侧取正号，左侧取负号，D_{xz} 是 Σ 在 xOz 坐标平面上的投影.

（3）当有向曲面 Σ 的方程可以表示为 $x = x(y,z)$ 时，有

$$\iint\limits_{\Sigma} Pdydz + Qdzdx + Rdxdy = \pm\iint\limits_{D_{yz}}\left(P - Q\frac{\partial x}{\partial y} - R\frac{\partial x}{\partial z}\right)dydz \qquad (12\text{-}5)$$

特别地，有

$$\iint\limits_{\Sigma} P(x,y,z)dydz = \pm\iint\limits_{D_{yz}} P(x(y,z),y,z)dydz \qquad (12\text{-}6)$$

其中前侧取正号，后侧取负号，D_{yz} 是 Σ 在 yOz 坐标平面上的投影.

下面是两个单项的第二型曲面积分的例子.

例 12.21　计算积分 $\oiint\limits_{\Sigma} z^2 dxdy$. 其中 Σ 是三个坐标面与平面 $x + y + z = 1$ 围成的四面体的表面外侧.

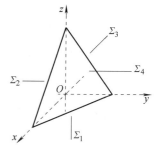

图　12-24

解　Σ 由四片光滑曲面 Σ_1、Σ_2、Σ_3、Σ_4 组成，如图 12-24 所示，其中 Σ_1、Σ_2、Σ_3 分别是 xOy 平面、zOx 平面、yOz 平面上的三角形，Σ_4 是平面 $x + y + z = 1$ 在第一卦限中的部分. 由可加性得

$$\oiint\limits_{\Sigma} z^2 dxdy = \iint\limits_{\Sigma_1} z^2 dxdy + \iint\limits_{\Sigma_2} z^2 dxdy + \iint\limits_{\Sigma_3} z^2 dxdy + \iint\limits_{\Sigma_4} z^2 dxdy$$

由于 Σ_2 和 Σ_3 在坐标面 xOy 上的投影面积均为 0，故

$$\iint\limits_{\Sigma_2} z^2 dxdy + \iint\limits_{\Sigma_3} z^2 dxdy = 0 + 0 = 0$$

由在 Σ_1 的方程为 $z = 0$，故

$$\iint\limits_{\Sigma_1} z^2 dxdy = 0$$

Σ_4 在坐标面 xOy 上的投影为 D_{xy}：$0 \leqslant x$，$y \leqslant 1$，$x + y \leqslant 1$，上侧，故

$$\iint\limits_{\Sigma_4} z^2 \mathrm{d}x\mathrm{d}y = \iint\limits_{D_{xy}} (1 - x - y)^2 \mathrm{d}x\mathrm{d}y$$

$$= \int_0^1 \mathrm{d}x \int_0^{1-x} (1 - x - y)^2 \mathrm{d}y$$

$$= \frac{1}{3} \int_0^1 (1 - x)^3 \mathrm{d}x = \frac{1}{12}$$

所以

$$\iint\limits_{\Sigma} z^2 \mathrm{d}x\mathrm{d}y = \frac{1}{12}$$

例 12.22　计算 $\iint\limits_{\Sigma} xyz\mathrm{d}y\mathrm{d}z$，其中 Σ 是球面 $x^2 + y^2 + z^2 = 1$ 位于第一卦限部分的右侧.

解　由 Σ 的方程解出 $x = \sqrt{1 - y^2 - z^2}$，方向为前侧. Σ 在 yOz 坐标平面上的投影为

$$D_{yz} = \{ (y,z) \mid y \geqslant 0, z \geqslant 0, y^2 + z^2 \leqslant 1 \}$$

$$\iint\limits_{\Sigma} xyz\mathrm{d}y\mathrm{d}z = \iint\limits_{D_{yz}} yz \sqrt{1 - y^2 - z^2}\mathrm{d}y\mathrm{d}z$$

$$= \int_0^1 \mathrm{d}y \int_0^{\sqrt{1-y^2}} yz \sqrt{1 - y^2 - z^2}\mathrm{d}z$$

$$= \frac{1}{3} \int_0^1 y(1 - y^2)^{\frac{3}{2}} \mathrm{d}y$$

$$= \frac{1}{15}$$

以下是多项的第二型曲面积分的例子.

例 12.23　**（由曲面方程解出 z，再对 x 和 y 积分）**　Σ 是旋转抛物面 $z = \dfrac{1}{2}(x^2 + y^2)$ 介于平面 $z = 0$ 和 $z = 2$ 之间的部分，当 Σ 分别取上侧和下侧时，计算曲面积分

$$\iint\limits_{\Sigma} (z^2 + x)\mathrm{d}y\mathrm{d}z + y\mathrm{d}z\mathrm{d}x - z\mathrm{d}x\mathrm{d}y.$$

解　$\dfrac{\partial z}{\partial x} = x$，　$\dfrac{\partial z}{\partial y} = y$.

Σ 在 xOy 坐标平面上的投影为 $D_{xy} = \{ (x,y) \mid x^2 + y^2 \leqslant 4 \}$．当 Σ 取上侧时，

$$\iint\limits_{\Sigma} (z^2 + x)\,\mathrm{d}y\mathrm{d}z + y\mathrm{d}z\mathrm{d}x - z\mathrm{d}x\mathrm{d}y = \iint\limits_{D_{xy}} \left\{ -\left[\frac{1}{4}(x^2+y^2)^2 + x\right]\cdot x - y\cdot y - \right.$$

$$\left. \frac{1}{2}(x^2+y^2) \right\}\mathrm{d}x\mathrm{d}y$$

$$= -\iint\limits_{D_{xy}} \left[\frac{1}{4}(x^2+y^2)^2 x + \frac{3}{2}(x^2+y^2)\right]\mathrm{d}x\mathrm{d}y$$

注意到 $\dfrac{1}{4}x(x^2+y^2)^2$ 是关于 x 的奇函数, 且积分区域 $D_{xy} = \{(x,y) \mid x^2+y^2 \leqslant 4\}$

关于 y 轴对称, 所以 $\iint\limits_{D_{xy}} \dfrac{1}{4}x(x^2+y^2)^2\,\mathrm{d}x\mathrm{d}y = 0$. 故

$$\iint\limits_{\Sigma} (z^2+x)\,\mathrm{d}y\mathrm{d}z - z\mathrm{d}x\mathrm{d}y = -\frac{3}{2}\iint\limits_{D_{xy}} (x^2+y^2)\,\mathrm{d}x\mathrm{d}y$$

$$= -\frac{3}{2}\int_0^{2\pi}\mathrm{d}\theta\int_0^2 r^2 r\,\mathrm{d}r$$

$$= -12\pi$$

当 Σ 取下侧时

$$\iint\limits_{\Sigma} (z^2+x)\,\mathrm{d}y\mathrm{d}z - z\mathrm{d}x\mathrm{d}y = 12\pi$$

例 12.24　（由曲面方程解出 y, 再对 z 和 x 积分）　计算 $\iint\limits_{\Sigma} x\mathrm{d}y\mathrm{d}z + 2y\mathrm{d}z\mathrm{d}x + z\mathrm{d}x\mathrm{d}y$, 其中 Σ 是曲面 $y = \sqrt{x^2+z^2}$ 介于平面 $y=1$ 和 $y=2$ 之间的部分的右侧.

解　$\dfrac{\partial y}{\partial x} = \dfrac{x}{\sqrt{x^2+z^2}}$, 　$\dfrac{\partial y}{\partial z} = \dfrac{z}{\sqrt{x^2+z^2}}$.

Σ 在 xOz 坐标平面上的投影为 $D_{xz} = \{(x,z) \mid 1 \leqslant x^2+z^2 \leqslant 4\}$, 取右侧, 故

$$\iint\limits_{\Sigma} x\mathrm{d}y\mathrm{d}z + 2y\mathrm{d}z\mathrm{d}x + z\mathrm{d}x\mathrm{d}y = \iint\limits_{D_{xz}} \left(-x\cdot\frac{x}{\sqrt{x^2+z^2}} + 2\sqrt{x^2+z^2} - z\cdot\frac{z}{\sqrt{x^2+z^2}} \right)\mathrm{d}x\mathrm{d}z$$

$$= \iint\limits_{D_{xz}} \sqrt{x^2+z^2}\,\mathrm{d}x\mathrm{d}z$$

$$= \int_0^{2\pi}\mathrm{d}\theta\int_1^2 r^2\,\mathrm{d}r$$

$$= \frac{14}{3}\pi$$

例 12.25　（由曲面方程解出 x, 再对 y 和 z 积分）　计算 $I = \iint\limits_{\Sigma} x(y - z)\,\mathrm{d}y\mathrm{d}z + (x-y)\,\mathrm{d}x\mathrm{d}y$, 其中 Σ 为圆柱 $x^2+y^2 = 1$ （$0 \leqslant z \leqslant 2$）的外侧, 如图 12-25

所示.

解　将 Σ 分为两部分, Σ_1: $x = \sqrt{1 - y^2}$, 前

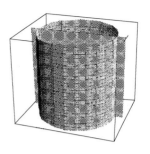

侧; Σ_2: $x = -\sqrt{1 - y^2}$, 后侧. 在 yOz 平面上的投

影为

$$D_{yz} = \{(y, z) \mid -1 \leqslant y \leqslant 1, 0 \leqslant z \leqslant 2\}$$

由 $\dfrac{\partial x}{\partial y} = -\dfrac{y}{x}$, $\dfrac{\partial x}{\partial z} = 0$, 代入得

图　12-25

$$\iint\limits_{\Sigma_1} x(y - z)\mathrm{d}y\mathrm{d}z + (x - y)\mathrm{d}x\mathrm{d}y$$

$$= \iint\limits_{D_{yz}} \left[(y - z)\sqrt{1 - y^2} - (\sqrt{1 - y^2} - y) \cdot 0 \right]\mathrm{d}y\mathrm{d}z$$

$$= \iint\limits_{D_{yz}} (y - z)\sqrt{1 - y^2}\mathrm{d}y\mathrm{d}z$$

$$\iint\limits_{\Sigma_2} x(y - z)\mathrm{d}y\mathrm{d}z + (x - y)\mathrm{d}x\mathrm{d}y$$

$$= -\iint\limits_{D_{yz}} \left[-(y - z)\sqrt{1 - y^2} - (-\sqrt{1 - y^2} - y) \cdot 0 \right]\mathrm{d}y\mathrm{d}z$$

$$= \iint\limits_{D_{yz}} (y - z)\sqrt{1 - y^2}\mathrm{d}y\mathrm{d}z$$

因此,

$$I = \iint\limits_{\Sigma} x(y - z)\mathrm{d}y\mathrm{d}z + (x - y)\mathrm{d}x\mathrm{d}y = 2\iint\limits_{D_{yz}} (y - z)\sqrt{1 - y^2}\mathrm{d}y\mathrm{d}z$$

注意到 D_{yz} 关于 $y = 0$ 对称, $y\sqrt{1 - y^2}$ 是 y 的奇函数, $z\sqrt{1 - y^2}$ 是 y 的偶函数, 有

$$I = -2\iint\limits_{D_{yz}} z\sqrt{1 - y^2}\mathrm{d}y\mathrm{d}z$$

$$= -2\int_0^2 z\mathrm{d}z \int_{-1}^1 \sqrt{1 - y^2}\mathrm{d}y$$

$$= -2\pi$$

下面的例子直接利用了第一型曲面积分的几何意义.

例 12.26　计算积分 $I = \oiint\limits_{\Sigma} x\mathrm{d}y\mathrm{d}z + y\mathrm{d}z\mathrm{d}x + z\mathrm{d}x\mathrm{d}y$, 其中 Σ 是球面 $x^2 + y^2 +$

$z^2 = a^2$ 的外侧.

解　球面外侧的法向量为 (x, y, z), 所以其单位法向量为

$$\frac{1}{\sqrt{x^2 + y^2 + z^2}}(x, y, z) = \frac{1}{a}(x, y, z)$$

$$I = \oiint_{\Sigma} x \mathrm{d}y\mathrm{d}z + y\mathrm{d}z\mathrm{d}x + z\mathrm{d}x\mathrm{d}y$$

$$= \frac{1}{a}\oiint_{\Sigma}(x^2 + y^2 + z^2)\,\mathrm{d}S$$

$$= a\oiint_{\Sigma}\mathrm{d}S$$

$$= 4\pi a^3$$

习题 12.5

A 组

计算下列第二型曲面积分:

(1) $\oiint_{\Sigma}(x + y)\mathrm{d}z\mathrm{d}y$, 其中 Σ 为以原点为中心, 边长为 $2a$ 的正方体的整个表面的外侧;

(2) $\oiint_{\Sigma}(y - z)\mathrm{d}y\mathrm{d}z + (x + y + z)\mathrm{d}x\mathrm{d}y$, 其中 Σ 为由平面 $x + y + z = 1$ 与三个坐标面围成的四面体的外侧表面;

(3) $\iint_{\Sigma} x^2 y^2 z \mathrm{d}x\mathrm{d}y$, 其中 Σ 为球面 $x^2 + y^2 + z^2 = 1$ 的下半球面的下侧;

(4) $\iint_{\Sigma} xy\mathrm{d}y\mathrm{d}z + yz\mathrm{d}z\mathrm{d}x + zx\mathrm{d}x\mathrm{d}y$, 其中 Σ 为上半球面 $z = \sqrt{a^2 - x^2 - y^2}$ 的上侧;

(5) $\iint_{\Sigma}[f(x, y, z) + x]\mathrm{d}y\mathrm{d}z + [2f(x, y, z) + y]\mathrm{d}z\mathrm{d}x + [f(x, y, z) + z]\mathrm{d}x\mathrm{d}y$, 其中 Σ 是平面 $x - y + z = 1$ 在第四卦限部分的上侧;

(6) $\iint_{\Sigma} x\mathrm{d}y\mathrm{d}z + y\mathrm{d}z\mathrm{d}x + z\mathrm{d}x\mathrm{d}y$, 其中 Σ 为柱面 $x^2 + y^2 = 1$ 被平面 $z = 0$ 和 $z = 3$ 所截得在第一卦限内的部分的前侧.

B 组

当 Σ 是 xOy 面内的一个闭区域时, 曲面积分 $\iint_{\Sigma} f(x, y, z)\mathrm{d}x\mathrm{d}y$ 与二重积分有什么关系?

12.6 高斯公式 通量与散度

格林公式给出了平面区域 D 上的二重积分与其边界曲线 L 上的曲线积分之间的关系，而本节介绍的高斯（Gauss）公式则给出了空间有界闭区域 Ω 上的三重积分与其边界曲面上的曲面积分之间的关系，同样是牛顿-莱布尼兹公式的推广. 利用高斯公式可以研究空间场中的两个重要概念，即通量与散度.

12.6.1 高斯公式

定理 12.5 （高斯公式） 设空间闭区域 Ω 由分片光滑的闭曲面 Σ 围成，函数 $P(x,y,z)$、$Q(x,y,z)$ 和 $R(x,y,z)$ 在 Ω 上有一阶连续的偏导数，则有

$$\iiint\limits_{\Omega} \left(\frac{\partial P}{\partial x} + \frac{\partial Q}{\partial y} + \frac{\partial R}{\partial z} \right) \mathrm{d}V = \oiint\limits_{\Sigma} P\mathrm{d}y\mathrm{d}z + Q\mathrm{d}z\mathrm{d}x + R\mathrm{d}x\mathrm{d}y$$

其中 Σ 是 Ω 的整个边界曲面的外侧.

证明 高斯公式的证明类似于格林公式的证明，只需分别证明

$$\iiint\limits_{\Omega} \frac{\partial P}{\partial x}\mathrm{d}V = \oiint\limits_{\Sigma} P\mathrm{d}y\mathrm{d}z$$

$$\iiint\limits_{\Omega} \frac{\partial Q}{\partial y}\mathrm{d}V = \oiint\limits_{\Sigma} Q\mathrm{d}z\mathrm{d}x$$

$$\iiint\limits_{\Omega} \frac{\partial R}{\partial z}\mathrm{d}V = \oiint\limits_{\Sigma} R\mathrm{d}x\mathrm{d}y$$

下面以 $\iiint\limits_{\Omega} \dfrac{\partial R}{\partial z}\mathrm{d}V = \oiint\limits_{\Sigma} R\mathrm{d}x\mathrm{d}y$ 为例证明.

设 Ω 在 xOy 面上的投影区域为 σ_{xy}. 当 Ω 为 Z—柱体时，不妨设 Ω 的边界 Σ 由 Σ_1、Σ_2 及 Σ_3 所组成，其中 Σ_1：$z = z_1(x,y)$，取其下侧；Σ_2：$z = z_2(x,y)$，取其上侧，$z_1(x,y) \leqslant z_2(x,y)$；$\Sigma_3$ 是以 σ_{xy} 的边界曲线为准线、母线平行于 z 轴的柱面的一部分，取其外侧，如图 12-26 所示.

由三重积分计算，有

$$\iiint\limits_{\Omega} \frac{\partial R}{\partial z}\mathrm{d}V = \iint\limits_{\sigma_{xy}} \left(\int_{z_1(x,y)}^{z_2(x,y)} \frac{\partial R}{\partial z}\mathrm{d}z \right) \mathrm{d}x\mathrm{d}y$$

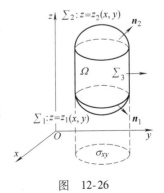

图 12-26

$$= \iint\limits_{\sigma_{xy}} \left[R(x,y,z_2(x,y)) - R(x,y,z_1(x,y)) \right] \mathrm{d}x\mathrm{d}y$$

再根据第二类曲面积分计算，有

$$\oiint\limits_{\Sigma} R\mathrm{d}x\mathrm{d}y = \iint\limits_{\Sigma_1} R\mathrm{d}x\mathrm{d}y + \iint\limits_{\Sigma_2} R\mathrm{d}x\mathrm{d}y + \iint\limits_{\Sigma_3} R\mathrm{d}x\mathrm{d}y$$

$$= -\iint\limits_{\sigma_{xy}} R(x,y,z_1(x,y))\mathrm{d}x\mathrm{d}y + \iint\limits_{\sigma_{xy}} R(x,y,z_2(x,y))\mathrm{d}x\mathrm{d}y + 0$$

$$= \iint\limits_{\sigma_{xy}} \left[R(x,y,z_2(x,y)) - R(x,y,z_1(x,y)) \right] \mathrm{d}x\mathrm{d}y$$

比较上面两个积分的结果，立刻得到

$$\iiint\limits_{\Omega} \frac{\partial R}{\partial z}\mathrm{d}V = \oiint\limits_{\Sigma} R\mathrm{d}x\mathrm{d}y$$

当 Ω 不是 Z—柱体时，可添加若干片与 z 轴垂直的辅助平面，将 Ω 分成若干个小 Z—柱体，记为 Ω_k，其边界为 $E_k(k=1, 2, \cdots, n)$，则有

$$\iiint\limits_{\Omega} \frac{\partial R}{\partial z}\mathrm{d}V = \sum_{k=1}^{n} \iiint\limits_{\Omega_k} \frac{\partial R}{\partial z}\mathrm{d}V = \sum_{k=1}^{n} \oiint\limits_{E_k} R\mathrm{d}x\mathrm{d}y = \oiint\limits_{\sum\limits_{k=1}^{n} E_k} R\mathrm{d}x\mathrm{d}y$$

注意到 $\sum\limits_{k=1}^{n} E_k$ 中添加的每个辅助平面相反两侧都各出现一次，因而相互抵消，所以 $\sum\limits_{k=1}^{n} E_k = \Sigma$，即有

$$\iiint\limits_{\Omega} \frac{\partial R}{\partial z}\mathrm{d}V = \oiint\limits_{\Sigma} R\mathrm{d}x\mathrm{d}y$$

用类似的方法可证明

$$\iiint\limits_{\Omega} \frac{\partial P}{\partial x}\mathrm{d}V = \oiint\limits_{\Sigma} P\mathrm{d}y\mathrm{d}z, \quad \iiint\limits_{\Omega} \frac{\partial Q}{\partial y}\mathrm{d}V = \oiint\limits_{\Sigma} Q\mathrm{d}z\mathrm{d}x$$

高斯
（Gauss，1777—1855）
德国数学家、物理学家、天文学家

将上述三式两端分别相加，即得到高斯公式．

例 12.27　　利用高斯公式计算 $I = \oiint\limits_{\Sigma} x^2\mathrm{d}y\mathrm{d}z + y^2\mathrm{d}z\mathrm{d}x + z^2\mathrm{d}x\mathrm{d}y$，其中 Σ 是三个坐标面与平面 $x+y+z=1$ 围成的四面体的外表面．

解　　由高斯公式得

$$I = \oiint\limits_{\Sigma} x^2\mathrm{d}y\mathrm{d}z + y^2\mathrm{d}z\mathrm{d}x + z^2\mathrm{d}x\mathrm{d}y$$

$$= 2\iiint\limits_{\Omega} (x+y+z)\mathrm{d}x\mathrm{d}y\mathrm{d}z$$

$$= 6 \iiint_{\Omega} x \mathrm{d}x \mathrm{d}y \mathrm{d}z$$

$$= 6 \int_0^1 x \mathrm{d}x \int_0^{1-x} \mathrm{d}y \int_0^{1-x-y} \mathrm{d}z$$

$$= \frac{1}{4}$$

例 12.28　计算曲面积分 $I = \iint\limits_{\Sigma} \dfrac{x^3}{r^3} \mathrm{d}y \mathrm{d}z + \dfrac{y^3}{r^3} \mathrm{d}z \mathrm{d}x + \dfrac{z^3}{r^3} \mathrm{d}x \mathrm{d}y$ 其中，Σ 为球面 $x^2 + y^2 + z^2 = R^2$，取外侧，$r = \sqrt{x^2 + y^2 + z^2}$.

解　由 $\dfrac{x^3}{r^3}, \dfrac{y^3}{r^3}, \dfrac{z^3}{r^3}$ 定义在曲面 Σ 上，有

$$I = \iint\limits_{\Sigma} \frac{x^3}{r^3} \mathrm{d}y \mathrm{d}z + \frac{y^3}{r^3} \mathrm{d}z \mathrm{d}x + \frac{z^3}{r^3} \mathrm{d}x \mathrm{d}y$$

$$= \frac{1}{R^3} \iint\limits_{\Sigma} x^3 \mathrm{d}y \mathrm{d}z + y^3 \mathrm{d}z \mathrm{d}x + z^3 \mathrm{d}x \mathrm{d}y \qquad （再用高斯公式）$$

$$= \frac{1}{R^3} \iiint\limits_{\Omega} 3(x^2 + y^2 + z^2) \mathrm{d}V \qquad （利用球坐标计算三重积分）$$

$$= \frac{3}{R^3} \int_0^{2\pi} \mathrm{d}\theta \int_0^{\pi} \sin\varphi \mathrm{d}\varphi \int_0^R \rho^4 \mathrm{d}\rho$$

$$= \frac{12}{5} \pi R^2$$

当所给曲面 Σ 不是闭曲面时，可以添加简单辅助面使之成为封闭曲面，从而可以使用高斯公式. 这种技巧与格林公式的使用相类似.

例 12.29　设曲面 Σ：$z = 2 - x^2 - y^2 (1 \leqslant z \leqslant 2)$，取上侧，求

$$I = \iint\limits_{\Sigma} (x^3 z + x) \mathrm{d}y \mathrm{d}z - x^2 yz \mathrm{d}z \mathrm{d}x - x^2 z^2 \mathrm{d}x \mathrm{d}y$$

解　如图 12-27 所示，取辅助面为 Σ_1：$z = 1$ 的下侧，使 $\Sigma + \Sigma_1$ 构成闭曲面，其侧为曲面的外侧，于是，

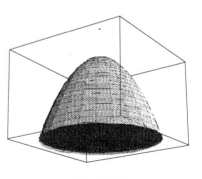

图　12-27

$$I = \left(\oiint\limits_{\Sigma + \Sigma_1} - \iint\limits_{\Sigma_1} \right) (x^3 z + x) \mathrm{d}y \mathrm{d}z - x^2 yz \mathrm{d}z \mathrm{d}x - x^2 z^2 \mathrm{d}x \mathrm{d}y$$

$$= \iiint\limits_{\Omega} \mathrm{d}x\mathrm{d}y\mathrm{d}z - (-1) \iint\limits_{D_{xy}} (-x^2)\mathrm{d}x\mathrm{d}y$$

$$= \int_0^{2\pi} \mathrm{d}\theta \int_0^1 \mathrm{d}r \int_1^{2-r^2} \mathrm{d}z - \int_0^{2\pi} \cos^2\theta\mathrm{d}\theta \int_0^1 r^3\mathrm{d}r$$

$$= \frac{13}{12}\pi$$

例 12.30　计算曲面积分 $\iint\limits_{\Sigma} x^2\mathrm{d}y\mathrm{d}z + y^2\mathrm{d}z\mathrm{d}x + z^2\mathrm{d}x\mathrm{d}y$，其中 Σ 为锥面 $x^2 + y^2 = z^2$ 介于平面 $z = 0$ 及 $z = h(h > 0)$ 之间的部分的下侧.

解　设 Σ_1 为 $z = h(x^2 + y^2 \leqslant h^2)$ 的上侧，则 Σ 与 Σ_1 一起构成一个闭曲面，记它们围成的空间闭区域为 Ω，由高斯公式得

$$\oiint\limits_{\Sigma+\Sigma_1} x^2\mathrm{d}y\mathrm{d}z + y^2\mathrm{d}z\mathrm{d}x + z^2\mathrm{d}x\mathrm{d}y$$

$$= \iiint\limits_{\Omega} 2(x + y + z)\mathrm{d}x\mathrm{d}y\mathrm{d}z$$

$$= 2 \iint\limits_{x^2+y^2 \leqslant h^2} \mathrm{d}x\mathrm{d}y \int_{\sqrt{x^2+y^2}}^{h} (x + y + z)\mathrm{d}z$$

注意到

$$\iint\limits_{x^2+y^2 \leqslant h^2} \mathrm{d}x\mathrm{d}y \int_{\sqrt{x^2+y^2}}^{h} (x + y)\mathrm{d}z = 0$$

所以

$$\oiint\limits_{\Sigma+\Sigma_1} x^2\mathrm{d}y\mathrm{d}z + y^2\mathrm{d}z\mathrm{d}x + z^2\mathrm{d}x\mathrm{d}y$$

$$= 2 \iint\limits_{x^2+y^2 \leqslant h^2} \mathrm{d}x\mathrm{d}y \int_{\sqrt{x^2+y^2}}^{h} z\mathrm{d}z$$

$$= \iint\limits_{x^2+y^2 \leqslant h^2} (h^2 - x^2 - y^2)\mathrm{d}x\mathrm{d}y$$

$$= \frac{1}{2}\pi h^4$$

而

$$\iint\limits_{\Sigma_1} x^2\mathrm{d}y\mathrm{d}z + y^2\mathrm{d}z\mathrm{d}x + z^2\mathrm{d}x\mathrm{d}y = \iint\limits_{\Sigma_1} z^2\mathrm{d}x\mathrm{d}y$$

$$= \iint\limits_{x^2+y^2 \leqslant h^2} h^2\mathrm{d}x\mathrm{d}y = \pi h^4$$

因此

$$\iint\limits_{\Sigma} x^2 \mathrm{d}y\mathrm{d}z + y^2 \mathrm{d}z\mathrm{d}x + z^2 \mathrm{d}x\mathrm{d}y$$

$$= \frac{1}{2}\pi h^4 - \pi h^4$$

$$= -\frac{1}{2}\pi h^4$$

12. 6. 2　通量与散度

由第二型曲面积分的物理意义，可以进一步解释高斯公式

$$\iiint\limits_{\Omega}\left(\frac{\partial P}{\partial x} + \frac{\partial Q}{\partial y} + \frac{\partial R}{\partial z}\right)\mathrm{d}V = \oiint\limits_{\Sigma} P\mathrm{d}y\mathrm{d}z + Q\mathrm{d}z\mathrm{d}x + R\mathrm{d}x\mathrm{d}y$$

的物理意义. 公式中

$$\boldsymbol{v}(x,y,z) = P(x,y,z)\boldsymbol{i} + Q(x,y,z)\boldsymbol{j} + R(x,y,z)\boldsymbol{k}$$

可以理解为稳恒流动的不可压缩流体（假定密度为 1）的速度场. 而

$$\oiint\limits_{\Sigma} P(x,y,z)\mathrm{d}y\mathrm{d}z + Q(x,y,z)\mathrm{d}z\mathrm{d}x + R(x,y,z)\mathrm{d}x\mathrm{d}y$$

可以理解为单位时间内穿过 Σ 流向指定侧的流量，记之为 Φ，即

$$\Phi = \iiint\limits_{\Omega}\left(\frac{\partial P}{\partial x} + \frac{\partial Q}{\partial y} + \frac{\partial R}{\partial z}\right)\mathrm{d}V$$

当 $\Phi > 0$ 时，说明流出 Σ 的流体的质量多于流入的，表明 Σ 内有"源"；

当 $\Phi < 0$ 时，说明流出 Σ 的流体的质量少于流入的，表明 Σ 内有"漏"；

当 $\Phi = 0$ 时，说明流出与流入 Σ 的流体的质量相等.

用 Ω 的体积 V 去除上式两端，得

$$\frac{\Phi}{V} = \frac{1}{V}\iiint\limits_{\Omega}\left(\frac{\partial P}{\partial x} + \frac{\partial Q}{\partial y} + \frac{\partial R}{\partial z}\right)\mathrm{d}V$$

此式表示单位时间内，单位体积所流出的流体质量的积分平均值. 应用积分中值定理得

$$\frac{\Phi}{V} = \frac{1}{V}\iiint\limits_{\Omega}\left(\frac{\partial P}{\partial x} + \frac{\partial Q}{\partial y} + \frac{\partial R}{\partial z}\right)\mathrm{d}V = \left(\frac{\partial P}{\partial x} + \frac{\partial Q}{\partial y} + \frac{\partial R}{\partial z}\right)\bigg|_{(\xi,\eta,\zeta)}$$

其中 (ξ,η,ζ) 是 Ω 内的一点. 当 Ω 向内不断收缩逐渐成一点 M 时，由 $P,Q,$ R 连续，对上式两端取极限，得

$$\lim_{\Omega \to M}\frac{\Phi}{V} = \lim_{\Omega \to M}\left(\frac{\partial P}{\partial x} + \frac{\partial Q}{\partial y} + \frac{\partial R}{\partial z}\right)\bigg|_{(\xi,\eta,\zeta)} = \left(\frac{\partial P}{\partial x} + \frac{\partial Q}{\partial y} + \frac{\partial R}{\partial z}\right)\bigg|_{M}$$

显然，$\left(\dfrac{\partial P}{\partial x} + \dfrac{\partial Q}{\partial y} + \dfrac{\partial R}{\partial z}\right)\bigg|_{M}$ **反映了流速场** $\boldsymbol{v}$ 在点 M **流量对体积的变化率**，即

点 M 的**源头强度**. 对一般的向量场，我们给出如下定义.

定义 12.6　设 $A(x,y,z) = P(x,y,z)\boldsymbol{i} + Q(x,y,z)\boldsymbol{j} + R(x,y,z)\boldsymbol{k}$
为向量场，其中 P，Q，R 具有一阶连续的偏导数，Σ 是场内的一有向封闭曲面，其指向外侧的单位法向量为 $\boldsymbol{n}$，则称 $\oiint\limits_{\Sigma} A \cdot \boldsymbol{n} \mathrm{d}S$ 为向量场 A 通过有向曲面 Σ 的**通量**，称 $\dfrac{\partial P}{\partial x} + \dfrac{\partial Q}{\partial y} + \dfrac{\partial R}{\partial z}$ 为向量场 A 在点 M 的**散度**，记作 $\mathrm{div}A$，即

$$\mathrm{div}A = \frac{\partial P}{\partial x} + \frac{\partial Q}{\partial y} + \frac{\partial R}{\partial z}$$

依据我们前面的讨论，**散度是通量对体积的变化率**，体现了流速场在点 M 向外散发流体的能力。$\mathrm{div}A > 0$ 表明点 M 有正源，即流体的确是离开点 M 向周围扩散。$\mathrm{div}A < 0$ 表明点 M 有负源，即流体是由点 M 周围向点 M 汇集。$\mathrm{div}A = 0$ 表明点 M 无源。

如果向量场在每个点都无源，则称之为**无源场**。由高斯公式，无源场通过任意闭曲面的通量为零。

下面由散度的表达式引进一个记号。

$$\mathrm{div}A = \frac{\partial P}{\partial x} + \frac{\partial Q}{\partial y} + \frac{\partial R}{\partial z} = \left(\frac{\partial}{\partial x}, \frac{\partial}{\partial y}, \frac{\partial}{\partial z} \right) \cdot (P,Q,R) = \nabla \cdot A$$

其中，$\nabla = \dfrac{\partial}{\partial x}\boldsymbol{i} + \dfrac{\partial}{\partial y}\boldsymbol{j} + \dfrac{\partial}{\partial z}\boldsymbol{k}$ 称为**哈密尔顿算子（Hamilton）**。高斯公式又可表示为

$$\iiint\limits_{\Omega} (\nabla \cdot A) \mathrm{d}V = \oiint\limits_{\Sigma} A \cdot \boldsymbol{n} \mathrm{d}S$$

例 12.31　设在原点处有点电荷 q，它所产生的静电场的电场强度为
$$E = \frac{q}{r^3}(x\boldsymbol{i} + y\boldsymbol{j} + z\boldsymbol{k}),$$ 其中 $r = \sqrt{x^2 + y^2 + z^2} \neq 0$，试求：

（1）散度 $\mathrm{div}E$；

（2）通过以原点为中心，并指向外侧的球面 Σ 的电通量；

（3）通过包围原点，并指向外侧的任何光滑闭曲面 Σ 的电通量。

解　（1）$\mathrm{div}E = \dfrac{\partial}{\partial x}\left(\dfrac{q}{r^3}x \right) + \dfrac{\partial}{\partial y}\left(\dfrac{q}{r^3}y \right) + \dfrac{\partial}{\partial z}\left(\dfrac{q}{r^3}z \right)$

$\qquad\qquad = \dfrac{3q}{r^3} + \left(-\dfrac{3q}{r^3} \right) \cdot \dfrac{x^2 + y^2 + z^2}{r^2}$

$\qquad\qquad = 0$

（2）设球面 Σ 半径为 R，故方程为 $x^2 + y^2 + z^2 = R^2$，则在球面上任一点

(x, y, z) 处，其指向球面外侧的单位法向量是 $\boldsymbol{n} = \dfrac{1}{R}(x\boldsymbol{i} + y\boldsymbol{j} + z\boldsymbol{k})$，于是电通量

$$\oiint\limits_{\Sigma} \boldsymbol{E} \cdot \boldsymbol{n}\,\mathrm{d}S = \oiint\limits_{\Sigma} \dfrac{q}{R^3}(x\boldsymbol{i} + y\boldsymbol{j} + z\boldsymbol{k}) \cdot \dfrac{1}{R}(x\boldsymbol{i} + y\boldsymbol{j} + z\boldsymbol{k})\,\mathrm{d}S$$

$$= \oiint\limits_{\Sigma} \dfrac{q}{R^2}\,\mathrm{d}S = \dfrac{q}{R^2}\oiint\limits_{\Sigma}\mathrm{d}S = \dfrac{q}{R^2} \cdot 4\pi R^2 = 4\pi q$$

（3）设 Σ 是包围原点的任意闭曲面，所以不能直接用高斯公式计算．作一个以原点为中心且完全包含于 Σ 内的小球面 Σ_1，其法向量的方向指向原点，记介于 Σ 和 Σ_1 之间的区域为 Ω．由高斯公式，得

$$\oiint\limits_{\Sigma \cup \Sigma_1} \boldsymbol{E} \cdot \boldsymbol{n}\,\mathrm{d}S = \iiint\limits_{\Omega} \mathrm{div}\boldsymbol{E}\,\mathrm{d}V = 0$$

于是，

$$\oiint\limits_{\Sigma} \boldsymbol{E} \cdot \boldsymbol{n}\,\mathrm{d}S = -\oiint\limits_{\Sigma_1} \boldsymbol{E} \cdot \boldsymbol{n}\,\mathrm{d}S = \oiint\limits_{\Sigma_1^+} \boldsymbol{E} \cdot \boldsymbol{n}\,\mathrm{d}S = 4\pi q$$

注意 Σ_1^+ 表示 Σ_1 的法向量指向小球面的外侧．

习题 12.6

A 组

利用高斯公式计算下列曲面积分：

（1）$\oiint\limits_{\Sigma} xy\mathrm{d}y\mathrm{d}z + yz\mathrm{d}z\mathrm{d}x + zx\mathrm{d}x\mathrm{d}y$，其中 Σ 是由 $z = x^2 + y^2$ 与 $z = 1$ 所围成的立体的表面的外侧；

（2）$\oiint\limits_{\Sigma} \sqrt{x^2 + y^2 + z^2}\,(x\mathrm{d}y\mathrm{d}z + y\mathrm{d}z\mathrm{d}x + z\mathrm{d}x\mathrm{d}y)$，其中 Σ 为球面 $x^2 + y^2 + z^2 = R^2$ 的外侧；

（3）$\oiint\limits_{\Sigma} 4xz\mathrm{d}y\mathrm{d}z - y^2\mathrm{d}z\mathrm{d}x + yz\mathrm{d}x\mathrm{d}y$，其中 Σ 是平面 $x = 0$，$y = 0$，$z = 0$，$x = 1$，$y = 1$，$z = 1$ 所围成的立体的全表面的外侧；

（4）$\iint\limits_{\Sigma} (x^2 - yz)\mathrm{d}y\mathrm{d}z + (y^2 - xz)\mathrm{d}z\mathrm{d}x + 2z\mathrm{d}x\mathrm{d}y$，其中 Σ 为锥面 $z = 1 - \sqrt{x^2 + y^2}$ 被平面 $z = 0$ 所截部分的上侧．

B 组

1. 利用高斯公式计算下列曲面积分：

（1）$\oiint\limits_{\Sigma} x^3\mathrm{d}y\mathrm{d}z + y^3\mathrm{d}z\mathrm{d}x + z^3\mathrm{d}x\mathrm{d}y$，其中 Σ 是球面 $x^2 + y^2 + z^2 = 1$ 的外侧；

（2）$\iint\limits_{\Sigma} xz\mathrm{d}y\mathrm{d}z + yz\mathrm{d}z\mathrm{d}x + x^2\mathrm{d}x\mathrm{d}y$，其中 Σ 为上半球面 $z = \sqrt{a^2 - x^2 - y^2}$ 的上侧．

2. 求下列向量 $\boldsymbol{A}$ 穿过曲面 Σ 流向指定侧的通量：

（1）$\boldsymbol{A} = (2x + 3z)\boldsymbol{i} - (xz + y)\boldsymbol{j} + (y^2 + 2z)\boldsymbol{k}$，$\Sigma$ 是球面 $(x - 3)^2 + (y - 1)^2 + (z - 2)^2 = 1$ 的

外侧；

（2）$A = x(y-z)\boldsymbol{i} + y(z-x)\boldsymbol{j} + z(x-y)\boldsymbol{k}$，$\Sigma$ 是椭球面 $\dfrac{x^2}{a^2} + \dfrac{y^2}{b^2} + \dfrac{z^2}{c^2} = 1$ 的外侧．

3. 求下列向量场 A 的散度：

（1）$A = (x^2 + yz)\boldsymbol{i} + (y^2 + xz)\boldsymbol{j} + (z^2 + yx)\boldsymbol{k}$

（2）$A = \mathrm{e}^{xy}\boldsymbol{i} + \cos(xy)\boldsymbol{j} + \cos(xz^2)\boldsymbol{k}$

12.7　斯托克斯公式　环流量与旋度

格林公式给出了平面闭曲线上的第二类曲线积分与其所围成的平面区域上的二重积分之间的关系．将它推广到空间情况，便是斯托克斯（Stokes）公式．斯托克斯公式揭示了第二类曲面积分与以该曲面边界曲线为闭路径的第二类曲线积分之间的关系，因此，可以把它看作是格林公式的推广．

本节介绍斯托克斯公式及其在向量场中的应用．

12.7.1　斯托克斯公式

设 Σ 是以分段光滑曲线 Γ 为其边界曲线的有向曲面，规定曲面 Σ 的正侧与其边界闭曲线的正向遵从右手规则，即当右手的四指依 Γ 的正方向绕行时，大拇指的指向就是 Σ 的正向．

定理 12.6　（**斯托克斯公式**）　设 Σ 为光滑的有向曲面，Σ 的正向边界 Γ 为分段光滑的闭曲线，函数 $P(x,y,z)$，$Q(x,y,z)$，$R(x,y,z)$ 在 Σ 上具有连续的一阶偏导数，则

$$\oint_{\Gamma} P\mathrm{d}x + Q\mathrm{d}y + R\mathrm{d}z = \iint_{\Sigma}\left(\frac{\partial R}{\partial y} - \frac{\partial Q}{\partial z}\right)\mathrm{d}y\mathrm{d}z + \left(\frac{\partial P}{\partial z} - \frac{\partial R}{\partial x}\right)\mathrm{d}z\mathrm{d}x + \left(\frac{\partial Q}{\partial x} - \frac{\partial P}{\partial y}\right)\mathrm{d}x\mathrm{d}y$$

由于该定理的证明比较复杂，我们将其略过，只通过例子学习它的应用．

为了便于记忆，可用行列式的形式将斯托克斯公式表示为

$$\oint_{\Gamma} P\mathrm{d}x + Q\mathrm{d}y + R\mathrm{d}z = \iint_{\Sigma}\begin{vmatrix} \mathrm{d}y\mathrm{d}z & \mathrm{d}z\mathrm{d}x & \mathrm{d}x\mathrm{d}y \\ \dfrac{\partial}{\partial x} & \dfrac{\partial}{\partial y} & \dfrac{\partial}{\partial z} \\ P & Q & R \end{vmatrix}$$

将三阶行列式按第一行展开便得到斯托克斯公式．

另外，根据第一类曲面积分与第二类曲面积分的关系，斯托克斯公式也可写成

$$\oint_{\Gamma} P\mathrm{d}x + Q\mathrm{d}y + R\mathrm{d}z$$

$$= \iint_{\Sigma}\left[\left(\frac{\partial R}{\partial y} - \frac{\partial Q}{\partial z}\right)\cos\alpha + \left(\frac{\partial P}{\partial z} - \frac{\partial R}{\partial x}\right)\cos\beta + \left(\frac{\partial Q}{\partial x} - \frac{\partial P}{\partial y}\right)\cos\gamma\right]\mathrm{d}S$$

$$= \iint_{\Sigma}\begin{vmatrix} \cos\alpha & \cos\beta & \cos\gamma \\ \dfrac{\partial}{\partial x} & \dfrac{\partial}{\partial y} & \dfrac{\partial}{\partial z} \\ P & Q & R \end{vmatrix}\mathrm{d}S$$

其中 $\boldsymbol{n} = (\cos\alpha, \cos\beta, \cos\gamma)$ 为有向曲面 Σ 的单位法向量，与 Γ 的方向遵从右手规则.

在斯托克斯公式中，当 Σ 为平面区域，Γ 为平面区域的边界曲线时，由于 $\mathrm{d}z = 0$，所以 $\mathrm{d}y\mathrm{d}z = \mathrm{d}z\mathrm{d}x = 0$，则斯托克斯公式即为格林公式的形式. 说明格林公式是斯托克斯公式的特例.

例 12.32　计算曲线积分 $\oint_{\Gamma}(y^2 - z^2)\mathrm{d}x + (z^2 - x^2)\mathrm{d}y + (x^2 - y^2)\mathrm{d}z$，其中 Γ 为平面 $x + y + z = 1$ 被三个坐标平面所截的三角形 Σ 的边界，其方向如图 12-28 所示.

斯托克斯

（Stokes，1819—1903）

英国数学家、物理学家

解　因为 Σ 位于平面 $x + y + z = 1$ 上，且其平面上任一点的三个法向量的方向余弦均为 $\dfrac{1}{\sqrt{3}}$，即 $\boldsymbol{n} = \left(\dfrac{1}{\sqrt{3}}, \dfrac{1}{\sqrt{3}}, \dfrac{1}{\sqrt{3}}\right)$. 由斯托克斯公式得

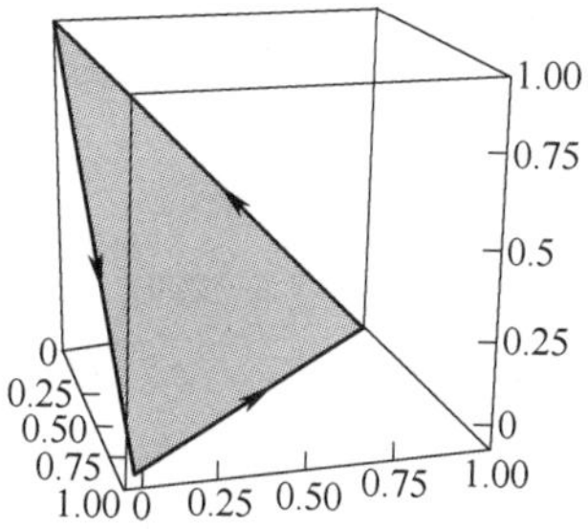

图　12-28

$$\oint_{\Gamma}(y^2 - z^2)\mathrm{d}x + (z^2 - x^2)\mathrm{d}y + (x^2 - y^2)\mathrm{d}z$$

$$= \iint_{\Sigma} \begin{vmatrix} \dfrac{1}{\sqrt{3}} & \dfrac{1}{\sqrt{3}} & \dfrac{1}{\sqrt{3}} \\ \dfrac{\partial}{\partial x} & \dfrac{\partial}{\partial y} & \dfrac{\partial}{\partial z} \\ y^2 - z^2 & z^2 - x^2 & x^2 - y^2 \end{vmatrix} \mathrm{d}S$$

$$= -\frac{4}{\sqrt{3}} \iint_{\Sigma}(x + y + z)\mathrm{d}S$$

$$= -\frac{4}{\sqrt{3}} \iint_{\Sigma} 1\mathrm{d}S$$

$$= -\frac{4}{\sqrt{3}} \iint_{D_{xy}} \sqrt{3}\,\mathrm{d}x\mathrm{d}y \quad (将 \Sigma 向 xOy 平面作投影)$$

$$= -4S_D = -4 \times \frac{1}{2} = -2$$

例 12.33　计算曲线积分 $I = \int_{\Gamma} (x^2 - yz)\mathrm{d}x + (y^2 - xz)\mathrm{d}y + (z^2 - xy)\mathrm{d}z$，

其中曲线 Γ 为螺旋线 $x = a\cos t$，$y = a\sin t$，$z = \dfrac{h}{2\pi}t$（$0 \leq t \leq 2\pi$）上自点 $A(a, 0, 0)$

到点 $B(a, 0, h)$ 的一段弧，如图 12-29 所示.

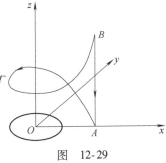

解　Γ 不是闭曲线，作辅助线使其与
Γ 构成封闭曲线，以期能够使用斯托克斯公式
计算. 作有向直线 $\overline{BA}$：$\begin{cases} x = a \\ y = 0 \end{cases}$，则 $\Gamma + \overline{BA}$ 构成
分段光滑的闭曲线，设以这条闭曲线为边界的
任意选取的一个光滑闭曲面为 Σ，其方向按右
手系规则. 于是，根据斯托克斯公式有

图　12-29

$$\oint_{\Gamma + \overline{BA}} (x^2 - yz)\mathrm{d}x + (y^2 - xz)\mathrm{d}y + (z^2 - xy)\mathrm{d}z$$

$$= \iint_{\Sigma} \begin{vmatrix} \mathrm{d}y\mathrm{d}z & \mathrm{d}z\mathrm{d}x & \mathrm{d}x\mathrm{d}y \\ \dfrac{\partial}{\partial x} & \dfrac{\partial}{\partial y} & \dfrac{\partial}{\partial z} \\ x^2 - yz & y^2 - xz & z^2 - xy \end{vmatrix}$$

$$= \iint_{\Sigma} 0\,\mathrm{d}y\mathrm{d}z + 0\,\mathrm{d}z\mathrm{d}x + 0\,\mathrm{d}x\mathrm{d}y$$

$$= 0$$

于是

$$I = \int_{\Gamma} (x^2 - yz)\mathrm{d}x + (y^2 - xz)\mathrm{d}y + (z^2 - xy)\mathrm{d}z$$

$$= -\int_{\overline{BA}} (x^2 - yz)\mathrm{d}x + (y^2 - xz)\mathrm{d}y + (z^2 - xy)\mathrm{d}z$$

$$= \int_{\overline{AB}} (x^2 - yz)\mathrm{d}x + (y^2 - xz)\mathrm{d}y + (z^2 - xy)\mathrm{d}z \quad (将直线方程代入)$$

$$= \int_0^h (z^2 - a \cdot 0)\mathrm{d}z$$

$$= \frac{1}{3}h^3$$

用斯托克斯公式计算曲线积分是将曲线 Γ 上的曲线积分转化为以 Γ 为边界

的曲面上的面积分. 而以 Γ 为边界的曲面不唯一, 一般应选择易于计算的曲面, 并同时注意根据所给的侧确定曲面的法方向.

12.7.2　环流量与旋度

在研究流体时, 经常要考虑流体是否有旋转及其强弱程度. 例如, 研究水流或气流时, 就需要研究是否有旋涡及漩涡的强度. 一般地, 我们引入向量场环流量及旋度的概念.

定义 12.7　设 $A(x,y,z) = P(x,y,z)\boldsymbol{i} + Q(x,y,z)\boldsymbol{j} + R(x,y,z)\boldsymbol{k}$ 为一向量场, 称场 A 沿有向闭曲线 Γ 的曲线积分

$$\oint_\Gamma P(x,y,z)\,\mathrm{d}x + Q(x,y,z)\,\mathrm{d}y + R(x,y,z)\,\mathrm{d}z = \oint_\Gamma \boldsymbol{A}\cdot\mathrm{d}\boldsymbol{s} = \oint_\Gamma \boldsymbol{A}\cdot\boldsymbol{\tau}\mathrm{d}s$$

为向量场 A 沿有向闭曲线 Γ 的**环流量**. 其中 $\boldsymbol{\tau} = (\cos\lambda, \cos\mu, \cos\nu)$ 为有向闭曲线 Γ 上点 $M(x,y,z)$ 处的单位切向量.

在不同的向量场中, 环流量有不同的物理意义. 例如, 在力场 $\boldsymbol{F}$ 中, 沿有向闭曲线 Γ 的环流量 $\oint_\Gamma \boldsymbol{F}\cdot\boldsymbol{\tau}\mathrm{d}s$ 表示质点沿曲线 Γ 绕行一周场力 $\boldsymbol{F}$ 所做的功; 在流速场 $\boldsymbol{v}$ 中, 环流量 $\oint_\Gamma \boldsymbol{v}\cdot\boldsymbol{\tau}\mathrm{d}s$ 表示单位时间内, 流速场 $\boldsymbol{v}$ 沿闭曲线 Γ 流动的流量.

设 Σ 是以有向闭曲线 Γ 为边界的有向曲面, Γ 与 Σ 的方向符合右手规则, 由斯托克斯公式知

$$\oint_\Gamma \boldsymbol{A}\cdot\boldsymbol{\tau}\mathrm{d}s = \iint_\Sigma \left(\frac{\partial R}{\partial y} - \frac{\partial Q}{\partial z}\right)\mathrm{d}y\mathrm{d}z + \left(\frac{\partial P}{\partial z} - \frac{\partial R}{\partial x}\right)\mathrm{d}z\mathrm{d}x + \left(\frac{\partial Q}{\partial x} - \frac{\partial P}{\partial y}\right)\mathrm{d}x\mathrm{d}y$$

等式右端的曲面积分可解释为向量 $\left(\dfrac{\partial R}{\partial y} - \dfrac{\partial Q}{\partial z}\right)\boldsymbol{i} + \left(\dfrac{\partial P}{\partial z} - \dfrac{\partial R}{\partial x}\right)\boldsymbol{j} + \left(\dfrac{\partial Q}{\partial x} - \dfrac{\partial P}{\partial y}\right)\boldsymbol{k}$ 穿过有向曲面 Σ 的通量.

定义 12.8　设向量场 $A(x,y,z) = P(x,y,z)\boldsymbol{i} + Q(x,y,z)\boldsymbol{j} + R(x,y,z)\boldsymbol{k}$ 的三个分量函数 P, Q, R 具有一阶连续的偏导数, 称向量

$$\left(\frac{\partial R}{\partial y} - \frac{\partial Q}{\partial z}, \frac{\partial P}{\partial z} - \frac{\partial R}{\partial x}, \frac{\partial Q}{\partial x} - \frac{\partial P}{\partial y}\right)$$

为向量场 A 的旋度. 记作 **rot$A$**.

即　　**rot$A$** $= \left(\dfrac{\partial R}{\partial y} - \dfrac{\partial Q}{\partial z}, \dfrac{\partial P}{\partial z} - \dfrac{\partial R}{\partial x}, \dfrac{\partial Q}{\partial x} - \dfrac{\partial P}{\partial y}\right) = \begin{vmatrix} \boldsymbol{i} & \boldsymbol{j} & \boldsymbol{k} \\ \dfrac{\partial}{\partial x} & \dfrac{\partial}{\partial y} & \dfrac{\partial}{\partial z} \\ P & Q & R \end{vmatrix}$

利用哈密尔顿算子, 旋度可表示为

$$\mathbf{rot}A \ = \ \nabla \times A$$

其中 $\nabla = \dfrac{\partial}{\partial x}\boldsymbol{i} + \dfrac{\partial}{\partial y}\boldsymbol{j} + \dfrac{\partial}{\partial z}\boldsymbol{k}$.

为了理解"旋度"一词，我们从力学的角度来解释.

设有一刚体绕过原点的轴 l 旋转，角速度 $\boldsymbol{\omega} = (a,b,c)$，由运动学知，刚体上任意点 P 处的线速度为 $\boldsymbol{v} = \boldsymbol{\omega} \times \boldsymbol{r}$，其中向径 $\boldsymbol{r} = \overrightarrow{OP} = x\boldsymbol{i} + y\boldsymbol{j} + z\boldsymbol{k}$，即

$$\boldsymbol{v} = \boldsymbol{\omega} \times \boldsymbol{r} = \begin{vmatrix} \boldsymbol{i} & \boldsymbol{j} & \boldsymbol{k} \\ a & b & c \\ x & y & z \end{vmatrix} = (bz - cy)\boldsymbol{i} + (cx - az)\boldsymbol{j} + (ay - bx)\boldsymbol{k}$$

于是，刚体旋转时在刚体上形成的线速度场在点 P 处的旋度为

$$\mathbf{rot}\,\boldsymbol{v} = \begin{vmatrix} \boldsymbol{i} & \boldsymbol{j} & \boldsymbol{k} \\ \dfrac{\partial}{\partial x} & \dfrac{\partial}{\partial y} & \dfrac{\partial}{\partial z} \\ bz - cy & cx - az & ay - bx \end{vmatrix}$$

$$= 2(a\boldsymbol{i} + b\boldsymbol{j} + c\boldsymbol{k}) = 2\boldsymbol{\omega}$$

即在刚体旋转的线速度场中，任何点 P 处的旋度恰好等于刚体旋转的角速度的两倍. 因而当角速度较大时，旋度也大，刚体旋转得越快，当角速度为零时，旋度等于零，刚体不再旋转. 所以旋度的大小，可以表示刚体旋转的快慢.

建立了旋度的概念后，斯托克斯公式又可写成

$$\oint_{\Gamma} A \cdot \boldsymbol{\tau}\mathrm{d}s = \iint_{\Sigma} \mathbf{rot}A \cdot \boldsymbol{n}\mathrm{d}S$$

其中 $\boldsymbol{n}$ 表示曲面 Σ 上任意点的单位法向量.

于是斯托克斯公式的物理意义是：**向量场 A 沿有向闭曲线 Γ 的环流量等于向量场的旋度 $\mathbf{rot}A$ 通过该曲线所张的曲面 Σ 的通量**.

当 $\mathbf{rot}A = 0$ 时，由斯托克斯公式知，沿任何闭曲线的环流量等于零. 这说明向量场的第二类曲线积分只与路径的端点有关，而与路径的几何形状无关.

一般地，称旋度为零的向量场为**无旋场**；称积分与路径无关的向量场为**保守场**.

习题 12.7

A 组

1. 利用斯托克斯公式计算下列曲线积分：

(1) $\oint_{\Gamma} y\mathrm{d}x + z\mathrm{d}y + x\mathrm{d}z$，其中 Γ 为圆周 $\begin{cases} x^2 + y^2 + z^2 = a^2 \\ x + y + z = 0 \end{cases}$，并且从 z 轴的正向看，该圆周是逆时针方向.

(2) $\oint_\Gamma (y-z)\mathrm{d}x + (z-x)\mathrm{d}y + (x-y)\mathrm{d}z$，其中 Γ 为椭圆 $\begin{cases} x^2+y^2 = a^2 \\ bx+az = ab \end{cases}$，$a>0$，$b>0$，顺 x 轴的正向看沿逆时针方向.

(3) $\oint_\Gamma y^2\mathrm{d}x + z^2\mathrm{d}y + x^2\mathrm{d}z$，其中 Γ 是曲线 $\begin{cases} x^2+y^2+z^2 = a^2 \\ x^2+y^2 = ax \ (z\geqslant 0, \ a>0) \end{cases}$，从 x 轴的正向看，曲线取逆时针方向.

(4) $\oint_\Gamma 2y\mathrm{d}x + 3x\mathrm{d}y - z^2\mathrm{d}z$，其中 Γ 为圆周 $\begin{cases} x^2+y^2+z^2 = 9 \\ z=0 \end{cases}$，并从 z 轴的正向看，该圆周是逆时针方向.

2. 求下列向量场的旋度

(1) $\boldsymbol{A} = 3xy\boldsymbol{i} + \mathrm{e}^z\cos y\boldsymbol{j} + (x^2+y^2+z^2)\boldsymbol{k}$

(2) $\boldsymbol{A} = P(x)\boldsymbol{i} + Q(y)\boldsymbol{j} + R(z)\boldsymbol{k}$

3. 计算曲面积分 $\iint\limits_\Sigma \mathbf{rot}\,\boldsymbol{A}\cdot\boldsymbol{n}\mathrm{d}S$，其中 $\boldsymbol{A} = (x-z, x^3+yz, -3xy^2)$，$\Sigma$ 为上半球面 $z = \sqrt{4-x^2-y^2}$，$\boldsymbol{n}$ 为 Σ 上指向上侧的单位法向量.

4. 设 $u = u(x, y, z)$ 具有二阶连续偏导数，求 $\mathbf{rot}(\mathbf{grad}u)$

B 组

1. 设 $\boldsymbol{A} = -y\boldsymbol{i} + x\boldsymbol{j} + c\boldsymbol{k}$（$c$ 为常数），Γ 为圆周 $x^2+y^2 = 1$，$z=0$ 取逆时针方向，求向量 $\boldsymbol{A}$ 沿闭曲线 Γ 的环流量.

2. 证明：$\mathbf{rot}(\boldsymbol{a}+\boldsymbol{b}) = \mathbf{rot}\boldsymbol{a} + \mathbf{rot}\boldsymbol{b}$.

综合习题 12

A 组

1. 计算下列各题：

(1) 设 L 为曲线 $|x|+|y| = 1$，求 $\oint_L \dfrac{\mathrm{d}S}{|x|+|y|}$.

(2) 设 L 为曲线 $x^2+y^2 = 16$，求 $\oint_L \sqrt{x^2+y^2}\mathrm{d}S$.

(3) 设 $I = \int_{\overset{\frown}{AB}} (2x\cos y + y\sin x)\mathrm{d}x - (x^2\sin y + \cos x)\mathrm{d}y$，其中 $\overset{\frown}{AB}$ 为第一象限圆弧 $x^2+y^2 = 1$ 自点 $A(1,0)$ 到 $B(0,1)$，求 I 的值.

(4) 设 Σ：$x^2+y^2+z^2 = a^2$，求 $\iint\limits_\Sigma (x^2+y^2+z^2)\mathrm{d}S$.

(5) 设 Σ：$x^2+y^2+z^2 = a^2$，求 $\iint\limits_\Sigma x^2\mathrm{d}y\mathrm{d}z$.

(6) 求向量场 $\boldsymbol{F} = \{\sin x, \cos x, z^2y\}$ 在点 $M(0, 2, 3)$ 处的散度 $\mathrm{div}\boldsymbol{F}(M)$.

2. 计算下列各题：

(1) 设 L 是椭圆周 $\dfrac{x^2}{4} + y^2 = 1$ 顺时针方向的曲线，$f(x, y)$ 在 L 内具有二阶连续偏导

数，求

$$\oint_L [-3y + f_x(x,y)] dx + f_y(x,y) dy.$$

(2) 设 Σ 是半球面 $x^2 + y^2 + z^2 = R^2 (y \geq 0)$，求 $\iint\limits_{\Sigma} z dS$.

(3) 设 Σ 是半球面 $x^2 + y^2 + z^2 = R^2 (y \geq 0)$ 的外侧，求 $\iint\limits_{\Sigma} z dx dy$.

(4) 设 $f(x)$ 可导，$\overset{\frown}{AB}$ 为光滑曲线，若曲线积分 $I = \int_{\overset{\frown}{AB}} f(x)(y dx - x dy)$ 与路径无关，求 $f(x)$ 应满足的关系式.

(5) 若 $du = (x^4 + 4xy^3) dx + (6x^2 y^2 - 5y^4) dy$，求 $u(x,y)$.

(6) 若 L 是圆周 $\begin{cases} x^2 + y^2 + z^2 = a^2 \\ x + y + z = 0 \end{cases}$ $(a > 0)$，求 $\oint_L xy dS$.

(7) 设 Σ 为锥面 $y^2 = x^2 + z^2 (0 \leq y \leq h)$ 的外侧，求

$$\iint\limits_{\Sigma} (y - z) dy dz + (z - x) dz dx + (x - y) dx dy.$$

(8) 设 Σ 为曲面 $x^2 + \dfrac{y^2}{4} + \dfrac{z^2}{9} = 1$，其面积为 A，求 $\iint\limits_{\Sigma} (xz + 36x^2 + 9y^2 + 4z^2) dS$.

3. 计算以下各题：

(1) $I = \int_L \dfrac{-y}{x^2 + y^2} dx + \dfrac{x}{x^2 + y^2} dy$，其中 L 是自 $A(-1,0)$ 沿 $y = x^2 - 1$ 至点 $B(2,3)$ 的弧.

(2) $\iint\limits_{\Sigma} \dfrac{ax dy dz + (a + z)^2 dx dy}{(x^2 + y^2 + z^2)^{1/2}}$，其中 Σ 为下半球面 $z = -\sqrt{a^2 - x^2 - y^2}$ $(a > 0)$ 的上侧.

(3) $I = \oint_L (2xy + 3x^2 + 4y^2) dS$，其中 L 为椭圆 $\dfrac{x^2}{4} + \dfrac{y^2}{3} = 1$，周长为 a.

(4) 设函数 $f(x)$ 使得积分 $I = \int_L [e^x + f(x)] y dx - f(x) dy$ 与路径无关，且 $f(0) = -\dfrac{1}{2}$，试确定函数 $f(x)$. 当 L 是自 $A(0,0)$ 沿任意曲线至点 $B(2,3)$ 的弧时，求 I 的值.

(5) $\iint\limits_{\Sigma} x^2 dy dz + y^2 dx dz + z^2 dx dy$，其中 Σ 为抛物面 $z = x^2 + y^2$ 被 $z = 4$ 所截下的有限部分的下侧.

4. 在过原点 $(0,0)$ 和点 $A(\pi,0)$ 的曲线族 $y = a \sin x (a > 0)$ 中，求一条曲线 L，使沿该曲线从原点和点的积分 $\int_L (1 + y^3) dx + (2x + y) dy$ 的值最小.

5. 求向量 $A = yz\boldsymbol{i} + xz\boldsymbol{j} + x^2 y^2 \boldsymbol{k}$ 穿过圆柱 $x^2 + y^2 \leq a^2 (0 \leq z \leq h)$ 的侧表面的流量.

6. 设 D 为 $y = x$，$y = 4x$，$xy = 1$ 及 $xy = 4$ 所围成的区域，L 是 D 的边界曲线，F 是一元可微函数，$f = F'$，证明：$\oint_L \dfrac{F(xy)}{y} dy = \ln 2 \int_1^4 f(v) dv$.

7. 设在半平面 $x > 0$ 内，存在力场 $\boldsymbol{F} = -\dfrac{k}{r^3}(x\boldsymbol{i} + y\boldsymbol{j})$，其中 k 为常数，$r = \sqrt{x^2 + y^2}$. 证明：在此力场中，场力所做的功与所经过的路径无关.

B 组

1. 求密度为 1 的均匀圆柱体 Ω：$x^2 + y^2 \leqslant a^2$（$|z| \leqslant h$）对直线 L：$x = y = z$ 的转动惯量。

2. 在变力 $\boldsymbol{F} = yz\boldsymbol{i} + xz\boldsymbol{j} + zy\boldsymbol{k}$ 的作用下，一质点由原点沿直线运动到椭球面 $\dfrac{x^2}{a^2} + \dfrac{y^2}{b^2} + \dfrac{z^2}{c^2} = 1$ 上第一卦限的点 (ξ, η, ζ)，则当 ξ，η，ζ 取何值时，力 $\boldsymbol{F}$ 做的功最大，并求出最大值.

3. 函数 $u = u(x, y, z)$ 在某一区域内具有直到二阶的连续偏导数，若

$$\Delta u = \frac{\partial^2 u}{\partial^2 x} + \frac{\partial^2 u}{\partial^2 y} + \frac{\partial^2 u}{\partial^2 z} = 0,$$ 则称 $u(x, y, z)$ 为该区域内的调和函数. 证明：若 $u(x, y, z)$ 是光滑曲面 Σ 所包围的有界闭区域 Ω 的调和函数，则下列公式成立：

（1）$\displaystyle\oiint_{\Sigma} \frac{\partial u}{\partial \boldsymbol{n}} \mathrm{d}S = 0$；

（2）$\displaystyle\iiint_{\Omega} \left[\left(\frac{\partial u}{\partial x} \right)^2 + \left(\frac{\partial u}{\partial y} \right)^2 + \left(\frac{\partial u}{\partial z} \right)^2 \right] \mathrm{d}V = \oiint_{\Sigma} u \frac{\partial u}{\partial \boldsymbol{n}} \mathrm{d}S.$

其中 $\dfrac{\partial u}{\partial \boldsymbol{n}}$ 为沿曲面 Σ 的外法线的方向导数.

4. （1）设函数 $u = u(x, y, z)$ 具有二阶连续偏导数，求 $\mathbf{rot}(\mathbf{grad}u)$；

（2）设向量场为 $\boldsymbol{A} = P(x, y, z)\boldsymbol{i} + Q(x, y, z)\boldsymbol{j} + R(x, y, z)\boldsymbol{k}$，且 P, Q, R 具有二阶连续偏导数，求 $\mathrm{div}\ (\mathbf{rot}A)$.

5. 设函数 $u(x, y)$ 和 $v(x, y)$ 在闭区域 D：$x^2 + y^2 \leqslant 1$ 上有一阶连续偏导数，又 $f(x, y) = v(x, y)\boldsymbol{i} + u(x, y)\boldsymbol{j}$，$\boldsymbol{g}(x, y) = \left(\dfrac{\partial u}{\partial x} - \dfrac{\partial u}{\partial y} \right)\boldsymbol{i} + \left(\dfrac{\partial v}{\partial x} - \dfrac{\partial v}{\partial y} \right)\boldsymbol{j}$，且在 D 的边界上有 $u(x, y) \equiv 1$，$v(x, y) \equiv y$，求 $\displaystyle\iint_{D} \boldsymbol{f} \cdot \boldsymbol{g}\mathrm{d}\sigma.$

附录　研究与参考

1. 关于常微分方程的注记

一般教科书或者辅导读物更多地讲解微分方程的解题技巧，而很少注意求解微分方程过程中的一些理论问题，比如微分方程的解的存在唯一性问题、求解的区间和奇解问题等．其实这些重要问题是学生们经常关心的问题．

以下通过例子解释一些学生们曾经遇到并且关心的问题．

（1）可分离变量微分方程的特解与求解区间

可分离变量的一阶微分方程是最简单的微分方程之一，在求解齐次微分方程和一阶线性微分方程中都要用到．因此，下面的讨论对这几种微分方程都适用．

可分离变量的一阶微分方程的标准形式为

$$\frac{\mathrm{d}y}{\mathrm{d}x} = \varphi(x) \cdot \psi(y) \tag{A-1}$$

如果 $\psi(y) = 0$ 有零点 $y = y_0$，即 $\psi(y_0) = 0$，则可直接验证常数函数 $y(x) \equiv y_0$ 是方程（A-1）的一个特解．这样的特解往往容易被忽视．

例 1　求微分方程 $y' = 2x\cos^2 y$ 的所有解．

解　容易验证 $y = k\pi + \dfrac{\pi}{2}$（$k$ 为整数）都是方程的解．

当 $\cos^2 y \neq 0$ 时，分离变量并积分，得方程通解

$$\tan y = x^2 + C \quad （C \text{ 为任意常数}）$$

需要注意的是，在例 1 中，通解中的任意常数 C 取 $(-\infty, +\infty)$ 中的任何值都得不出特解 $y = k\pi + \dfrac{\pi}{2}$．也就是说，特解 $y = k\pi + \dfrac{\pi}{2}$ 不包含在通解 $\tan y = x^2 + C$ 中．

微分方程不包含在通解中的解称为方程的**奇（异）解**．

另外，用分离变量法求解方程（A-1）时，需要求 $\varphi(x)$ 的原函数．而为了保证 $\varphi(x)$ 的原函数存在，通常把我们的讨论限制在 $\varphi(x)$ 的连续区间，即求解区间上．下面我们考察具体的例子．

例2 解方程 $y' = \dfrac{xy}{1-x^2}$.

解 显然，$y=0$ 是方程的一个特解.

当 $1-x^2 \neq 0$ 时，方程化为

$$\frac{\mathrm{d}y}{y} = \frac{x}{1-x^2}\mathrm{d}x$$

两边积分，得

$$\ln|y| = -\frac{1}{2}\ln|1-x^2| + C_1$$

整理，得通解

$$y = \frac{\pm\,\mathrm{e}^{C_1}}{\sqrt{|1-x^2|}}$$

考虑到有特解 $y=0$，方程通解为

$$y = \frac{C}{\sqrt{1-x^2}} \quad (C\text{ 为任意常数})$$

微分方程的系数 $\dfrac{x}{1-x^2}$ 在三个区间 $(-\infty,-1)$，$(-1,1)$ 和 $(1,+\infty)$ 上分别连续，所以这个方程分别在这三个区间上存在解.

请读者注意，微分方程 $y' = \dfrac{xy}{1-x^2}$ 在这三个区间上的解是不同的. 具体地说，当 $x \in (-1,1)$ 时，微分方程 $y' = \dfrac{xy}{1-x^2}$ 的通解为

$$y = \frac{C}{\sqrt{1-x^2}} \quad (C\text{ 为任意常数})$$

当 $x \in (-\infty,-1)$ 或 $x \in (1,+\infty)$ 时，微分方程 $y' = \dfrac{xy}{1-x^2}$ 的通解为

$$y = \frac{C}{\sqrt{x^2-1}} \quad (C\text{ 为任意常数})$$

类似的问题在微分方程的初值问题中表现尤为明显. 例如，如果方程 $y' = \dfrac{xy}{1-x^2}$ 的初值条件是 $y(0)=1$，就意味着我们要在区间 $(-1,1)$ 求解，特解为

$$y = \frac{1}{\sqrt{1-x^2}}, \; x \in (-1,1)$$

如果方程 $y' = \dfrac{xy}{1-x^2}$ 的初值条件是 $y(\sqrt{2}) = 1$，就意味着我们要在区间 $(1, +\infty)$ 求解，特解为

$$y = \frac{1}{\sqrt{x^2 - 1}}, \ x \in (1, +\infty)$$

（2）高阶线性微分方程的通解

我们讨论形如

$$y^{(n)} + a_1(x)y^{(n-1)} + \cdots + a_{n-1}(x)y' + a_n(x)y = 0 \qquad (A\text{-}2)$$

的 n 阶齐次线性微分方程. 我们不加证明地给出方程（A-2）的解的存在唯一性定理，并以此为基础研究方程（A-2）的通解.

定理 1　（解的存在唯一性定理）　设方程（A-2）中的系数 $a_k(x)(k = 1,2,\cdots,n)$ 在区间 I 上连续，$x_0 \in I$，则对于任意一组给定的实数 $c_0, c_1, \cdots, c_n$，方程（A-2）都在区间 I 上存在唯一一个满足初始条件

$$y(x_0) = c_0, y'(x_0) = c_1, \cdots, y^{(n-1)}(x_0) = c_n$$

的解 $y(x)$.

下面，我们讨论方程（A-2）通解.

设方程（A-2）中的系数 $a_k(x)(k=1,2,\cdots,n)$ 在区间 I 上连续，$x_0 \in I$. 由定理 1，方程（A-2）一定存在这样一组解 $y_1(x), y_2(x), \cdots, y_n(x)$，满足

$$\begin{pmatrix} y_1(x_0) & y_1'(x_0) & \cdots & y_1^{(n-1)}(x_0) \\ y_2(x_0) & y_2'(x_0) & \cdots & y_2^{(n-1)}(x_0) \\ \vdots & \vdots & & \vdots \\ y_n(x_0) & y_n'(x_0) & \cdots & y_n^{(n-1)}(x_0) \end{pmatrix} = \begin{pmatrix} 1 & 0 & \cdots & 0 \\ 0 & 1 & \cdots & 0 \\ \vdots & \vdots & & \vdots \\ 0 & 0 & \cdots & 1 \end{pmatrix} \qquad (A\text{-}3)$$

即，右端矩阵为 n 阶单位矩阵.

定理 2　设方程（A-2）中的系数 $a_k(x)(k=1,2,\cdots,n)$ 在区间 I 上连续，$x_0 \in I$，$y_1(x), y_2(x), \cdots, y_n(x)$ 是方程（A-2）满足式（A-3）的一组解，则

（1）$y_1(x), y_2(x), \cdots, y_n(x)$ 线性无关；

（2）$y(x) = C_1 y_1(x) + C_2 y_2(x) + \cdots + C_n y_n(x)$（其中 $C_0, C_1, \cdots, C_n$ 为任意常数,）是方程（A-2）的全部解.

证明　（1）设

$$k_1 y_1(x) + k_2 y_2(x) + \cdots + k_n y_n(x) = 0 \qquad (A\text{-}4)$$

对式（A-4）两端求 0 到 $n-1$ 阶导数，得

$$\begin{cases} k_1 y_1(x) + k_2 y_2(x) + \cdots + k_n y_n(x) = 0 \\ k_1 y_1'(x) + k_2 y_2'(x) + \cdots + k_n y_n'(x) = 0 \\ \quad\vdots \\ k_1 y_1^{(n-1)}(x) + k_2 y_2^{(n-1)}(x) + \cdots + k_n y_n^{(n-1)}(x) = 0 \end{cases} \quad \text{(A-5)}$$

在式（A-5）中令 $x = x_0$，得

$$k_1 = k_2 = \cdots = k_n = 0$$

所以，$y_1(x), y_2(x), \cdots, y_n(x)$ 线性无关.

（2）首先，由线性微分方程解的叠加原理，$y(x) = C_1 y_1(x) + C_2 y_2(x) + \cdots + C_n y_n(x)$，（$C_0, C_1, \cdots, C_n$ 为任意常数）是方程（A-2）的解.

其次，设 $y(x)$ 是方程（A-2）的任意一个解，我们证明 $y(x)$ 可以由 $y_1(x), y_2(x), \cdots, y_n(x)$ 线性表示.

令

$$Y(x) = y(x_0) y_1(x) + y'(x_0) y_2(x) + \cdots + y^{(n-1)}(x_0) y_n(x)$$

则由线性微分方程解的叠加原理，$Y(x)$ 是方程（A-2）的解.

注意到由式（A-3），有

$$y(x_0) = Y(x_0), \quad y'(x_0) = Y'(x_0), \quad \cdots, \quad y^{(n-1)}(x_0) = Y^{(n-1)}(x_0)$$

这就是说，解 $Y(x)$ 和 $y(x)$ 满足同样的初值条件. 于是，根据解的唯一性（定理 1）推出 $y(x) = Y(x)$.

定理 2 说明，**线性微分方程的所有解都可以用其通解表示**.

2. 关于多元函数极值的充分条件

一般的教科书都用二元函数泰勒公式来证明二元函数极值的充分条件，而且大多用二次型正定性，需要做较多的准备，整体阅读比较难. 我们介绍另外一种证明方法，本质上只用一元函数的一阶泰勒公式.

定理 （极值存在的充分条件） 设函数 $z = f(x,y)$ 在点 $P_0(x_0, y_0)$ 的某邻域内有一阶及二阶连续偏导数，且 $f_x'(x_0, y_0) = f_y'(x_0, y_0) = 0$. 令 $f_{xx}''(x_0, y_0) = A$，$f_{xy}''(x_0, y_0) = B$，$f_{yy}''(x_0, y_0) = C$，则

（1）当 $AC - B^2 > 0$ 时，$f(x_0, y_0)$ 是函数 $z = f(x,y)$ 的极值，其中当 $A < 0$ 时 $f(x_0, y_0)$ 为极大值，当 $A > 0$ 时 $f(x_0, y_0)$ 为极小值；

（2）当 $AC - B^2 < 0$ 时，$f(x_0, y_0)$ 不是极值.

在对于这个定理进行严格证明之前，首先运用一元函数微分学知识对二元函数极值问题做简要讨论.

为讨论方便，令

$$\begin{cases} x = x_0 + r\cos\theta \\ y = y_0 + r\sin\theta \end{cases} \quad (0 \leqslant \theta \leqslant 2\pi)$$

$$h(r,\theta) = f(x_0 + r\cos\theta, y_0 + r\sin\theta)$$

为了证明 $f(x_0, y_0)$ 是函数 $z = f(x, y)$ 的极小值，只需要证明存在正数 δ，当 $0 < r < \delta$，$\theta \in [0, 2\pi]$ 时，恒有 $h(r,\theta) - h(0,\theta) > 0$.

同样，为了证明 $f(x_0, y_0)$ 是函数 $z = f(x, y)$ 的极大值，只需要证明存在正数 δ，当 $0 < r < \delta$，$\theta \in [0, 2\pi]$ 时，恒有 $h(r,\theta) - h(0,\theta) < 0$.

暂时任意固定 $\theta \in [0, 2\pi]$，将 $h(r,\theta)$ 看作关于变量 r 的一元函数 $(0 \leqslant r < \delta)$.

由一元函数的一阶泰勒公式得到

$$h(r,\theta) = h(0,\theta) + h'_r(0,\theta)r + \frac{1}{2}h''_{r^2}(tr,\theta)r^2$$

其中实数 t 满足 $0 < t < 1$，而且一般和 θ 有关，不妨记之为 t_θ. 上式改写为

$$h(r,\theta) = h(0,\theta) + h'_r(0,\theta)r + \frac{1}{2}h''_{r^2}(t_\theta r,\theta)r^2 \qquad (\text{A-6})$$

式（A-6）中的 $h(r,\theta)$ 关于 r 的一、二阶导数可以运用二元函数的复合微分法求得，其中

$$h'_r(r,\theta) = f'_x(x_0 + r\cos\theta, y_0 + r\sin\theta)\cos\theta + f'_y(x_0 + r\cos\theta, y_0 + r\sin\theta)\sin\theta$$

特别地，有

$$h'_r(0,\theta) = f'_x(x_0, y_0)\cos\theta + f'_y(x_0, y_0)\sin\theta \qquad (\text{A-7})$$

$$h''_{r^2}(r,\theta) = f''_{x^2}(x_0 + r\cos\theta, y_0 + r\sin\theta)\cos^2\theta + 2f''_{xy}(x_0 + r\cos\theta, y_0 + r\sin\theta) \cdot$$
$$\cos\theta\sin\theta + f''_{y^2}(x_0 + r\cos\theta, y_0 + r\sin\theta)\sin^2\theta \qquad (\text{A-8})$$

特别地，有

$$h''_{r^2}(0,\theta) = A\cos^2\theta + 2B\cos\theta\sin\theta + C\sin^2\theta \qquad (\text{A-9})$$

因为 $P(x_0, y_0)$ 是函数 $f(x, y)$ 的驻点，即 $f'_x(x_0, y_0) = f'_y(x_0, y_0) = 0$，所以由式（A-7）得到 $h'_r(0,\theta) = 0$. 于是，式（A-6）变成

$$h(r,\theta) - h(0,\theta) = \frac{1}{2}h''_{r^2}(t_\theta r,\theta)r^2 \qquad (0 < t_\theta < 1) \qquad (\text{A-10})$$

式（A-10）左端实际上就是 $f(x, y) - f(x_0, y_0)$，而 $f(x_0, y_0)$ 是否是 $z = f(x, y)$ 的极值取决于式（A-10）右端的符号，也就是 $h''_{r^2}(t_\theta r,\theta)$ 的符号. 为此，我们先对式（A-10）做一些细致地分析，并沿用前面的记号.

下面的引理是显而易见的.

引理　设函数 $z = f(x, y)$ 在点 $P_0(x_0, y_0)$ 的某邻域内有二阶连续偏导数，且 $f''_{xx}(x_0, y_0) = A$，$f''_{xy}(x_0, y_0) = B$，$f''_{yy}(x_0, y_0) = C$，则对任意给定的 $\varepsilon > 0$，都存在 $\delta > 0$，当 $0 \leqslant r < \delta$ 时，对所有的 $\theta \in [0, 2\pi]$，都有

$$|h''_{r^2}(r,\theta) - h''_{r^2}(0,\theta)| < \varepsilon$$

推论 1　条件同定理. 若 $h''_{r^2}(0,\theta) > 0$，$0 \leqslant \theta \leqslant 2\pi$，则 $f(x_0,y_0)$ 为 $z = f(x,y)$ 的极小值.

证明　容易看到 $h''_{r^2}(0,\theta)$ 在 $0 \leqslant \theta \leqslant 2\pi$ 连续. 令 c 为 $h''_{r^2}(0,\theta)$ 在 $0 \leqslant \theta \leqslant 2\pi$ 上的最小值，则 $c > 0$. 取 $\varepsilon = \dfrac{c}{2}$，由引理，存在 $\delta > 0$，当 $0 < r < \delta$ 时，有

$$|h''_{r^2}(r,\theta) - h''_{r^2}(0,\theta)| < \frac{c}{2}$$

因为在式（A-10）中 $0 < t_\theta < 1$，所以 $0 < t_\theta r < r < \delta$. 所以

$$h(r,\theta) - h(0,\theta) = \frac{1}{2}h''_{r^2}(t_\theta r,\theta)r^2 > \frac{1}{2}r^2\left[h''_{r^2}(0,\theta) - \frac{c}{2}\right] \geqslant \frac{1}{2}r^2\left(c - \frac{c}{2}\right) > 0$$

即存在 $\delta > 0$，当 $0 < r < \delta$ 时，有

$$f(x,y) - f(x_0,y_0) > 0$$

所以，$f(x_0,y_0)$ 为 $z = f(x,y)$ 的极小值.

推论 2　条件同定理. 若 $h''_{r^2}(0,\theta) < 0$，$0 \leqslant \theta \leqslant 2\pi$，则 $f(x_0,y_0)$ 为 $z = f(x,y)$ 的极大值.

证明　令 c 为 $h''_{r^2}(0,\theta)$ 在 $0 \leqslant \theta \leqslant 2\pi$ 上的最大值，则 $c < 0$. 取 $\varepsilon = -\dfrac{c}{2}$，证明的其余部分与推论 1 完全类似.

基于上述讨论，我们对于上面的定理（二元函数极值充分条件）给出严格证明.

定理的证明

（1）$AC - B^2 > 0$ 的情况. 此时有 $A \neq 0$. 我们有

$$h''_{r^2}(0,\theta) = \frac{1}{A}\left[(A\cos\theta + B\sin\theta)^2 + (AC - B^2)\sin^2\theta\right]$$

注意到

$$(A\cos\theta + B\sin\theta)^2 + (AC - B^2)\sin^2\theta > 0 \quad (0 \leqslant \theta \leqslant 2\pi)$$

当 $A < 0$ 时，有 $h''_{r^2}(0,\theta) < 0$，$0 \leqslant \theta \leqslant 2\pi$，由推论 2，$f(x_0,y_0)$ 为 $z = f(x,y)$ 的极大值；当 $A > 0$ 时，有 $h''_{r^2}(0,\theta) > 0$，$0 \leqslant \theta \leqslant 2\pi$，由推论 1，$f(x_0,y_0)$ 为 $z = f(x,y)$ 的极小值.

（2）$AC - B^2 < 0$ 的情况，其中又可以分成两种情形考虑.

①当 $A = C = 0$，$B \neq 0$ 时，$h''_{r^2}(0,\theta) = 2B\cos\theta\sin\theta = B\sin2\theta$. 我们有 $h''_{r^2}\left(0,\dfrac{\pi}{4}\right) = B$，

$h''_{r2}\left(0,\dfrac{3\pi}{4}\right)=-B$. 当 $B>0$ 时，由引理，$f(x_0,y_0)$ 是 $f\left(x_0+r\cos\dfrac{\pi}{4},y_0+r\sin\dfrac{\pi}{4}\right)$ 的极小值，也是 $f\left(x_0+r\cos\dfrac{3\pi}{4},y_0+r\sin\dfrac{3\pi}{4}\right)$ 的极大值，所以 $f(x_0,y_0)$ 不是 $z=f(x,y)$ 的极值. 类似地，当 $B<0$ 时，$f(x_0,y_0)$ 也不是 $z=f(x,y)$ 的极值.

　　②当 A 和 C 不全为零时，不妨设 $A\neq0$，有

$$h''_{r2}(0,\theta)=\frac{1}{A}\left[(A\cos\theta+B\sin\theta)^2+(AC-B^2)\sin^2\theta\right]$$

取 θ_0 满足 $A\cos\theta_0+B\sin\theta_0=0$，则 $h''_{r2}(0,\theta_0)=\dfrac{1}{A}(AC-B^2)\sin^2\theta_0$ 与 $h''_{r2}(0,0)=A$ 异号，类似①的讨论，$f(x_0,y_0)$ 不是 $z=f(x,y)$ 的极值. 定理证毕.

　　如果使用线性代数中的二次型的方法，则上述定理的证明可以更简洁，而且证明方法更具有一般性.

　　事实上，我们有

$$h''_{r2}(0,\theta)=A\cos^2\theta+2B\cos\theta\sin\theta+C\sin^2\theta$$

$$=(\cos\theta\quad\sin\theta)\begin{pmatrix}A&B\\B&C\end{pmatrix}\begin{pmatrix}\cos\theta\\\sin\theta\end{pmatrix}$$

因此，

　　（1）当 $\begin{pmatrix}A&B\\B&C\end{pmatrix}$ 为正定矩阵，即 $A>0$ 且 $\begin{vmatrix}A&B\\B&C\end{vmatrix}=AC-B^2>0$ 时，有 $h''_{r2}(0,\theta)<0$，$0\leqslant\theta\leqslant2\pi$，由推论2，$f(x_0,y_0)$ 为 $z=f(x,y)$ 的极小值；

　　（2）当 $\begin{pmatrix}A&B\\B&C\end{pmatrix}$ 为负定矩阵，即 $A<0$ 且 $\begin{vmatrix}A&B\\B&C\end{vmatrix}=AC-B^2>0$ 时，有 $h''_{r2}(0,\theta)>0$，$0\leqslant\theta\leqslant2\pi$，由推论1，$f(x_0,y_0)$ 为 $z=f(x,y)$ 的极大值；

　　（3）当 $\begin{pmatrix}A&B\\B&C\end{pmatrix}$ 既非正定矩阵又非负定矩阵时，$h''_{r2}(0,\theta)$ 既可以取得正值也可以取得负值，所以 $f(x_0,y_0)$ 不是 $z=f(x,y)$ 的极值.

　　用二次型证明极值的方法，可以推广到任意多元函数.

　　一般地，设函数 $z=f(x_1,x_2,\cdots,x_n)$ 在点 P_0 的某邻域内有一阶及二阶连续偏导数，且 $f'_{x_i}(P_0)=0$ $(i=1,2,\cdots,n)$. 令 $H(P_0)=\left(\dfrac{\partial^2f(P_0)}{\partial x_i\partial x_j}\right)_{n\times n}$ 为 $z=f(x_1,x_2,\cdots,x_n)$ 在点 P_0 的 Hessen 矩阵，则

　　（1）当 $H(P_0)=\left(\dfrac{\partial^2f(P_0)}{\partial x_i\partial x_j}\right)_{n\times n}$ 为正定矩阵时，$f(P_0)$ 为 $z=f(P)$ 的极小值；

(2) 当 $H(P_0) = \left(\dfrac{\partial^2 f(P_0)}{\partial x_i \partial x_j} \right)_{n \times n}$ 为负定矩阵时，$f(P_0)$ 为 $z = f(P)$ 的极大值；

(3) 当 $H(P_0) = \left(\dfrac{\partial^2 f(P_0)}{\partial x_i \partial x_j} \right)_{n \times n}$ 既非为正定矩阵又非负定矩阵时，$f(P_0)$ 不是 $z = f(P)$ 的极值.

另外，容易证明：设 $f(x,y)$ 在点 (x_0,y_0) 连续，$f'_x(x_0,y_0) = f'_y(x_0,y_0) = 0$，即 $h'_r(0,\theta) = 0$. 如果存在 $\delta > 0$，当 $0 < r < \delta$ 时，有 $h'_r(r,\theta) > 0$，$0 \le \theta \le 2\pi$，则 $f(x_0,y_0)$ 为 $z = f(x,y)$ 的极小值. 如果存在 $\delta > 0$，当 $0 < r < \delta$ 时，有 $h'_r(r,\theta) < 0$，$0 \le \theta \le 2\pi$，则 $f(x_0,y_0)$ 为 $z = f(x,y)$ 的极大值. 如果对任意小的 r，$h'_r(r,\theta)$ 都在 $0 \le \theta \le 2\pi$ 变号，则 $f(x_0,y_0)$ 不是 $z = f(x,y)$ 的极值.

这一结论可以看作二元函数极值的第一充分条件，在函数的二阶偏导数皆为零的点仍然有可能判定出极值的情况.

例如，$f(x,y) = x^4 + y^4$ 在点 $(0,0)$ 连续，且一、二阶偏导数皆为零，有
$$h'_r(r,\theta) = 4r^3(\cos^4\theta + \sin^4\theta) > 0 \quad (r > 0,\ 0 \le \theta \le 2\pi)$$
所以 $f(0,0)$ 为函数的极小值.

又例如，$f(x,y) = x^3 + y^3$ 在点 $(0,0)$ 连续，且一、二阶偏导数皆为零，由
$$h'_r(r,\theta) = 3r^2(\cos^3\theta + \sin^3\theta)$$
对任意的 $r > 0$ 都在 $0 \le \theta \le 2\pi$ 变号，所以 $f(0,0)$ 不是 $z = f(x,y)$ 的极值.

最后，我们考察一个特别的函数 $f(x,y) = (y - x^2)(y - 2x^2)$. 容易验证，该函数在任意过原点的直线上都在原点取极小值，但函数在原点无极值.

参 考 文 献

［1］ 林群. 写给高中生的微积分 ［M］. 北京：人民教育出版社，2010.

［2］ 张景中. 从数学难学谈起 ［J］. 世界科技研究与发展，1996（2）.

［3］ 韩云瑞. 微积分概念解析 ［M］. 北京：高等教育出版社，2007.

［4］ 韩云瑞，扈志明，张广远. 微积分教程 ［M］. 北京：清华大学出版社，2006.

［5］ 李心灿. 微积分的创立者及其先驱 ［M］. 3 版. 北京：高等教育出版社，2007.

［6］ 同济大学数学系. 高等数学 ［M］. 6 版. 北京：高等教育出版社，2007.

［7］ Thomas L Print. 身边的数学 ［M］. 2 版. 北京：机械工业出版社，2009.

［8］ C Henry Edwards，等. 常微分方程 ［M］. 5 版. 北京：机械工业出版社，2006.

［9］ S T Tan. 应用微积分 ［M］. 5 版. 北京：机械工业出版社，2004.

［10］ 王绵森，马知恩. 工科数学分析基础 ［M］. 北京：高等教育出版社，1999.

［11］ George B Thomas，等. 托马斯微积分 ［M］. 10 版. 北京：高等教育出版社，2004.

［12］ R 柯朗，H 罗宾. 什么是数学 ［M］. 左平，张饴慈，译. 上海：复旦大学出版
社，2005.

［13］ M 克莱因. 西方文化中的数学 ［M］. 张祖贵，译. 上海：复旦大学出版社，2005.

［14］ 常庚哲，史济怀. 数学分析教程 ［M］. 北京：高等教育出版社，2003.

［15］ 张筑生. 数学分析新讲 ［M］. 北京：北京大学出版社，1990.

［16］ 郭镜明，韩云瑞，章栋恩. 美国微积分教材精粹选编 ［M］. 北京：高等教育出版
社，2012.